U0047192

LOCUS

LOCUS

LOCUS

LOCUS

touch

對於變化，我們需要的不是觀察。而是接觸。

touch 27

jack

20世紀最佳經理人，最重要的發言

Jack: Straight from the Gut

作者：傑克・威爾契 Jack Welch

協作者：約翰・拜恩 John A. Byrne

譯者：黃佳瑜

責任編輯：陳郁馨　美術編輯：何萍萍

出版者：大塊文化出版股份有限公司

台北市105南京東路四段25號11樓

www.locuspublishing.com　locus@locuspublishing.com

讀者服務專線：0800006689

電話：（02）87123898　傳眞：（02）87123897

郵撥帳號：18955675

戶名：大塊文化出版股份有限公司

法律顧問：董安丹律師、顧慕堯律師

版權所有　翻印必究

Copyright © 2001 by John F. Welch, Jr. Foundation

Chinese (Complex Characters only) Trade Paperback copyright

© 2002 by Locus Publishing Company

Published by arrangement with The John F. Welch, Jr. Foundation

Through Queen Literary Agency

All Rights Reserved.

總經銷：大和書報圖書股份有限公司

地址：新北市新莊區五工五路2號

TEL：（02）89902588　FAX：（02）22901658

初版一刷：2002年1月

二版二刷：2020年3月

定價：新台幣 450 元

Printed in Taiwan

touch

jack

20世紀最佳經理人，最重要的發言

STRAIGHT FROM THE GUT

GE二十年任期的總裁，經營者的傳奇

Jack Welch 著

原著由 John A. Byrne 協作

黃佳瑜⊙譯

目錄

寫在前面 9

前言 11

第一部 早年生活

1 我的自信與好勝 21
從高中的一場球賽說起

2 擠在一群標準員工裡 41
第一年就渴望脫穎而出

3 從爆炸事件中學管理 49
三十二歲的總經理

4 不要只當工程師 61
「他的態度略爲傲慢」

5 小池塘裡的大魚 75
升到了第二十七階層

6 搬進總公司 91
一個需要「密集發展」的人

第二部 經營哲學之形成

7 新手總裁的包袱 123
破除「表面的和諧」

8 關於願景這回事 139
第一或第二，以及事業的三圓圈

9 中子彈傑克 159
少一點人員，多一些付出

10 「島嶼」計劃的策略 181
併購 RCA

11 生產人才的工廠 201
奇異的人事與考績制度

12 最先要改變的是經理人 217
可羅頓維爾的主管訓練所

13 成爲無界限的組織 235
拆除一切阻礙成長的圍牆

14 直衝而下 259
愛管閒事的老闆

第三部 成敗

15 太自以爲是 273
一次錯誤的收購決策

16 推動成長的引擎 289
奇異資融公司的成功

17 電燈泡加上電視台 313
經營 NBC 電視公司

18 與政府交手 343
有輸有贏的經驗

第四部 奇異四運動

19 全球化 371
沒有全球化企業，只有全球化的業務

20 卓越服務 389
重新定義市場

21 六標準差 399
99.99966%的完美

22 電子商務 419
用數位化改善所有的工作流程

第五部 總裁到底是幹嘛的

23 在動輒興訟的世界裡 435
兩次對奇異不公平的法律程序

24 沒有所謂的公式 459
我在管理方面的觀念與心得

25 交朋友，並且競爭 487
我對高爾夫的小小感想

26 尋找「新人」 495
我最痛苦的決策

結語 523

謝誌 531

附錄 537

寫在前面

以這種方式爲一部自傳起頭，似乎有些奇怪。老實說，我很不喜歡使用第一人稱。在我生命中的每一項成就，幾乎都是在旁人的通力合作之下達成的。不過，儘管「我們」才是眞正的重點，但是在撰寫這一類的著作時，你不得不採用「我」這個字來陳述故事的發展。

我希望能提到每一位與我共渡人生旅程的朋友，但是編輯爲了刪除這些名字而整天對我叫嚣。我們最後採取了一套折衷辦法：這就是爲什麼書尾的謝誌頗佔篇幅。請記得，每當你在字裡行間看到「我」這個字，它代表了我的所有同事與朋友，以及一些可能被我遺漏了的幕後英雄。

前言

二〇〇〇年感恩節過後的星期六，我整個早上都在等待「新人」。「新人」是個暗號，指的是我的接班人——奇異公司的新任董事長兼總裁。

董事會在星期五晚上，一致通過由傑夫・伊梅特（Jeff Immelt）繼任我的職位。我在會後立刻撥了通電話給他。

「我有一些好消息給你，你和家人能在明天飛來佛羅里達渡週末嗎？」

顯然，他很清楚發生了什麼事情，但是我們心照不宣，迅速爲他安排前往佛羅里達的行程。

星期六早晨，我坐立難安等候著他，漫長的總裁接班人挑選過程總算是結束了。在伊梅特駛進我的車道之前，我就已經站在屋外準備迎接他了。他臉上掛著燦爛的笑容，他一下車，我就展臂擁抱他，說出雷吉・瓊斯（Reg Jones）在二十年前對我說過的同樣的話：

「恭喜你了，董事長！」

在我們緊緊相擁之際，我覺得我們正在將圓圈的缺口銜接起來。

那一瞬間，記憶把我帶回雷吉・瓊斯走入我在康乃迪克州費爾菲德（Fairfield）辦公室那一天：那天，瓊斯以一模一樣的方式擁抱著我。

不論是熱情的緊抱或禮貌性的輕擁，都不是瓊斯所習慣的動作。不過，此時他的臉上帶著笑容，雙手緊緊環繞著我。在一九八〇年的一個十二月天，我是全美國最快樂的人，當然也是最幸運的一個。如果我能夠自己從企業界中挑選任何一份工作來做，這就是我最夢寐以求的職務了。這份工作帶給我驚人的事業範圍，從飛機引擎與發電機，到塑膠、醫療用品與金融服務。奇異的產品與服務，可說是影響了每一個人。

更重要的是，這是一份七十五%與人有關、剩下的二十五%由其他事務構成的工作。我與世界上最聰明、最具創造力也最好強的一些人共事——其中許多人比我聰明得多。

我在一九六〇年加入奇異時，眼界還很短淺。身爲一個年僅二十四歲、剛拿到博士學位的新進工程師，我每年賺取一萬零五百美元的薪水，一心希望能在三十歲以前達到年薪三萬美元——如果眞要說我有什麼目標的話，就是這個了。我把全副心力投注於工作中，並且從中獲得很大的樂趣。我開始得到一連串的晉升；頻繁的晉升機會讓我提高了抱負，到了一九七〇年代中期，我開始認爲，自己或許能在將來執掌這家公司。

當時，所有條件都不利於我。在許多同儕眼中，我的風格與環境格格不入。我太誠實、遇事直言不諱、缺乏耐性，而且對許多人來說，我的個性也過於暴躁。我的行爲不合乎公司的規範，特別是那些個爲了慶祝業務上的勝利而經常在本地酒館舉辦的大大小小派對。

幸好，奇異裡面有許多人有膽子喜歡我；雷吉・瓊斯正是其中之一。

表面上，瓊斯和我有著南轅北轍的差異。他生於英國，外表穠纖合度、整齊高貴，具有政治家的氣質與風度。我則是一個美籍愛爾蘭裔火車車掌的獨子，在波士頓以北十六英里、麻塞諸塞州的塞勒姆鎮（Salem）成長。瓊斯矜持而拘謹，我則具有率直、大嗓門與容易激動的性格，並且帶著很濃的波士頓口音與嚴重的口吃。當時瓊斯是全美最受景仰的企業家，在華府具有舉足輕重的地位，而我一跨出奇異的大門就成了無名小卒，完全不諳政治事務。

儘管如此，我總能感受到與瓊斯之間的共鳴。他很少流露情感，連暗示也沒有，但是我知道他了解我。就某方面而言，我們可說是志趣相投。我們尊重彼此的不同點，而在某些重要的層面上看法相同。我們都喜好分析與數字、認眞做準備工作，並且都熱愛奇異。他明白奇異需要進行改革，同時認爲我具有推動改革的熱誠與才智。

我不確定他是否明白我想要改革奇異的決心有多深，但他對我的支持二十年來始終如一，絲毫不曾動搖。

瓊斯接班人選的角逐戰，是一番冷酷的競爭，激烈的辦公室政治及幾位人選（包括我在內）強烈的自我意識，更增添了情況的複雜度。那是個極爲難受的過程。一開始，公司公開徵求瓊斯的繼任者，共有七位來自不同部門的人選成爲衆人的目光焦點。瓊斯原本並不希望引發分裂，也不願意見到如此高度政治化的挑選過程。

我在那幾年內犯了幾項錯誤，但沒有一項是無法挽回的。當瓊斯在一九八〇年十二月十九日說服董事會讓我成爲他的接班人時，我還不是衆望所歸的選擇。這項人事派令公佈後不久，我一位在奇異裡面的朋友走進總公司附近的一家酒吧，無意中聽到一位資深職員悶悶不樂對著馬丁尼酒杯反覆說道：「我給他兩年——然後就再見。」

他的估計，誤差超過二十年！

□

我在擔任董事長的這些年，一直受到媒體廣泛的關注——評價有好也有壞。但是《商業周刊》(*Business Week*) 在一九九八年六月初的一篇深入的專題報導，吸引了讀者們的信件如潮水般湧入，激起我撰寫此書的構想。

爲什麼？因爲，這篇報導讓數百位素昧平生的陌生人，寄給我一封封既感人又能啓迪心靈的信件，向我陳述他們的職場生涯。他們形容，組織的壓力讓他們必須改變自己，爲求成功，他們得遵照特定的規範，或者成爲另一種人；看到《商業周刊》這篇報導指出我從不改變我自己，他們頗爲快慰。報導中暗示，我能夠扭轉世界上最龐大的企業組織，讓它的行爲模式更接近我所成長的環境。

我與數千名同仁聯手，試著在大公司的靈魂中製造一點街角雜貨店般不拘禮節的氣氛。

實際情況當然更加複雜。在我早年的生活裡，我拼命想保持眞實的自我、試圖對抗官僚體系浮誇的作風，即使這意味著我將失去在奇異內部爬上顚峰的機會也在所不惜。我還記得那股強迫我改變自己的龐大壓力。有時候，我也會在壓力之下從善如流。

我被任命爲副董事長之後不久，出席了一場在舊金山舉辦的董事會議，那是我最早開始參與董事會的經驗之一。我穿著燙得平平整整的藍色西裝、上了漿的白色襯衫，以及一條俐落的紅色領帶，每一句話都經過仔細斟酌。我希望在董事會成員面前表現出比四十三歲的年紀或是我的名聲更年長、更成熟的形象。我猜，我希望自己具備典型奇異公司副董事長所應有的外表與行爲。

長年擔任奇異公司董事並且身兼可口可樂董事長的保羅·奧斯丁 (Paul Austin)，在會後的雞尾酒會中向我走來。

「傑克，」他摸摸我的西裝說道：「這不像你，你在忠於自己的時候看起來比現在好得多。」感謝上帝，奧斯丁看穿了我在扮演一個角色，並且願意適時點醒我。如果我試著成爲另一種人，可能會遭到徹頭徹尾的失敗。

四十一年的奇異生涯中，我經歷過許多起起伏伏。在媒體上，我曾經由王子變成青蛙，如今又恢復王子的地位。此外，我曾被冠上許多封號。

我在早年時期管理羽翼漸豐的塑膠事業部時，有些人認爲我是瘋狂而任性的人。我二十年前成爲總裁時，華爾街質疑：「哪一個傑克？」

在一九八〇年代初期，我試著裁減員工人數以強化奇異競爭力時，媒體爲我取了「中子傑克」(Neutron Jack) 這個綽號。等他們得知我們把重心放在奇異的價値觀與文化時，他們又開始懷疑：「傑克是不是變溫和了？」我曾被稱爲第一或第二傑克、服務傑克、全球傑克，以及近幾年的綽號——六標準差傑克與e事業傑克。

我們在二〇〇〇年十月提出併購漢尼威 (Honeywell) 的計劃，我同意留在工作崗位上，到過渡時期結束後才退休。在某些人的腦海中，我是齒牙動搖卻緊緊抓住總裁職位不放的老邁傑克。

這些描述其實不太能代表我，反倒說明了公司所經歷過的幾個階段。其實在內心深處，我一直是母親在麻州塞勒姆鎭上拉拔長大的男孩，沒什麼太大的改變。

當我於一九八一年踏上這趟旅程，首度在紐約皮耶飯店 (Pierre Hotel) 對華爾街的分析師們發表談話，我表示自己希望奇異成爲「全球最具競爭力的企業」，我的目標是在大公司的體內注入小公司的精神，為一家歷史悠久的工業產品公司，打造一個比規模僅有我們五分之一的企業更勇往直前、適應性更強而更靈活的組織。我當時提到，我希望創造一個讓人勇於嘗試新事物的企業，「在這個組織中的人深信，他們對卓越所做的定義，以及個人創造力與幹勁，才是升遷程度與速度的極限」。

我非常幸運能夠成為奇異的一份子，在這趟四十多年的旅程中，我每一天都投入了全副的心智、精神與勇氣。本書的目的，就是要帶你一起經歷這趟旅程。追根究底，我相信我們創造了世界上最偉大的人才工廠、一個學習型的企業，以及一份無界限的文化。

不過，至於我們是否達到了我一九八一年在皮耶飯店所發表的「願景」，就交給你自己判斷了。

□

這本書並不是一個完美的企業故事。我認為，一個企業就好像一間世界級的餐館；如果你窺視廚房內部，會發現那裡的食物永遠比不上經過精心雕飾、盛在高級瓷器上呈現在你面前的美食。企業內部也是雜亂無章的；我希望你能在我們的廚房內，找到一些能幫助你實現夢想的靈感。

這本書裡沒有福音說教，也不是管理指南，只有我在旅程中體會到的一些哲理。我信守幾項對我而言很管用的基本理念；其中，正直誠實是最重要的一項。我一直都相信簡單而直接的方法。這本書試著證明：一個組織（或我們每一個人），能夠藉由敞開心胸、接受來自四面八方的各種構想而得到珍貴的學習。

我也體會到，錯誤與成功一樣，也能提供教訓與經驗。

通往抱負或夢想的途徑絕非直線行進的；我就是個活生生的例子。這一個故事，講的是一個不會照本宣科，反而特立獨行的幸運兒，一路跌跌撞撞卻仍持續向前，在世界上最負盛名的企業中生存，甚至成功。而這也是一個在小鎮上長大的美國人的故事。即使在我眼界大開、看到前所未聞的寬廣世界之後，我也從未忘記自己的根源。

儘管如此，這個故事的一大部分是關於其他人的成就——成千上萬個聰明、自信又充滿活力的員工，互相學習如何打破傳統工業世界的窠臼，奮力朝著一個融合製造、服務與科技的新世界發展。

他們的努力與成就，是我這趟旅程得以滿載而歸的主因。我有幸得以參與其中，全得感謝雷吉・瓊斯在二十一年前走進我的辦公室，給了我一個改變一生的擁抱。

第一部

早年生活

1

我的自信與好勝

從高中的一場球賽說起

每一雙眼睛都盯著這個身穿花洋裝的中年婦女。

她筆直朝著我走過來，抓起我的制服衣領。

「你這個沒用的傢伙！」

她對著我的臉大聲吼：

「如果你輸不起，就永遠學不會贏得勝利的方法。

如果你不懂這一點，就根本不應該參加比賽。」

她的話深深印在我的腦海中，從來不曾稍忘片刻。

那是整個球季的最後一場冰上曲棍球賽，而那個球季差勁透頂。我在塞勒姆高中的最後一年，我們贏了前三場比賽，擊敗丹佛斯、里維爾與馬博賀得隊，但是我們輸了接下來的六場賽事，其中五場都只差一球。所以，我們非打敗死對頭貝佛利高中，在林恩球場贏得這最後一場球賽不可。身爲塞勒姆巫士隊的隊長之一，我率先射進了兩球；我們對於勝利抱著相當大的信心。

那是一場精采的比賽，最後以二比二平手進入延長加賽。

然而情勢急轉直下，對方射進一球，我們又輸了，連嚐第七場敗績。我內心湧上一股挫折感，一衝動，我狠狠摔掉球桿，然後滑過整個球場，逕自進入更衣室。隊友都已經在那裡脫下溜冰鞋與制服了。突然間，更衣室的大門刷地敞開，我那愛爾蘭裔的母親大步走進來。

整個更衣室驟然靜了下來。隨著她穿過房間、走過正在木頭板凳上更衣的傢伙們，每一雙眼睛都盯著這個身穿花洋裝的中年婦女。她筆直朝著我走過來，抓起我的制服衣領。

「你這個沒用的傢伙！」她對著我的臉大聲吼：「如果你輸不起，就永遠學不會贏得勝利的方法。如果你不懂這一點，就根本不應該參加比賽。」

我在朋友面前丟盡了臉，但是她的話深深印在我的腦海中，從來不曾稍忘片刻。她衝進更衣室所展現的這種熱情、這種活力、這種失望與這種愛——這就是我的母親。她是我生命中最具影響力的人。葛麗絲·威爾契（Grace Welch）讓我明白競爭的價值、追求勝利的快樂，並且必須泰然接受失敗。

如果我具有任何領袖風範、能夠激發別人的潛力，那都得歸功於她。她的個性強硬而積極、熱情而大方，並且具有絕佳的識人能力。她對每一個認識的人都有一套看法，可以「在大老遠就嗅出一個騙子」。

母親對於朋友是極爲仁慈而慷慨的，如果到家中作客的鄰居或親戚對著櫥櫃上的玻璃杯表示讚美之意，她一定會毫不猶豫把杯子送給他們。

反過來，如果你欺騙了她，就得小心了，她會對任何背叛她的人懷恨在心；老實說，這段話即使用來描述我自己也是十分貼切。

我所相信的許多基本管理理念——例如，努力競爭求勝、面對現實、鼓勵與責備雙管齊下以激勵員工、設定不易達成的目標，以及毫不懈怠追蹤進度以確保工作得到貫徹等等，都可以從我母親的身上見到蛛絲馬跡。她在我腦中灌輸的信念從來不曾褪色。母親總是堅持面對現實，她最常說的口頭禪是：「別騙你自己了，事情就是這樣。」

「如果你不讀書，」她經常警告我：「你會一事無成，成爲徹頭徹尾的無名小卒。人生沒有捷徑，別騙你自己了。」

她那些直率而斷然的告誡，每天都在我的腦中響起。每當我想欺騙自己去相信一筆交易或業務問題會得到奇蹟式的改善，她的聲音就會把我帶回現實。

從我入學的前幾年開始，母親就讓我了解到追求卓越的必要性。她知道要怎樣兇我，也知道該如何安慰我；她總是確定我明白自己多麼受到歡迎與熱愛。如果我帶著四個甲等與一個乙等的成績單回家，母親會追問我爲什麼得了一個乙，然而最後總是以擁抱我和恭喜我得到甲等來結束討論。

她經常檢查我的功課，這和我如今持續追蹤工作進度的做法沒什麼兩樣。我還記得我在樓上的臥房內做功課，聽見她的聲音從客廳中傳來：「功課做好了嗎？功課做完以前，你最好別下樓來！」

但我是和她在餐桌上玩紙牌時才學會競爭的樂趣與喜悅。我還記得小學一年級的時候，那種匆匆忙忙從學校操場跑回家吃午餐、渴望和她在牌桌上大戰的感覺。每當她打敗我——這是司空見慣的事——她會把紙牌攤在桌上，大聲喊：「贏了！」。我會氣得半死，卻總是迫不及待期盼下次回家，享受另一個擊敗她的機會。

那或許是我後來在棒球場、曲棍球場、高爾夫球場及商業戰場上爭強好勝的根源。

她所賦予我的禮物中，最珍貴的一件，或許是我的自信心。那也是我試圖在每個與我共事的經理人身上最希望發現與建立的一項特質。信心能帶給你勇氣，並且擴大你的觸角；它讓你扛起更大的風險，幫助你達到超乎想像的成就。幫助人們建立自信，是領導能力的一大重點，你必須提供足夠的機會與挑戰讓人們超越自己所劃下的極限——同時，以各種可能的方式獎勵他們的每一項成功。

我的母親從來沒有擔任管理工作，但她是建立自尊的專家。我從小就有口吃的毛病，結結巴巴的現象一直沒有獲得改善，有時候，這個毛病會引人發噱，甚至令我尷尬不已。大學的時候，每逢到了天主教徒禁食肉類的星期五時，我經常點三明治吃。毫不例外的，服務生總是會端上兩份鮪魚三明治，因爲他聽到我說："tu-tuna sandwiches."（編按，tuna爲鮪魚，作者因爲口吃而把第一個音節"tu"念了兩次，別人就聽成了"two-tuna sandwiches"。）

母親爲我的口吃找到完美的藉口。她說：「那是因爲你太聰明了，舌頭跟不上你大腦思考的速度。」事實上，這麼多年以來，我從來不曾爲我的結巴而煩惱。我相信母親對我說的：我的思緒比我的舌頭還快。

這麼久以來，我一直不曾了解她在我身上灌輸了多深的信心。一直到幾十年後，當我看著早年參與球隊的照片時，我很驚訝地發現自己總是照片中最矮、最嬌小的孩子。我在研究所時擔任籃球隊的防守球員，我的身高差不多只有許多球員的四分之三而已。

然而我以前從沒有發現或感覺到這一點。如今，我看著照片，嘲笑自己小蝦米般的身材。我對自己身高上的不足絲毫不察，實在是一件很荒謬的事情；這顯示出一個母親的影響力能有多大。她賦予我堅強的信心，讓我相信自己可以成就任何事情；一切操之在我。她會這麼說：「你只管勇往直前就是了。」

我與母親的關係是深厚而獨特、溫暖而日益濃烈的。她是我的知己、我最好的朋友。我想，這種關係的形成，或許是因爲我是她的獨子，而且是她在高齡（以當時的標準而言）三十六歲時才產下我；我父親那年四十一歲。我的雙親一直想要生兒育女，但是好多年來都沒有成功。所以，當一九三五年十一月十九日，我終於在麻州的皮博迪（Peabody）抵達人間時，母親的愛便傾瀉而來，彷彿我是從天而降的寶藏。

□

我並非啣著銀湯匙出世，我所擁有的卻是更珍貴的禮物——無盡的愛。我的祖父母與外祖父母都是愛爾蘭移民，他們與我的雙親都沒有完成高中教育。在我九歲那一年，父母親在洛維特街（Lovett Street）十五號買下了我們的第一棟房子。那是一幢毫不起眼的兩層樓石頭房子，座落於麻州塞勒姆鎮的愛爾蘭勞工階級聚集區。

房子的對街就是一間小工廠，父親經常表示那其實是一大好處：「你總會希望與工廠爲鄰，他們在週末不見人影，不會煩你，安靜無聲。」我信以爲眞，從未察覺他其實是在爲自己打氣、建立信心。

父親是個辛勤工作的火車車掌，服務於波士頓與緬因州通勤列車（簡稱B&M）在波士頓到新布里港（Newburyport）這個區間。當「大傑克」在清晨五點穿著由母親燙平的深藍色制服和漿得一絲不苟的白襯衫出門工作時，他看起來體面得足以晉見上帝。他的工作幾乎是一成不變，每天查票，來回於相同的十個站之間：新布里港、伊普斯維奇、哈密爾頓／溫漢、北貝佛利、貝佛利、塞勒姆、斯旺史卡特、林恩、奇異工廠、波士頓；走完了一趟又往回，每天駛過四十英里的路程。後來，當我知道了奇異飛機引擎事業部設在波士頓市郊的林恩工廠，那兒是父親固定的停靠站之一，我生出一絲興奮感。

在每一個工作的日子裡，他總懷著期待的心情爬上他視爲己有的B&M火車。父親喜愛迎接群衆、接觸各種有意思的人們。他以外交大使般的姿態穿過客艙的中間走道，朝氣蓬勃地在人們的車票上打洞，並且熱情歡迎座位上的熟面孔，彷彿他們是親密的朋友。

在尖峰時間，他會與乘客笑臉相向、彼此問候，並且散播愛爾蘭式的漫天胡扯。他在火車上愉悅的性格，恰好與他在家裡沉默寡言的行爲形成對比。這讓母親感到生氣，她總是抱怨：「你爲什麼不能在家裡鬼扯，就像你在火車上那樣？」他的確很少在家裡這麼做。

父親是個勤奮的工人，工作時數很長，並且從不在工作崗位上缺席一天。如果氣象預報表示隔天的天氣很糟，他會要求母親在前一晚開車送他到火車站過夜。他會在某一節車箱上將就一晚，以便隔天清晨可以準時上工。

他很少在晚上七點以前返抵家門，總是得靠母親開車到車站接他回家。他會在腋下夾著一疊報紙回來，那些都是乘客留在車上的。全靠那些被丟棄的《波士頓環球報》、《先驅報》與《紀事報》，我打從六歲開始，每天都能仔細品嚐時事與體育新聞。每晚閱讀報紙竟成為我一生無法戒除的習慣；直到今天，我都還是個新聞癮君子。

父親不僅把我的觸角帶往塞勒姆以外的社會，也透過身教傳授給我辛勤工作的價值。此外，他還做了一件讓我一生受用的事情：引領我進入高爾夫球的世界。父親告訴我，火車上的大人物總是談論著高爾夫球賽，他認為我應該學學這項運動，而不要沉溺於我所熱愛的棒球、足球與曲棍球。當時左鄰右舍年紀較大的孩子時興到高爾夫球場上擔任桿弟，在父親的催促之下，我比同年齡的孩童更早開始這項工作，九歲就到肯伍德鄉村俱樂部打工。

我極為依賴雙親。母親開車去接父親回家，經常因為火車誤點而晚歸。在我十二、三歲的時候，他們的遲遲不歸總會令我心急如焚。由於害怕他們出了什麼事情，我總會衝出門，帶著一顆跳個不停的心一路跑到洛維特街底，看看能否在街角看到車子回家的蹤影。我不能失去他們，他們是我全部的世界。

這種恐懼感不應該在我身上出現，因為母親總是教我要當一個強硬、堅韌而獨立的人。她的家人一個個被心臟病擊倒，她總擔心自己的壽命也不會長。所以我一步入青少年時期，母親就鼓勵我自立自強。她要求我自己坐車去波士頓看球賽或電影，那時我覺得自己很冷靜沉著，但一直到母親接父親下班卻遲遲未返，我才發現自己全然不是那麼一回事。

□

塞勒姆是一個讓男孩成長的好地方，這個小鎮有著濃厚的工作道德與高尚的價值觀。在那個時代，每一家的大門都不必上鎖，家長們也很放心讓孩子在星期六步行到市中心的派拉蒙戲院；在那裡，兩毛五就可以看兩場電影、吃一盒爆米花，剩下的錢還可以在回家的路上買一杯冰淇淋。而到了星期天，教堂裡總是座無虛席。

另一方面，塞勒姆是個爭強好勇、競爭意識強烈的地方。我是個好鬥的人，朋友們也不例外，我們都是年輕氣盛的鄉下小伙子，鎮日以各種體育活動作消遣。我們自己組織社區棒球隊、籃球隊、足球隊與曲棍球隊，在離北街不遠處一塊由樹林與庭院環繞、塵土飛揚的平地上進行比賽。在春夏兩季，我們掃除平地上的沙礫、分派隊伍，甚至自己創立一個錦標賽、設計賽程。我們從清早玩到晚上八點三刻鎮上的汽笛聲響起；汽笛聲就是提醒我們回家的信號。

那時，鎮上有好幾個社區學校，因此各項體育活動都存在著十分激烈的競爭——連小學生也不例外。我是皮克林初中 (Pickering Grammar School) 六人足球隊的四分衛，我的速度慢得可憐，但是我有強壯的手臂與一組速度很快的隊友；我們最後拖走了冠軍盃。我同時也是棒球隊的投手，拿手絕活是彎曲球與快速下墜球。

不過，進入塞勒姆高中之後，我發現自己在足球與棒球方面的顛峰時期已經結束了。我的速度太慢，沒有資格加入足球隊；而我十二歲時令人聞風喪膽的彎曲球與下墜球，到了我十六歲已不能帶給我任何好運；我的快速球甚至連窗玻璃都打不破，打擊手簡直可以坐著等我投出的球。我高一還擔任先發投手，到了高中最後一年，已經被降格爲板凳球員了。幸好，我在曲棍球上的表現還算可以，在隊上擔任隊長，也是射球員。不過到了大學，速度再度成爲我致命的弱點，不得不放棄這項運動。

謝天謝地，高爾夫球不要求速度。是我父親早先的鼓勵讓我進入肯伍德鄉村俱樂部擔任桿弟。每逢星期六早晨，我和朋友們坐在綠草墓園外的路邊，等著俱樂部的會員開車載我們到幾英里外的高爾夫球場。而在燠熱的夏日裡，我們會偷偷溜到被我們喚作「黑石」的一個隱密地點，然後脫光衣服，跳入丹佛斯河內涼快一下。

不過大部分時間，我們會坐在休息棚旁的草坡上，等候管理衆家桿弟的「痞子」史維尼的叫喚。史維尼高高瘦瘦，戴眼鏡，有著一頭捲髮。他會從休息棚中取出球桿袋，掛在只有一半人高的矮門上，然後大聲喊：「威爾契！」聽他一喊，我就得匆匆忙忙結束玩到一半的紙牌遊戲或摔角，接受他所指派的任務。

幾乎每個人都希望替雷・布萊迪（Ray Brady）背球桿。通常會員們都很小氣，不給小費，但布萊迪很大方。如果沒有小費的話，十八洞下來，我們只能賺到一塊半的薪水。不過，我們來這裡工作其實是爲了星期一的上午。星期一上午是俱樂部整理球場的日子，也是專屬於桿弟的早晨。我們會拿著撿到的球，以及用膠帶固定住的球桿，盡情揮個十八洞。我們都在天剛破曉就抵達球場，因爲一到中午就會被他們趕走。

桿弟的工作給了我一個攢錢的機會，但是更重要的是它讓我學會了高爾夫球；它也讓我在很年輕的時候就有機會接觸一些頗有成就的人們。此外，我也從觀察人們在球場上的行爲了解到一個人可以具有多大的魅力，或成爲多麼討人厭的蠢驢。

除了桿弟之外，我還有好幾份工作。有一段時間，我替《塞勒姆晚報》送報；到了假期，我還替地方上的郵局打工。我在艾塞克街上的湯姆麥肯鞋店工作了三年，每賣出一雙普通的鞋子，可以得到七分錢的佣金，如果賣出一雙「火雞鞋」——就是那種紫色鞋尖還鑲白邊的拷花皮鞋——可以得到兩毛五或者五毛錢。我總會拿那些怪鞋套在客人的臭脚丫子上，然後讚嘆道：「你穿這雙鞋子眞好看。」爲了多賺兩毛五，我眞是什麼話都說得出口！

有一次暑期打工的經驗，給了我十分寶貴的一課，讓我了解到自己不願意從事哪一類的工作。當時我在塞勒姆鎮上的派克兄弟玩具工廠裡操作鑽床，我的職責是取出一小塊軟木塞，踩一下鑽床的踏板，在軟木塞上鑽出一個洞，然後把它丟入紙板做的大圓桶中，我每天都得鑽好幾千個軟木塞。

爲了打發時間，我就和自己玩遊戲，試著在工頭來取成品之前鑽出足以塡滿圓桶底部的軟木塞。我很少成功，實在令人感到沮喪！然後，回到家總會頭痛，那種感覺眞不是滋味。我做不到三個星期就辭職了，但是學到很大的教訓。

我的童年生活中有許多時間用來尋覓玻璃瓶子。在年紀還小、無法工作賺錢的年紀，我們這群小孩子會在每年暑假從塞勒姆運動場搭乘特別列車，前往位於緬因州的老果園灘遊樂場。那是暑假中最快樂的時光。我們在清晨六點半搭上火車，兩個小時後抵達，一個遊戲接著另一個遊戲玩，不到兩小時，我們所帶來的五塊錢左右大概就會用得精光。

我們還有一整天有待消磨，卻已經口袋空空。於是我和朋友們開始在沙灘上尋覓可以回收的玻璃瓶，並且向每一個做日光浴的人討取他們的空瓶子。每一個瓶子可以換兩分錢，這樣就足夠賺到買熱狗的錢，還可以在回家以前多坐幾趟雲霄飛車。

儘管如此，我從來不覺得自己是貧困的。我的慾望並不高。父母親爲我做了許多犧牲，設法給我高級的棒球手套或者是很棒的脚踏車。父親由著母親寵我，從來不搶功；母親也眞的是寵我。

她帶我到芬維運動場，在露天座位上欣賞波士頓紅襪隊左外野手泰德・威廉斯（Ted Williams）的身手；她也會在下午時分從學校載我去鄉村俱樂部，讓我能搶在其他桿弟之前得到較好的任務。身爲虔誠的天主教徒，她會在清晨送我到聖湯瑪斯使徒教會，好擔任六點鐘彌撒的祭壇侍童，而她則坐在右邊第一排的座位上禱告。

她是我最熱情的啦啦隊，經常打電話給地方報社，要求刊登我的每一項小成就——從我在麻州州立大學（University of Massachusetts）畢業就開始，一直到我取得博士學位爲止。她有一本很大的剪貼簿，裡面貼著所有關於我的簡報，在這方面，母親從不害臊。

毫無疑問地，母親也是家中的風紀股長。有一次，我翹課到南波士頓，參加聖派翠克節的慶祝典禮，在返家的火車上被父親抓個正著；雖然我們一夥人都因爲五毛錢一瓶的廉價甜酒而酩酊大醉，父親也沒有在朋友面前令我難堪。

相反的，他只是向母親打報告，讓母親在質問我之後決定懲罰的方式。另外一次，我逃避祭壇侍童的職責，跑到社區附近的麥克公園，在結凍的池面上打曲棍球。在比賽中，我不愼跌落冰面以下，整個人溼透了。爲了遮掩，我們生起了一團火，然後我把濕衣服脫下，掛在火堆上方的樹枝上。我們在寒冷的一月天裡打著顫，等候我的衣服烘乾。

當時我想，這眞是一個聰明的辦法——直到我踏入家門——

母親不到一秒鐘就聞到衣服上的菸味。對一個在牆上掛著十字架、以念珠誦經，並且將社區教堂牧師詹姆士·克朗寧神父視爲聖人的天主教徒來說，逃避祭壇侍童的職責是一件不得了的大事。她要我坐下，逼我懺悔，並且以她自己的方式替我贖罪——從我脚上拔下溼漉漉的鞋，狠狠給了我一頓好打。

儘管母親有時很嚴格，但有時也會十分心軟。我剛滿十一歲的時候，從路經鎮上的巡迴遊藝團中偷了一顆球，就是那種用來擊倒牛奶瓶以贏取充塡玩具的球，實在沒什麼了不起的。

母親沒多久就發現了這顆球，並且詢問球的來源。在我承認這顆球是偷來的之後，她一定要我去找克朗寧神父，把球交給他，然後爲我的行爲懺悔。由於我是祭壇侍童，每一位神職人員都認識我，我擔心只要在懺悔室內一開口，他們就會認出我的聲音；我實在很怕他們。

我請求母親讓我把球丟棄在北運河中；這條打從鎮上穿過的運河，是一條黑漆漆的河流。幾經商量，她放了我一馬，然後載我到北街的橋上，看著我把球投入河水中。

另外一件事發生在高三，我爲肯伍德鄉村俱樂部中最小氣的會員擔任桿弟。這時的我，已經有八年的桿弟經驗——或許對我而言實在是太長了。我們到了第六洞，只要把球揮出一百碼左右，就可以平安越過池塘。那一天，這位老兄直接把球打入水中，落在滿是泥濘的池塘裡，水深至少十英呎。他要求我脫下鞋襪，涉水走入池中撿球。

我不肯。他硬要我去撿不可，我氣得回敬他一句難聽的咒罵。我把他的球具丟入池中，要他自己去撿他的球和球桿，然後轉身離開球場。

那是非常愚蠢的行爲，比摔掉曲棍球桿還要糟糕。這件事使我失去高爾夫球場提供給桿弟的獎學金，母親十分失望。儘管如此，她似乎了解我的感受，並沒有拿這次事件大作文章。

另一項更令人失望的事情，是沒有爭取到海軍預備役軍官訓練營提供的獎學金，錯過了免費上大學的機會。塞勒姆高中有三位學生通過海軍的測驗，其中包括我和我的兩位好朋友，喬治・萊恩（George Ryn）與麥克・提維楠（Mike Tivnan）。父親設法請到州議員幫我寫推薦函，我也經歷了一連串的面試過程。我的兩位朋友最後獲得錄取，喬治免費進入芝加哥的塔佛茲（Tufts）大學，麥克則前往紐約的哥倫比亞（Columbia）大學。我原本想要進入達特茅斯（Dartmouth）或哥倫比亞，但是海軍拒絕了我的申請。

我一直不知道我爲了什麼被拒絕。

□

很諷刺的是，海軍的拒絕反倒是一次好機緣。在塞勒姆高中裡，我一直是個認眞向學贏取優秀成績的好學生，但是從沒有人認爲我聰明過人。這次被拒之後，我申請進入麻州大學艾摩斯特（Amherst）分校。這是一所州立大學，一個學期的學費只要五十美元，連同住宿和伙食，不用一千塊錢就可以得到一個學位。

除了一位表親之外，我是家族裡第一個進大學的人。家族中只有在塞勒姆發電廠擔任「工程師」的比爾安德魯叔叔，略略可以當我的榜樣，指引我的學業。工程師的工作聽起來很不錯，而我很早就發現自己在化學方面的興趣，因此我選擇攻讀化學工程。

我對於大學一無所知，差點失去入學的機會。我以爲可以利用海軍預備役軍官訓練營中的測驗成績申請大學，因此沒有參加學力性向測驗。一直到六月高中畢業之前的幾天，我才收到麻州州立大學的入學通知書。我一定是被放在候補名單上——但我一直沒發現這一點。沒有進入理想中的哥倫比亞大學或達特茅斯學院，而進入競爭較不激烈的學校，反而為我帶來極大的優勢。那個時候在麻州大學遭遇的競爭環境，讓我輕輕鬆鬆就在校園中脫穎而出。

雖然我從來不缺少信心，但是我在一九五三年秋天進入大學後的第一個星期仍然覺得很不好過。我非常想家，母親得開車三個小時到艾摩斯特來看我，為我打氣。

「看看這裡的孩子們，他們都不想回家。你比起他們毫不遜色，甚至還更優秀。」

她說的沒錯。在塞勒姆家鄉，我參加了許多球賽，什麼活動都有我的份兒：高中時擔任高年級的財務股長，還身兼曲棍球隊與高爾夫球球隊的隊長；但是我從來沒有離開過家門，甚至連在露營地過夜的經驗都沒有。我以為自己是個男子漢大丈夫、熟悉世態又獨立自主，然而一出門求學，我卻被徹底擊垮了。有些同學早已為大學做好準備，在這一點上，我遠比不上他們。有些人來自新英格蘭的預科學校，或者是頗負盛名的波士頓拉丁（Boston Latin）學校，他們在數學上的進度超過我許多。此外，我覺得物理學十分難唸。

母親認為這些都不是問題。她的打氣的確有效，我的焦慮感在一個星期內就消失無蹤了。

我很辛苦地渡過大一的歲月，但是成績不錯，總平均三點七分左右；大學四年以來，每年都名列在優秀學生的榜單上。我大二那年加入了榮譽兄弟會，搬進兄弟會位在校園池畔的大房子裡。我們這個兄弟會的啤酒消耗量是數一數二的，也是校園內最熱中於深夜橋牌賽，以及最精於舉辦舞會的地方。

那是一群很棒的朋友。雖然我們偶爾會受到校方的警告，但還是能夠痛快玩樂，絲毫不耽誤功課。我很喜愛那兒的氣氛。

我也受到幾位教授的器重，特別是化工系的系主任歐尼・林賽（Ernie Lindsey）。他把我當成親兒子般疼愛，敦促我努力向上；他的支持就和我母親的支持一樣，讓我信心倍增。我得到兩份暑期工作，其中一份在賓州史瓦斯莫（Swarthmore）附近，擔任太陽石油公司（Sun Oil）的化學工程師；另外一份則在俄亥俄州，服務於哥倫比亞南方公司，也就是現在的PPG實業公司（PPG Industries）。我在一九五七年獲得化工學士的學位，是學校最優秀的兩位畢業生之一。如果我當初進入麻省理工學院（MIT）就讀，我可能只是一個中等成績的學生，毫不起眼。得意洋洋的雙親，送我一輛全新的福斯金龜車當作我的畢業禮物。

大四那一年，許多公司向我大獻殷勤。我收到好幾份條件優渥的聘書，但是教授們說服我繼續深造。我回絕了那些公司，決定前往提供了獎學金的伊利諾大學香檳分校（University of Illinois at Champaign）就讀。這所學校的化工研究所，一直高居全美前五名。就我主修的科目而言，那是一所絕佳的學校。

入學不到兩週，我就遇見一位美麗的女孩，開始和她約會。我們星期六晚上的約會無比愉快，最後，在樹林中的校園停車場停了下來。霧氣模糊了金龜車的車窗。突然間，一道閃光射了進來。那是持著手電筒的校警；我們在很尷尬的狀況中被逮個正著。我嚇呆了，不知道會有怎樣的下場。

當時的環境和現在有很大的不同；一九五〇年代是一個保守的時代，而我們身處於民風保守的中西部。校警把我們拘留在校園分局裡，直到清晨四、五點才放我們回家。

我的前半生在眼前閃過，我想，我大概就要失去一切了——我的獎學金、我進入研究所攻讀的機會，以及我的職業生涯。但最重要的是我想到母親聽到了我的行為之後可能會有怎樣的反應。我將在星期一早晨與大學教務長會面，他將裁定我應受的懲罰、決定我的命運。

星期天早晨，我鼓起勇氣打電話給化工系系主任哈利・德雷克莫博士（Dr. Harry Drickamer）。除了知道他脾氣是壞得惡名昭彰之外，我對他一無所知。儘管十分害怕，我仍相信他是我唯一的希望。

「德雷克莫博士，」我在電話這頭說著：「我有一個很嚴重的問題——校警抓到我在校園內胡搞，我實在不知所措，需要你的幫忙。」

我幾乎是尿溼了褲子告訴他事情的經過。

「該死，」他回答道：「我教過這麼多的研究生裡頭，你是第一個出這種狀況的人，我會處理這件事情，但是從今天開始，你最好看緊你的褲帶！」

我不知道他做了什麼，不過他救了我一命。我仍然得面對教務長的教訓，但是起碼不用遭到退學的命運。這個嚇死我的事件拉近我和德雷克莫之間的距離，從此展開了一段美好的情誼。他也視我如己出。我們打賭足球賽的輸贏，也為新聞內容爭論不休。德雷克莫常在走廊上毫不留情取笑我，揶揄我漸禿的頭頂，或者嘲笑波士頓紅襪隊的表現。

他成為我生命中的重要人物，是我在研究所期間的良師益友，而我也的確需要他的幫助。在伊利諾時，我的底子比不上來自布魯克林理工學院（Brooklyn Polytechnic）、哥倫比亞大學或明尼蘇達大學的學生。所以，我很辛苦地渡過研究所的第一年，我必須全力以赴才能夠爭取理想的成績。我在這裡完全沒有成爲明星學生的條件。

一九五八年，正當我入學一年後即將取得碩士學位時，國家經濟陷入一片蕭條。往日獲得二十份聘書的光景不再，我只找到兩份工作，其中一家公司是在突沙市（Tulsa）附近的奧克拉荷馬煉油廠，另一家則是位於路易斯安那州巴頓魯治市的愛斯（Ethyl）公司。我搭飛機前往愛斯面談時，有一位我在伊利諾大學裡的朋友同行。那時發生了一件奇妙的事情——空中小姐前來詢問：「威爾契先生，你想要喝點什麼嗎？」然後她轉身向我的朋友問道：「蓋特納博士，你需要什麼飲料？」

我那時就想：蓋特納「博士」比起威爾契「先生」，聽起來可響亮多了；只要在學校多待個兩三年，我也可以取得同樣的頭銜。所以，出於這麼簡單的理由，我決定留在學校繼續攻讀博士學位。除此之外，當時就業市場景氣不佳，以及我真心喜歡伊利諾的老師——特別是德雷克莫與我的論文指導教授吉姆‧魏斯華特（Jim Westwater）博士——也都是促使我留下來的原因。

在研究所的生涯裡，尤其是攻讀博士學位的階段，你可以說是以實驗室爲家。你得在上午八點進入實驗室，而到晚上十一點才能回家。有時候，你會懷疑，人們評估你的標準是以實驗室的燈一天亮幾個小時爲基礎。我以蒸氣供給系統的冷凝現象爲論文主題，所以我得花很多時間蒸發水氣，然後看著它在銅板上凝結。

日復一日，我以高速相機拍攝水珠落在銅板表面上所形成的幾何形狀，從實驗中發展出熱傳導的公式。撰寫畢業論文最有趣的地方，就是你會爲它廢寢忘食，以爲自己正在進行足以奪得諾貝爾獎的偉大事業。

在魏斯華特的強力支持下，我於三年後取得博士學位，幾乎打破了所有人的紀錄；一般的研究生得花四年到五年的時間。我並非學校裡天資最高的人。爲了通過課程中的雙語要求，我在暑假以連續三個月的時間，日以繼夜研讀法文與德文，然後在考試中全力一搏。我塞入腦中的每一項知識都從筆尖流出。我通過了考試，但是一個星期之後，這些法文和德文就彷彿和我全無瓜葛。我的「知識」在考試交卷之後，就全部還給老師了。

儘管我不是天資最聰穎的學生，我卻能夠一心一意完成工作。某些聰明的學生一直無法完成論文，遲遲不能收尾；我的缺乏耐性反倒幫助了我。

我一直認爲，化工教育的訓練，是所有職業生涯最好的基礎。因爲不論在課堂上或在撰寫論文的過程中，它都能讓你體悟一項很重要的心得：許多問題沒有固定的答案，眞正重要的是你的思考過程。常見的考試問題可能是這樣的：一個重一百五十磅的人，在一英吋厚的冰上溜冰，呈八字型滑動；風速每小時二十英里，而氣溫每十分鐘便上升一度，冰面將在溫度達到華氏四十度時破裂；請問：這個人何時會跌落冰面？

沒有公式可以計算出這個問題的答案。

大多數的企業問題也是如此，很少有黑白分明的答案，唯有靠思考過程，才能帶領你逐漸走出灰色地帶。企業不僅是數字的遊戲，也經常與嗅、感和觸等知覺有關。如果我們痴痴等候完美的答案出現，那麼世界將和我們擦身而過。

□

我在一九六○年離開伊利諾時，已經很清楚自己的興趣與志向，更重要的是我也明白了自己的短處。我的技術能力還不壞，但我絕不可能成爲最頂尖的科學家。和同學們相較之下，我顯得十分外向，是一個熱愛人群更甚於書本、喜好運動更甚於科學發展的人。我發現，這些技能與興趣最適合從事銜接實驗室與商業世界之間的工作。

這樣的體悟，有點像是知道自己是個還可以的——但絕非最傑出的——運動員。我希望走出一條不同於其他博士們慣常走的路，他們通常會進入大學從事教職，或在大企業的實驗室中研究。我也曾漫不經心試著尋找教職，甚至與紐約州的雪城（Syracuse）大學和西維吉尼亞大學面談，但最後還是放棄了這條路。

伊利諾除了賦予我一個博士學位、長遠的友誼，以及分析問題的思考能力之外，還送給我另一項珍貴的禮物——一個了不起的妻子。我第一次見到卡洛琳・奧斯本（Carolyn Osburn）是在四旬齋（Lent）期間，我在校園內的天主教堂裡做「苦路十四處」（Stations of the Cross）祈禱，而她也前往教堂參加彌撒。不過，一直到一位共同的朋友在城裡鬧區的酒吧爲我們引薦，我們才有緣認識。

卡洛琳高䠷、漂亮，不落俗套又頗富聰明才智。她剛剛以優異成績畢業於馬瑞塔學院（Marietta College），獲得伊利諾提供的高額獎學金，到此地攻讀碩士學位，主修英國文學。一九五九年的一月，我們一同前往觀賞籃球賽，那是我們的第一次約會，之後我和她便形影不離。五個月之後，我們訂婚了。接著，在同年的十一月二十一日——我二十四歲生日之後的第三天——我們在她的家鄉伊利諾州阿靈頓高地（Arlington Heights）步入結婚禮堂。

我們的蜜月期間，大都隨著我在各地的面試機會而駕著福斯金龜車在全國東征西討，甚至遠征加拿大。我很幸運能得到許多工作機會，但只有兩份工作符合我的需求——其中一份是替埃克森

（Exxon）公司在德州海灣城（Baytown）的開發實驗室工作；另一項機會則來自奇異公司，替他們位在麻州匹茲菲爾德（Pittsfield）的新設化學事業單位工作。

奇異邀請我前往匹茲菲爾德參觀，我在那裡見到了負責發展新化學品的科學家，唐・福克斯（Dan Fox）博士。這是所有工作機會中最吸引我的一項：這個研發部門的人數不多，他們正在研究新的塑膠原料，而且我也希望回到麻州。福克斯和我先前的幾位教授有著相同的特質，既聰明又值得信任。他在我眼中是個教練、是個榜樣，能夠激發同仁的潛能。

由於他替公司發現了Lexan塑膠，因此，那時他在奇異內部擁有英雄般的地位。奇異在一九五七年開始銷售Lexan。這種塑膠原料具有取代玻璃與金屬的潛力、用途廣泛，從電動咖啡壺到超音速飛機羽翼上的燈罩，都可以見到它的身影。

和大多數的發明家一樣，福克斯這時已開始著手下一項研究，埋首於發展一種稱為ＰＰＯ（聚對苯氧化物）的新熱塑型塑膠。他讓我相信ＰＰＯ將是下一項偉大的事物。他娓娓訴說著ＰＰＯ耐高溫的獨特能力，認為它將可取代運送熱水的銅管以及不鏽鋼製的醫療器材。當我知道自己將會是第一位負責將此塑膠原料由實驗室帶進工廠大量生產的員工——他的推銷工作就收到了效果；我在一星期內接受了奇異的聘書。

一九六〇年十月十七日，我上班的第一天，並不曉得自己會在很短的時間內感到挫敗失意。過了一年左右，官僚作風差一點讓我離開奇異這家公司。

2

擠在一群標準員工裡

第一年就渴望脫穎而出

為了突顯自己，我必須以更宏觀的角度思考他所提出的問題；
我希望自己不僅能提出答覆，
更能提供一份超出意料的全新觀點。
我顯然令葛多福留下深刻的印象。
在這一頓長達四小時的晚餐裡，他無所不用其極地試圖挽留我。
他答應為我提高加薪的幅度，更重要的是，
他發誓不讓公司的官僚體制擋住我的路。
我很驚訝地發現，他也深為公司裡的官僚作風所苦。

一九六一年，我在奇異擔任工程師屆滿一年。在我的直屬上司爲我調薪一千美元之後，我的年薪達到一萬零五百美元。我對薪水的調幅還算滿意——一直到當天稍後發現，辦公室內連我在內的四位員工，調薪的幅度一模一樣。我認爲自己應得到比「標準」調幅更優渥的待遇。

我去找主管，但是絲毫不起任何作用。

我感到很洩氣，便著手尋找另一份工作。我開始瀏覽《化學周刊》（*Chemical Week*）與《華爾街日報》（*The Wall Street Journal*）上的求才廣告，希望能盡快找到一個讓我逃離奇異的地方。我覺得自己陷在一個大公司的底層，擠在一大群沒沒無聞的員工裡頭；我希望逃脫。我得到國際礦物與化學品公司（International Minerals & Chemicals）的工作機會，待遇相當誘人。這家公司位於芝加哥，離我妻子的娘家不遠。這似乎是逃離奇異的好機會。

公司令我著惱的吝嗇行爲不勝枚舉，既定的標準調薪幅度只是其中的一小部份。當初奇異要延攬我的時候，殷殷款待，讓我相信自己是幫助發展新塑膠原料PPC的不二人選。所以，當我與妻子從伊利諾來此，駕著我那已失去光澤的黑色金龜車，行經九百五十英里的路程抵達麻州的匹茲菲爾德，口袋裡只剩下幾毛錢；這時我期望好歹能受到一丁點的特殊禮遇。我在前一年的十月加入奇異時，地方工會正在進行罷工。爲了避開示威者的警戒線，我到地方上的倉庫進行報到手續，職稱是「流程發展專員」。

很快的，我的新主管伯特·柯普藍（Burt Coplan）便清楚表示，求愛過程已經結束了。這位四十多歲的瘦子研發經理問我住的地方找到沒，我告訴他，我和妻子暫時住在附近的飯店，他則說道：「嗯，你知道的，我們不會幫你支付飯店的費用。」

我簡直不敢相信。如果那不是我剛開始上班的第一個星期，我一定會給他點顏色瞧瞧。不過，我不打算把事情搞砸。柯普藍在面試的過程中展現了極爲迷人的風度。事實上，他是個好人，只不過他認爲凡事精打細算是他的職責所在。

他表現得彷彿奇異正瀕臨破產的邊緣。

我對奇異的所有浪漫遐想，漸次消失無蹤。我搬出飯店，住進較便宜的汽車旅館；而卡洛琳暫時先到塞勒姆，和我父母住了兩個星期。我們最後在第一街上找到了一間兩層樓的木造房子，和房東太太分租一樓狹窄的公寓房間。房東太太往往吝於打開暖氣，我們得敲敲牆壁提醒她調高暖氣爐上設定的溫度，她則透過跟紙一樣薄的牆壁吼著要我或卡洛琳：「穿上毛衣！」父母親給了我們一千塊錢購置沙發與床組，讓我們得以佈置這個小窩。

□

在第一年裡，並非事事都不順心，有幾件事情是我所喜愛的：例如，享有設計並建造PPO試驗工廠的自主權，以及隸屬於一個彷彿小公司般融洽的團隊。

差不多和我同時加入奇異公司的艾爾・高文（Al Gowan）博士，是和我在工作上關係密切的夥伴。他以燒杯爲這項塑膠原料進行初期的幾項實驗，我則設計大規模實驗所需使用的燒鍋，並且在本地的機械工廠中製造出來。我們在辦公室後頭一間小型的附屬建築物中，從頭開始建造出一間試驗工廠。我們每天都會進行好幾項實驗，測試各種不同的流程。

對一個剛離開校園的年輕小夥子而言，這眞是一次令人難忘的經歷。

爲了發展PPO這一類的新型塑膠原料，我們需要掌握所有可得的科學援助。因此，我會跳上我的金龜車，大老遠開個把小時的車，前往奇異位於紐約州史克內塔迪市（Schenectady）的中央研發實驗室，每個月至少跑兩次。這個實驗室是塑膠原料的發源地。我會整天跟研究員和科學家泡在一起，想辦法讓他們對這項新產品的潛力產生濃厚的興趣。

在那個時代，中央實驗室的經費完全由總公司資助，因此，沒有任何直接的誘因可以驅策實驗室中的科學家專注於某項業務——或者說得更確切一點，讓他們專注於任何要把研發成果商品化的活動。科學家們總喜歡做先進的研究，所以你得想辦法讓他們在發明階段結束之後還願意花時間發展你所主導的專案。我沒有職權要求他們這麼做；我唯一的工具，就是我的說服力。要引起發明塑膠的艾倫·海伊（Allen Hay）及其他科學家的注意並不困難，但是某些人對於研究成果商品化的過程就是不感興趣。

我總是滿心期盼著踏上那些前往研發實驗室的旅程，因爲，「推銷」我的專案是件充滿樂趣的工作，而且實驗室的幫助也確實能收到成效。除此之外，那些旅程對我的荷包也頗有助益；我的金龜車每趟旅程需要耗費一塊錢美金的油料（總共需要四加侖的油；每加侖二毛五分錢），而公司對於自行駕車出差的人會支付每英里七分錢的差旅費；因此來回史克內塔迪一趟，我大概可以淨賺七塊錢左右。現在看來或許很蠢，但是那時我們誰都會爲了幾塊錢的額外收入而毫不遲疑就開車到任何地方出差。

儘管有此好處，我卻是愈來愈感到沮喪。公司在第一個星期就展現出的吝嗇作風，從來沒有間斷。在塑膠大道（Plastics Avenue）上的紅磚大樓裡，我們四個人共用一間窄小而擁擠的辦公室，而且只有兩具電話，總是得把話筒傳來傳去，狼狽得很。如果出差旅行，柯普藍總會要求我們擠在一間旅館房間裡。

對我而言，加薪一千美元的「標準」調幅，是壓倒駱駝背的那一根最後的稻草。於是，我向柯普藍遞出了辭呈。正當我準備再度駕車橫跨美國時，柯普藍的上司魯本・賈多福（Reuben Gutoff）撥了通電話給我。這位駐紮在康乃迪克州的年輕主管，邀請卡洛琳與我到匹茲菲爾德的黃翠菊飯店（Yellow Aster）享用一頓長時間的晚餐。

我和賈多福並不陌生，經常在業務討論會議中碰面。由於我所提供的資訊總能超越他的期望，因此我們之間的聯繫非常密切。我雖是新進的產品發展工程師，卻能針對公司的新塑膠原料與全球各大競爭者例如杜邦（DuPont）、道氏（Dows）與塞拉尼斯（Celanese）的產品，進行完整的成本與屬性分析；我在分析中預估尼龍、聚丙烯、壓克力與乙縮醛等原料的成本範圍，並且將它們與我們的產品一較高下。

那絕對稱不上是一份劃時代的分析，但對於一般身穿白色實驗袍的研究人員來說，這樣的表現實屬不易。

我這麼做的目的，就是要讓自己「脫穎而出」。如果我僅僅針對他的問題提出答覆，就很難得到人們的注意。主管們通常在提出問題時腦海中已有了大致的答案，只是希望從旁人口中得到確認罷了。爲了突顯自己，我必須以更宏觀的角度思考他所提出的問題；我希望自己不僅能提出答覆，更能提供一份超出意料的全新觀點。

我顯然令葛多福留下深刻的印象。在這一頓長達四小時的晚餐裡，他無所不用其極地試圖挽留我。他答應爲我提高加薪的幅度，更重要的是他發誓不讓公司的官僚體制擋住我的路。我很驚訝地發現，他也深爲公司裡的官僚作風所苦。

這一次我很幸運。許多主管一定都樂於見到我離開，而柯普藍當然更是視我如芒刺在背。還好，葛多福並不這麼想（不過他不需要與我朝夕相處）。我並未在晚餐中給他一個肯定的答覆，因此他在開車返回康乃迪克州的兩小時路程中，還繼續用高速公路旁的公用電話打電話給我，試著說服我。那時已是凌晨一點，卡洛琳與我早已上床了，而葛多福還不肯罷手。

藉由提高加薪幅度（在柯普藍給我的一千美元之上再加兩千美元）、承諾增加我的權責範圍，並且保護我不受官僚體制的影響，葛多福讓我感受到他的誠意。

破曉後不久，我在歡送會當天清晨決定不走了。那天晚上，同事們在柯普藍的家中爲我舉辦歡送會，在四周禮物環繞之下的我，告訴大家我決定留在公司繼續服務。大多數的同事都顯得相當高興，不過，我可以看出這個決定讓柯普藍大爲焦慮。我不記得自己拿了那些禮物沒有，我想應該是拿了沒錯。

□

葛多福的賞識（他認爲我與衆不同、表現突出），對我產生了深遠的影響。從此之後，「差異化」（differentiation）的管理，就成了我的基本管理原則之一。我在四十多年前得到的標準調薪幅度，或許是導致我的行爲走入極端的原因。不過，差異化的管理本就是一種挑出極端的做法——你必須獎勵最頂尖的人才，並且剔除效力不彰的人員。嚴格的差異化管理，能篩選出眞正傑出的人才，而傑出的人才可以創造卓越的企業。

有人認爲，差別待遇是缺乏理性的行爲、容易斲傷員工士氣。他們聲稱，差別待遇會破壞團結；但在我的世界中可不是那麼一回事。藉著用不同的方式對待每一個人，你可以建立起堅強的團隊。棒球隊的薪資結構就是一個很明顯的例子，只要看看連勝二十場的投手以及累積全壘打數超過四十支的打擊者所得到的薪水之別，就可以了解我的意思。你透過統計數字就可衡量球員的相對貢獻度，然而他們還是團隊中的一員。

每位球員都必須相信自己是球賽中不可或缺的角色，但這並不表示你必須以一視同仁的方式對待每一個人。

我從球場上的經驗中了解，求勝的關鍵在於派出最佳陣容；而葛多福則讓我明白了商業世界也沒什麼不同。常勝隊伍必定實行差別待遇——獎勵人才、刪除弱者，並且不斷地努力地提高標準。

我很幸運能夠在第一年就脫穎而出，並且得到這些體悟——不過，體悟得來不易，我還差一點就離開了這家公司。

3

從爆炸事件中學管理

三十二歲的總經理

那一天，他展現了高度的包容心，
幾乎是以蘇格拉底式的態度來處理事件，
所關心的只是我從爆炸中學到了什麼教訓，
以及我是否能解決反應裝置的流程問題，
最後並質疑我們是否應該繼續推動這項專案。
整個過程是理性的討論，不帶一絲情緒或憤怒。
「現在發生問題，總勝過在大規模營運之後才出現狀況。」
他說：「感謝上帝，沒有人眞正受到傷害。」

早在人們爲戲稱我爲「中子傑克」的好幾年以前，我就曾經實實在在炸掉一間工廠。那是一九六三年，我在奇異的生涯剛開始不久。那時我二十八歲，已在公司服務三年了。我對那個春日的記憶猶新，彷彿昨日。那是我一生中最恐怖的經驗。

爆炸發生時，我正坐在匹茲菲爾德的辦公室內，就在試驗工廠的對街。爆炸的衝擊力量掀開了大樓的屋頂，震破了頂樓的每一扇窗戶。人人大驚失色，我尤其是從頭到脚打顫不已。

爆炸聲猶在耳中轟隆隆作響，我急急忙忙跑出辦公室，衝向一百公尺外、位在塑膠大道上的磚造工廠。我心中想著：天啊，希望沒有人受到傷害。我見到屋瓦碎片和玻璃屑散落一地，煙霧和塵埃籠罩在大樓上方盤旋不去。

我沿著樓梯衝向三樓，心中驚恐莫名，我的心臟狂跳，整個人浸在汗水裡頭。一大塊屋頂崩落在地板上；爆炸所造成的破壞比我想像的還要嚴重。

奇蹟似的，竟沒有人受到嚴重的傷害。

我們那時正在進行一項化學實驗，透過一大缸高揮發性的溶液產生氧氣氣泡；一絲不明原因的火星，導致了這場爆炸。我們實在很幸運，因爲安全栓發揮了應有的作用，讓爆炸氣流往上直衝而掀開了屋頂。

身爲主事者，我顯然難辭其咎。

隔天，我必須開車一百英里，前往康乃迪克州的橋港（Bridgeport），向產品事業群行政主管查理・李德（Charlie Reed）解釋意外發生的原因。他是我的直屬上司葛多福的頂頭老闆，而葛多福則是說服我留在奇異的人。葛多福也參與了這次會議，但我身爲最前線的主管，已經爲最壞的情況做好心理準備。

奇異主管對他們的經理人抱著各式各樣的期望；他們期望經理人能提出新的產品構想，或是開拓新的市場、提昇銷售業績；但絕對沒有任何主管期望有人炸掉一間工廠。

我知道自己能夠說明爆炸的原因，也大概可以解決引發氣爆的問題，但是當時我的神經幾近崩潰，自信心和我所破壞的大樓一樣搖搖欲墜。

我不大認識李德，不過，從我走進他位於橋港的辦公室那一刻開始，他就讓我感到十分輕鬆自在。李德畢業於麻省理工學院，擁有化工博士的學位，是一位具有教授天賦的天才科學家。事實上，在一九四二年加入奇異以前，他曾在麻省理工學院教應用數學達五年之久。他中等身材，童山濯濯，眼睛裡永遠閃耀著光彩。

他同時也對科技懷抱一股熱情。這位和工作結爲一體的單身漢，是奇異公司內部擁有實際化學經驗的員工當中位階最高的一位。李德很清楚揮發性物質在高溫之下可能產生的狀況。

那一天，他展現了高度的包容心，幾乎是以蘇格拉底式的態度來處理事件，所關心的只是我從爆炸中學到的教訓，以及我是否能解決反應裝置的流程問題，最後並質疑我們是否應繼續推動這項專案。整個過程是理性的討論，不帶一絲情緒或憤怒。

「現在發生問題，總勝過在大規模營運之後才出現狀況。」他說：「感謝上帝，沒有人眞正受到傷害。」

李德的反應令我印象深刻。

□

當有人犯了錯，處罰是最沒有意義的事情；他們需要的是鼓勵與信心的重建。我認爲在一個人的低潮時期「雪上加霜」，是一切惡行中最缺德的一項。在奇異的營運檢討會議中，有一個常見的玩笑：如果某事業單位的執行長遭受抨擊，而會中其他人士跟著附和，那麼幕僚小組便會在空中揮舞白手帕，向那些落井下石的人提出停戰的要求。

在別人軟弱無助的時刻雪上加霜，可能會逼得他們陷入我所謂的「奇異旋渦」(GE Vortex)當中。這種現象可能在任何地方發生。一旦領導者失去信心、開始驚慌失措，然後向下盤旋掉入自我懷疑的黑洞中，這時就形成了一個「旋渦」。

我曾目睹這種現象發生在一位堅強、聰明、自信、掌管數十億美元大企業的總經理身上。他的公司在經濟繁榮時期幹得有聲有色，但在錯失一項營運計劃或完成一筆拙劣的交易之後，自我懷疑就悄悄爬進他們的心中。他們開始失去主見，只求盡快結束工作、過一天算一天。

這是很糟糕的事；能從「旋渦」中脫身的人寥寥無幾。我總是竭盡所能幫助別人從旋渦中走出，最好是幫助他們避開旋渦。

別弄擰我的意思了；我很樂於質疑人們的見解，沒有人比我更熱愛一場有益而激烈的唇槍舌戰了；但是這跟固執或直率無關，這只是職責所在。此外，我也需要學會在適當的時機給個擁抱或大聲咆哮。當然，那些不肯從錯誤中學習的驕傲員工，勢必得離開奇異。如果我們麾下的優異員工因爲一次的錯誤而自責不已，我們的職責就是要幫助他們度過難關。

那並不代表你得放鬆你對卓越人才的鞭策。我和奇異內部一位首屈一指的高階主管之間的互動，就是一個絕佳的例子。這位主管負責掌管奇異某大事業的全球研發活動，就在去年，我們在經理人年度大會前夕的雞尾酒會中閑聊，提到奇異在印度的研發中心；我剛參觀過那裡的營運，感到十分滿意。正當我在描述對那裡的印象時，這個傢伙卻說我在旅程中所聽到的一切都是胡吹一氣的大話。

「印度中心的工作品質，離你所想像的十萬八千里遠。」他這麼說道。

他的評論惹惱了我，我簡直不能相信。奇異在印度的工程師與科學家都由他負責掌管，而他竟然劃清界線，區分在美國「這裡」與在印度「那裡」的員工。我一直很明白，要在整個組織內部建立起以「全球智慧」(global intellect)——汲取世界各地的好人才——爲中心的觀念，仍然有一段路要走。但當我從最拔尖的主管之一得到這樣的反應，我這才知道，問題比我想像的還要嚴重。

隔天，我在一百七十位高階主管的面前，以這個故事做爲會議的開場白。不過，我並未指出那位主管的名字。我以這個故事爲範例，說明公司仍未把全球智慧運用到極致。我要求與會的每位主管捫心自問，確保自己沒有犯下相同的錯誤。我們不能光讓美國的研發小組從事一切最尖端、最有趣的研究工作，而將附加價值較低的專案塞給印度和其他地方。我在印度的訪問，讓我相信那兒的實驗室裡人才濟濟，科學家的能力比起美國毫不遜色——而且他們的紀律嚴明，比電腦程式更有條不紊。

想當然爾，這個傢伙覺得我在大庭廣眾之下當著同儕的面修理了他一頓。如果他不是公司內數一數二的傑出而有自信的主管，我不會這麼做；他是奇異的翹楚，可不是泛泛之輩。

會後的一兩、天，他寄給我一封短箋，說明他並非存心「貶低印度研發小組的卓越貢獻」，也無意讓我產生錯誤的印象。我立刻打電話給他，謝謝他寄來的短箋，同時要他放心，他並沒有搞砸。

這種負面範例的管理方式，顯然不是每個人都能接受的，你只能套用在最傑出的部屬身上——只要他們很清楚自己是最頂尖的員工。範例的運用，總能幫助我向更大群的員工傳達自己的意思。

同樣的原則，也適用於抓住機會「全力一擊」卻揮棒落空的員工身上。大企業的優勢之一，就是足以承擔具有高度潛力的大型專案。而懲罰那些有勇氣去追求夢想卻失敗的人，就是消除這項優勢最快的方法；這種做法只會強化組織內部規避風險的文化。

若要鼓勵員工追求夢想與卓越，最佳的方式，就是挑出具有大潛力的小構想，然後提供正面典範與資源，協助人們將小型專案轉變爲大型事業。我們在一九七〇年代末期，爲了發展一種名爲「Halarc」的創新燈泡所作的努力，就是一個很好的例子。這個野心勃勃的專案，意圖發展出一種極其省電、使用壽命是一般燈泡十倍的產品；這顯然是當時最環保的產品概念。

這是價值五千萬美元的一擊。

問題是，消費者不願意花十塊九毛五買一顆燈泡——不論它多麼環保、多麼創新；我們的專案失敗了。後來我們沒有「懲罰」參與專案的員工，反而爲他們偉大的努力慶祝了一番，並且發放獎金、拔擢專案相關人員。儘管結果並非大夥兒所樂見的，但是我們仍大大獎勵了團隊一番，這是要每一位員工都知道，他們可以不計成敗地全力一擊。

□

到了一九六四年，新塑膠產品的研發專案已累積了相當的進展，產品問世的時間指日可待。葛多福任命鮑伯・芬荷（Bob Finholt）負責管理新事業單位的整體營運。芬荷是個胸懷萬里的夢想家，他很快就說服了高層，讓他們相信我們在匹茲菲爾德的營運大有可爲。隨後在李德的遊說下，董事會於一九六四年同意興建新塑膠工廠。

這座斥資一千萬美金的工廠，將負責生產PPO塑膠——這是一開始將我引進奇異的產品，也是在試驗工廠中造成災難的產品。我們若想獲得經費，前提是得發展出一項突破性的新塑膠原料，大幅超越奇異第一代塑膠產品 Lexan，而 Lexan 才剛剛創下一個新的績效標準。

這座新工廠得來不易，一方面是因爲我們不願意搬到 Lexan 塑膠工廠所在的印第安那州維農山（Mount Vernon），卻選中了紐約州塞扣克（Selkirk）一塊廣達四百五十英畝的土地。我是在一個星期天的下午，載著妻子與三個孩子從匹茲菲爾德出遊，到了塞扣克這裡，我們五個人下車四處漫遊。那是一塊景致優美的地方，緊鄰哈德遜河，原本是紐約中央鐵路的調車場。我深受這塊土地的吸引，遲遲不肯離去，一直到孩子們筋疲力盡爲止。

某些奇異高層對這個地點抱持著懷疑的態度，因爲它與史克內塔迪只有三十英里的距離，而史克內塔迪那裡就有一座奇異規模最大、歷史最久的工廠。我們偏愛塞扣克，也有很深的自私成分在內：我們希望獨當一面，留在原來的地方。爲了找出更多藉口，我們表示這是一項高科技的產品，需要經常與奇異在史克內塔迪研發中心的化學家與科學家聯繫，同時也必須與我們自己在五十里外的匹茲菲爾德研究室密切合作。

我們的論點收到效果，贏得了經費。這時，芬荷的創意天賦讓他獲得晉升的機會，進入企業總部擔任策略規劃的工作。

他的職位出現空缺，我決定大膽一試，爭取這項職務。

我與小組其他成員跟葛多福一同在塞扣克吃飯。餐後，我隨葛多福走向餐廳後頭的停車場，然後跳進他的福斯敞篷車的前座。

「要不要考慮讓我接任芬荷的職務？」我這麼說道。

「你在開玩笑嗎？」葛多福說：「傑克，你對行銷企劃一竅不通，而行銷是這項新產品上市過程中最重要的一環。」

我不肯就此放棄機會。在那個漆黑清冷的夜晚中，我在葛多福的車上待了一個多小時，鍥而不捨推銷著自己——儘管我的條件十分弱。

這次我和葛多福的角色互換，輪到我向他大力推銷，勾起他上一次試圖留我的記憶。他並未立即給我答覆，但是在我們離開停車場的時候，葛多福已很清楚我對這份工作的渴望。

接下來的一個星期左右，我不斷打電話向他進行疲勞轟炸，試圖提出新的論點說明自己的資格。一星期之後，他打電話給我，要我前往他位於橋港的辦公室。

「你這該死的傢伙，」他說：「你說服我把這份工作交給你，而我也準備這麼做了。你最好爭氣點！」

那天，我以聚合物產品事業單位新任負責人的身分，返回匹茲菲爾德。

我的好日子並不長久。

就任新職位之後不久，工廠興建工程也剛破土動工之際，我們發現ＰＰＯ產品具有嚴重的缺陷。老化試驗（aging test）顯示這項原本設計耐高溫的產品，會在高溫之下產生脆裂的現象，因此，絕不可能成為熱水銅管的替代品——而這是潛力較高的市場之一。

我極力爭取得來的工作，反而成為可能扼殺職業生涯的挑戰。我永遠不會忘記，一九六五年的一個冬日裡，我和葛多福與艾倫．海伊一同站在塞扣克工地前的情景。海伊是任職於奇異中央實驗室的科學家，也是ＰＰＯ的發明人。我們穿著大衣、戴著手套，站在地面上的一個大洞前面，這個洞約有三十呎深，足以把我們三個人埋在裡面。

看著地面上的大洞，以及產品上新發現的缺陷，我在奇異的事業生涯又在眼前閃過。

我說：「海伊，你一定得幫我們解決這個問題，否則我們全都完蛋了。」

海伊轉過身來，氣定神閒地回答：「嘿，別擔心，我還有兩個新的塑膠概念即將出爐。」

我有一股衝動，想把他扔到洞裡，真不知道自己陷入了怎樣的麻煩。我們的研究進展遠遠落後於投資的腳步，公司在一個不熟悉的領域中投入了一千萬美金的經費。現在情勢很明顯：我們提不出一個行得通的產品供工廠製造。更糟的是，發明這個產品的科學家，對問題的解決之道毫無頭緒。

我們過了慌亂的六個月，才逐漸找出脫困之道。這段期間裡，我幾乎以實驗室為家。我們用盡了各種手段，在ＰＰＯ中加入各種想像得出的化合物，希望解決產品脆裂的問題。最後，當初遊說我加入奇異的化學家唐．福克斯，帶領匹茲菲爾德的研究小組，在ＰＰＯ中融入低成本的聚苯乙烯與橡膠，終於找到了解答。

爲了配合這個新的混和程序，我們得修改工廠的平面設計，但是問題總算解決了。

故事有個完美的結局。這個被命名爲「耐力璐」（Noryl）的塑膠混合物，成爲一項很成功的產品，如今每年在全球的銷售業績已超過十億美元。

這樣的成就，完全得歸功於一群相信自己無所不能的狂人。我們雖然爲自己的前途憂慮，卻仍懷抱著大夢——同時又夠瘋狂，膽敢嚐試各種化合物的組合。我們或許置身於全世界規模最大的企業集團中，但在匹茲菲爾德或在塞扣克裡，我們把自己看成背後有「金庫」撐腰的小型家族企業。

談到運氣，我在塑膠事業的整個經歷，就彷彿上帝俯身對我說道：「傑克，這是你的大好時機，不要錯過了。」

商業世界對我而言還很新鮮。我還記得妻子卡洛琳和我第一次應供應商業務員之邀去吃飯的經驗，我那時以爲這是了不起的大事。當時我的職位是專案經理，經常向匹茲堡綜合煤礦公司（Pittsburgh Consolidated Coal）購買原料。這位業務員帶我們到最高級的河畔磨坊餐廳（Mill on the Floss）享用醇酒美食，而我們不用花費半毛錢！

現在看來或許有點天眞，但在當時，所有事物都是嶄新的經驗。我熱愛每一分每一秒，再微不足道的小事，在我眼中也都樂趣橫生。我們經常爲了視察位在印第安那州維農山的 Lexan 工廠，而從康乃迪克州的哈特福（Hartford），搭乘卡拉維爾（Caravelle）雙引擎噴射機飛抵芝加哥。在每次的旅程中，空中小姐都會遞給我們一罐夏威夷火山豆，以及兩小瓶蘇格蘭威士忌。所以，我們在前往機場的途中就會爲即將到來的享受而雀躍。

有時候，我簡直不能相信公司會付錢請我做這些有趣的事，我母親也是。當我在一九六四年第一次因公前往歐洲出差，母親十分擔心奇異在事後會拒絕支付這趟旅費。她問我：「你確定他們會付錢給你嗎？」

這些嶄新的經驗，是我們從零開始、胼手胝足發展事業時的一環，而我們也盡可能利用各種藉口大肆慶祝。當塑膠顆粒產品得到第一份金額達五百美元的訂單時，我們在回家途中前往酒吧暢飲啤酒。我們在牆上寫下每一位訂單金額超過五百美元的客戶名稱，成立屬於我們自己的「五百俱樂部」。俱樂部的名單上每增加十位客戶，我們就慶祝。

啤酒與披薩派對是今日矽谷常見的活動，但在一九六〇年代中期，這樣的派對就已經是塞扣克與匹茲菲爾德的家常便飯了。

每一個提早升遷的機會、每一筆紅利與每一次加薪，都是慶祝的好藉口。我在一九六四年收到了一筆三千美元的紅利，就立刻在剛買的新房子裡舉辦一次派對，邀請所有員工參加。這幢房子座落於劍橋大道，位在匹茲菲爾德的勞工階級區。派對過後的星期一，我買了我的第一輛敞篷車，一輛淺綠色的龐迪亞克 LeMans，以此犒賞自己。好傢伙！我彷彿站在世界的頂端！不過，我很快就得到教訓，體會出世事無常。

除了買車，我還買了一套西裝。在我早年的生活裡，我總喜歡標新立異，突顯自己的不同。我經常在夏天穿著 Haspel 公司製造的褐色稠料西裝，配上藍色襯衫與條紋領帶。現在聽起來可能很傻，我甚至會因爲人們稱我爲「威爾契博士」而洋洋自得。

在一個美麗的春日，我在下班時分走向停車場，跳進我那耀眼的新車，首次試圖打開敞篷車的車頂。突然間，液壓管線裂開一個大縫，骯髒的黑油噴到我的西裝上，也毀壞了車頭的拷漆。

我簡直不敢相信。我正站在世界的頂端，感覺自己征服了生命，然後這個教訓砰然一聲把我帶回現實世界。那是很重大的一課。當你沉緬在身爲大人物的滋味裡時，總會發生一些事情把你從夢中喚醒。

不過，這個家族企業般的事業繼續成長，而我也一樣。等到塞扣克的工廠落成、開始生產耐力璐之後，業績就迅速起飛。在一九六五年到六八年期間，我們以驚人的速度成長；隨後，我得到了事業生涯中的另一個好機會。一九六八年的六月初，我加入奇異即將屆滿八年，這時我晉升爲整個塑膠事業單位的總經理，掌管規模兩千六百萬美金的事業。這是一件很了不起的事，它讓我在三十二歲那一年當上公司裡最年輕的事業總經理。

這次的升遷讓我躋身於大聯盟，享受一切高級待遇，包括受邀參與公司每年一月在佛羅里達舉辦的高階主管年度大會，以及我的第一次股票選擇權。

我蓄勢待發。

4
不要只當工程師
「他的態度略爲傲慢」

「儘管傑克擁有許多長處，但他也有幾項重大的弱點。
就優點來說，他具有衝勁、創意、與生俱來的商業頭腦與積極的態度，
是天生的領袖與組織者，並且負有高度的技術能力。
但是另一方面，他的態度略爲傲慢、反應情緒化（甚至過度反應），
在面對批評時尤其如此。他對於業務細節涉入太深，
處理複雜情況時往往過度仰賴自己的第一反應與直覺，
而忽略堅實的分析工作與部屬的協助。
此外，他對於權責範圍之外的領域總帶著點『顚覆傳統』的態度。」

生命顯得再美好不過了——只除了一件令我悵然若失的事情。

我再也無法與父母親分享我的成就。

母親在一九六五年的一月二十五日過世，那是我一生中最哀痛的日子。她那年才六十六歲，但已經被心臟的毛病折騰好幾年了。她第一次心臟病發作時，我還在麻州大學艾摩斯特分校裡唸書。當阿姨打電話通知我這個消息時，我當下慌了手腳，匆匆忙忙衝出宿舍，沿著高速公路奔跑，總共跑了一百一十英里。我試著搭便車回家，但心中翻滾著各種情緒，根本無法安靜地站在公路旁等車。

她在醫院待了三個星期之後返家，得到了充分的休息，也恢復了身體健康。這事發生在防止心臟病發的藥品與心血管繞道手術發明之前（這兩項發明，在後來救了我自己的一命）。她在三年後又遭遇一次心臟病突發，經歷了同樣的過程。又過了三年，她遭受第三次也是最後一次的心臟病發作，那時她和父親正在佛羅里達渡假。我從那年的紅利中撥出一千美元送給他們，讓他們避開新英格蘭的寒冬。

不論對於母親或是對我自己，那筆金錢都象徵著重大的意義。當我把支票遞給她時，她充滿得意。打從我出世的那天起，母親就把我照顧得無微不至，這個一千美元的小禮物，是我終於能夠稍微報答她的機會。對她而言，這筆金錢反映出「她的產物」所得到的成就，她是那麼地爲我感到得意。感謝上帝讓我及時送給她這份禮物。我這一生的一大遺憾，就是未能把我現有的一切獻給她。

父親告訴我，母親住進羅德岱堡醫院，我立刻從匹茲菲爾德起飛，直奔她的病房。她看起來糟透了，顯得既疲憊又衰弱。還記得在她過世的那天晚上，我坐在她的床邊，她要求我幫她洗背。我以海綿沾著溫水與肥皀，洗淨她的背部。她因爲我願意這麼做而感到十分快慰。之後不久，父親和我回到他們暫時下榻的旅社房間休息。

那是我們和母親生前的最後一面。

我哀慟逾恒。父親和阿姨伴隨母親的遺體搭火車返回塞勒姆，而我則負責把父親的車子開回家。我徹夜開車向北行，途中只在北卡羅來納州的公路旅館中休息四個小時，卻在床上輾轉難眠。我非常焦躁、憤怒，一路哭喊、踢著車子。我覺得被騙，爲上帝帶走母親而感到憤憤不平。

終於抵達家門時，我的眼淚已經流盡。在聖湯瑪斯使徒教堂舉辦的守靈會與喪禮，其實是對她一生的禮讚。在塞勒姆的殯儀館中，所有親戚、鄰居及數百位我並不認識的朋友前來致哀，每個人都帶來一個母親說過的故事，故事的主角都是她的寶貝兒子——小傑克。

她對朋友們疲勞轟炸的故事，每一則都洋溢著她對我的自豪。

她的死，也帶給父親極大的衝擊。父親是善良而慷慨的人，在他還無力負擔的時候，就設法買給我一輛新車。他的工作和母親強勢的性格，使他無法對我的生命產生太大的影響，但我仍然愛他。看著他不肯適應失去母親的生活，讓我感到十分傷心。

失去了母親的扶持，他就像個迷途的士兵。由於他有水腫的毛病，母親總是嚴格要求他食用不含鹽分的食物。如今他對自己的飲食漠不關心，身體內留住的水分讓他的臉開始浮腫，體重也開始上升。

他就這樣以不當的飲食方式結束了自己的生命。他因爲水腫問題過於嚴重而入院就醫時，我急忙縮短歐洲的公差，兼程返家。父親在我走進醫院電梯時尚在人間，卻在我抵達他的床畔之前不久，嚥下最後一口氣。一九六六年的四月二十二日，母親過世才十五個月，父親也緊接著走了，享年七十一歲。

我的心情陷入谷底。父母親都離我而去，我鎮日自艾自憐。幸好還有妻子卡洛琳幫助我重新振作起來；她很堅強又伶俐，並且總是在背後支持著我。她點醒了我，讓我了解自己是多麼幸運，擁有一個圓滿的家庭和三個健康的孩子：凱絲、約翰與安（最小的馬克到一九六八年四月才出生）。她是我生命中的磐石，不僅在當時伴我走出傷堅強痛，也在日後許多場合中陪我度過難關。

當我擔心在工作上進行重大變革所可能產生的後果時，卡洛琳鼓勵我堅守自己的信念——不論公司內部其他人是否贊同。在每一次的升遷之後，她和孩子們則在家中與車道上掛滿彩帶表示慶賀。

□

一九六九年，隨著我被晉升爲塑膠事業單位的總經理，公司內部刊物《組合字》（*Monogram*）也刊登了一篇關於我的採訪報導。撰稿人來到匹茲菲爾德進行採訪時，稱呼我爲「威爾契博士」，我立刻回應道：「我不在家看診，所以叫我傑克就好了！」——他在文章中引用了這段話。（譯按：在英文中，「Dr.」一詞可作博士或醫生解。）

這時的我，打算從工程師蛻變成企業家，因此，我亟欲藏起「博士」的頭銜。我在採訪中誇示，我的員工是「充滿幹勁的一群」，每個人都能自行「發電」，爲自己加油打氣。我大言不慚提到，在我擔任總經理的第一年，塑膠單位的成長高於過去十年的總和。「這裡是一座金礦，我們很幸運能夠前來挖掘寶藏。」

我那時眞是一個大渾球，目中無人、自以爲是！我完全忽略前幾任總經理的感受，聲稱我們的業績與利潤將會打破一切紀錄。那些看了報導的人一定氣得說不出話來，幸好我身上帶著一層防護罩，在奇異公司官僚體制的雷達感應不到的地方潛航。

接管了包含 Lexan 在內的整個塑膠事業單位後，我眞的相信自己承繼的是一座金礦。比起耐力璐，Lexan 可說是帶有貴族血統——它純淨如玻璃，卻堅硬如鋼鐵，而且耐火、質輕。在那個年代，每一架波音七四七飛機上都耗用了四千磅的 Lexan。這項產品的運用範圍，有一半是用來取代金屬。

這麼多年以來，我們一直在銷售耐力璐的混合產品，而且不斷修補產品上的瑕疵。我們是擁有二流產品的次等公民。我們利用低價策略，設法把產品推入機械外殼、自動灑水器、吹風機、拋棄式刮鬍刀與彩色電視等市場，但每一張五百磅的訂單都是經過一番苦戰而來的。在我們終於掌管 Lexan 之後，我認爲我們可以與整個世界一較長短，而且我也趾高氣昂說出自己的想法。

相對於公司並不怎麼看好塑膠事業的態度，我在接受採訪時說的那一番話更顯得狂妄自大。前一任總經理接受調職，升任矽事業單位的總經理，掌管規模爲塑膠部門一倍半的事業。矽的利潤豐厚，而塑膠事業才正要進入損益平衡的階段。

儘管如此，前途仍是一片光明璀璨。在那個時代，分析師們相信塑膠會是接下來十年中成長速度最快的產業——遠勝於電腦與電子產品。連電影情節也反映出這股塑膠熱潮；在《畢業生》（The Graduate）一片中，就有人慫恿達斯汀・霍夫曼進入「塑膠工業」！

我們增加了行銷部門的人手，開始把塑膠產品當成汰漬（Tide）洗衣粉般的大力促銷。

我們聘請聖路易紅雀隊（Cardinal）的投手吉普生（Bob Gibson）爲我們拍攝廣告；另一支電視

廣告則以一頭闖入瓷器店的公牛爲主角，在公牛橫衝直撞搗毀一切之後，這些瓷器竟毫髮無傷，因爲它們的材質其實是 Lexan 塑膠。我們還花錢延請底特律的廣播喜劇名人包伯與雷在黃金時段宣傳我們的塑膠產品。我們在上午七點半到八點之間，趁著目標客戶——汽車工程師——卡在前往通用汽車、福特或克萊斯勒辦公大樓的交通車潮中，強力播送我們的廣播廣告。我們在所有通往辦公商業區的公路旁豎立了宣傳 Lexan 的廣告看板。

我們並邀請當時爲底特律老虎隊創下三十場勝績的投手麥克連（Denny McLain），在我們底特律辦公室的停車場中，朝著手持 Lexan 塑膠板的我猛力投出一記快速直球；地方上的媒體都報導了這項活動。由於這些促銷活動的手法迥異於一般工業用塑膠原料的行銷風格，因此引發了廣泛的注意。

我們企圖以 Lexan 取代從儀表板鑲邊到窗戶搖桿等所有汽車金屬零件。由於我們駐紮在底特律的五人小組必須對抗來自杜邦四十人團隊的競爭，因此，我們的行動必須更迅速、更富創意。我們面對大型化學公司的挑戰卻仍成績斐然，就是因爲我們總能搶先。我們擁有大企業的力量，卻仍保持小公司般敏捷的身手。

業績蒸蒸日上。到了一九七〇年，我們的表現甚至超越我那大言不慚的預測，不到三年的時間，塑膠事業的規模就成長了一倍。不過，儘管表現突出，我顯然激怒了總公司裡的一些高層人員。

其中一人是奇異人力資源部門的最高主管羅伊·強生（Roy Johnson）。強生手中握有所有升遷大門的鑰匙，職位僅在當時的董事長佛萊德·包爾屈（Fred Borch）及隨後的雷吉·瓊斯之下；他左右一切人事決策。

多年以後，我發現了強生在一九七一年七月寄給副董事長赫門・魏斯（Herm Weiss）的一份備忘錄。那時公司正考慮讓我升任化學與冶金事業部門的副總，那是一份業績達四億美金的事業群。強生在這份備忘錄中表示，我足以擔當這份職務，但是這樣的指派「具備極爲高度的風險；儘管傑克擁有許多長處，但他也有幾項重大的弱點。就優點來說，他具有衝勁、創意、與生俱來的商業頭腦與積極的態度，是天生的領袖與組織者，並且負有高度的技術能力。」

「但是另一方面，」強生寫道：「他的態度略爲傲慢、反應情緒化（甚至過度反應），在面對批評時尤其如此。他對於業務細節涉入太深，處理複雜情況時往往過度仰賴自己的第一反應與直覺，而忽略堅實的分析工作與部屬的協助。此外，他對於權責範圍之外的領域總帶著點『顛覆傳統』的態度。」

我很高興自己是在多年以後才發現這份評估報告，否則，年輕時的我可能會做出很愚蠢的事情。在那個時候，我可能無法接受這樣的批評。強生把我的「弱點」歸咎於「年輕、不夠成熟」，不過，幸好他並未阻攔我的升遷機會。謝天謝地，我還能得到魏斯的支持。

回首過去，強生與其他人的確大有理由對我抱持保留的態度。我很明顯與這個公司格格不入。我毫不尊重組織內的行爲規範，甚至無法容忍規範的存在；我是個缺乏耐性的經理人，面對績效不良的員工更是經常暴跳如雷。

我非常直率，對於某些人來說，我的直率簡直達到粗魯的程度。我的用字遣詞有時相當粗俗、低下。我不喜歡聆聽或閱讀格式化的報告，而偏好面對面的交談；在交談的過程中，我期望每個經理人都能對他的業務瞭若指掌，能夠答覆我提出的任何問題。

我熱愛「建設性的衝突」，並且認爲在辯論中以開放、誠實的態度討論業務議題，能幫助企業達到最佳的決策。如果某個概念無法在激烈的論戰中存活，就不可能在市場上倖存。我的一位好朋友、也是奇異的前任副董事長賴瑞·鮑希迪（Larry Bossidy），後來把我們的業務會議比做美樂淡啤酒（Miller Lite）的電視廣告——喧鬧、刺耳卻充滿生氣。

我也從不掩飾自己的想法或感覺。在業務會議中，我可能會變得非常情緒化，甚至結結巴巴發出令人瞠目結舌的話。我的口頭禪包括：「連我六歲兒子都能做得更好！」或者是：「別模仿華特·克朗凱（Walter Cronkite，譯按：美國CBS電視台著名的新聞主播）了！」（大夥兒對這句話的詮釋是：「你光會報告壞消息，卻提不出問題的解決之道。」）

如果員工無法適應這種不拘禮節、步調快速的環境，只好自行辭職或被公司開除。對於不適任的人選，我總是快刀斬亂麻，以求降低公司的損失。傲慢、浮誇的人通常待不了多久，而擁有具體表現的員工則能夠收到巨幅的調薪或紅利；正如我現在所受到的待遇。

我會對員工「咆哮」，但是我也懂得適時「擁抱」。

我這些特異獨行的作風，在人們心中產生類似「造反者」的形象，並且導致各式各樣荒謬的流言。大多數的流言都只是捕風捉影罷了，是人們在茶水間談天說笑的好話題，卻沒有太多事實基礎。這些流言蜚語把我塑造成一個喜怒無常的惡霸，甚至會跳到書桌上或會議桌上大發雷霆。

那眞是胡說八道！

我繼續往上爬。雖然強生的態度有所保留，我還是在一九七一年成爲化學與冶金事業部門的最高主管。這份工作帶來了新的挑戰；我在過去的十一年一直浸淫在塑膠事業的領域裡，如今，我必須管理一大群材料事業，包括碳化刀具、工業用鑽、絕緣材料與電極化材料等等，並且與個性差異很大的員工共事。

我的第一項任務，就是仔細檢驗我的組員。我發現除了一、兩個人之外，其他人的能力都有待加強。我得承認，我在早年所執行的裁員動作，經常過於草率、衝動；幾年磨練下來，我學到了許多教訓。裁員是所有工作中最棘手、最困難的一項任務；本來就不容易，也不會變得容易執行。

我從經驗中學到，若要讓裁員更容易進行，就必須讓即將遭到解僱的員工先做好心理準備。我在開除任何一位經理人之前，至少已經透過兩次到三次的會談，向他表達我的失望，並且給他一個扭轉情況的機會。在每一次的業務檢討會議之後，我也會以書面文件歸納會中的議題。

某些人可能不敢領教我的坦白，但他們總是能清楚了解我的立場。

如果有任何驚訝或沮喪的情緒，一定是在第一次會談中發生，而不是在員工遭到開除的那一刻出現。我不記得在我解聘員工的時候，有誰感到震驚或意外。

「聽著，」我會這樣說：「我們倆都盡力了，你我都很清楚，事情並未出現轉機，該是讓事情告一段落的時候了。」

難過是難免的，但是很多人更常因此而感到鬆了一口氣。我在解聘員工的時候，話題會很快就轉成：「遣散費有多少？」我很幸運，我這一生都爲一家財力雄厚的企業工作，因此可以緩和員工在遭到解聘時的打擊。

在這種時候，最大的挑戰是讓離職員工放眼未來、讓他們了解這只是人生中的又一個過渡時期——就像由高中進入大學、或由大學進入第一份工作；他們可以往前走入另一個環境中，把過去的遺憾都拋到腦後，給自己一個新的開始。

我見到許多人在離開不適任的工作之後，生活變得更美好、更快樂；而這樣的結局，正是我們每一個人的責任。

一九七一年，我不得不開除三位直屬我管理的高階主管，但我還有幾位留在原本的工作崗位上。我指派湯姆·費茲傑羅（Tom Fitzgerald）繼任我在塑膠事業部的職位；塑膠事業部裡的員工大多是工程師，而費茲傑羅則是道道地地的推銷員。

費茲傑羅不僅是我的密友，也是意氣相投的工作夥伴。我辭退矽事業單位的經理，找來一位朋友；當初錄取我進入伊利諾大學就讀的研究工程師，華特·羅伯（Walt Robb）博士；這時羅伯已由實驗室進入工業界，掌管一家小型的醫療發展企業。

在膠膜事業中，我以查克·卡森（Chuck Carson）取代原本的主管。卡森是我在塑膠事業部時的財務長，隨後也曾出任 Lexan 塑膠片的總經理。膠膜事業刻正面臨重重困難，頭號競爭者，美國氰胺公司（American Cyanamid）的富美家（Formica）品牌，在市場上佔有絕大優勢，把我們的品牌 Textolite 壓得喘不過氣來。我們的經銷商疲弱不振，而卡森的成績完全要仰賴這一群人。卡森非常強悍，我們都叫他「法蘭克·尼提」（Frank Nitti），這是當時深受歡迎的連續劇《天羅地網》（The Untouchables）

中的一個狠角色。卡森總能達成預算上的目標，但他無力改善這項產品的利潤率，或提昇公司在市場上的競爭地位。

他和我用盡一切方法，希望化腐朽爲神奇。這是我第一次體會到人爲駑脚生意奮戰的悲哀；卡森在市場上與所向無敵的對手進行肉搏戰，卻沒有一丁點改善局面的希望。

在那之前，我一直以爲所有業務都是振奮人心的挑戰；我相信，如果注入足夠的研究與經費，就能發展出新的產品，然後逐漸成長、茁壯。這是我第一次親眼見到不良事業的眞正面目；這個經驗在我的整個職業生涯中產生了深遠的影響。還好我們的其他業務都有良好的獲利能力，特別是塑膠事業——它是奇異成長的原動力。

我下了一番工夫試圖了解新事業裡的員工。以我們在底特律的冶金事業單位爲例，我在一開始的人事檢討會議中，要求會見他們的業務管理團隊。這群人的品質簡直令我難以置信；他們以死板而正式的方式進行簡報、對工作缺乏熱情，甚至無法回答最簡單的問題。我把他們稱爲「例行任務」式的業務團隊，是一群爭取不到新客戶來保住自己飯碗的業務人員。

在這次會議之後，我換下兩位經理。而我發現了一位表現突出的員工：擔任市場開發經理的約翰·歐沛（John Opie）。他那時三十五歲，在這一行已有十二年的經驗了。在與他見面的第一天，我就把他升任爲全國業務經理，讓他進入實際的戰場作戰。在見過他手下「新任」的地區業務經理之後，我表示如果由我決定的話，我會在一年之內開除這六位經理。後來，其中五位眞的都在一年內離開。

這當然是不尋常的流動率。不過，這也讓整個業務團隊猛地驚醒，幫助歐沛在事業單位中注入一些活力。歐沛工作勤奮、從不謀求私利，他在日後成爲奇異最頂尖的高階營運主管之一，最後在我當總裁的時候擔任副董事長的職務。

我並沒有眞的偏離正軌，或試圖挑釁組織內的官僚體制，但是我不同於常人，這讓總公司裡的一些人倍感威脅。強生的評論，充分反映出我與紐約總公司幕僚之間的衝突。每當我打算在財務、人事與法務（這三個部門由總公司與事業單位共同管理）等職位上聘用一位關鍵人物時，總公司總會提出他們的人選。在這幾個部門的任用決策上，我總得爲我想要聘用的人費盡唇舌。

而我並非次次稱心如意。有好幾次，我必須勉強接受總公司提名的人選。我被迫接受的幾位財務經理，根本是完全不夠資格，最後還是得開除他們。有一次，我試圖拔擢鮑伯·萊特（Bob Wright），讓這位年輕的律師升任爲塑膠事業單位的法律總顧問，我與總公司產生了激烈的爭執，卻仍敗下陣來。

我認爲萊特的能力決不僅止於擔任律師的工作；他二十七歲，剛離開一間私人的律師事務所。當我被晉升爲整個事業群的執行長時，我要求亞特·普西尼（Art Puccini）擔任我的法律總顧問，萊特是最適合接任普西尼在塑膠事業部遺缺的人選。不過，奇異集團的法律總顧問持有不同的看法，他認爲萊特的年紀與經驗都不足以擔此大任，所以他塞給我一份名單，名單上的每一個人都是他的親信。

我選中了其中一位，然後在一九七三年，指派萊特掌管塑膠事業部的策略發展單位；總公司無權干涉這個職位的人選。儘管這不是律師常走的路，萊特還是幹得有聲有色。他有成千上萬的新點子，爲這份工作帶來了新的生命。一年半後，我們讓他晉升爲塑膠事業單位的全國業務經理。他的聰明與活潑外向的個性，讓他在新崗位上如魚得水，並且給了他一個一生受用的工作經驗。萊特最後成爲NBC電視網的總裁；如今，他是奇異的副董事長之一——對一位當年被營收不到一億美元的企業棄之如敝屣的年輕律師而言，這是多麼了不起的成就！

中央與地方的緊張關係，在任何企業組織都是很常見的現象。在鮑伯・萊特這個例子中，我以迂迴的方式找到制度的漏洞。過去二十年來，我每天都希望奇異的主管能以此個案爲範例，幫助他們爭取任用自己心目中的理想人選——即便是我的幕僚和我本人硬要他們接受中央指定的候選人。

□

官僚體制經常讓我感到洩氣，不過，我盡量避免在公開場合大肆批評——尤其要避免對高層人士吐苦水。到了一九七〇年代初期，我已經開始思考自己可不可能成爲奇異集團的最高主管；一九七三年，我甚至很放肆地在我的績效評估中表示，我自己的長程目標是成爲奇異總裁。以我一己之力絕不可能改變積習已久的官僚作風；我決心不讓無謂的戰鬥打破實現夢想的機會。如果我經常埋怨、攻擊制度，就會成爲制度攻擊的目標。

我很幸運，是制度放下了身段，屈從於我。公司讓我從各種不同的經驗中獲得歷練，但最重要的是，它允許我維持自己的本色。

5

小池塘裡的大魚

升到了第二十七階層

事業群執行長的工作經驗，是我到當時爲止最美好的一段時光。

這份規模二十億美元的新事業，是一個大型的練習場，

讓我得以運用過去在工作中學到的知識與技能。

這份新工作給了我一個籌組新團隊的機會。

我在財務、人事、策略與法務等職位上，

找到一群聰明、機靈、適應能力強，並且彼此相輔相成的幕僚。

多年來，總公司老是塞給我一些不夠格的人選；

這一次我很幸運，終於從「體制內」找到兩位實力雄厚的高階主管。

一九七三年六月，我的事業再度往前邁進一大步。魯本・葛多福剛剛升任公司的策略規劃首長，我則接續他，成為產品事業群的執行長。這次升遷意味著我必須搬進總公司的辦公室。如今，我的權責範圍除了管理位在匹茲菲爾德的化學與冶金事業部門之外，還包括其他幾項事業：位於密爾瓦基的醫療器材、韋恩堡（Fort Wayne）的家電零件，以及雪城的電子零件事業。

這個事業群的產品種類包羅萬象，年營業額超過二十億美金，共有四萬六千名員工；我們在全美各地擁有四十四座工廠，分公司遍佈比利時、愛爾蘭、義大利、日本、荷蘭、新加坡與土耳其等國家。

這次的升遷是件了不起的大事；十六個月前，我才以三十六歲之齡就得到「奇異副總」（GE vice president）頭銜。所以，這項新職務讓我進入雷達的偵測範圍之內，成為公司內舉足輕重的人物之一。我前往紐約總公司查看未來辦公室的興建藍圖；公司計畫在一九七四年八月將總部遷往費爾菲德（Fairfield），並且在那裡興建類似的辦公大樓。我為我的辦公室挑選家具，並選定一組象徵地位的天花板磁磚。

不過，還有一個問題——一個很嚴重的問題；我根本不想搬進位於費爾菲德的總公司。

我在匹茲菲爾德住了十三年，已經為家人和我建立了完美的生活。我深愛波克夏（Berkshires）。卡洛琳和我從一九六〇年居住的狹窄公寓開始，經過一次一次搬遷，終於買下我眼中最理想的房子。

我們在這裡有一大群好朋友。四個孩子的年紀還小，都在本地的公立學校就讀。匹茲菲爾德是個養育孩子的好地方，高山、綠水都僅一箭之遙。我在匹茲菲爾德鄉村俱樂部裡結識了一群很有意思的朋友，我們經常在高爾夫球與板球賽中「拼個你死我活」。我也加入城裡臨時湊成的曲棍球聯盟，到了三十幾歲都還在比賽。我大概認識這裡的每一個人。

我深深覺得自己是小池塘中的一條大魚，完全不願意放棄這樣的地位。此外，匹茲菲爾德還有另一個長處：它讓我遠離總公司內的醜陋鬥爭。

那年夏天，我飛往紐約與當時的副董事長赫門．魏斯會面。我成爲事業群執行長之後，魏斯將是我的直屬長官。他是個身材魁梧、氣勢威嚴的人，有著厚實的肩膀，不喜歡裝腔作勢。魏斯在大學時期是足球隊與棒球隊的明星球員，並且榮膺《運動畫刊》（*Sports Illustrated*）二十五週年紀念獎的得主之一。

我非常喜歡他。我們倆都熱愛高爾夫球，都喜歡說俏皮話，並且常在星期天的足球賽中小賭一番。從一開始身爲我的長官，到後來成爲我的夥伴與朋友，魏斯一直把我放在他的羽翼之下保護著我。我不論到哪裡，似乎總能找到一位良師益友。我並未特意尋找父親的化身，但是貴人似乎總會在我的身旁出現，扶持我，鼓勵我。

我通常都很期盼和魏斯見面的機會，但是這一次，我在他的辦公室外嚇得全身僵硬。我打算要求他讓我留在匹茲菲爾德。我強調自己在大部分時間裡都需要留在前線監督各項事業；我也承諾以後會準時參加總公司每個月舉行的月會，決不遲到或缺席。

不知是出於一時心軟或施捨——或者兩者都有，魏斯終於答應了。我高興得跳起來親吻他，然後趁他還來不及改變心意或向瓊斯報備，我就急忙離開了。我很確定瓊斯希望我能搬進總公司；瓊斯聽到這項消息的時候，簡直不能相信魏斯讓我留在前線。

我搬離了位在塑膠大道上的舊辦公室，然後協同五位幕僚人員，在匹茲菲爾德的波克夏希爾頓飯店二樓租了套房充當辦公室。接下來的五年，我信守對魏斯的承諾，從來沒有錯過任何一次會議。遇到了匹茲菲爾德的機場可能因氣候惡劣而關閉，我會在前一晚先飛抵紐約。如果機場在出奇不意的情況下關閉，我會在清晨五點跳上車子，一路飛奔到紐約，以便準時出席業務檢討會議。

□

事業群執行長的工作經驗，是我到當時爲止最美好的一段時光。這份規模二十億美元的新事業，是一個大型的練習場，讓我得以運用過去在工作中學到的知識與技能。涵蓋了塑膠事業單位的化學與冶金事業部門，業務蒸蒸日上。家電零件事業部門銷售各式馬達與小型機械，利潤豐厚，但是一半的業務量來自集團內部。電器零件事業是個貨眞價實的大雜燴，商品從半導體到電視映象管與電容器，無所不包；某些電子零件商品的利潤不錯，但有些商品連年虧損。醫療事業的主要商品爲X光儀器，前途大有可爲，但在一九七三年，這是個賠錢的生意。

這份新工作給我一個籌組新團隊的機會。我在財務、人事、策略與法務等職位上，找到一群聰明、機靈、適應能力強，並且彼此相輔相成的幕僚。這麼多年以來，總公司老是塞給我一些不夠格的人選；這一次我很幸運，終於從「體制內」找到兩位實力雄厚的高階主管：湯姆・索森（Tom Thorsen）與勞夫・哈比森（Ralph Hubregsen）。

索森是我的財務主管，他聰明絕倫、英俊瀟灑、個性強悍，又熱愛享樂。哈比森則是我的人事主管，他就像一張沒有鋪好的床，臉上坑坑疤疤的，每根雪茄都抽到菸屁股才肯罷休，還會隨處亂彈菸灰。他在時間上的安排奇差無比，經常在總公司開會的前一天晚上才熬夜準備簡報內容。不過，他的識人能力無人能及。

我向外尋找策略規劃的人選，任用了來自布茲・艾倫&漢彌頓（Booz・Allen & Hamilton）顧問公司的葛列格・萊曼（Greg Liemandt）。他是我從顧問業挖來的第一人，諷刺的是，我一直不喜歡管理顧問。萊曼從不受框架的限制，總能顛覆傳統的思考模式。

最後，我再度拔擢與我合作多年的法律顧問亞特・普西尼，讓他成爲事業群法務單位的最高主管。普西尼生於紐約市的布魯克林，擁有藥學與法律的學位，幾年前才加入奇異。

這是我見過最多樣化的一群人了——有人是奇異老兵，有些人來自外面的世界；不過，每一個人都具有腳踏實地的個性，不會虛僞做作或拘於形式，而且總是直言不諱。

增加了六名工作人員之後，我們搬進希爾頓飯店裡一間面積達三千六百平方英呎的辦公套房。由於不必與高層長官共處一室，我們總是穿毛衣、牛仔褲上班，隔著敞開的房間大門互相喊叫，感覺就像在大學裡的宿舍一樣。

每逢星期五晚上，我們會到飯店頂樓的休息廳，一邊喝啤酒、一邊檢討工作，以誇張的語氣吹噓著這一星期的大事。我們大概在晚上六點半開始，而妻子們則在兩小時後抵達，這時，我們差不多已討論完畢。對太太們而言，聆聽我們縱橫沙場的故事其實不怎麼有趣，不過她們都很有風度。她們彼此欣賞、相處得很融洽。大夥兒經常帶著孩子在星期六晚上聚餐，或在星期天下午開派對。

我們享受著人生最快樂的時光——而且還有薪水可以拿。

大部分時間裡，我們都在前線檢討員工的表現與策略的成效。我租了一架商務噴射機，方便我們用更有效率的方式四處出差旅行。能夠擁有一架專屬的飛機，令我感到興奮異常。

我太太卡洛琳則有不同的看法。她說：「傑克，你眞是個傻子。公司租了飛機給你，就是要你鞠躬盡瘁，死而後已。」

她說得很有道理，不過，一點都不影響我。我們通常在星期一早上出門，到星期五晚上才回家。途中視察了印第安那州的韋恩堡、威斯康辛州的密爾瓦基市，以及俄亥俄州的哥倫布市，彷彿只是去隔壁的小鎭。我相信某些主管一定這麼想：「討厭，他們又來了！」我們會關在房間裡，花好幾個小時的時間抽絲剝繭，直到找出所有問題爲止。有些人能夠從這一類會議中得到很大的樂趣，認爲這是腦力的大挑戰，不過，我相信其他人厭惡它的程度不下於對牙齒根管治療的感覺。

我們融合了兩個世界的精華——我們擁有大企業的資源，又具備我早年在塑膠事業中所享有的家庭氣氛。由於必須以遙控的方式管理這群多元化的事業，我比以往更能體會到一件事：我的成功，將取決於我所任用的員工。我在進入塑膠事業的第一天就了解到適才適所的重要性。很明顯的，當我找到絕佳的人才，整個情況便大爲改觀。

這些心得得之不易——有時甚至是以嚴重的錯誤爲代價。我最初聘用的員工，在品質上的參差不齊簡直荒唐可笑！我最常犯的錯誤就是以貌取人。在尋找行銷人才時，我會聘用相貌堂堂、口才便給的人；其中有些人的確擁有很堅強的實力，另外一些人則只是空殼子罷了。

我還犯了許多很「妙」的錯誤。我在三十歲那年開始在亞洲招募員工。我不會說日文，對日本文化也沒有太深的體驗。所以我做了最顯而易見的事——如果一個日本人說得一口流利的英語，我通常就會聘用他。我花了很長的時間才發現，以語言能力篩選員工，實在不是很有效的辦法。

我在用人這件事上所犯的許多錯誤，反映出自己心中的一些愚蠢成見。或許因爲我所就讀的麻州大學，當時是一所才剛開始發展工學院的農業大學，所以我總對在學業上「系出名門」的人另眼相看。在聘用工程師時，我會試著任用麻省理工學院、普林斯頓或加州理工大學的畢業生。我眞不應該忘記自己的出身！我最後經常發現，人們就讀的學校，並不代表他們的優秀。

在早期，我總愛看載滿各種學術領域學位的履歷表；這些履歷表的背後，可能是一群聰明、愛探究知識的人，但事後發現他們往往是缺乏目標、凡事只求懂得皮毛、沒有決心、對任何事物欠缺熱情的傢伙。

履歷表落在經驗尚淺的雇主手裡，可能會成爲危險的武器。

慢慢的，我了解，自己眞正要找的是對於完成工作充滿熱情與渴望的人。履歷表並無法透露一個人內在的渴望，我必須親身去「感受」它。

從這份新的職務中，我發現塑膠事業是我血液中唯一流動的知識。這對我的思維模式造成重大的衝擊，我不再能事必躬親地掌握一切；這讓我更加著迷於了解麾下的員工。

□

我和我的人力資源夥伴，哈比森，開始前往各個事業部門，整天關在會議室裡與事業部的總經理及其人事主管會談，接著再會見直接向總經理報告的二級主管。在十到十二小時激烈的討論之後，我對事業部門的前二級或前三級管理人才大概就能掌握。

我這種做法讓別人感到十分震驚。針對團隊中每一位成員行如此激烈而涉及個人優缺點的討論，對誰都是全新的經驗。

最常接受此類轟炸的第一前線領導人物，是直接向我報告的四位事業部門副總：醫療事業的朱利安・查理爾（Julian Charlier）、化學與冶金事業的華特・羅伯、電子零件事業的喬治・法恩斯沃思（George Farnsworth），以及家電零件事業的弗萊德・霍特（Fred Holt）。

法恩斯沃思是個道地而老練的奇異人，凡事都能自行做主。他熱愛駕駛無座艙罩式飛機，性好挖苦，但人很有趣，我後來非常喜歡他。霍特是另一個睿智的老兵，他深諳公司裡的每一項政治遊戲，而且已在其中浸淫多年；在大多數的狀況中，他都能如願。霍特比我年長二十歲，已飽嚐大風大浪。在他眼中，我像是一場終會痊癒的胃痛。

法恩斯沃思與霍特是我最早開始管理的兩位主流派奇異經理人，他們視我為非正統出身的人物，但似乎還能尊敬我對工作的熱誠。霍特顯然打算在近期內退休，而法恩斯沃思對於職位上的升遷也沒有太大的野心，不過他後來得到很大的晉升機會，成為奇異飛機事業的最高主管。

查理爾是比利時人，隨著我們併購一間位於比利時列日市（Liege）的小型醫療器材公司而加入奇異，最終執掌奇異的整個醫療事業。我和查理爾同在葛多福的手下工作時，我花了兩年的時間觀察他。他是個高雅的歐洲紳士，每一分鐘都會產生一個堂皇的點子，但從來沒有將這些點子付諸實行。他在密爾瓦基附近蓋了一棟華麗的辦公大樓，帶給醫療事業一份新的氣派。我挺喜歡他懂得享受生活、充滿創意的作風，但他總是無法拿出具體成果；這一點在我們還是同事時就經常令我感到困擾，到了他成為我的屬下之後，更是令我頭痛。

基於我對查理爾的喜愛，我曾試著盡量忍受他，但是他那不肯腳踏實地的個性，終究是行不通的。我們針對這一點以及業務部門差勁的表現進行了多次的會談，最後我們達成共識，認為讓他返回歐洲、爲其他企業工作，將是最好的決定。

爲了尋找繼任查理爾的人選，我在星期天晚上打電話給華特．羅伯。我早年在塑膠事業的日子裡，羅伯經常在星期天晚上打電話給我，向我表示支持之意，並且帶來一些小道消息與忠實的建議。這一回，我在星期天打電話給他，要求他接管醫療事業。我的提議差點讓他跌到地上。「你熱愛技術、渴望探求新知，」我這麼說：「你是經營醫療事業的最佳人選。」

羅伯認爲我瘋了。在過去的一年八個月以來，他的工作生涯歷經了巨大的變化：從經營一家營業額僅七百五十萬美元的小型醫療發展企業，到執掌營業額高達五億美元、奇異規模最大、獲利能力最強的化學與冶金事業部門。

他在這個職位上僅四個月的時間，而且樂在其中。如今，我要求他接管營業額只有一半——並且處在虧損狀態中——的醫療事業；這是一份位在威斯康辛州中部，專門製造X光儀器、起搏器與心臟監視器的事業。羅伯實在看不出這份提議爲什麼是個「一生難得一次的大好機會」，不過，他還是在尖端科技和我一些鬼話的誘使之下，接受了這份工作。

羅伯接掌了這個主要銷售X光儀器給放射線研究員與牙醫的事業。他繼任不久，英國一家電子公司EMI（如今是一家唱片公司）達到科技上的重大突破，發明了CT（電腦斷層攝影）掃描器。這項進展對我們現行的X光儀器事業造成重大的威脅，但它是一項艱鉅的挑戰，實實在在激起了我們的鬥志。

羅伯在奇異的事業是從研究實驗室開始。他返回史克內塔迪市，向他的科學家好友求救。要激起科學家對這項挑戰的熱情並不困難，因爲EMI的發明已成科學界的目光焦點。我在整個過程中的唯一貢獻，就是每星期固定追蹤小組的工作進度，偶爾在後頭拿著鞭子，其他時間則扮演啦啦隊的角色。大約八十位員工不分晝夜工作，全心全意試圖創造一個更優異的產品，希望它能帶來比EMI模型更快速、更清晰的影像。這個專案的一點一滴都帶有新事業的衝勁：研究人員以實驗室爲家、三餐以外送披薩果腹；我們終於在密爾瓦基一間租來的雜貨店裡，創造了奇異的第一架CT掃描器。

到了一九七六年年初，他們開始接受訂單，銷售這台價値高達六十五萬美元的機器。我再一次見證如同小公司般的敏捷身手有什麼好處。高層的關注、最優秀的人才和足夠的資金，再一次成爲成功的最佳秘方。

CT掃描器的問世，徹底改變了奇異的醫療事業。羅伯接手時，這項營業額兩億一千五百萬美元的事業還是個虧損的生意；如今在公元二〇〇〇年，這項事業成爲奇異的一大寶藏，營業額超過七十億美元，營業利潤更高達十億七千萬美元。

我後來重整羅伯原先經營的化學與冶金事業部門，讓成長快速的塑膠事業單位獨立出來，並且指派原先經營奇異膠膜事業的查克．卡森接掌剩餘的材料事業；材料事業的成長速度不快，但獲利能力驚人。

新成立的塑膠事業部門爲我帶來了一個難題。我的朋友湯姆．費茲傑羅當時掌管矽事業，是奇異內部接管塑膠事業部門最理所當然的人選。但他是我在工作上最親密的朋友，所以我不僅了解他的長處，也很清楚他的短處。我決定在費茲傑羅，以及從外界所找到的最佳人選這兩者之間做一番評估比較。

我在用人方面犯過許多錯誤，但是沒有一個比得上我即將造成的這個錯誤——我決定放棄費茲傑羅，任用那位曾一度掌管奇異矽事業單位的外人。我在一九六〇年代初期經營塑膠事業單位時，他還只是個年輕的主管，這一位經理在部門會議中提出的簡報總讓我感到佩服。他口若懸河，口才是所有領導階層中最好的。由於我自己無法發表優美的演說，所以他的說話技巧令我印象深刻。我第一次在紐約準備當著數百位奇異高階主管面前發表言論時，緊張得兩度離開會場的前排座位，前往洗手間紓解壓力。

對於自己能夠說服他回到奇異，我覺得十分得意。他似乎是個完美的組合：衣著得體、口才清晰，能夠給人很好的第一印象。他先前因爲一個在化學業界中更好的機會而離開奇異，這一點令我對他的信心更堅定。聘請他回來擔任公司的副總是一件大事；我必須先徵求費爾菲德總部的人事主管的同意，也需要魏斯與瓊斯的許可。

不用多久，我就發現這位新人的能力不足以擔負大任。我憑著十五年前的印象聘用了一位不適任的人選。我知道改變勢在必行，這眞是一個難題！我明白自己可能是瓊斯接班人角逐戰中的一名候選人，在決定聘用這位外人時，我和人力資源主管強生的意見相左，強生一向主張拔擢內部的人選。這項錯誤可能對我產生重大的傷害。

六個月之後，我前往總公司與強生、魏斯和瓊斯會面，向他們坦承自己的錯誤，表示有必要開除這位副總。眞是難捱的一天啊！我爲了聘用這個人選對抗了奇異體制，並且讓我的好友大失所望；費茲傑羅滿心期待得到這個職位，現在回頭想想，那也是他應得的升遷機會。我爲我所聘用的人選感到尷尬，因爲顯而易見的，他根本不適任。

魏斯抱著支持的態度：「你犯了個錯誤，我很高興你能很快修正它。」而瓊斯只是簡單說道：「好吧」，他從不肯輕易透露自己的想法。瓊斯把這件事視爲我不夠成熟的又一例證。

至於法恩斯沃思與霍特，他們不僅都是好人，也都十分聰明，深知奇異體系運作的方式。這是我首次得到機會好好兒研究「傳統的奇異」，他們倆的識見擦亮了我的雙眼，讓我開始懂得欣賞這個「另外的世界」。

關於霍特的故事不計其數，我最喜歡的是一個關於員工績效評估事件的故事。我們在韋恩堡進行人事檢討時，霍特針對我認識的一個傢伙給了一整篇熱情洋溢的評估。

「霍特，你哪根筋不對？他沒有這麼優秀，你我都曉得這傢伙是個扶不起的阿斗，這篇評估報告簡直是胡說八道！」

令我驚訝的是，霍特完全同意我的看法。

「你想要看看眞正的評估嗎？」他說道：「我不能把眞正的評估送進總公司，他們會要求我開除這個人。」

在那個時代，霍特的作爲並不奇怪。他認爲自己是在行善，是在保護能力不足的員工。那就是體制內的文化；沒有人願意扮黑臉，傳遞壞消息。那時標準的作法是這樣的：你在評估過程中表示自己的下一個目標至少是直屬主管的位子，而主管的反應則是「你足堪大任」——即使大夥兒都知道這不是眞話。

這一類「仁慈」的評估報告，到了我們一九八○年代初期必須裁減人力時，就成了我的一大困擾。這些「虛假的仁慈」，只是讓員工產生錯誤的印象，使得他們更難接受裁員的命運。

從法恩斯沃思及他的電子零件事業中，我獲得兩項寶貴的經驗。第一，我得到機會仔細研究半導體產業。我立刻發現這項事業不合我的胃口；的確，它有很高的成長率，但對我而言，這個產業的季節性太強，而且會耗用龐大的資本。我花了將近十年的時間才從這個產業脫身。

我從法恩斯沃思身上得到的另一個經驗——PCB（多氯聯苯）的爭議，在接下來的二十五年裡帶給我很大的幫助。法恩斯沃思掌管的電容器事業，位在紐約的哈德遜瀑布（Hudson Fall）地區，他們使用PCB做爲電氣的絕緣材料。那是我首次與政府打交道。

□

從一九七一年到七七年，我的權責範圍逐漸擴大，從經營業績僅一億美元的事業單位開始，到掌管四億美元的事業部門，最後執掌營業額高達二十億美元的事業群。我體會出人員素質的重要性，學會鼓勵最傑出的人才、剔除實力最差的員工。我也學會全力扶植醫療與塑膠等成長快速的事業，並且知道如何從成長緩慢的產業中搾出每一分利潤。那是絕佳的工作經驗。

到了一九七七年年底，我在匹茲菲爾德接到一通來自總公司的電話。那是瓊斯打來的，他說要見我，而且希望立刻見面。我隔天早晨就在他的辦公室出現。

「我對你有很高的評價，」瓊斯說道：「但是傑克，你不了解奇異。你所見到的，只是整個企業的十分之一而已，奇異的事業範疇比你所知道的要廣闊許多。我有一份新工作給你，消費品事業類別的執行長。但是傑克，這項工作位在費爾菲德；你無法繼續享受在小池塘中當大魚的滋味了。如果你希望成爲更高職位的人選，你就必須搬過來。」

這次的升遷我非常興奮，即使它意味著我必須離開匹茲菲爾德。卡洛琳也熱切期待這個往前邁進的機會，她一直希望能在一個新的地方展開全新的生活，也認爲這次搬家能幫助孩子們成長。

那時候，我們的兩個孩子，凱絲與約翰，在讀高中，另一個還在初中階段，而馬克只有五年級。我儘管工作十忙，但家庭關係還是相當親密。我們每年春假總會到滑雪聖地休假一星期，而每年夏天也總會租下海濱的渡假小屋，閒適渡過兩個星期。

我得承認，我很難完全把工作拋在腦後。在海濱渡假時，我會偷溜出去，利用公共電話與辦公室保持聯絡，一天兩次。而在滑雪時，我則趁機跑到滑雪場辦公室做同樣的事情。

儘管如此，我們在假期中還是有很多時間好好相處。我們玩紙牌或進行運動比賽。我試著慫恿家中的每一分子參與活動，藉以增加遊戲的趣味與競爭性。回家之後，我就製作木頭徽章，上面刻著「最佳運動員」、「最佳迷你高爾夫球手」或「大富翁贏家」字樣，然後頒發給孩子們。我猜，我是在學母親的紙牌遊戲的做法。幾個孩子的個性和我一模一樣——不太能接受失敗。

和大多數的青少年相同，他們並不喜歡打包搬家。他們在這裡的生活十分愜意；在學校裡有優異的表現，也擁有一大群朋友。

但是，他們的日子並不總是輕鬆的。一天早晨，約翰坐在校車裡，一個同學在下一站上車後筆直走向他，然後出奇不意揍了他一拳。其他同學馬上制止了這場打架，但是當時才不到八歲或九歲的約翰，完全猜不透同學打他的理由。

到了那天晚上，約翰在餐桌上提起這個事件，我才向他解釋，我剛開除了這個男孩的父親。我們對約翰感到十分抱歉——我尤其抱歉。這個事件我至今耿耿於懷，彷彿它昨天才發生。

儘管新的職位讓我非常興奮，我也和孩子們一樣，爲了離開匹茲費爾德而感到難過。爲了不切斷和這塊地方的臍帶，在搬家之前，我到附近的山丘買了一塊便宜的五英畝地。事實上，在我開著載滿行李的別克廂形車離開小鎮之前，我才帶著四個孩子前往土地仲介事務所完成這筆交易。不知道爲什麼，這樣做讓我感覺好得多。

我這次在費爾菲德的升遷，將我帶入組織中的另一個層級——「事業類別執行長」（sector executive）。奇異和其他的大公司一樣，組織內部的階級重重，我很幸運能一步一步往上爬。公司總共有二十九個階層、幾十種職稱和頭銜，有時候我覺得它像是一個政府機關。我從實驗室出發，經過一次次的升遷，歷經事業單位、子事業科、事業科、事業處到事業部門，然後晉升爲整個事業群的最高主管。這個「事業類別執行長」的職位，位居公司的第二十七層，離第二十九層——瓊斯的職位——僅有兩小步之遙。

這是我職業生涯中的一大步，讓我正式成爲瓊斯的接班人選之一。我對未來感到躍躍欲試，不過也擔心，自己在匹茲菲爾德的行事風格，無法在總公司的官僚體系中存活。

6

搬進總公司

一個需要「密集發展」的人

這份報告的意思很清楚：強生認爲我太年輕、太草率，

而且額頭上沒有貼著奇異的正字標記；

他認爲我爲了達到成果而過度驅策同仁，

也不尊重公司的行爲規範與傳統。

有強生這樣的懷疑，瓊斯仍堅持將我納入考量，

他認爲我過去的成績至少應該爲我贏得一次公平競爭的機會。

我被視爲一個需要「密集發展」的人——

換句話說，就是一個需要不斷接受挑戰的人。

一九七七年一個十二月天的清晨，我開車越過奇異總公司大門口的警衛室，沿著蜿蜒的車道而上，路旁的樹枝光禿禿的一片，地面上則覆蓋著皚皚白雪。我駛入水泥建造的地下停車場，把車子停妥，然後搭乘電梯，進入西側大樓的三樓。我沿著寬闊的長廊往前走，進入玻璃大門內的角落辦公室；那是離總裁雷吉・瓊斯最遠的一間辦公室。

這個地方，靜謐而正式——透露出冷冰冰、拒人於千里之外的氣息。除了三位爲我在瓊斯繼位之戰的主要競爭對手工作的經理之外，我在這裡沒有任何秘書或工作人員。在費爾菲德總公司裡工作的數百名員工中，我只認識少少幾個人。當初說服我留在奇異的魯本・葛多福，兩年前離開了公司。

這裡只有一、兩張熟悉而友善的面孔。在我炸掉匹茲菲爾德工廠時爲我加油打氣的主管查理・李德，如今在費爾菲德擔任公司的首席技術長。我早年在塑膠事業中接觸的前任麥肯錫（McKinsey & Co.）管理顧問麥克・艾倫（Mike Allen），如今也搬到總部，處理策略規劃的工作。兩位好友的辦公室都離我好遠，而且也都埋首於各自的工作中。

但眞正令我感到孤單的，是失去了我在費爾菲德的良師益友；奇異的副董事長之一，赫門・魏斯，一年前因爲不敵肺癌的折磨而辭世了。他一直是我與公司高層的唯一連繫；爲了對我提供他最後的支持，魏斯在七月的董事會高爾夫球聯誼會中陪我走了三個洞。六個星期後，魏斯於一九七六年九月在紐約醫院中過世。我後來才知道，他在最後的日子裡，要求瓊斯好好兒看著我，因爲我是「眞正有前途的人」。

那份感覺眞是寂寞啊！在小池塘中當大魚的滋味，以及過去的其他種種得意不復存在，我覺得自己就像茫茫大海中的一條小魚。當然，我是來過這裡好幾次，參加公司各式各樣的例行盛會；不過即便在當時，我在報告了業務計畫或爲了興建新廠房提出籌資的要求之後，總會迫不及待返回匹茲菲爾德。

這一次的情況不同；我得一直留在這裡了。

比起過去每天穿毛衣與牛仔褲進辦公室、陪著五位親密戰友一起工作的情況，這是多麼的不同！我僱用可以成爲好友的員工，並且積極與員工一家人交往的行爲，大概已經打破了公司內的行爲規範。

但是我們徹底執行了工作，並且樂在其中；我們覺得自己是「一家人」，而不是一個冷冰冰的公司。如今，這一切都離我遠去。讓我更添「孤軍奮鬥」之感的是我以旅館爲家，一直到四個月後卡洛琳與四個孩子搬進康乃迪克州的新家。不過，這有一個正面的效應：我得以全心投入新的工作之中。

這次遷往費爾菲德，是一次很大幅度的升遷，讓我晉身於公司新設立的一個管理階層。我是五位事業類別執行長之一；我們五位是一般公認的瓊斯接班人選，此外，公司兩位幕僚長，財務長艾爾・魏（Al Way）和掌管企業規劃部門的資深副總鮑伯・費德瑞克（Bob Frederick），也都加入了這場角逐戰。

另外四位事業類別執行長爲：約翰・伯靈甘（John Burlingame）、艾德・胡德（Ed Hood）、史坦・高特（Stan Gault）與湯姆・凡德斯賴（Tom Vanderslice）。伯靈甘是物理學家，主管奇異的國際業務；胡德是核子工程師，執掌科技產品與服務事業；高特是家電事業的老兵，目前掌管工業產業類別」，曾獲「傅爾布萊特學人」（Fulbright scholar）殊榮的凡德斯賴，則是電力系統事業的主管。

瓊斯在挑選接班人的過程中，創立了這一個新的管理階級，目的在於測試我們的技能，看看我們在面對自己並不熟悉的產品領域時，有無能力經營營業額高達數十億美元的事業。我得到的消費品與服務事業，是在幾個事業類別中歷史最淺的一個，是瓊斯在一年多前才正式設立的。這份工作讓我執掌營業額達四十二億美元的事業，佔公司總業績的百分之二十，管理的產品包括大型家電、冷氣設備、照明產品、廚房用具、音響裝置、電視機、廣播與電視台，以及奇異貸信公司（GE Credit Corp.）。

這樣的組織結構，對於瓊斯評估繼任人選的能力有莫大的幫助，但是對我而言只有一個問題：我的新任直屬上司，副董事長大衛・丹斯（Walter "Dave" Dance），偏好的是這場競爭中的另一位候選人：他的長期門生史坦・高特。高

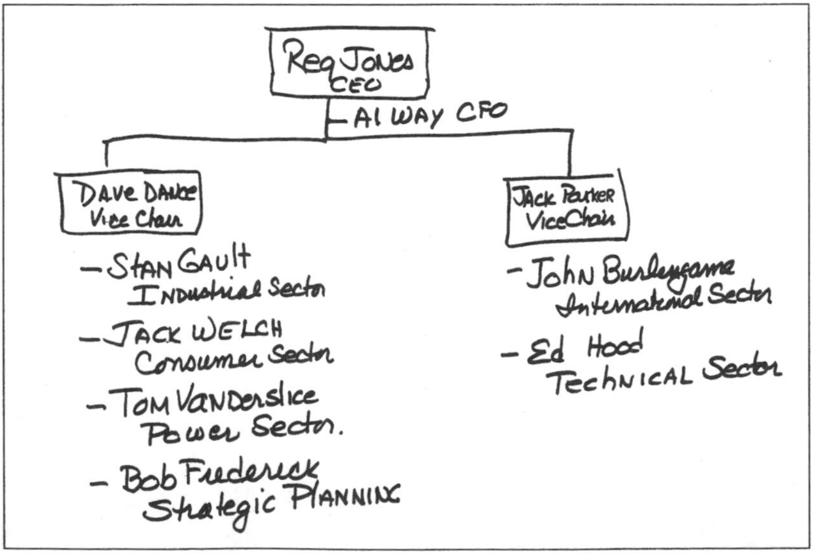

特和丹斯一樣，差不多把全部的事業生涯奉獻給了奇異的家電事業。

丹斯對高特的支持一眼就看得出來；他當然有發表意見的權利，但這讓我的日子十分不好過。這是我在奇異的十七年生涯中第一次遇到一個從不爲我喝采、加油的長官。此外，由於高特以前曾執掌此事業類別，這也讓情況更形惡化。我陷入一個很尷尬的困境，不管我採取任何行動，看起來都像在批評高特或丹斯先前的決策。

另外一位副董事長傑克・派克（Jack Parker），也有自己偏好的人選；而我並非兩位副董事長心中的首選。派克是奇異開發飛機引擎的先驅，向來不遺餘力支援這項事業以及其中的員工。他偏愛自己的兩位直屬下屬，伯靈甘與胡德。這讓凡德斯賴和我成了沒人疼愛的孤兒。

讓我還帶有一絲希望的，就是這兩位副董事長不論是彼此之間或是與瓊斯之間，都沒有太深厚的交情。他們一開始就不是瓊斯親身挑選的副董事長；瓊斯繼任總裁時，他們倆就是副董了，而且原先還是瓊斯的競爭者。他們不是壞人，但他們因爲沒有得到總裁的職位而大爲失望。

與一位不希望你得勝的上司共事，或許是職場生涯中最痛苦的事了。這種情況可以在任何地方、任何層級發生——而且出現的頻率可能比想像的更高。我在丹斯手下工作之前，從未想過這種情況會發生在我的身上。唯一能讓我在此痛苦經驗中倖存的方法，就是執行我認爲對的事，並且相信瓊斯與公司體制是公平的。

如果這是一個「永久性」的職務，我或許早已另擇枝頭；我不會爲了爭一口氣而毀了自己的工作生涯或神經健康。我的案例或許比其他人簡單許多：我知道自己的目標，也知道我不需要多久就能判斷自己能否達到目標。

這場接班人的角逐戰，從第一天起就充滿了濃厚的政治煙硝味。你隨時隨地都能在辦公大樓中感受到那股緊張氣氛。五位事業類別最高主管的辦公室，座落在費爾菲德雙棟辦公廳的西側大樓中。我們每個人都有一個位在角落的辦公室、一間會議廳，以及可以容納好幾位幕僚人員的空間。如果沒有出差視察的話，我們經常會在公司餐廳內碰頭，吃一頓非常不舒服的午餐。我們會專心咀嚼著三明治，深怕自己脫口說出不恰當的話。

那眞是痛苦！

□

前線的事業單位，成了我躲避政治角力的避風港。很幸運的是，如果我要把工作做好，勢必得經常離開費爾菲德總公司。在我身後的幕僚，是一群非常有才幹而行動力又很強的組員。我的人力資源主管大衛．奧斯立（David Orselet）具有絕佳的識人能力，並且能夠贏得每一個人的信任——這是一位人事主管最珍貴的特質。

我當時並不明白這一點，但是奧斯立在最後遴選階段對我的大力支持，產生了極大的效應。此外，個性熱情而且極端聰明的財務主管，迪克．史萊格（Dick Schlegel），也上任了。

史萊格幫我找到的兩位管理人才，在我日後的職業生涯中扮演著舉足輕重的角色；他們是出身於奇異貸信公司的丹尼斯．達莫曼（Dennis Dammerman），以及在家電事業中服務多年的財務分析師包伯．尼爾森（Bob Nelson）。

達莫曼在愛荷華州葛藍特山（Grand Mound）上的農場中長大。小時候，大人會把他高高舉起，然後用力丟入粗麻袋中，好把剛從農場羊群身上剪下來的毛壓得密密實實的。青少年時期，他到一家電氣公司——他父親開設的達莫曼電氣公司裡，擔任電工技師的學徒。一九六七年從杜貝克大學（University of Dubuque）畢業之後，達莫曼前往伊利諾州的布魯明頓（Bloomington）拜訪朋友，奇異在那裡有一座電子零件工廠。他走進工廠大門旁的警衛室，詢問有沒有任何工作機會，很幸運的，他被引薦給內部一位經理，隨後受聘加入奇異財務管理單位。他天資聰穎、個性強悍，而且是很值得信任的人。達莫曼的能力很強，並且熱愛任何艱困的挑戰。

包伯·尼爾森的智商，可以讓他在一群人中脫穎而出。他畢業於卡勒頓學院（Carleton College），是個具有優越分析能力的政治與歷史迷。尼爾森原本似乎打算朝學術界發展，他從芝加哥大學拿到通識與人文科學的碩士學位，正準備上博士課程，主修美國研究。他在生涯中轉了個彎，進入企業界，在一九六六年加入奇異的財務管理單位。

達莫曼和尼爾森成爲我在財務方面的導師，我從此一直仰賴他們良好的判斷能力，一直到我從奇異退休。達莫曼後來成爲我的財務長，之後接任奇異資融服務公司（GE Capital Services）的執行長，兼整個奇異集團的副董事長。尼爾森則出任財務分析部門的副總裁。

我也引進了我在匹茲菲爾德的朋友諾門·布萊克（Norm Blake），擔任我的業務發展主管。布萊克是我在塑膠事業的同事，他機靈而頑強，活動力旺盛、富有創業精神。他後來成爲奇異資融公司的行政副總，一九八四年離開，擔任興萊國際企業（Heller International）的董事長。

我在這份新職務上全力以赴，一如我在匹茲菲爾德的時候。只不過，如今我得從費爾菲德出發，前往各地認識我的新業務與新員工。檢討會議通常在上午七點半開始，我們再度花好幾個鐘頭的時間抽絲剝繭、找出所有議題。會議很少在晚上八點或九點以前結束；會後，我們一同進餐，檢討白天的會議過程，並且評估我們在各項事業中的人才。

由於缺乏上司的支持，所以我獨立執行工作，彷彿沒有丹斯這一號人物一般。最難以處理的議題，發生在家電事業裡。任何方向上的更動，都會被視爲是對丹斯與高特的抨擊；而他們經營家電事業已超過十年了。這些年來，家電事業一直是奇異最閃亮的一塊寶，丹斯和高特甚至計劃大肆擴展位在肯塔基州路易斯維爾（Louisville）的家電園區（Appliance Park）。此外，位在馬里蘭州哥倫比亞市的家電東部園區也已動工，而在猶他州鹽湖城興建家電西部園區的計劃也在研議中。

這些野心勃勃的計劃，反映出公司對這項事業之潛力的傳統看法。戰後時期的經濟榮景，是這些年來驅策家電事業成長的原動力；在這段期間，新興的中產階級在他們的新廚房中塡滿各式新的家電產品。但眞正的問題是，產業的成長速度究竟有多快？而在面對國內與全球的主要競爭者時，我們的勝算有多大？在家電事業中花了一番心血的尼爾森與達莫曼，曾經深入剖析了財務數字與傳統上的假設。

分析顯示成長即將趨緩，而這些擴張計劃需要重新檢討。我相信丹斯與高特在研究之後應該也會得致相同的結論。不過，比擴張計劃更嚴重的問題是我們在路易斯維爾的表現；在那裡，營業額與利潤還差強人意，但是生產力持續下滑；我們絕對需要提昇效率。

這麼多年來，總公司聽到的都是非常樂觀的預測。在路易斯維爾，一群經濟學家、策略規劃師與財務分析師堅信這個產業的潛力，並且熱誠擁戴。他們不願意相信戰後的成長即將面臨快速的轉變。他們並不孤單，美國的整個產業界大致都持有相同的觀點。

路易斯維爾家電事業的管理階層，後來把辦公室遷出工廠與研發中心的所在地，搬到五英里外一棟十五層樓高的大廈裡，進駐頂樓的辦公套房。這是非常具有象徵意義的舉動——他們坐在象牙塔裡，而苦幹實幹的人則留在家電園區，製造一箱箱的家電產品。

我帶著組員的分析，向丹斯建議大幅削減他多年以來所提倡的擴張計劃。我已準備好要與丹斯抗爭，但他竟然一下子就批准了我的建議。我想，他一定是把這份建議當作是我個性衝動的另一項證據。

我們很快著手刪減路易斯維爾多餘的人力，並廢除在家電園區另外興建大樓的計劃，試圖強化路易斯維爾的競爭力。

裁員動作在路易斯維爾引發些許反彈。不過，我很幸運能得到迪克・當根（Dick Donegan）的支持；他是丹斯與高特指定掌管家電事業的人選。當根相信這份新的計劃，並且具有執行的勇氣——絲毫不顧他與丹斯和高特兩人的關係。雖說這些痛苦的改變沒有解決家電園區的所有成本問題，起碼我們的獲利能力得到改善、競爭力獲得提昇，讓我們持續向前。

□

過去二十多年以來，我們不斷在家電事業推動類似的精簡動作。這份事業在一九七七年擁有超過四萬七千名的員工，如今，總人力不到這個數字的一半，大約只有一萬九千八百名全職員工與以時計薪的兼職員工。這些裁員動作是非常痛苦的經驗；競爭態勢的改變，使得辛勤工作的人無端遭受嚴酷的打擊。在艱困的產業中，這類的改變永無休止的一天。我在一九八〇年代初期不知道聽到多少次這樣的問題：「這一切結束了嗎？」

很遺憾，它永遠不會結束。

許多在戰後蓬勃發展的產品，如今都變成一般性的商品（commodity），也就是在成長速度緩慢的市場中那些利潤很薄的大宗商品。這些改變迫使許多競爭對手退出家電產業，其中包括福特汽車旗下的飛歌電器（Philco）、通用汽車的富及弟家電（Frigidaire），以及西屋電器（Westinghouse）。奇異選擇留在這個異常艱苦的產業中繼續奮鬥；然而，爲了生存，我們必須把某些產品移到美國以外的地方生產。如今，一台電冰箱的價格大約下降到美金七百到八百元左右，而在一九八〇年代，平均價格約在一千到一千兩百美元之間。

在如此競爭慘烈的產業中，唯一的好消息是亞洲的競爭對手至今仍未能突破美國市場。家電市場與美國的汽車產業不同；汽車價格的持續上揚，等於是對各國競爭者伸出邀請之手。

□

我於一九七七年升任事業類別執行長時，在我掌管的各項事業當中，我認爲，最具有潛力的莫過於奇異貸信公司。和塑膠事業相同，這也是個非主流派的事業，而且同樣的，我也在其中嗅出驚人的成長潛力。

當時，沒有幾個人關心奇異貸信的業務，在整個奇異製造業集團中，它像個孤兒。奇異在一九三三年不假思索就進入這個產業，試圖在經濟大蕭條期間，藉由提供消費貸款幫助我們的家電經銷商消化庫存。由於我們的經銷商大多同時銷售家具，因此我們也開始提供貸款供消費者購買家具——

這大約就是奇異貸信在一九三〇到五〇年代之間全部的事業範圍。

然後我們向外擴張，爲卡特彼勒（Caterpillar）工程機械公司提供信貸服務。一直到了一九六〇年代末期，我們才開始承接其他機械公司的租賃業務。到一九七〇年代晚期，奇異貸信的觸角已相當多元化，但仍然不具規模；這時，我們的服務範圍包括房屋貸款、二次貸款、商業房地產貸款、工業貸款與租賃業務，以及自有品牌（private-label）信用卡。

在那段時期，我完全不懂金融業務的錯綜複雜。幕僚爲我準備了一本小冊子，以門外漢可以了解的詞彙解釋各種財務術語，我稱它是「小人物的財務學」，不過這正是我所需要的。我用心研讀這本冊子，用功程度像是回到研究所時期，希望能開始了解這個事業單位裡的員工。

直覺告訴我，比起我所熟知的製造業，信貸業務似乎更有利可圖。你不需要斥資進行研發工作、建造工廠，也不需要日復一日操縱機器；這項業務的重點在於智慧資本——聘用聰明而有創意的員工，然後善用奇異集團雄厚的財力。在我眼中，這項業務像個「金礦」。

腦力的運用，似乎比費勁兒製造產品來得容易。金融業與製造業最清晰的對比，莫過於計算每個員工的利潤率。奇異貸信以不到七千名員工，在一九七七年創造了六千七百萬美元的淨收入；而我們的家電事業聘用了四萬七千多名員工，只能勉強帶來一億美元的收入。

我相信，這在今天對任何人而言都是再明顯不過的事實——但是在一九七七年對我來說，這可是一項重大發現。畢竟，我當時是個只懂得以雙手一點一滴「製造東西」的化學工程師。

在一九七〇年代晚期，奇異貸信的表現不算壞，它的營業額與利潤每年都有成長。不過，我相信這個產業具有相當龐大的商機，在此前提之下，奇異貸信的成長速度實在有待加強。一九七八年的春天，我開始和此事業單位的管理階層會面。我對這群人的印象很差，我曾把好幾個階層的管理人員聚集在會議室裡，反覆盤問業務上的各項細節。「當我們是高中生，」我說：「從頭到尾向我解釋一遍。」

在一次令人記憶猶新的會議中，我記得自己向負責保險業務的主管提出一個相當簡單的問題。他在簡報中用了幾個我不熟悉的名詞，所以我打斷他的報告，問道：「『臨時險』(facultative insurance) 和『協定險』(treaty insurance) 究竟有什麼不同？」他花了好幾分鐘，支支吾吾地以一種我不能了解的方式回答，最後終於惱羞成怒，脫口而出：「你怎能期待我以五分鐘的時間解釋我花了二十五年學習的知識！」

不用說，他不久後就離開了公司。

這樣的軼事並不罕見，後來還上演了好幾次。我不禁猜想：如果奇異貸信以目前的人員素質就可以這麼賺錢，那麼假使我們任用一大群傑出的人才，這項事業不知會有多大的潛力？

對我而言，在這個產業中獲利，如同探囊取物般容易，可惜，我們沒有足夠的人才開發業務。當時掌管這項事業的約翰・斯坦吉 (John Stanger)，是個敏銳的生意人，但他是制度之下的產物，缺乏冒險犯難的精神。斯坦吉對於用人並不挑剔，而且他也從沒有機會接觸奇異其他事業的人才。

在一九七八年春天的人事檢討會議中，奇異貸信公司裡的每一位經理人都受到我的強烈質疑；那是辛苦的一天。會後，我們邀請所有人到附近的國際聯誼俱樂部用餐，試圖在比較緩和的社交氣氛中更深入認識每一個人。大致上說來，這些經理人在晚上給我的印象並沒有比白天高明多少。

斯坦吉是個相當聰明的人，我們唯一需要做的，就是讓他接觸更優秀的人才；有了傑出員工的輔助，我相信斯坦吉一定能夠迅速成長。接下來的兩年中，我們替換了奇異貸信公司一半以上的管理人員；其中許多新人來自奇異的其他事業，另外一些人則是在奇異貸信的底層所挖掘的人才。這些人扭轉了這項事業的發展。

在奇異貸信的高階領導人當中，一位經理發出無人能及的閃亮光芒；他掌管商業與工業融資，是個直率、聰明、風趣又機智的傢伙。他叫賴瑞・鮑希迪（Larry Bossidy）；我們第一次見面時，我心裡想：這個傢伙究竟打那兒來的？

那是一九七八年年初，我們在奇異貸信於夏威夷舉辦的管理人員會議中初次碰面。我忘記是怎麼開始的，總之，我們倆跑到室外的球台上打桌球，打得彷彿整個生命繫在這場比賽之上，連飛到籬笆旁的球都不肯放棄；兩個人都汗如雨下。這是一場激烈的比賽，我們以全身的力量重擊這顆小白球。卡洛琳在旅館房間的陽臺上叫喚我，提醒我趕搭下一班飛機。我不願意離開，這個充滿生命、競爭力旺盛的傢伙深深吸引著我。

這場比賽之後，我始終忘不了他，他的機智與敏銳的觀察力尤其令我印象深刻。就在我認爲自己找到一位明星的時候，鮑希迪投下了一顆炸彈——他向我透露他即將離開公司，轉而投效孤星水泥廠（Lone Star Cement）。公司內的官僚體制令他深感挫折，就跟我好幾年前一模一樣。

我要求他堅持下去。

「究竟是什麼原因吸引你到水泥廠工作？」

「這裡快把我逼瘋了！」他回答道。

「給我一個機會，」我說：「你正是我需要的人才，這裡將會有很大的轉變。」

我說服了鮑希迪。一年之後，在瓊斯的支持之下，我於一九七九年讓鮑希迪晉升爲奇異貸信公司的營運長。他和斯坦吉聯手，共同爲奇異日後最重要的成長事業奠定良好的基礎。一九八一年，在我成爲集團總裁之後，鮑希迪搬到費爾菲德接任事業類別執行長的職務，並在三年後成爲我的副董事長之一。他在接下來的七年裡成爲我的絕佳搭檔，一直到他離開奇異前往聯合訊號公司（Allied-Signal）擔任總裁。

鮑希迪早期在奇異資融公司裡扮演著不可或缺的角色。這家在一九七七年員工不到七千人、利潤僅六千七百萬美元的小公司，經歷了爆炸性的成長。到了二〇〇〇年，這項事業創造了五十二億美元的利潤、員工人數超過八萬九千人——這全都得感謝一位接著一位出類拔萃的事業領導人。

在我接觸過的事業中，並非每一項都有理想的發展。我曾試圖透過一宗大型的併購案來增加我們在傳播事業上的份量；那時正是瓊斯接班人角逐戰中競爭最烈的階段。我由業務發展部門主管布萊克陪同，企圖說服公司購買考克斯通訊企業（Cox Communications）的有線電視與廣播事業。

一九七八年的春天，這項併購案得到董事會的許可，我相信它會爲奇異帶來很大的利益。我們當時擁有幾家電視台，而且事實上，奇異是有線電視市場的第一批開路先鋒。不過，由於政府對有線電視市場的規範太過繁複，公司在一九七〇年代決定退出這個市場。但布萊克和我認爲有線電視的前景可期，而且市場即將產生重大變化。瓊斯同意我們的觀點。

接下來的十四個月，我們試圖得到聯邦通訊委員會的批准，有線電視市場開始蓬勃發展。我希望能盡快完成這項併購案、搶佔市場先機，因此我調動當時掌管塑膠事業的鮑伯・萊特，派他前往位在亞特蘭大的考克斯總部協商，希望提高我們在有線電視事業的股份，以便擁有考克斯廣播事業的控制權。我見識過萊特在塑膠事業的領導能力，我相信以他活潑的個性與法務的背景，他是掌管這項發展迅速的有線電視事業的最佳人選。考克斯的管理階層很欣賞萊特，不過隨著聯邦通訊委員會在決議上的延宕，考克斯家族開始提高交易的價碼。我愈來愈發現，他們很後悔與我們簽下了協定。

考克斯小組在法務上做了很好的研究；我們之間的協議在他們的詮釋之下，最後竟成了考克斯以自由意志出售其事業的「選擇權」，而不是一份不容悔改的購買「契約」。這份協議讓考克斯留下反悔的空間；或許我早該發現這一點，可惜我先前不夠警覺。

我大費周章扭轉了瓊斯與董事會對廣播事業的看法，讓他們相信這筆價值數億美元的交易是一項正確的決策。如今，隨著考克斯公司不斷要求加價，我開始認爲這筆交易永遠不會有成交的一天。考克斯家族改變了心意，他們只是希望利用不斷攀升的價格讓我們打退堂鼓。在這場政治氣氛濃厚的接班人之戰中，喪失一筆重大的交易很可能導致不堪設想的下場。

我投下了大筆的賭注——併購後的利益，以及我在奇異的前途——可想而知，我多想完成這筆交易。布萊克和我花了好長的時間反覆思量成交的可能性，飽嚐不確定性的折磨，但是我們仍不願意放棄。我還在塑膠事業時，布萊克就和我一起開疆闢土，我們的家人也非常親密。大約十天的時間裡，我們在辦公室或在彼此的家裡，再三盤算、思索這筆交易。幾經深思之後，我決定割捨。

我在一九七九年的夏天，向瓊斯稟明了我的決定。他接受我的決策，但要求我在下一次於聖路易舉辦的董事會議中，親自向全體董事解釋清楚。如此一來，我不僅得在瓊斯面前掀開自己靈魂上的傷口，還得面對公司的每一位董事。接下來的這一次董事會議，也是公司高階主管與董事會成員每年一度的高爾夫球聯誼會，這只會讓我認錯的過程更顯得戲劇化而已。我的一顆心忐忑不安，但在如此困難的情況之下，我還是擺上了一副最理想的面具。

在早上的董事會議中，我以最詳盡的方式解釋了放棄交易的理由。董事們提出很多問題，包括：「爲什麼不繼續提高我們的喊價？」在最後六個星期與考克斯談判人員打交道的過程中，我全身的每一個細胞都很淸楚，不論我們願意付多少錢，考克斯家族就是不打算出售這項事業，但我無法證明這一點。繼續追逐他們，很可能有損奇異的利益。

我認爲董事會議進行得很順利。希望董事們能忽略我無力完成交易的缺憾，並且欣賞我在面對困難決策時的理智。我完全不知道他們心中眞正的想法。不過，那天下午我在和三位董事一同打高爾夫球時，我得到一些可算是正面的回應。迪克・貝克（Dick Baker）是這三位董事之一，他原先是恩尼斯與惠尼（Ernst & Whinney）的最高首長，也是一位很有幽默感的人。正當我準備開球時，貝克突然挖苦道：「我希望你在今天搞砸的這項事實，不會影響你這一桿的表現！」

我的雙手一軟，七號鐵桿從手中滑落。我大聲抗議：「犯規！」其他兩位董事突然忍不住笑了出來。我把這次事件當成一個正面的訊號，因爲這是我第一次看到這群相當嚴肅的董事們隨意笑鬧。如果不是我的表現還算可以的話，我相信他們不會如此殘忍開這種玩笑。之後我發現，某些原本擔心我過於好勝的董事，居然很高興看到我願意放棄一筆交易。

□

在這一切改變的背後，瓊斯的接班人之戰還在發燒。每一位候選人都想盡辦法使其他人相形失色。我們每個人都把全副心力投入工作中，企圖突顯自己的表現。我無法從我的上司丹斯身上得到任何方面的訊息回饋。舉例來說，對於我在奇異貸信公司推動的種種改革，他既不表支持，也不表示反對。而瓊斯的立場也完全無法捉摸；雖然我在心裡一直能感受瓊斯對我的支持，不過我從來不能確定這一點。

公司裡的蜚言流語使得大家相信：艾爾．魏（Al Way）是瓊斯最欣賞的人選；他具有與瓊斯一樣深厚的財經背景，並且因爲是公司的財務長，工作上的每一天都需要與瓊斯緊密合作。艾爾．魏幫助籌劃瓊斯手上最大型的併購案，猶他國際公司（Utah International），也幫他把賠錢的電腦事業拋售給漢尼威。在此同時，丹斯對高特的支持從不稍減，而派克對伯靈甘與胡德的擁護也同樣熱烈。

儘管我以嗅覺與直覺感受瓊斯對我的認可，但是心中仍不斷被自我懷疑所侵蝕。瀰漫在空氣中的不確定性，甚至讓我考慮離開奇異，從這場競賽中退出。和奇異裡的其他員工一樣，我也經常接到人力仲介顧問公司的消息。這一次，在內心自我懷疑的折磨之下，我給了海瑞克史崔格獵人頭公司（Heidrick & Struggles）一個正面的回應，同意考慮出任聯合化學公司（Allied Chemical）執行長的職務。

回頭想想，我當時只是在投石問路，藉此看看自己在競賽中的地位，並非眞心想離開公司。自信心的缺乏，眞能讓一個人露出醜陋的一面。

當時，我對接班人角逐戰中發生的許多事情渾然不覺。我不知道，在一九七四年年底提出的第一份候選人名單上，仍駐紮於匹茲菲爾德的我並未名列其中；我不知道，在一九七五年年初縮減爲十位候選人時，我仍然不在考慮之列；我也不知道，人力資源總裁強生一直把我屏除在名單之外。

那時一份關於我的正式人事檢討報告中寫道：「儘管過去成績斐然，仍不夠資格名列最佳人選之一。過度成果導向可能是一大問題。令部屬望而生畏。無法延續公司的文化、傳統。目前事業上的困境是一大考驗。需要仔細觀察。」

這份報告的意思很清楚：強生認爲我太年輕、太草率，而且額頭上沒有貼著奇異的正字標記；他認爲我爲了達到成果而過度驅策同仁，也不尊重公司的行爲規範與傳統。有強生這樣的懷疑，瓊斯仍堅持把我納入考量，他認爲我過去的成績至少應該爲我贏得一次公平競爭的機會。我被視爲一個需要「密集發展」的人——換句話說，就是需要不斷接受挑戰的人。

很幸運的，到了一九七六年，泰德·勒凡諾（Ted LeVino）取代強生，成爲公司人力資源的資深副總。他在接班人角逐戰中扮演著很重要的角色；他曾協助瓊斯擬定第一份候選人名單，同時也曾密切觀察每一位候選人的進展。他徹底改革了奇異的人力資源部門、挑戰這個「老頭兒」行之多年的傳統，並且開始推動精英制度；瓊斯到後來十分仰賴勒凡諾的觀察與意見。

一九七九年一月底，瓊斯召喚我到他的辦公室，然後關起門開會；我後來才知道，那是他名聞遐邇的「飛機面談」，所有候選人都經歷過類似的會議。前任總裁包爾屈，也曾透過相同的程序挑出瓊斯。

「傑克，假設你和我共同搭乘的飛機失事了，」瓊斯說道：「誰應該繼承我的遺缺，擔任奇異的下一任總裁？」

大多數候選人——包括我在內——都會毫不遲疑就爬出飛機殘骸，準備接掌這家公司。瓊斯很委婉地解釋這是不可能的事，因爲我們倆都在飛機上。

我試著表示自己在這次意外中倖存。

「不，不，」他說：「你和我都喪生了。誰該出任下一任總裁？」

我支支吾吾，試著找出理想的答案。我告訴他，我深信自己是這份職務的最佳人選，所以很難回答出另一個名字。

「等等，」瓊斯說道：「你已經死了，誰該得到這份工作？」

我終於告訴瓊斯，我的一票可能會投給掌管科技產品與服務事業的胡德：「他思維縝密又聰明；此外，我認爲凡德斯賴應該是公司的第二把交椅，他的個性強悍，決斷力十足，他們倆會是很好的搭檔。」凡德斯賴掌管電力系統事業類別，也和我一樣缺乏上司的擁護。

接著，瓊斯詢問我對其他競爭者的觀點，聽取我對衆人優缺點的評估。他想知道我對其他人的智力、領導力、道德感與公衆形象各有怎樣的評價，意圖了解哪些人可以融洽合作。他不希望因爲任用心存不滿的副董事長而增加其接班人的包袱——這是他嚐過的苦頭。瓊斯利用這一類的面談，廣爲蒐集大夥兒對各個高階主管的評價，甚至包括不在選戰之列的資深主管。

在瓊斯與我們這九位各式執行長的面談之中，沒有人認爲我該繼承瓊斯的職位。其中七人看好高特，另外兩人則提名胡德。

到了六月，瓊斯再度要求與我面談。

「還記得我們上次關於飛機的談話嗎？」他問道。

「記得啊，」我回答：「你殺了我。」

瓊斯笑了笑：「嗯，這一次我們又搭乘同一班飛機，而且飛機又失事了。」

「又來了！」我大聲抗議。

「傑克，這一次我死了，但是你逃過一劫。現在，誰應該接任奇異的總裁職位？」

「這樣的結局好多了，我就是你要的人。」我毫不猶豫地回答。

瓊斯接著問：你的領導小組將由哪些人組成？我告訴他，在所有候選人當中，我最希望與胡德和伯靈甘共事。我強調胡德的個性與我最契合，我加入伯靈甘的名字，是因爲我尊敬他的智慧、分析能力，以及他對自己的信心。

「好吧，假設你成了總裁，你認爲公司眼前最大的挑戰是什麼？」

我把自己的想法一五一十告訴瓊斯，我相信其他候選人也是一樣。瓊斯把我們的觀點與想法傳達給董事會中的管理發展與薪酬委員會，那時候，擔任這個委員會主席的是聯邦百貨公司（Federated Department Stores）的總裁勞夫・拉扎勒斯（Ralph Lazarus）。顯然，當瓊斯要求其他候選人提名三位人選加入領導小組時，我的遭遇就好多了。高特仍舊得到最高票數（七票），我和胡德則同樣以六票共居第二。

在這些面談的過程當中，瓊斯總是擺著一張撲克臉，維持他不苟言笑的作風。他從來不對任何人透露出一丁點的暗示，所以我們無從得知自己的希望有多高。有些時候，他甚至顯得疏遠、冷漠。在我的眼中，瓊斯沒有表現出任何的成見或偏好，再加上我們兩人在表面上的不同點，我更加不確定自己最後是否會雀屏中選。就外觀而論，他像是一位英國政治家，而我則是來自愛爾蘭的街頭小子。

在表面上，我們兩人南轅北轍。

□

很少人知道——包括我在內——瓊斯其實在成長過程中飽受排擠。

在人們的眼中，瓊斯具有「溫文儒雅的政治家風範」。他曾擔任三屆總統及其內閣的顧問，在這段期間，瓊斯經常受到報章雜誌的頌揚，甚至有記者把他喻爲「勤勉的教堂執事」。這些形容的確十分貼切；不過，許多人不知道瓊斯並非出身於富有的上層社會。他來自勞工階級，所有的成就都是靠自己雙手努力爭取得來的。套一句諧星包勃・霍柏（Bob Hope）的話：「我來自英格蘭，但我窮得不配做英國人！」（"I'm English. I'm too damn poor to be British."）這就是瓊斯的寫照。

瓊斯在英國特倫河畔的斯托克（Stoke-on-Trent）成長，家在一整排連棟的房子中間。他父親在鋼鐵工廠當工頭，母親則爲了追求更好的生活而飄洋過海來到美國。瓊斯在八歲半的時候來到美國，身穿英國學童的制服。他遷入紐澤西州的特倫頓（Trenton）郊區，沒多久，學校裡的孩子們開始因爲他的英國腔調而排擠他，這個聰明的外來份子讓其他孩子備感威脅。他的雙親這時都在當地的頂點橡膠工廠（Acme Rubber Manufacturing Co.）工作，母親是按件計酬的工人，負責整理、包裝用在食品玻璃罐蓋子上的橡膠環，他父親則是電氣技師的助手。

瓊斯在學業上的表現十分優異，藉著擔任家教和在學校圖書館中整理書架，一路唸到賓州大學（University of Pennsylvania）的華頓學院（Wharton School）。他在一九三九年畢業之後直接進入奇異工作，並且在權高一時的財務部門不斷晉升。瓊斯擔任稽核人員長達八年，這份工作讓他走遍了公司各項事業的大小工廠。瓊斯後來升任爲好幾項事業的營運經理，一直到一九六八年受命爲公司的財務長；這份新的職務，讓他有機會在四年後成爲公司的董事長。

瓊斯和我顯然很不一樣；但我們也有許多不爲人知的相似之處。我們都來自貧困的家庭、靠自己的努力獲得成功；和我一樣，他也是獨子，甚至連我們的父母都有極爲類似的特性。我們倆一生都只爲一家公司工作；我們在公司裡的成就，是對精英管理制度的最高禮讚。我們都熱愛數字與扎實的分析；我們凡事都做好準備功課，而且都無法忍受沒有事先準備的人。

這麼多年以來，許多人抓破頭想不通爲什麼瓊斯會選中一個與他截然不同的人；這些人從不了解我和瓊斯之間的聯繫。

在我著手撰寫此書之前，我自己也沒有發覺這一點；然而我們之間的相似程度，可能超乎一般人的想像。

□

這場角逐戰中的第一次轉機，出現在一九七九年的八月初，是我遷入費爾菲德之後的第十八個月。八月二日星期四，我們在紐約州瑞埃市（Rye）附近的盲溪（Blind Brook）鄉村俱樂部舉行董事會議。那天晚上，瓊斯向他的兩位副董事長表示，他打算把繼承人選名單縮減爲三位候選人——我、伯靈甘與胡德。

遭到淘汰的候選人，可以留任現職或者自行請辭。他說他將在隔天早上的董事會議中，提名我們三人擔任副董事長；那時派克和丹斯都已打算在年底退休。

隔天早晨，派克與丹斯在全體董事面前發表意見，尤其反對瓊斯把我列爲三位候選人之一。高特至少得到最有權力的董事之一撐腰，而有些董事也因為艾爾．魏的財經背景而強力支持他。然而在瓊斯的堅持之下，全體董事會，包括派克與丹斯在內，最後在表決過程中毫無異議通過這項任命案。

在這裡必須記上一筆：顯然十分失望的派克把我傳喚進他的辦公室。「我希望你直接從我口中而不是從其他地方聽到這一點，」他說：「我並不支持你，也不認為你是掌管奇異的適當人選。我不希望你把公司搞砸了。」我很感謝他的坦白，但是我無法認同他對我的評價。

這些年來，我一直不知道瓊斯其實早就做好決定了。他希望由我接任公司的下一任總裁，但是幾位董事仍然偏好其他候選人，因此他透過副董事長的職務把幾個候選人帶進董事會，希望經過深入的接觸之後，其他董事對我的想法能有所改變。

接下來的幾個月，高特、凡德斯賴、艾爾．魏、派克與丹斯紛紛離開公司。之後的兩年，伯靈甘、胡德與我直接向瓊斯報告。整個情勢清朗許多，政治味也煙消雲散。瓊斯的飛機面談，讓他相信我們三個能夠合作無間——我們也真的做到這一點。

到了後期，瓊斯向三位候選人提出最後一項要求。他希望我們分別撰寫一份詳盡的備忘錄，仔細評估自己擔任副董事長、執行董事及公司代表人的表現；他也希望我們寫下自己的成長經驗，以及我們將如何成為瓊斯口中的「公僕」，也就是如何帶領公司為社會提供貢獻。

我還在擔心一些比較基本面的考量——瓊斯和董事會可能因為我的年紀而選擇其他候選人。我那時才四十四歲，是三位進入決選的人裡面年紀最輕的一位；伯靈甘五十八歲，胡德也五十了。我考慮在備忘錄中表示，如果我得到這份職務的話，我將不會在位子上超過十年。我認為，這樣的誓言能夠抵銷別人對我的年紀以及我是否會在位太久的考量。

我的好友安東尼・洛菲（Anthony Lofie）聽到我的打算之後，認爲我瘋了。洛菲是一位紐約律師，是我在搬到費爾菲德不久之後，在銀泉（Silver Spring）鄉村俱樂部中結識的。一個星期天下午，在我位於新卡納（New Canaan）的住宅游泳池畔，我們爲了這項「任期限制」的構想發生了激烈的爭執。他認爲我一定會後悔提出這樣的限制。

「你一旦得到這份工作，就永遠不會想離開，」他說：「他們讓你下台的唯一方法，就是以煤渣磚塊把你活埋在辦公室裡。」

「胡說八道！」我說：「你才是瘋了。」

鮑希迪和他的家人也在場，而鮑希迪竟和洛菲站在同一邊。最後，我終於同意他們的看法，而決定放棄納入這項條款。（洛菲起碼在過去十年內從不忘記指出他對我的事業生涯的偉大貢獻。）

我後來發現，我所擔心的問題的確存在——儘管不至於致命。兩位董事建議瓊斯在提名我之前，先讓伯靈甘扮演橋樑的角色，在短期內由他出任董事長。顯然，瓊斯告訴董事會，如果我沒有得到這份工作的話，十之八九會離開公司，這才解決了這項紛爭。

他說的沒錯。

□

我花了很長的時間反覆斟酌，準備了一份長達八頁的備忘錄，在把它遞交給瓊斯時，我還附帶提到：「文中關於威爾契的剖析，或許遠超過我們兩個需要知道或想要知道的。」比起我現在的風格，這封信顯得十分僵硬而正式；不過在我四十四歲的時候，我覺得有必要在信中扭轉我那不夠成熟的形象。雖說如此，我在文中提到的許多概念，事實上在往後的二十年內都一一實現了。

在這份備忘錄中，我以毫不迴避的態度，坦然面對某些同事可能對我抱持的懷疑，包括我那不夠成熟、不夠感性的形象。我強調自己在奇異二十年的事業生涯，以及這些年來的個人成長，已讓我具備擔負此重責大任的成熟度，以及扮演總裁「公僕」角色的敏感度。

我也企圖解釋我那強硬而嚴格的個性：「雖然我一直——而且也會繼續——要求員工達到卓越的績效，但我也適時提供優秀員工許多『跳躍式』的晉升機會，並且創造一個合宜的組織氣氛，幫助吸引具有才能與野心的人才。」

我很喜歡的一段話，一語道破我對領導力的看法：「和我共事過的員工，都比往常更辛勤工作，更能樂在其中（儘管一開始可能不是如此），而且到了最後，都因爲達成超出其想像範圍之外的成果而提昇了自尊與自信。」

我表示，從考克斯併購案的失敗經驗中，我學到了寶貴的一課。我發現儘管這項交易的規模在數億美元之譜，而且處於一個極爲引人注目的產業中，然而華爾街對這項交易的起始與取消都露出一副「興趣缺缺」的反應。這是由於奇異的規模過於龐大，他們並不認爲這項交易會產生多大衝擊。

「我認爲，奇異吸引股票投資人的不二法門，是在景氣循環中維持一個穩定而且高於產業平均的盈餘成長；這項併購案的經驗證實了我的看法，」我寫道：「公司的規模使得我們沒有其他捷徑可循。堅持平衡短期與長期的發展，是策略中不可或缺的原則。」我在撰寫這封信的時候根本不知道，這些基本信念日後竟會成爲市場上不變的眞理。

最後，我也爲自己擔任總裁的資格投出強有力的一球。「我們三位候選人目前的能力，與你還有一大段的距離，」我對瓊斯這樣寫著：「不過，我覺得自己的智力、見識、紀律與領導能力，可以讓我逐步達到你的境界。奇異是我的全部事業，對我而言，逐年的進步與成長是非常重要的。至於我是否能適切統籌與分配繁複的工作責任，仍有待別人的判斷——不過，我非常樂於接受這項挑戰。」

我試圖以「延伸跑道」，也就是延伸成長空間爲賣點，這是我希望在每一位員工身上看到的一點。我在任用人員的時候，幾乎總是以成長空間爲賭注。我認爲，在員工的早期生涯裡就把他們放在稍微超出能力範圍的位子上，是一項很好的訓練。他們經常因此從工作中得到更多的樂趣，並且獲得更快速的個人成長。

一九八〇年的夏天，我開始收到一些正面的訊息。我的好友兼人力資源幕僚奧斯立，從公司最高層的人力資源主管勒凡諾那邊聽到許多小道消息。雖然奧斯立是勒凡諾的直屬部下，而且對勒凡諾忠心耿耿，但是他無法抵擋我對資訊無止盡的要求。

我記得有一次在家中舉行的派對裡，我把可憐的奧斯立壓在廚房的冰箱門上，拷問他對目前局勢的看法。那大概是我最窮凶極惡的一面；願上帝保佑他的心臟。奧斯立從來不肯明白指出我是居於領先地位的候選人，但是他遲疑著透露出足夠的訊息，讓我對接下來的發展感到信心滿滿。

我第一次從董事會得到正面的訊號，是在一九八〇年的九月。那時，一位奇異的董事會成員，愛德·利特菲爾（Ed Littlefield），出乎不尋常地邀請我擔任他在加州絲柏點（Cypress Point）會員高爾夫球賽中的搭檔。利特菲爾在一九七〇年代晚期，把他的猶他國際公司出售給奇異，因而成爲奇異的大股東之一。我想，如果我不是瓊斯心中的人選，他不會邀請我一同參加比賽。

那是我第一次上絲柏點打球，對我來說，那眞是一次難得的樂事。利特菲爾向我介紹他在西岸的所有朋友，我的愛爾蘭好運道再次出現。比賽的頭一天，我們以隨意抽籤的方式，從第六洞開球。在標準桿三桿的第七洞上，我站上發球台，以四號鐵桿開球，小白球應聲入洞。那是我三十多年的高爾夫球生涯中第一次一桿進洞，這竟然發生在我首次造訪的球場的第二個洞。這讓我聲名大噪，幫助我輕輕鬆鬆就結識了在場的所有人。

許多董事的大力支持，爲我扭轉了局勢。利特菲爾也是其中之一。他後來成爲最熱誠擁護我的人，與施・凱斯卡特（Si Cathcart）、琪琪・麥可森（G.G. Michelson）、亨利・希爾曼（Henry Hillman）、華特・瑞斯頓（Walter Wriston）與約翰・勞倫斯（John Lawrence）同聲支持我。在我日後的生涯中，這六位董事中的五位具有舉足輕重的地位。

施・凱斯卡特當時是伊利諾工具公司（Illinois Tool Works）的董事長，是世界上最容易相處、最自然的人，我第一次見到他就很喜歡他。他博學多聞，對於任何狀況都具有敏銳的直覺。我在成爲總裁之後承蒙他大力協助，他甚至爲了我而放棄悠閒的退休生活，在基德皮巴迪（Kidder Peabody）投資銀行面臨存亡關頭時，出面執掌這項出現危機的事業。

琪琪・麥可森來自梅西百貨（R.H. Macy & Co.），當時是公司新任的董事。她的表現令我刮目相看，不過我一直到後來才能完全領會她的聰明與創意。她成爲我的知己，我十分仰賴她對事情的見解，我在奇異所制定的每一個重大決策，她都是要角。亨利・希爾曼是一位好玩的創業家，也是一位樂於追求風險的人物，我非常喜歡與他交談。他聰明、富有又風趣，但是從不把自己當成一號大人物，也和我一樣厭惡浮誇的作風。他總是問道：「我們的進展速度是不是不夠快？」約翰・勞倫斯擔任奇異董事已有二十三年的時間了，他出身於波士頓的上層社會，經營一家全球性的棉花交易所，常常搭乘我父親當年所服務的通勤列車。他熱愛高爾夫球，並且總愛在奇異舉辦的活動當中和我一較高下；我們總是玩得很開心。勞倫斯的閱歷豐富，是瓊斯的親密戰友。在我上任後不久，他就達到強迫退休的年紀了。

身為花旗集團（Citicorp）的董事長，瑞斯頓是奇異當時最具影響力的董事之一，也是一九七〇到八〇年代美國銀行業的領袖人物。我第一次與他會面，是在一九七九年董事會前往迪士尼樂園渡假的時候。他那時試圖以花旗集團的重要職位誘拐奇異資融公司的副總兼主計長達莫曼；我拿這件事情向他開炮，取笑他身為董事會的一員，竟然企圖偷走我們最卓越的主管之一。

我想，他大概覺得我的「攻擊」很有趣。這類的坦白可以是一次「死亡之吻」，也可能是一段長期友誼的開始——而我們之間出現的是後者。瑞斯頓強悍而聰明，而且帶有一股奇特的幽默感；而他喜歡一個人的時候，可以不遺餘力提出協助。他從第一天開始就站在我這邊。

這些董事在會議中聲援瓊斯的決策，讓他得以在一九八〇年的十二月十五日步入我的辦公室，給我一個難忘的擁抱。瓊斯在那個風雪交加的日子裡告訴我，他已經在十一月二十日的晚餐會報中，提議由我接任董事長兼總裁，而董事會也無異議通過。瓊斯留給董事會一個月的反悔時間，讓他們咀嚼這項決策，並且隨時提出心中的疑慮；還好，沒有任何人出現反悔的跡象。瓊斯表示，我將會在十二月十九日舉行的董事會中正式獲得提名，而胡德與伯靈甘也會留任副董事長。在我於四月一日正式繼位之前，瓊斯將以三個月的交接時間幫助我準備就緒。

這一切的發生，完全要歸功於瓊斯的勇氣；他獨排衆議，任用了一位與當時「奇異模範主管」

截然不同的人選。

□

這是一場充滿艱辛奮鬥的角逐戰，如今我得到這份工作了，而某些愚蠢的政治角力卻仍然存在。以下這個例子約略可以說明當時政治氣氛的濃厚程度：當時擔任副總的保羅・法斯科（Paolo Fresco），記得自己差一點在費爾菲德辦公大樓的走廊上，與某位過度熱心的主管產生肢體衝突；這位主管是伯靈甘的屬下，但他是我的支持者。法斯科記得這位主管罵他「渾蛋」，只因爲他忠於自己的上司。在我獲得總裁提名後不久，法斯科前來與我見面。

「傑克，」他以道地的義大利政治家風格對我說：「我向你提出辭呈。我希望你明白，我支持的人是伯靈甘，而我的候選人輸了這場競賽。」

我叫他收起辭呈，我並不在乎誰在過去支持我或反對我。義大利裔的法斯科是我所見過的最具全球觀點的傢伙，他在後來成爲我的好朋友。身爲公司的副董事長，法斯科對於奇異成爲眞正全球化的企業，具有不可磨滅的貢獻。

不過，這是大肆慶祝的時間。《華爾街日報》在報導這項決策時，表示奇異「以一個生龍活虎的人取代一位傳奇人物」。爲了把我引薦給企業界的菁英份子，瓊斯於二月二十四日在紐約的漢姆斯利宮廷飯店（Helmsley Palace），爲我舉辦了一場「亮相」酒會。瓊斯希望把我介紹給他的朋友，讓我承接他的人脈關係。那是一次重大的盛會，全國大型企業的總裁差不多都出席了。

我玩得很盡興。所有人都顯得很放鬆，而且除了瓊斯之外，來賓幾乎都喝得醉醺醺的。瓊斯希望保持清醒，以便盡責把我介紹給全體五、六十位來賓；他希望我能有個完美的開始。不過，瓊斯隨後出奇不意要求我發表演說的時候，他顯然認爲我的某些句子並不合時宜。

他在隔天一大清早衝進我的辦公室，我從來沒看過他如此生氣。

「我這一生從來沒有這麼丟臉過，」瓊斯告訴我：「你讓我和公司的顏面盡失。」

我大吃一驚，一時說不出話來。我玩得很盡興，也認爲這是一次很完美的宴會。接下來的四個鐘頭裡，我大概嚐盡了一個人可以感受到的各種情緒。我爲了自己讓瓊斯失望而沮喪不已，同時也因爲覺得瓊斯過於嚴厲而憤憤不平；我爲自己感到難過，因爲我並沒有在衆人面前留下我自以爲的良好印象，不過，我不相信我們的賓客在派對中玩得不開心，他們不可能掩飾得那麼完美。我參加過無數次的派對，足夠分辨派對的好壞。

不過，事情在中午轉了個彎。

瓊斯再度回到我的辦公室。

「我想要談談。」他說：「我在過去的三個鐘頭裡，接到了二十多通電話，每個人都說，這是紐約在過去十年內最精采的派對。我很抱歉，我對你實在是太嚴厲了。每個人都很開心，我所聽到的，都是對你和對酒會的稱讚。他們喜歡你。是我對於昨晚的解釋錯了。」

天啊，我眞是大大地鬆了一口氣。我簡直迫不及待，準備向未來的旅程出發。

第二部
經營哲學之形成

7

新手總裁的包袱

破除「表面的和諧」

我對自己的信心，其實遠遜於我所表現出來的形象。

表面上，我看起來相當自信，

認識的人都以自負、驕傲、果決、急躁與強悍等形容詞來描述我。

然而在內心裡，我仍然具有很深的不安全感；

在群衆面前，我必須與自己的語言障礙搏鬥，

而每當別人詢問我的身高，

我總相信自己比實際上的五尺八吋還高一吋半。

一九八一年四月一日，我像個趕搭上巴士的傢伙——終於正式上任了。

儘管我的工作經驗足以令我達到如今的地位，但是我對自己的信心，其實遠遜於我所表現出來的形象。在表面上，我看起來相當自信，認識的人都以自負、驕傲、果決、急躁與強悍等形容詞來描述我。然而在內心裡，我仍然有很深的不安全感；在群衆面前，我必須與自己的語言障礙搏鬥，而每當別人詢問我的身高，我總相信自己比實際上的五尺八吋（約一七二公分）還高一吋半。

剛上任時，我並不具備一位總裁處理對外事務的許多必備技能。儘管當時政府以前所未見的積極程度介入產業界，我卻幾乎從未與任何一位華府人士打過交道。我面對媒體的經驗屈指可數；唯一參與過的一次記者會，是在瓊斯宣佈我爲下一任總裁時所舉行的，而在會中，我完全照著稿子回答問題，一字不漏。我與追蹤奇異消息的華爾街分析師僅有一、兩次短暫會晤的經驗。而奇異的五十幾萬名股東，根本不知道傑克・威爾契是哪一號人物，也不知道他是否能接替美國最受敬重的企業家。

不過，我確實知道自己希望這家公司具有怎樣的「氣氛」。我在當時很少提到「文化」這個字眼，但是我最關切的其實就是奇異的文化。

我知道它必須有所改變。

這家企業具備許多長處：在四十萬零四千名員工的努力之下，它的營業額高達兩百五十億美金，每年創造十五億元的盈餘；它的損益表具有最優異的信用評等，而它的產品與服務包羅萬象，幾乎滲透了國民生產總值的每一個層面：從簡單的烤麵包機到極爲繁複的發電廠。有些員工很自豪地把公司比作「超大型油輪」，是大海中最堅強、穩固的船舶。我尊重他們的看法，但我更希望公司成爲一艘快艇，迅速、敏捷，能夠靈活自如地轉動。

我希望奇異的經營方式可以更像我所出身的塑膠事業那般不拘形式。塑膠事業裡的員工，是一群隨時認清現實狀況、信心滿滿、具有創業精神的行動者；每達到一個小小的里程碑，我們便藉機慶祝，而這讓工作充滿樂趣。然而在當時的奇異，除了少數的例外情況之外，歡樂並非常態。

在奇異日漸壯大之際，我仍然深知維持規模精簡的好處。我們必須剔除體質不健全的部門，僅保留能在市場上搶佔前二名的事業。我們必須迅速行動，盡快破除令我深惡痛絕的官僚作風。

事實上，在一九八〇年年底，奇異和大多數的美國企業一樣，維持著一個龐大而正式的官僚體制，擁有過多的管理層級。當時有兩萬五千多名經理主宰著奇異的運作，每位經理平均擁有七位直屬部下，而從工廠到我的辦公室之間，必須經過十二個階層。超過一百三十位高階主管擁有副總以上的頭銜，每一個人的職稱與掌管的功能都略有不同，例如：「企業財務行政副總」、「企業諮詢部門副總」，以及「企業營運服務副總」。

全國各地總共有八位不需負擔業務責任的地區性高階主管，或稱爲「消費者關係」副總。在這樣的組織架構之下，官僚作風自然無比濃厚。（如今公司的規模是當時的六倍，但是副總的人數大約僅增加了二十五%；擁有經理職稱的人數減少了，每一個經理必須管理十五名以上的直屬部下；在大多數的狀況中，從工廠到總裁之間僅需經過六個層級）。

過不了多久，我就撞見了公司幾項糟糕的陋習。

我上任後兩個月，研發部門的最高主管亞特·布雪（Art Bueche）來我的辦公室，給我一疊紙卡，上面寫滿一連串的問題，準備讓我在即將來臨的年度計劃會議中，好好兒修理掌管奇異各項事業的領導人。在這類於每年七月舉行的會議當中，討論的重點，就是一本又一本厚厚的事業規劃書，書中涵蓋未來五年的銷售、利潤、資本支出等詳盡預測，以及其他林林總總的數字。這些規劃書是公司官僚體制的命脈；某些駐紮於費爾菲德總部的幕僚人員，甚至以封面的華麗程度爲這些規劃書打分數。眞令人啼笑皆非！

我大略瀏覽了布雪遞給我的紙卡，很驚訝地發現，在這些小抄裡充斥著「逮住你了！」一類的問題。

「我到底要拿這些小抄做什麼？」

「我總是爲公司的行政長官準備這些問題，這讓他們可以向前線的營運人員顯示，他們確實研讀過這些規劃書了。」他回答。

「布雪，這實在很蠢，」我說：「這些會議必須是自然的、不做作的。我希望能夠當場了解各個事業部門的計劃，並且針對內容提出回應；這些規劃書只是輔助會議進行的媒介罷了。」

我最不需要的，就是以一連串困難的技術性問題得到一丁點精神上的勝利。如果我不能自己發問，那麼成爲總裁又有什麼意義？這些總公司幕僚人員背棄了前線的人員——並且忙著向他們的主管「拍馬屁」。

收到這些小抄的人，不只是最高的行政主管，包括我的副董事長在內。在每一次的業務檢討會議之前，總公司的幕僚人員總是會爲他們的首長準備各式各樣尖銳的技術性問題。

總公司有數十名幕僚人員，定期批閱我眼中的「死書」。在我的職業生涯中，我從不希望在會議之前事先審視這些規劃書。對我而言，這些會議的價值不在書裡，而在於前來費爾菲德進行簡報的人員的心裡與腦子裡。我希望穿透厚厚的檔案夾，深入了解各項數字背後的邏輯。我需要看看這些事業領袖的肢體語言，以及他們在陳述計劃時的熱情與活力。

公司裡面有太多因循苟且的檢討會議。年度的例行公事之一，就是每年春季在路易斯維爾舉行的家電產品檢討會。設計師與工程師合力拖出以紙板或塑膠製作的產品模型，我們這一群來自費爾菲德的高階主管，則針對這些充滿未來色彩的電冰箱、爐灶與洗碗機模型，提出自己的看法。

我從來不知道在這些模型當中有多少產品眞正走入經銷商的展示場。不過，我很清楚，許多模型上面積滿了灰塵，在每年重新拿出來炫耀之前，必須先仔仔細細擦拭。我還知道，包括我在內的費爾菲德代表團所提出的意見，幾乎不具任何價值。這項例行公事，是在浪費每一個人的時間。

我想打破這些不具意義的傳統，去除階級制度在「檢查與核准」過程中所扮演的機械性角色。

□

我在參與了我第一次的夏季計劃會議之後，決定從我自己的幕僚開始創造一個理想的工作氣氛。我認爲，打破僵局的最佳方式是讓每個人跳出工作崗位兩天。在我早年的生涯裡，我們總是找個最高級的高爾夫球場，設法在業務會議當中融合一點高爾夫的樂趣。

那時我剛加入月桂谷（Laurel Valley）俱樂部，那是位在匹茲堡市郊、一個高水準的高爾夫俱樂部。因此，在一九八一年的秋天，我邀請十四位高階主管前往月桂谷，進行爲期兩天的會議。與會人士包括所有功能性的單位主管，以及七位事業類別執行長。那是我第一次試圖在公司的最高階層創造一個類似學術性質的社團組織，我們隨後把它命名爲「企業高階主管委員會」（Corporate Executive Council），簡稱CEC。

在這十四位高階主管中，起碼有七到八位核心成員積極擁護新計劃的推動。瓊斯挑選伯靈甘與胡德擔任公司的副董事長，的確是個明智的決定；他們倆儘管對於改革的步調有所保留，但還是大力支持我的計劃，從不試圖暗中破壞。

事實上，他們二人同心協力，成爲推動改革的主要力量。我幾年前從乒乓球桌上發掘的鮑希迪，在一九八一年遷居費爾菲德，升任事業類別執行長，並且成爲我在事業上的最佳搭檔；我們倆都同樣厭惡官僚制度。此外，我還得到兩位最資深主管的支持：財務長索森與人力資源首長勒凡諾。

索森是我在匹茲菲爾德的老同事，他幾年前因爲瓊斯的指定而搬到費爾菲德，擔任公司的財務長。他完全了解我們希望達成的目標。雖然他總愛嘲笑我，彷彿這是他樂此不疲的一項運動，但我十分欣賞他的坦白與機智。勒凡諾代表新舊奇異之間的橋樑，他在早期活動中所展現的支持，具有舉足輕重的地位。

如果到了此時我仍未獲得這十四位最高主管毫無保留的支持，我知道自己就必須盡快展開改革的程序。在月桂谷的第一天早晨，我在會議室裡排滿了空白的黑板架，急切地想捕捉每一個人的想法。我站在這一群人面前，詢問他們對公司主要策略與次要策略的觀點、他們喜歡或不喜歡奇異的哪一點，以及哪些事物需要盡快改革。我們也檢討了剛結束不久的計劃會議，提出這類會議可以改進的地方。創造一個開放性的對談實屬不易，唯有那些與我關係親密的主管願意大發議論，其他人則不希望無端招惹麻煩。

一個早上下來，僅有一半的與會人士眞正投入會議中。

在下午的高爾夫球賽與晚餐上的幾杯小酒之後，氣氛顯得輕鬆多了，又有幾位主管願意敞開心胸。不過，第二天的會議氣氛仍然相去無幾。或許時機還不成熟吧！許多高階主管仍不確定他們在公司的地位，對於整個情況也還沒有太大的把握。這次爲期兩天的會議，並沒有針對改革達成任何共識。

我認爲我們需要的是一場革命，不過，這群人顯然不打算拋頭顱灑熱血。

奇異當時的文化沿襲自另一個不同的時期；在那個時期，「指揮加控制」是最有效的組織結構。由於我出身基層，因此對於總公司抱著強烈的偏見。我認爲他們的做法堪稱爲「表面的和諧」：看起來唯唯諾諾、維持和諧的氣氛，背地裡充滿懷疑與惡意的攻擊。這段話似乎可以概括一般官僚最常見的行爲；在你面前虛意奉承，卻總在你的背後找「把柄」。

組織層級是規模膨脹以後的另一個副產品。我喜歡以穿太多層毛衣打比方；毛衣就好比組織層級，都是一種隔離的物質。如果你穿了四層毛衣，就很難知道外面天氣究竟有多冷。

有一次，我前往麻州林恩市視察飛機引擎工廠，最後在鍋爐室停了下來，周圍的員工認識許多我在塞勒姆家鄉一同長大的朋友。就在我們閒談往事的時候，我不經意發現，工廠裡竟以四個階級的管理人員監督鍋爐的運作。眞令人難以置信！這的確是發覺弊病的有趣方式。只要一抓到機會，我總愛以這個故事強調公司組織層級過多的事實。

另一個很有效的比方是把組織比作一間房子；房子的樓層代表組織階級，而牆壁則是部門之間的隔閡。組織若希望發揮最大的效能，就必須拆除樓層與牆壁，創造一個開放式的空間，讓各種構想可以不受職稱與部門別的限制，自由流動。

在一九七○與八○年代，大型企業組織往往擁有過多的層級——也就是穿太多件毛衣、蓋過多樓層與圍牆。從申請資本預算的過程中最容易看出層級過多的弊病。我上任後不久，大概每一項重大的資本支出都要得到我的批准。在斥資購買五千萬美元的大型電腦主機之類的事物之前，必須先把一整疊計劃書送到我的桌上等候簽核。在大多數情況下，已有其他十六位主管在這些計劃書上簽名批准，我的簽名是整個過程中的最後一個。在這種情況下，我究竟提供了多少附加價值？

所以我廢止了這項程序；在過去的十八年裡，我從未簽核任何一份資本預算申請書。如同董事會賦予我制定決策的權力，我也以相同的程度授權給每位事業領導人。每年年初，各項事業為其所需的資本預算提出完整的計劃。我們藉此分配資源，各項事業將獲得五千萬到數億美元不等的預算。事業領導人可以自行運用預算，並且視情況授權給下層單位。最接近實際運作的員工，最清楚他們在工作上的需要。他們必須負起更大的責任；如果他們知道自己的計劃不需要經過層層的核准，就會更仔細考慮自己的建議。

在那個時候，我彷彿在公司裡投擲大量的手榴彈，試圖破除掉那些阻礙我們向前的舊傳統與老規矩。一九八一年秋天，我向奇異內部管理人員組成的社團組織投下了一顆炸彈。這個社團叫 Elfun (Electrical Funds 的簡稱)，是一個由會員們集資操作的共同基金。Elfun 是白領階級聯絡感情的地方，成為 Elfun 的一員，被視為是進入管理階層的「成年禮」。

我對於 Elfun 當時的作為並沒有太高的評價——我認為它是「表面和諧」最極致的表現。

這個組織已經演變為精英分子與高階長官在晚宴中碰面的媒介。我記得自己早年也不能免俗，參加了幾次活動。如果有掌握大權的副總打算出席，晚宴就會座無虛席，每一個人都急著在大人物面前露臉，爲自己的事業鋪路。如果演講者不具多少影響力，那麼即便晚宴設在小型的會議室裡，整個會場也顯得空洞冷清。

身爲新任總裁，我在一九八一年的秋天受邀在此社團的年度領袖會議中致詞。那原本應該是一次愉快的會議，是新總裁向社團成員致意的機會。這次會議在康乃迪克州西堡市（Westport）的濱海鄉村俱樂部舉行，一百多位來自全美各地的 Elfun 地方分會領袖齊聚一堂。晚餐之後，我走上台前，發表了一篇令人瞠目結舌的演講，許多會員至今記憶猶新。

「感謝你們邀請我前來致詞。今晚，我希望對大家坦誠。所以一開始，我必須讓大家了解，我對這個組織抱持著很深的保留態度。」

我把 Elfun 描述爲一個追求過時理念的機制，我說，我一直無法認同他們最近的活動。

「從你們的所作所爲中，我見不到任何價值，」我繼續說：「你們是一個充滿階級意識的社交性與政治性的社團。我不打算指出你們應該從事什麼活動或應該具備什麼功能。如何找出一個對你們本身、也對奇異整體有意義的角色，是你們自己的職責。」

演講結束，現場一片死寂，所有人都驚訝得說不出話來。會後，我在吧台附近閒晃了一個小時，試圖減低這篇演說造成的衝擊，但是似乎沒有人高興得起來。

隔天早晨，我們的一位資深主管法蘭克・道爾（Frank Doyle），照例前往會見 Elfun 成員。這一次，他身懷眞正的使命：他必須收拾我昨晚所造成的殘局。法蘭克彷彿走入一場喪禮中。他們感覺自己好像被火車輾過。和我前一晚所做的一樣，法蘭克也要他們改革。

一個月後，Elfun 的會長卡爾・尼薩瑪（Cal Neithamer）要求見我。尼薩瑪任職於我們在賓州艾略市（Erie）的運輸事業，是一位工程師。我邀請他來費爾菲德共進午餐。他帶著一疊圖表赴會，但是更重要的是他帶來了一個令人興奮的新點子：他希望把 Elfun 轉變爲奇異社區志工的大軍；當時，雷根總統正呼籲全美國民奉獻出自己的時間，積極接替政府在某些領域的角色。

尼薩瑪所提出的願景令我大爲激動，我永遠不會忘記那次的午餐聚會。現在，雖然尼薩瑪已經退休了，我們每年還是見一兩次面。尼薩瑪及其接班人的成就，是多麼了不起啊！如今，連同退休人員在內，Elfun 的會員人數超過四萬兩千人。他們在奇異工廠或辦公室所在的社區裡奉獻出自己的時間與精力。Elfun 在高中推動的精神導師計劃，擁有令人激賞的成效。

奇異志工在艾肯高中——一所位於辛辛那提貧民區的學校——所提供的輔導，讓該校畢業生進入大學的比例由原先不到十％，在十年內激增到高於五十％。Elfun 於奇異所在的每一個重點社區，包括美國國內的阿布奎基（Albuquerque）、克里夫蘭（Cleveland）、杜罕（Durham）、艾略、休士頓、里其蒙、史克內塔迪；以及國外的雅加達、班加羅爾（Bangalore）與布達佩斯，都積極推動類似的計劃。

此外，Elfun 的活動範圍涉及諸多領域，從興建公園、運動場與圖書館，到幫助盲人修理收錄音機。如今，任何人都有權加入 Elfun，不論是工廠的工人或是資深的高階主管，有無資格完全取決於此人回饋社會的意願有多深。二十多年後，這個當初我所不屑一顧的團體，已徹底脫胎換骨，成爲奇異最令人驕傲的組織。我深愛這個社團、它的成員、它的理念，以及它的成就。

Elfun 自動自發的轉變，是一個非常重要的象徵。因爲那正是我想在奇異裡面找到的東西。

需要改革的事物，並不只在總公司裡頭。某些令人嘆爲觀止的荒謬現象，發生在離我辦公室很遠的地方。在整個一九八一年裡，我多半和幕僚一起到前線視察業務，這和我過去十年的工作沒什麼兩樣。我對公司三分之一左右的業務知之甚詳，正打算深入研究其餘三分之二的領域。

不消多久的時間我就發現，當初在家電與照明事業中見到的官僚作風，比起奇異的某些部門簡直是小巫見大巫。事業的規模愈大，眞正關心事業發展的人似乎就愈少。從工廠裡的貨車司機到擠在辦公室內的工程師，太多人只是照本宣科，執行例行工作。

我見不到對工作的熱情。情況以史克內塔迪市爲基地的電力渦輪機事業最令人感到洩氣。電力渦輪機成爲奇異的旗艦事業已有很長一段時間，它取代了奇異的創始產品：照明設備，成爲奇異的核心產品。這個電力渦輪機事業擁有精良的技術，它所創造的燃油氣渦輪機，是其他廠商望塵莫及的產品。儘管電力渦輪機的淨收入僅達六億一千萬美元，但是它的營業額高達二十億美金，員工人數超過兩萬六千人（其中兩萬多人駐紮在史克內塔迪）。它的確是一項非常重要的事業——而它也表現出一副十分了不起的模樣。

電力事業充分展現出奇異需要改革的層面——不在於技術或產品，而在於人的工作態度。太多經理把他們的職位視爲公司對其服務的獎勵，在他們眼中，經理的職稱是事業生涯的「頂點」，而不是施展身手的「機會」。許多人認爲顧客很「幸運」，能夠訂購他們「優異」的機器。這項事業具有很長的循環週期，產品壽命與訂單的積存量，都以「年」爲計算單位，如此一來，更惡化了事業單位欠缺速度感、士氣與活力的弊病。

我在視察前線業務的時候，不經意挽救了一個規模不大卻問題叢生的事業單位。那是我們位於加州聖荷西（San Jose）的核子反應爐事業。核能電力、電腦與飛機引擎，是奇異在一九六〇年代的三大風險事業，此時公司已退出電腦市場，但引擎事業日漸茁壯，而核能電力事業則靠著一股「希望」勉強支撐著。

那時核能電力產業正在歷經前所未見的轉變。一九七九年在賓州三哩島（Three Mile Island）發生的核電廠意外事件，才發生不過兩年多。這件事徹底瓦解了社會大衆對核能發電僅存的一點支持；電力公司與政府都準備重新評估在核能電力上的投資計畫。很諷刺的，這項一度是奇異明日之星的事業，成了我在力倡「面對現實」時的最佳範例。

在聖荷西工作的人，是那個時代頂尖的傑出人才。他們在一九五〇及六〇年代自研究所畢業之後，就投入了新興的核能電力產業。他們是那個年代的比爾・蓋茲（Bill Gates），滿心期待能改造人們生活與工作的方式。

一九八一年的春天，我前往這項價值數十億美元的事業單位參觀。在兩天的視察過程中，領導小組向我提出一份極爲樂觀的前景，並以每年出售三具核子反應爐爲計劃的假設前提。這個事業在一九七〇年代初期的表現極爲出色，每年都能售出三到四具反應爐。在他們眼中，三哩島事件不過是個一轉眼就會過去的小警訊。

他們的觀點完全牴觸了現實情況。過去兩年，公司沒有收到任何新的訂單，到了一九八〇年，更蒙受了一千三百萬美元的虧損。雖然在一九八一年整體事業單位能夠創造些許利潤，但是就反應爐本身的業務而論，虧損的數字即將達到兩千七百萬美元。

我仔細聆聽他們的簡報，但是聽沒多久就打斷會議，投出他們所認爲的炸彈。

「各位，你們今年不可能賣出三具反應爐，」我說：「就我看來，你們再也不可能從美國本土得到任何訂單。」

他們感到極度震驚，不多加掩飾地反駁：「傑克，你根本不了解這個產業。」

這或許是眞的，但是我具有局外人的客觀眼光。我很欣賞他們對工作的熱情，但是我覺得他們的方向走偏了。他們的論點過於情緒化，缺乏事實作爲支援。我要求他們修正計劃，假設反應爐在美國本土的銷售數字爲零。

我說：「你們得想出一套辦法，設法向現有客戶銷售燃料與維修服務，並且藉此維持生計。」

在那時候，全美各地共有七十二具奇異出產的核子反應爐在運作當中。安全性是電力公司與政府的最高考量；讓這些機組安全無虞地正常運作，是我們的責任，也是一大商機。

很顯然，這是一次不愉快的會議；我以一大盆冷水澆熄了他們的夢想。當會議進入尾聲，他們無計可施，於是試圖訴諸於企業界常見的「最後手段」。

「如果刪除了計劃中的所有訂單，你會扼殺員工的士氣，屆時如果產業起死回生，你會無力動員組織裡的員工。」

我經常從情急的事業小組口中聽到類似的論調，這不是第一次，也不會是最後一次。這和我在景氣低迷時期聽到的其他託辭有著異曲同工之妙：「你已經把肉都切掉了，現在又想砍骨頭。如果繼續削減下去，整個事業就萬劫不復了。」

兩種說辭都缺乏說服力。管理人員往往喜歡一口一口蠶食掉成本大餅，而當市場開始衰退，他們又開始一次一次微幅刪減人事。這種做法只會令員工產生更深的不確定感。以大刀闊斧的方式縮減成本，從來不是令事業一蹶不振的原因。

在我的經驗中，業務小組總能在經濟恢復景氣時迅速動員、掌握最佳時機。

很幸運的，這項事業的領導人，羅伊・畢頓（Roy Beaton）博士，是在場人士中最能面對現實的一位；他很不情願但接受了這項挑戰。我在離開聖荷西時，並不知道事情會有怎樣的轉變。夏天裡，我們又度發生幾次激烈的討論；他的小組成員同意修正計劃中出售三具機組的假設，但希望以一具或兩具的銷售預測值取代。我很頑固，堅持把銷售預測值修正爲零，並且要求他們全力發展燃料與維修業務。

到了一九八一年的秋天，該事業小組提出一份完整的計劃，並且做好執行的準備。這時，華倫・伯格曼（Warren Bruggeman）接替即將退休的畢頓，成爲小組領導人。他們計劃大幅刪減反應爐事業單位的全職員工人數，從一九八〇年的兩千四百一十人，降到一九八五年的一百六十人。他們把反應爐事業所需的大部分基礎設施脫手，全神貫注於研發最先進的反應爐具，以備將來全球對核能電力改觀之後的需求。維修服務事業得到高度的成功，這是服務部門日後在奇異具有重要地位的早期跡象之一。在維修業務的輔助之下，核能事業的淨利從一九八一年的一千四百萬美元，成長至一九八二年的七千八百萬美元，以及一九八三年的一億一千六百萬美元。

在那次會議之後二十多年，此事業在市場上銷售的產品，只剩下四種技術較先進的反應爐——而且顧客都不在美國境內。此團隊建立的燃料與維修事業，每年都爲公司帶來豐厚的利潤。奇異對既有發電廠客戶的責任，讓我們持續投入資金，援助先進的反應爐研究。

他們的成功，是我在總裁任內的初期許多令人開心的故事之一。故事動人的地方不在於財務數字上的成就，而在於我所追尋的公司「氣氛」。策劃核電事業轉型的人，並不是「傑克‧威爾契類型」；他們並不年輕，不愛鬧，也不愛爭執。他們習於官僚制度，並不認爲有什麼不妥；他們是奇異的主流派，是在體制內追求成功的人。

這一群人顯然並非威爾契的信徒，因此他們創造的英雄事蹟格外具有意義。它透露出一個清楚的訊息：在新的奇異裡，成功並不需要符合特定的形象。不論你的長相或行爲如何，都不影響你成爲英雄的機會；你所需要做的，就是面對現實，拿出具體成績。這項訊息在當時引起人們的高度重視，因爲許多奇異人仍不清楚自己的角色定位，也不確定自己是否具有在公司出頭的某種「性格」。

□

在我擔任總裁的前幾年，總喜歡在人們與現實脫節的時候，一次又一次以核電事業的故事點醒他們。面對現實聽來容易，做起來卻很難。我發現人們對情況的認知不是停留在過去的印象，就是充滿對未來的幻想，卻往往看不清當下實際發生的狀況。

「別騙自己了，事情就是這樣。」母親多年以前對我的告誡，也是奇異的一盞明燈。

在商業世界裡，不能以「希望」做爲企業規劃的前提。美麗的幻夢會迷惑整個組織，引導其中的人們發展出荒謬的結論。不論是一九七〇年代末期的家電事業、一九八〇年代初期的核電事業，或是二十世紀末的網路事業，帶領人們面對現實，總是找出最終解答的第一步驟。

我就任總裁職位時，承繼了許多偉大的事業，但是面對現實並非公司的長處之一。它所奉行的「表面和諧」，讓人們無法互相坦白以對。我很幸運，核子反應爐事業與 Elfun 的轉變是我的兩大利器，幫助我說明心中對奇異組織「氣氛」的期望。

只要一抓到機會，我就會對每一個聽衆反覆訴說他們的故事。接下來的二十年，我都是以說故事的方式，把我的構想灌輸給整個組織。

慢慢的，別人開始傾聽了。

8
關於願景這回事

第一或第二，以及事業的三圓圈

未來的贏家，將會是那些發掘並投身於眞正具有成長潛力的產業，
並在所參與的每一個領域都追求第一或第二的企業——
堅持成爲前兩名最精實、成本最低、品質最精良的全球性廠商，
爲顧客提供高品質的商品與服務……
不打算在八○年代追求此一目標的管理者與企業，
若以諸如傳統、情感或是自身管理弱點等種種藉口爲由，
而緊抓住前景黯淡的事業，將無法存在於九○年代。

我首次以董事長身分向華爾街分析師發表的演說，是一次大失敗。

上任八個月，我在一九八一年的十二月八日，前往紐約傳遞關於「新奇異」的重大消息。我爲了這次演講花了許多準備功夫，反覆潤稿、演練，非常希望能引起轟動。

畢竟，那是我第一次公開暢談我爲奇異所設定的方向——也就是所謂的願景。

然而，到場的分析師，期望聽到的是關於公司這一年來的財務表現與成就；他們希望得到財務數字的詳細解析，好把數字輸入他們的分析模型中，然後迅速得到每一個事業的盈餘預估值。他們熱愛這項運動。在這二十分鐘的演講中，我一語帶過他們希望得到的訊息，轉而迅速針對企業願景進行「質」方面的演說。

這次會議，在第五大道皮耶飯店裡的華麗大廳舉行。奇異的舞臺工作人員花了一整天時間佈置會場。分析師到的時候，我已經站在講台後面排練好幾個小時了。如今實在很難想像當時的隆重、嚴肅。

我的「重大」訊息（詳見附錄）旨在描述未來的贏家；這些贏家將會是那些「發掘並投身於眞正具有成長潛力的產業，並在所參與的每一個領域都追求第一或第二的企業——堅持成爲前兩名最精實、成本最低的全球性廠商，爲顧客提供高品質的商品與服務……不打算在八〇年代追求此一目標的管理者與企業，若以諸如傳統、情感或自身管理弱點等種種理由而緊緊抓住前景黯淡的事業，將無法存在於九〇年代。」

成爲第一或第二，不僅是一個目標而已；它也是生存的必要條件。如果我們做到這一點，那麼到了二十世紀末，這個中心概念就會爲我們帶來一連串獨一無二的事業。這是我在那一天演說的「硬性」訊息。

等我開始談現實、品質、卓越及「人員要素」(你相信不?)等軟性議題的時候，我可以看出聽衆開始不耐煩。要成爲贏家，我們必須把「硬性」的中心概念——也就是在成長市場中搶佔前兩名的地位——與無形的「軟性」價値結合在一起，以便形成塑造出公司文化的「氣氛」。大約在演講到一半的時候，我開始了解：就算演講內容是關於我的博士論文，聽衆的反應大概也相去無幾吧！

我繼續慷慨陳辭，不讓他們空洞的眼神打消我自己的信心。這次演講的某些內容，如今聽來可能像是陳腔濫調；事實上，我在多年後回顧這次演說，簡直不相信當時我是這麼拘泥於傳統。

「我們必須向公司的每一個員工灌輸一種態度，創造一種氣氛，允許他們、或應該說是鼓勵他們去認清事實，接受現況，而非一味期待事情是他們希望見到的樣子。」我說：「在公司上下建立起面對現實的觀念，是實現中心概念的基本前提；這個中心概念就是在每一項事業都搶佔第一或第二名的地位。」

我繼續表示，品質與卓越的追求，可以創造出合宜的組織氣氛，鼓勵員工跨越極限，讓奇異達到超出想像的成就。這項「人員要素」將促成理想的工作環境，讓員工勇於嘗試新事物，並且深信，「個人的創造力與幹勁，才是升遷程度與速度的極限」。

藉由融合這些硬性與軟性的訴求，奇異將成爲一個比小公司「更勇往直前、適應力更強、更靈活」的組織。我們不願意如同當時的許多大公司，只是跟著GNP(國民生產毛額)的成長而成長；我們希望「成爲帶動GNP的火車頭，而不是跟在後頭的一節車廂」。

最後，聽衆顯然認爲這些都是不著邊際的高談闊論，沒有什麼實質的內容。我們的一位職員不經意聽到分析師的牢騷：「我不知道這個傢伙到底在說什麼！」事後反省，我知道自己能夠以更好的方式傳達我們的故事。這些來自華爾街的分析師試著聆聽我的訊息，卻不由得哈欠連天。事後，我們的股價僅上漲了一毛兩分；不過，股價沒有下滑我就該謝天謝地了。

我對這些概念很有信心，不過我並未賦予它們生命；它們只是一個新人在台上絮絮叨叨的話語罷了。

這種高度格式化、拘泥於形式的奇異分析師大會，並未對我的事業提供任何幫助。我們詳細規劃了每一個細節，甚至連座位的安排也不敢掉以輕心。分析師們客客氣氣坐在座位，等候來回穿梭於走道上的奇異職員前來蒐集他們在紙卡上寫下的問題。在房間的這一面有一張長桌，桌子後面坐著三位奇異的高階主管——包括財務長在內；分析師遞來的問題，將先送交他們三位過目。他們的職責在於剔除董事長可能不願意回答或無法回答的問題，避免陷入令人難堪、容易引發爭議或者難以應付的話題。最後，這些「越過重重關卡」的問題才送到我的手中。

這和現在的奇異分析師大會是多麼的不同啊！如今的我們，不事先準備講稿，把訊息透過圖表傳達得一目了然，每一張圖表都會引發分析師的疑問或爭論。跟奇異內部的檢討會議一樣，分析師大會也是一場智力的競賽。會議結束時，我們對投資人的心態會有更深入的了解，而分析師對於奇異的前景與策略方向，也會有更詳盡的概念。

我的第一次會議，是一場失敗的演出，然而儘管一路跌跌撞撞，奇異在隨後二十年裡的每一步，都朝著我那一天所描繪的願景前進。我們經歷了爭取第一或第二的嚴酷現實，也卯足全勁在公司內注入那股軟性的「氣氛」。

□

我的中心概念，源自於早年管理優異事業與蹩腳事業的工作經驗，也從彼得．杜拉克（Peter Drucker）的見解中得到支持。我從一九七〇年代末期開始閱讀杜拉克的文章，而在我上任總裁職位之前的過渡時期，透過瓊斯認識了這位管理大師。如果眞要推派一位貨眞價實的管理哲人的話，非杜拉克莫屬。在他的管理著作當中，處處藏著獨到而珍貴的眞知灼見。

若仔細思索杜拉克提出的一、兩個難題，則一定要搶佔市場前兩名的道理就顯得清晰可見：「如果你不是已經在這個產業，今天的你會進入這個市場嗎？」如果答案爲否：「那麼你現在該怎麼做？」很單純的問題——儘管單純，卻發人深省。對於奇異而言，這兩個問題更是鞭辟入裡。我們涉獵的事業範圍十分廣泛。那個時候，如果你置身一個有利可圖的產業，就有十足的理由繼續營運下去。改變遊戲規則，或是退出低利潤低成長的產業，轉投入高利潤、高成長的全球市場，並不是那時候的優先考量。

在那個時候，公司裡裡外外沒有一個人嗅到危機的警訊。奇異是美國的象徵；不論就營業額或市場資本額而論，都是高居第十大的企業。亞洲競爭者的侵略已行之有年，許多產業一個接著一個淪陷——收音機、照相機、電視機、鋼鐵業、造船業，最後則是汽車市場。我們從電視機製造業中發現，全球的競爭者，特別是日本業者，也開始吞噬我們的利潤。我們擁有好幾項居於劣勢的事業，其中包括小型家電與消費性電子產品。

不過，如果你那時候是埋首於製造烤麵包機與電熨斗的小型家電事業的一員，而那是你的整個世界，並且它是有利可圖的——對你而言，這樣或許就夠了。即便到了現在，我還經常聽到有人傻傻地問：「嗯，這麼一個賺錢的事業，究竟有什麼不對？」

就某些狀況來說，這個問題可錯得離譜了。如果一份事業缺乏長期的競爭條件，那麼結束營業只是時間早晚的問題而已。

這項若不搶佔前兩名就得「整頓、出售或關閉」的策略，通過了「簡單性」的試鍊。人們能夠討論它、理解它，大部分的人在理智上也贊同它；但是到了執行的時候，情感就成了障礙。在穩居領先地位的事業中工作的員工，不會有太多煩惱，然而任職於稍遜一籌的事業的人，就會感到莫大的壓力。他們得面對市場上的現實，並且盡速採取對策——否則那個來自費爾菲德的新總裁，很可能當著他們的面把這項事業脫手。

和我們推動的其他行動或目標一樣，我也是一而再、再而三強調搶佔市場前兩名的這件事，一直說到我被這些話給噎住了爲止。我希望人們不僅在理智上接受，也能在情感上迎接這項挑戰。管理階層的每一項行動，都必須與這份願景一致。

不過，和大多數的願景相同，搶佔前兩名的策略，也遇到了它的極限。

很顯然，某些事業已淪爲一般性的商品，市場上的領導地位幾乎不具任何競爭優勢。是否成爲烤麵包機或熨斗市場上的龍頭老大，根本無關緊要，因爲我們完全無力左右市場上的價格，卻還得面對低成本進口商品的競爭。

此外，某些市場，例如金融服務業，有數兆美元的龐大規模。在這些狀況中，只要你在產品或地區市場上擁有獨特的利基，則就算無法成爲市場上的前兩名，似乎不那麼要緊。

這是一項很簡單的願景，但要讓奇異的四十二個策略性事業單位都清楚認識到它，也讓我費了好一番功夫。我不斷思索，試圖找出一個更好的溝通方式。說也奇怪，我最後竟於一九八三年的一月在一張雞尾酒紙巾上得到答案。

我會在任何時刻任何地點，隨手抓起紙張捕捉自己的思緒；這種做法往往讓周圍的人很頭痛。這一次，我和妻子卡洛琳在新卡納的一家餐廳內用餐，爲了向她說明我的願景，我拿起墊在酒杯底下的紙巾，以黑色簽字筆在上頭描繪我的概念。我在紙上畫出三個圓圈，把我們的所有事業分爲三個範疇：核心製造業、高科技業與服務業，比方說我在核心製造業所代表的圓圈中，放入照明設備、大型家電、馬達、渦輪機、運輸與土木機械。

我告訴卡洛琳，我們會整頓、出售或關閉圓圈之外的事業單位；這些可能是低利潤的業務，或者市場成長速度緩慢，要不就是因爲奇異在這方面缺乏強力的策略。我很喜歡這個三個圓圈的構圖。接下來的兩個星期，我繼續發展這份圖表，和幕僚共同填入更多的細節。

這張圖表果然一針見血。這一個簡單的概念圖，是我在傳達與執行「第一或第二」的願景時一項不可或缺的工具。我到任何地方都帶著這張圖表。《富比士》(*Forbes*) 雜誌在一九八四年三月針對奇異所做的封面報導，更是以顯著的篇幅介紹它。

如果人們服務於圓圈內的事業，這張圖表會帶給他們某種程度的安全感與驕傲。但是圓圈之外的事業，特別是舊奇異的核心事業，包括中央空調、小型家電、電視機、音響器材與半導體等，卻掀起了各式各樣的負面反應。誰要是身處於這些必須「整頓、出售或關閉」的事業，自然會感到很沮喪。

第一或第二

「整頓、出售或關閉」

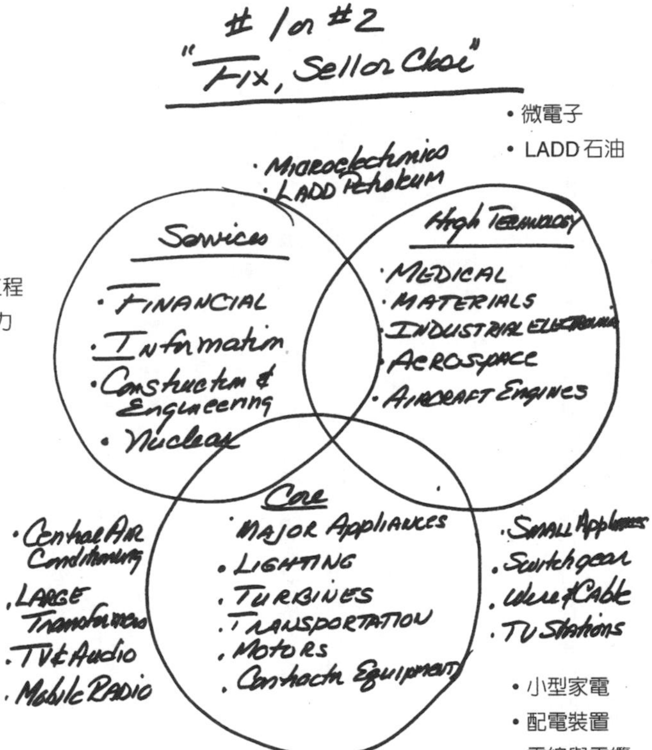

- 微電子
- LADD 石油

服務業

- 金融
- 資訊
- 建築與工程
- 核能電力

高科技業

- 醫療
- 材料
- 工業工程
- 航太
- 飛機引擎

- 小型家電
- 配電裝置
- 電線與電纜
- 電視台

中央空調

大型變壓器

電視機與音響

行動無線電

核心製造業

- 大型家電
- 照明設備
- 渦輪機
- 運輸
- 馬達
- 土木機械

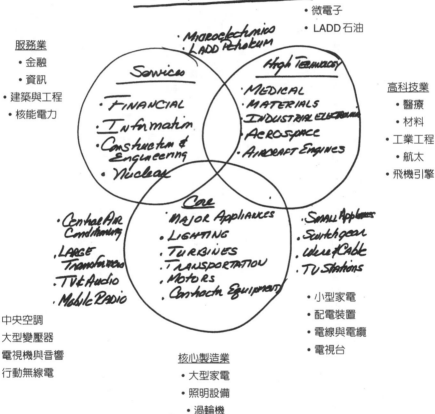

他們覺得憤怒、被出賣。有些人問：「我是別人避之唯恐不及的麻瘋病患嗎？這可不是我當初加入奇異的理想。」工會領袖與市政官員也頗有微言。反對的聲浪比我預期的還要嚴重，我知道這是自己必須勉力對付的一大考驗。

頭兩年裡，這項「第一或第二」的策略，激發了一連串的行動，不過多半是小型的行動。我們出售了七十一項事業與產品線，換來略高於五億美元的收益。另外，我們完成了一百一十八筆購併、合資，或佔有少數持股的投資案，總共挹注十億多美元。這些都是不足掛齒的交易，但是這些騷動造成了公司上下都可以感受到的文化衝擊，尤其是中央空調事業的出售。

中央空調事業擁有三座工廠、兩千三百名員工，它不是奇異規模較大的事業，也沒有優異的獲利能力，但是由於它隸屬於舊奇異的核心事業，因此當我們在一九八二年年中，以一億三千五百萬美元的現金價格把它出售給詮恩（Trane）公司時，引起了員工強烈的反彈。它是我們在路易斯維爾的一個大型家電事業部門；在其他家電事業的光環之下，它那百分之十的市場佔有率顯得相形見絀。

我在還是事業類別執行長的時候，就不太欣賞這項事業；我覺得奇異無法主宰它的命運。因爲我們把帶有奇異品牌的商品銷售給「某某水電行」一類的地區性經銷商；他們以鋤頭、螺絲起子把產品安裝在消費者家中，從此便不聞不問，只留下帶有奇異品牌的冷氣機。我們經常接到消費者的抱怨，但問題不是出在奇異身上。奇異的名聲遭到玷污，我們卻無能爲力。

由於我們在市場上居於劣勢，因此，我們的競爭者擁有最優良的經銷商與獨立的承包商。對奇異而言，這是一項有瑕疵的事業；但是從大家對出售這項事業產生的強烈反彈來看，你絕對想像不到這一點。這次事件，的確把路易斯維爾搞得天翻地覆。

我相信，把積弱不振的業務交由更強勢的企業管理，是一個面面俱到的雙贏決策；出售空調事業給詮恩公司，更強化了我的這項信念。詮恩是市場上的龍頭老大。隨著這筆交易，服務於空調事業的員工也成了市場上強勢團隊的一員。交易完成之後的一個月，一通電話證實了我的想法。我打電話給先前的空調部門經理史坦・高斯基（Stan Gorski），他隨著這筆交易加入了詮恩。

我問道：「高斯基，一切還好嗎？」

「傑克，我眞喜歡這裡，」他說：「我早晨起床、出門上班以後，我老闆整天念念不忘的就是這一份空調事業。他認爲這項事業好極了。從前我打電話給你的時候，話題總不外乎顧客的抱怨或是我的利潤率。傑克，你痛恨空調事業。如今，團隊的每一個人都成了贏家，而我們也能感受到這一點。在路易斯維爾，我就像一個沒人愛的孤兒。」

「你的話眞讓我開心。」我在掛電話前這麼說道。

在一陣批評聲浪之中，高斯基的話，強化了我推動「第一或第二」策略的決心。這筆空調事業的交易也奠定了另一項基本原則：我們把交易所得的一億三千五百萬美元投注於其他事業的重整。

我們以相同的方式，處理每一次出售事業的所得。我們從未把收益直接放入口袋中，而是利用這筆資金提昇公司的競爭力。二十年來，我們也從未把事業重整所造成的損失當作達不成盈餘目標的藉口；我們自食其力，一步一步往前走。

□

打從我向瓊斯描述自己擔任總裁的資格條件起，就一直以「穩定的盈餘成長」做爲我的主題。幸好，我們擁有一些堅強而多元化的事業，可以幫助我實現當初的諾言。我們管理的是各項事業——而不是管理盈餘。

我們出售空調事業及其他單位之後，獲得了等同現金的資本利得，這讓我們擁有更大的彈性可以考慮轉投資或用來重整其他事業。這是奇異股東對我們的期望，也是他們花錢聘用我們的目的。

我把我們面對這些利潤的態度比喻成一棟房子的修繕工程。假如你手頭很緊，無法修補屋頂的漏洞，你會放個盆子接住滲入的水滴；一旦你從預算中找到一筆經費，便會立刻塡補屋頂上的裂縫。這就是事業單位處置利潤的運用方式：爲了長遠打算而採取必要的行動來強化各項事業。

每隔一段時間，總會有人抱著批評的態度，質疑我們達成「穩定盈餘成長」的可能性。一位記者甚至表示，如果我們在某一季以低價出售某項事業而蒙受損失，卻在下一季因爲另一項事業的出售而獲利，我們的盈餘將會產生大幅波動，不可能呈現穩定的成長。

拜託！我們的職責是在手頭寬裕時修補各項事業的裂縫。

管理人員若不這麼做，就是有虧職守。如果你仔細觀察現金的流向，將可以明瞭一個公司內部的實際狀況。會計作業不會創造現金，妥善管理事業才是財富的來源。

□

空調事業的脫手，燃起了一場大火，不過，火勢大體限於路易斯維爾。對我而言，下一筆交易的情況將更加複雜、困難——我準備出售猶他國際公司。這是瓊斯在一九七七年以二十三億美元所買下的事業，在那個時代，這是史無前例的大型併購案，對瓊斯個人、對奇異，甚至對全美的企業界都是如此。

猶他國際那時是一個利潤豐厚、體質健全的企業，利潤主要來自銷售冶金用煤給日本鋼鐵業。它同時擁有一家小型的美國石油與天然氣公司，以及在智利的一座礦藏豐富卻低度開發的銅礦。瓊斯購買這間公司的目的，是爲了對抗一九七〇年代瘋狂的通貨膨脹。

在我看來，隨著通貨膨脹率的逐漸減緩，這項事業並不符合公司追求穩定利潤成長的目標。我一直希望公司內的每一份子都能爲自身的貢獻感到驕傲；而猶他國際起伏不定的盈餘狀況，和我的目標產生了牴觸。

每一年每一季，奇異在世界各個角落的事業單位，都會一點一滴爲公司累積財富。每一份子在每一天的貢獻都具有獨特的意義。我還身兼事業類別執行長與奇異副董事長之責時，經常在會議中傾聽每一位同仁奮力達成該季或該年財務目標的故事。然而，猶他國際的主管卻總會在不自覺的情況之下，隨便就掩蓋了大家辛勤工作的成果。

「我們的煤礦工人進行了一場罷工，」他可能會這麼說：「因此我們的實際利潤將會比預估值低五千萬美元。」數字的金額往往令在場每一位人士目瞪口呆。或者，他可能輕輕鬆鬆進會議室，不當一回事地說：「煤價上漲了十塊錢，所以我們的利潤比預估值高五千萬美元。」不論哪一種方式，都會令其他事業的血汗錢顯得微不足道。

我認爲，猶他國際在業務上的週期性將是奇異追求穩定盈餘成長的障礙。我一直不喜歡自然資源產業，因爲這個產業有太多不可控制的因素；就石油業而論，公司的策略方向更會因爲卡特爾（cartel，同業聯合壟斷）而失去效力。

暫且岔開話題提一件別的事：我相信杜邦在一九八一年併購「美國大陸石油公司」（Conoco）之後，也產生了類似的效應。他們購買美國大陸石油公司的目的，也是爲了對抗自然資源（特別是石油）的價格上揚。但是美國大陸石油公司的規模足以令杜邦許多事業單位的貢獻顯得不值一提。我在伊利諾研究所的一些同學，畢業後加入了杜邦。我從他們以及杜邦塑膠事業部門的朋友口中得知，「美國大陸石油」利潤的大幅波動，實在令他們感到萎靡無力。「美國大陸石油」最後在一九九八年脫離杜邦，成爲獨立經營的子公司。

還是把自然資源業務交給專門的自然資源企業管理吧！

儘管我並不欣賞猶他國際，但是要出售瓊斯在四年前才完成的個人最大筆交易，還是令我遲疑。我的一切成就，都得歸功於瓊斯；我不希望因爲賣掉這項事業而冒犯了瓊斯。在制定決策之前，我寄給瓊斯一份簡報，詳述出售猶他國際的邏輯。然後我撥了通電話給他，詢問他的意見。

這些年以來，我經常與瓊斯保持電話聯繫。我在進行重大決策之前都先知會他——儘管他在我就任董事長的那一天就卸下了奇異董事的職位。

我們講完電話幾天後，瓊斯回電給我，經過一陣盤問，最後他還是支持我。事實上，這二十多年以來，他從來不在公司內或外批評我的決策。

就任總裁的第一年內，我私底下和潘佐爾（Pennzoil）公司的總裁休・李得克（Hugh Liedtke）在紐約的沃爾道夫飯店（Waldorf Towers）會面。我提議把猶他國際賣給他，但是經過長考之後，他認爲這項事業並不符合其公司的利益。他要追逐的是更大條的魚——他最後在一場備受矚目的企業併購爭奪戰當中，與德士古（Texaco）集團搶奪蓋帝石油（Getty Oil）公司。

我與其他潛在的美國買主接觸，但是似乎沒有人對這項事業感到興趣。

還好，我的副董事長伯靈甘，提出一個更好的點子。伯靈甘找到了猶他國際的最佳策略買主——以澳洲爲大本營的自然資源公司ＢＨＰ（Broken Hill Proprietary）。伯靈甘與ＢＨＰ接洽，他們也顯示有興趣進一步深談。於是，伯靈甘邀請法蘭克・道爾與老朋友法斯科，與他共組一個專案小組。伯靈甘與道爾將負責研擬在密室中籌畫談判的策略，而爲了這項特別任務而專程從歐洲返美的法斯科，則負責與ＢＨＰ面對面協商。

交易的規模，加上地區性的差異，增加了談判的複雜度，整個協商過程歷經好幾個月。猶他國際的總部位於舊金山，資產遍佈全世界；而ＢＨＰ的總公司則駐紮在澳洲墨爾本。此類的大型交易總會經過好幾番波折，不過到了一九八二年的十二月中，雙方終於簽下了決定性的意向書（letter of intent）。

我們欣喜若狂。猶他國際是一個掛著高價標籤的龐大資產，市場上並沒有太多的買家。這次交易是我們的一大成功，它充分符合奇異的策略理念，也能帶給ＢＨＰ同樣的衝擊。我們決定在十二月的例行董事會議中把交易計劃遞交董事會核准。

董事會會期之前的星期四下午，公司全體資深高階主管與董事會成員聚集在紐約的柏寧飯店（Park Lane Hotel），舉行我們一年一度的耶誕晚宴。我爲了拉進管理階層與董事會的距離，在一年前開始推動這一項晚宴傳統。這一次，舞會上每一個人都因爲這筆交易而顯得歡欣鼓舞。不過，到了晚上十一點鐘左右，我看見一位幕僚匆匆忙忙帶著伯靈甘離開舞池。伯靈甘通常喜怒不形於色，但他在半個鐘頭後返回時，顯得十分心煩意亂，但還算冷靜。

比起我從他口中得知壞消息之後的模樣，伯靈甘顯然冷靜多了。

「傑克，」他說：「交易取消了。我得到法斯科的消息，他說ＢＨＰ剛剛打電話向他表示，他們的董事會駁回這項計劃，ＢＨＰ在財務上無法承受這麼大規模的交易。」

我大爲震驚。這筆交易具有非同小可的意義；在我所描繪的策略路徑上，它將是公司向前跨出的第一個大步。如今，在耶誕的樂聲當中，我覺得一切都毀了。卡洛琳和我一直待到宴會結束，才回到我們在沃爾道夫飯店的套房。凱斯卡特與他的妻子蔻姬（Corky），和我們共用這一個套房。

凱斯卡特很快就成爲我在董事會中的親密戰友。我們熬夜討論各種可能的替代方案，直到半夜三點才上床就寢。我們在黑暗中摸索，並不十分清楚究竟什麼地方出了錯。那天晚上，我的情緒跌落谷底，而可憐的凱斯卡特必須聽我喋喋不休的咕噥，直到清晨時分。

隔天早晨，伯靈甘和我，向所有董事報告這項消息。他們面露失望，但鼓勵我們把交易拉回軌道。等到我星期五傍晚回到旅館房間，我發現床上坐著一隻吸吮著拇指的泰迪熊。這是蔻姬在當天早晨買回來的禮物，小熊身還上附著一張紙條。「別讓它擊敗你，」凱斯卡特在紙條上寫著：「你總會把事情解決的。」

我上任不過二十一個月的時間，不確定自己是不是出了很大的紕漏。凱斯卡特的紙條彷彿一場及時雨。在我日後的生涯中，凱斯卡特也經常爲我伸出適時的援手。支持我的不只是他而已——從我上任的第一天開始，董事會就表現出驚人的支持度，幫助我在許多場合中支撐下去。

聖誕節過後，伯靈甘、道爾與法斯科的三人小組，再度埋首於交易的協商之中。爲了應付BHP的財務限制，他們提議把某些事業單位，包括位在美國的石油與天然氣製造商 Ladd 石油公司，自猶他國際中獨立出來，讓交易限定在較小的範圍之內。BHP接受了這項提議，並於一九八四年的第二季，以二十四億美元現金買下猶他國際剩餘的事業單位。這之後，又過了一年，才取得政府相關單位的核准。六年後，我們以五億一千五百萬美元賣出猶他的最後一塊資產：Ladd 石油。

隨著空調事業與猶他國際的脫手，我對我們的策略及其執行過程抱著相當高的信心——或許太高了一點。空調事業的交易，只在它所屬的大型家電部門掀起漣漪。而猶他國際的出售則完全沒有激起任何風波。我們和這家公司之間的歷史並不長遠，而它也從未眞正成爲奇異的一部份。

下一個步驟——退出奇異小型家電市場，將是另一種截然不同的局面。

□

我掌管小型家電的經驗，大約有六年的時間，掌管的時候我就認爲這是一份很糟糕的生意。不論蒸氣熨斗、烤麵包機、吹風機或果汁機，都是非常普通的商品。我還記得，事業部門所謂的「大突破」，是設計出一種可以更省力削去蔬果皮的「電動削皮機」。

這不是我們所需要的「熱門科技」。

這些商品不會對新的奇異產生太大的幫助；況且，亞洲競爭者若要攻佔這個市場，簡直就如探囊取物般容易。產業中的美國製造商深受工廠的高成本所苦；市場的進入障礙很低；而零售商的整合更讓消費者僅剩的品牌忠誠度蕩然無存。

我把這項事業放在三個圓圈之外。對我來說，出售小型家電事業是一件理所當然的事。我認爲我們不會有任何損失，同時這能更進一步實現「第一或第二」的策略。百工（Black & Decker）公司顯然很清楚我們對小型家電事業的觀感，也認爲我們的事業單位符合他們的策略需要。他們在電動工具的市場已建立了強勢的消費品品牌，而且是歐洲市場的龍頭老大。該公司的領導階層企圖積極拓展新的領域，看中了小型家電市場。

一九八三年十一月，我接到彼得·皮特森（Pete Peterson）的電話。他是一位投資銀行家，也是百工的董事；我們在許多場合中碰過面。

「你有興趣出售你們的家電事業嗎？」皮特森這樣問。

我回答：「你這是哪門子的問題？」

我們玩了幾分鐘貓捉老鼠的遊戲，最後，皮特森表示，他是以百工總裁兼董事長賴瑞·法利（Larry Farley）的代表人身分前來洽談。

「好吧，如果你很認眞的話，」我說：「我能爲你提供怎樣的服務？」

「從一到五分打個分數，一分代表你決不肯出售；兩分代表你願意高價出售；三分則表示你願意以公平價格出售。你現在是幾分？」皮特森問。

「我的大型家電事業在一分到兩分之間，」我回答：「小型家電則是三分。」

「嗯，那正是我們有興趣的部分。」皮特森這麼說。

這之後不到兩天，皮特森、法利和我在十一月十八日赴奇異的紐約辦公室洽談。法利問了一長串的問題，而我則盡其所能地回答。接著，皮特森單刀直入，問我願意以多少錢出售這項事業。

「三億美元，一毛不少。同時，總經理鮑伯．萊特並不在交易範圍之內。」

這之前，我已經慫恿萊特離開了考克斯，重返奇異。在這段過渡時期裡，我要求他暫時掌管公司的小型家電事業。我不希望再度失去他。隔天，我與萊特見面，讓他知道最新情況，我說：「別擔心，我會很快爲你找到更好的職務。」

過不了多久，我就聽到法利和皮特森的消息，他們一致認爲應該繼續進行下一個步驟。正當實地審核工作（due diligence）進行當中，公司內部針對這項待決的交易爆發了一場激烈的論戰。奇異傳統份子聲稱，小型家電上的品牌名稱與商標，可以幫助公司深入每一個家庭。我們馬上進行調查，發現事實正好相反。消費者對奇異捲髮器與電熨斗的印象尚可，對公司而言，這樣的品牌形象並沒有太大的裨益。另一方面，不論當時或現在，消費者對奇異的大型家電都有很高的評價。

協商過程順利展開。雙方具有很深的互信，而且都希望盡速完成交易。談判過程中出現的每一項議題，都能輕鬆解決。皮特森直截了當的風格和正直的品性，持續在我日後的生涯中扮演重要的角色。第一次電話交談之後過了幾個星期，我們就售出了奇異的小型家電事業。

交易過程中的輕鬆愉快，掩蓋了公司內部持續發酵的騷動。傳統事業部門裡，人心浮動。以二十億元賣掉猶他國際並沒有掀起任何漣漪；出售這項價值僅三億美元的低科技小型家電事業，卻激起了令人難以置信的怒吼。這是我第一次經歷排山倒海而來的員工憤怒信件。

如果電子郵件在當時已經存在的話，公司的每一台伺服器都會被塞爆。這些信件的內容不外乎：「如果不生產電熨斗與烤麵包機，我們哪還叫奇異？」或是：「你究竟是什麼角色？如果你能做出這樣的事，顯然沒有什麼事情是你做不出來的！」

在飲水機旁流竄的閒言閒語並不好聽。

類似的事情會陸續上演，還有得瞧呢！

9

中子彈傑克

少一點人員，多一些付出

在一個籠罩著不確定氣氛的環境中，

我這些論調背後的邏輯，無法在員工心中發揮太大的作用。

公司內部的動亂，甚至強烈到引發了外界的關注。

《新聞周刊》在 1982 年年中的報導首先出現「中子傑克」這個綽號，

指的是一個保留建築物完整無缺，卻大力殲滅人員的傢伙。

我十分厭惡這個傷人的綽號，

但我更憎恨官僚作風與無謂的浪費；

而總公司對資料的沉迷，以及渦輪機事業的低利潤率，

同樣令我生氣。

一九八〇年代初期，就算你所工作的事業部門沒有遭到公司脫售之虞，你也會懷疑傑克・威爾契知不知道自己在做些什麼，或是將往哪個方向去。惶惶不安、驚懼、疑惑的氣氛，瀰漫在公司的每一個角落。造成這些騷動，原因就在於成為前兩名的目標、三個事業圓圈、毫不拖泥帶水出售事業單位的作風，以及當時在奇異各處推動的緊縮政策。

未來五年裡，每五位員工當中將會有一人遭到解僱，預計裁員人數高達十一萬八千人，其中三萬七千人隸屬於售出的事業單位。公司上上下下，每一個人都努力與週遭的不確定性搏鬥。

在此緊縮時期，我還火上加油，投資數百萬美元在人們眼中「不具生產力」的事物之上。我在總公司大興土木，建造了一座健身房、小型旅社和會議中心，並計劃大幅整修奇異的可羅頓維爾(Crotonville)管理培訓中心。我深信這一批耗資將近七千五百萬美元的投資，符合我在皮耶飯店描述的「軟性」價值——對於卓越的追求。

但人們不吃這一套。對他們而言，這是毫不相干的兩碼子事。

比起公司同一時期在新廠房與設備上的一百二十億美元投資，我在跑步機、會議廳與宿舍上的花費，根本是鳳毛麟角。但這不是重點。分散在全球各個廠房的一百二十億美元經費，在人們眼中只是例行性的投資，絲毫不引人注目。

這七千五百萬美元的象徵意義，人們負荷不了。我可以了解許多奇異員工為什麼無法接受這些投資。

但是我打從心裡相信，這些都是正確的行動。

在那段「縮減與花費並行」的時期，人力資源首長勒凡諾是我的一大支持者。他是一塊基石，是一個連結過去的環節，也是一位尊重體制內每一份子的資深高階奇異人；他的動機與品格完全不容懷疑。我知道，早期許多與我初次會面的高階主管都曾心煩意亂地坐在勒凡諾的沙發上訴苦；勒凡諾也曾為許多遭到解僱的資深員工提供諮詢服務。他在總裁遴選時期大力支持我，更重要的是：他很清楚奇異的步伐，也相信這就是公司所需要的。

由於人們對於這些投資的反應近乎瘋狂，所以勒凡諾的支持顯得益發重要。不論我怎麼說、怎麼做，都無法滿足詆毀者的胃口或完全平息組織內緊張的氣氛。不過，我把握每一次宣揚理念的機會，決不逃避。

一九八二年年初，我開始舉辦兩週一次的圓桌會議，每次邀請大約二十五位員工喝咖啡、討論議題。不論在場的是行政助理或管理階層，提出的問題都如出一轍。

每一次的會議總繞著這個問題打轉：「在你關閉工廠、解僱員工之際，如何解釋你在跑步機、宿舍與會議中心上的花費？」

我樂於進行這一類的辯論；雖然我的論點不見得獲勝，但是我知道自己必須一點一滴贏得他們的贊同。我強調，這些支出與刪減都符合我們的目標。

我希望改變公司作戰的方式——從更少人的身上，要求更多的付出。我堅決主張公司只保留最傑出的員工。我強調，公司不能讓優秀的員工在接受四星期的訓練時，挨在老舊不堪的磚砌訓練中心裡；也不能讓前來總公司的貴賓待在第三流的汽車旅館中。如果你希望擁有卓越的表現，在最起碼的程度上，週遭環境必須能反映出卓越的格調。

我在圓桌會議中說明，健身房的目的不僅在於維持員工的健康，也是為了聯繫彼此的感情。總公司的辦公大樓裡，到處是沒有眞正從事生產或銷售的專業人員；這裡與前線大相逕庭，前線人員可以全神貫注於開發新的訂單或推出新的產品，並爲每一次的成就大感振奮。然而在奇異總公司裡，你把車子停放在地下停車場、搭電梯抵達你的辦公樓層，然後在大樓的某個角落裡埋首於工作中，直到一天結束。員工餐廳是一般人的社交場所，但是大多數的情況下，人們總是與自己共事的同事坐在一起。

我認爲健身房可以成爲一個非正式的社交場所，聯繫各種身材、體型、階級與部門的員工。你可以把它比作雜貨店裡的小房間，是職員在休息時間聚集的地方。如果能夠達到這樣的成效，這一百多萬美元的投資就划得來了。儘管我的用意良善，人們還是很難在面對裁員的衝擊時看到健身房的好處。

在斥資兩千五百萬美元興建小型旅館與會議中心的決策背後，也有類似的邏輯。座落於公司總部的小型旅館與會議中心形同一座孤島，位在紐約市以北六十英里左右的郊區。人們下班之後無處可去；費爾菲德及其附近地區，沒有一間像樣的旅社可以安頓來自世界各地的員工或來賓。我希望創造一個高水準的地方，讓人們在其間留連、工作與互動。大廳壁爐與無座位的吧台是這項設施的一大特色；人們可以在這些地方自在交談。

傳統人士大受震驚，而我卻堅持己見。我希望創造一個不拘形式的家庭氣氛，爲了達到目的，這樣的設施是不可或缺的。不論我身在何處，總是大力提倡追求卓越的必要性。我的一舉一動，都必須顯示這項決心。

可羅頓維爾的故事也大同小異。這座教育中心已有四分之一世紀的歷史了——很不幸，其外觀也充分反映出它的年紀。經理人得擠在四人一間的破舊營房，這些睡房和路邊的汽車旅館沒什麼兩樣。我們需要讓前來可羅頓維爾的員工與來賓感覺到，他們所服務或所來往的公司是一家世界級的大型企業。儘管如此，一些評論家開始把它稱爲「傑克大教堂」。

我在一九八〇年代初期一概以下面的說法回應各種怨言：追根究底，商業本來就是一連串的矛盾。

・在關閉無競爭力的工廠廠房時，斥資數百萬美元興建不具生產力的大樓。

這種做法符合我們希望成爲世界級競爭者的目標。如果不是兩者雙管齊下，你無法吸引並保留最傑出的人才，同時躋身於成本最低的供應商之列。

・支付最高的薪資，裁撤薪水較低的員工。

我們必須吸引全球最出類拔萃的人才，並支付他們應得的薪水。但是我們不能保留公司不需要的員工。爲了以更少的人員發揮更大的生產力，我們必須爭取較優秀的員工。

・「捕捉」短期利益，同時管理長期發展。

以長期利益爲代價的成本縮減方案，可以輕易就在一兩年內擠出幾毛錢；而光只是夢想著長期的發展卻無法在短期內提出具體成績，更是再容易不過的事；任何傻子都能完成其中一件事。但領導者的試鍊在於平衡長期、短期的發展。我在前十年中最常聽到的反擊是：「奇異和你都太短視近利了」──這只不過是爲了不採取行動所找的又一個陳腐藉口。

・實現「軟性」訴求之前，必須先拿出「鐵腕」作風。

以鐵腕作風刪減人力與廠房，是鼓吹軟性價值例如「追求卓越」或「學習性組織」的前提。如果不先展示鋼鐵般的決心，就很難實現軟性的訴求；這些軟性價值只能在以績效爲基礎的組織文化中發揮效力。

□

想想我所試圖傳達的種種看似矛盾、實則不然的說法：我們必須以更少的資源得到更大的產出；我們必須擴張某些事業，同時縮減或出售其他事業；我們要團結，但是多元化的事業必須能容納各種不同的作風。此外，如果我們希望吸引並挽留最傑出的人才，就必須以一流的方式對待員工。

在一個籠罩著不確定氣氛的環境中，我這些論調背後的邏輯，無法在員工心中發揮太大的作用。事實上，公司內部的動亂，甚至強烈到足以引發外界的關注。《新聞周刊》(*Newsweek*)在一九八二年年中的報導首先出現「中子傑克」這個綽號，指的是一個保留建築物完整無缺，卻大力殲滅人員的傢伙。

我十分厭惡這個傷人的綽號，但我更憎恨官僚作風與無謂的浪費；總公司對資料的沉迷，以及渦輪機事業的低利潤率，同樣令我生氣。

很快的，「中子傑克」的綽號開始在媒體中盛行，記者們彷彿不貼上這張標籤就無法撰寫關於奇異的報導。這種形象上的扭曲令我非常不快。這麼多年以來，人們曾認爲我桀驁不馴、太看重成長，並且在塑膠、醫療與貸信事業中僱用太多員工、興建過多的設施。如今，我成了一顆中子彈。

我想，這可能也是一個似非而是的議論吧！我雖然不喜歡它，但是漸漸能體會它的意思了。

說實話，在體質健全、獲利豐厚的大型主流企業當中，我們是第一家採取行動提昇競爭力的公司。在這之前，克萊斯勒也曾採取類似的行動，但是他們的行動擁有完美的舞台——克萊斯勒得到政府的援助，而大家都知道他們正在破產的邊緣掙扎。

我們的行動則顯得突兀。我們那麼健康、強壯、利潤豐厚，完全沒有重整的必要。奇異在一九八〇年擁有十五億美元的淨利與兩百五十億美元的營收，在財星五百大企業中，奇異是利潤第九大、規模第十大的公司。

然而，我們正視現實。美國經濟在一九八〇年開始走入衰退期，通貨膨脹率高漲，原油價格爲三十美元一桶。有些人預測油價會漲到一百美元一桶，而我們還不見得能得到石油供應。日本競爭者拜疲弱不振的日圓與精良的科技所賜，開始逐步攻佔我們的主流產業，從汽車業到消費品電子業。

我希望藉由增加成本競爭力來對抗現實；而這正是我們當時所採取的行動。

我同時親身見證，環境的改變如何影響紐約、紐澤西與康乃迪克大三角地區裡的許多企業總裁。我在一九八〇年代初期，擔任聯合勸募（United Way）活動的企業理事長。好幾次我試著強迫各個企業總裁踴躍捐款，常會聽到這樣的答覆：「我們很希望能有更大的貢獻，但是我們做不到。」或者：「我們無法像過去捐出那麼高的款項，時機實在很糟糕。」這些經驗更堅定我的信念：唯有健康、成長、充滿生氣的企業，才能承擔起它們對員工與社會的責任。

在這些現實條件下修補一個人心惶惶的企業，需要付出高昂而痛苦的成本。我們很幸運，前人爲我們留下了健康的資產負債表。我們能夠以人性而慷慨的方式，對待被解僱的員工，儘管他們當下無法體會我們的善意。我們給員工很長的通知期，給很優渥的遣散津貼，而奇異的好名聲也幫助許多員工找到新的工作。由於我們率先採取行動，就業市場上還有許多工作供我們的離職員工選擇。這個道理同樣適用於二〇〇一年：如果你是第一家進行裁員的網路公司，你的員工還能找到許多新工作；如果你的腳步遲緩，員工就只能在失業大軍裡掙扎了。

但當一個歷史悠久的「健康」企業，在一九八二年關閉位於加州安大略市（Ontario）的蒸氣熨斗工廠時，人們無法以如此正面的觀點理解這件事。我們得知電視節目《六十分鐘》(*60 Minutes*)將派遣麥克·華勒斯（Mike Wallace）與攝影小組採訪這次事件。在電視節目上談論關閉廠房可不是件愉快的事情；而他們的評論也的確鋒利。華勒斯指出，只因爲我們無法在此掙得足夠的利潤，並希望把工廠由美國遷往墨西哥、新加坡或巴西等地，就令八百二十五位奇異員工失去工作。接受採訪的前任員工表示他們覺得受到背叛，而一位信仰虔誠的勞工領袖，更嚴厲譴責關廠決策是「不道德」的行動。

員工們當時的觀點可以理解——但是與事實眞相略有出入。這座工廠專門製造金屬熨斗，但是塑膠製的產品已在消費者心中得到壓倒式的勝利。我們在全球擁有四座生產塑膠熨斗的工廠，包括位在北卡羅來納州的一座。安大略工廠的產品線必須停產；聽到關廠決策誰都不好受，不過這是整個體制中成本最高的工廠，而我們必須維持公司的競爭力。

《六十分鐘》的報導算是公正，他們指出我們在六個月前事先知會員工，而當時一般公司多半在裁員的一星期前進行通知。華勒斯也指出，我們提供資金與場地供公營就業中心教導民衆面試技巧與其他的技能。

由於資產負債表的能力許可，我們還提供了更多的援助。我們提供離職員工一年的壽險與醫療保險，並且在關廠以前，幫助一百二十位勞工找到其他工作。將近六百位員工可以享受奇異的退休金制度，我們也爲工廠找到了買主，這家公司最終將會重新僱用奇異的許多前任員工。不過，儘管如此，失去工作的滋味實在很不好受。

一九八二年二月底，《六十分鐘》節目罵我們「把利潤放在員工權利之上」，當時我擔任總裁還不到一年的時間。某些評論家把我們當作ＩＢＭ等企業的對比；當時ＩＢＭ仍大力提倡終身僱傭制的概念，他們在一九八五年推出一系列標榜決不裁員的廣告，ＩＢＭ的標語這樣說：「……工作或許會來來去去，但員工不會。」許多奇異主管把這則廣告帶到可羅頓維爾的教室中，尖銳質問：「你對這則廣告有何回應？」

在那個持續受到中子標籤攻擊的時期裡，那些廣告總是令我氣憤。

我爲ＩＢＭ的員工感到扼腕，因爲等到企業失去競爭力時，他們的厄運也會隨之來臨。

□

任何一個自以爲能保障員工就業安全的組織，總會走到困境。唯有擁有滿意的顧客才能眞正保障員工的就業安全；這不是企業本身可以做得到的事。現實狀況讓那些企業不得不結束他們與員工之間未曾言明的就業契約；那些「契約」以終身僱傭的認知爲基礎，換取員工封建式的模糊忠誠。員工認爲，如果投入足夠的時間並努力工作，公司將會照顧你一輩子。

然而遊戲規則改變了，人必須在充滿競爭的世界中存活；而唯有在市場上頭角崢嶸的企業，才能帶給員工眞正的安全感。

這種心理上的契約必須改變。我希望提出一份新的契約，讓奇異成爲樂於競爭的人才所能找到的最佳工作環境。如果他們付出承諾，我們會賦予他們最佳的訓練與發展，以及一個充滿個人與工作成長機會的環境。我們將盡最大的努力，讓員工擁有足以「終身就業」的技能——即便我們無法擔保「終身僱傭」。

裁減人事一直是領導者最困難的決策；對此「樂在其中」的人不應是企業的一員，同樣的，對此表示「無法執行」的人也不足以稱爲領導者。我絕不會低估裁員所造成的人事成本，或是加諸於員工與社區的痛苦。對我而言，每一項行動都必須通過一個簡單的考驗：「我們希望受到相同的待遇嗎？我們是公平、公正的嗎？你能夠每天面對鏡子，對著上述問題回答『是』嗎？」

就減緩激烈變革所造成的衝擊這一點而論，我們心安理得。我不只一千次提到：「我們不開除員工；我們開除的是職位，而職位上的員工必須隨著離開公司。」

在刪減成本方面，我們從未訴諸於一般管理階層最常使用的舊式手段，即「全面」裁員或薪資凍結；這兩種行動在「共體時艱」的口號掩飾之下，其實是不願面對現實與實行差別待遇的最佳範例。

那既不是管理，也不是領導。宣佈一視同仁，全面凍結薪資，或不分績效裁員十％的人事政策，違背了企業獎勵最佳員工的需求。在二〇〇一年的春季，奇異許多受到景氣影響的事業部門，例如塑膠、照明設備與家電產品，都必須縮減開支，而在電力渦輪機與醫療事業裡，人才的供給卻總嫌不足。

遺憾的是，奇異大部分事業單位的員工人數，在一九八〇年代持續下滑。我們的總員工從一九八○年年底的四十一萬一千人，降到八五年年底的二十九萬九千人。在十一萬兩千名的離職員工當中，有三萬七千人隸屬於奇異出售的事業單位，不過，另外的八萬一千名員工——工業事業裡每五位員工當中的一人——則因爲生產力的低落而失去工作。

從數字上來看，你可以說：要不是眞有一位中子傑克，就是這家公司有太多不必要的職位了。我自然是從後者這個解釋尋求慰藉，然而中子彈的標籤畢竟令我耿耿於懷。我幸好從家裡、辦公室與董事會得到強力支持，幫助我度過難關。每當我一臉頹喪回家，卡洛琳總會給我無保留的支持，不論媒體報導多麼嚴苛，她總是說：「傑克，你必須執行你認爲對每個人都好的事情。」

在一九八○年代，若非公司一群核心人士的大力支持，奇異勢必無法推行如此大規模的變革。曾是我的競爭對手、如今是合作夥伴的兩位副董事長，伯靈甘與胡德，在每一項行動中傾力相助；總公司兩位最有權力的幕僚首長，人力資源首長勒凡諾與財務長索森，也是如此。索森和我在匹茲費爾德時就情同手足，我們很高興能在總公司的上層重逢。我一九八一年邀請鮑希迪前來費爾菲德掌管新成立的材料與服務事業類別；他後來成爲我的智囊兼知交。

董事會的鼎力支持，是這些變革得以實現的一大助力。從憤怒員工發出的批評信函與媒體的各項負面報導當中，董事們耳聞各式各樣的抱怨，但是打從第一天開始，董事會的信心就不曾動搖。我就任總裁職位之初，瑞斯頓就在紐約大肆宣傳，盛讚我是公司有史以來最傑出的總裁——這時我甚至什麼作爲都還沒有。這樣的讚賞確實令我大感快慰，特別是在我被冠上「中子」封號的年代。他是個剛正不阿、無所畏懼的傢伙，總是要我放手去改變這家公司。

儘管如此，要求我放棄執行這些困難決策的壓力仍如泰山壓鼎般滾滾而來。遊說力量不僅限於公司內部，也來自市長、州長及中央與地方的立法官員。

我在一九八八年前往麻州州議會訪問時，曾會晤州長麥可·杜凱吉斯（Michael Dukakis）。「麻州很幸運能擁有你，」杜凱吉斯說：「我們眞的很希望見到你在這裡創造更多工作機會。」

在與他會面的前一天，我們在麻州林恩的飛機引擎與工業渦輪機工廠，再度成爲唯一拒絕接受新的全國勞工協議的奇異工會。

「州長，」我答覆道：「我必須告訴你，我最不願意增加就業機會的地方就是林恩。」

杜凱吉斯的助理們大感詫異，會場中一片死寂。本來大家都以爲我會忙不迭保證增加麻州的就業機會，並擴充奇異在麻州的營運規模。

「你是一位政治人物，知道如何計算選票，你不會在得不到選票的地區鋪橋造路。」

「這話是什麼意思？」他問道。

「林恩是唯一拒絕簽署奇異全國勞工協議的地方工會，這麼多年以來，這似乎是他們的老規矩。既然許多地方都期望工作、也需要工作，我爲什麼要在老是惹麻煩的地方注入工作機會與經費呢？」

杜凱吉斯州長輕聲笑了笑。他立刻明白我的意思，並且派遣他的勞工代表前往林恩進行協商。事情的進展雖如牛步般緩慢，但是林恩終於投票同意簽署二〇〇〇年的全國協議。

□

當《財星》（*Fortune*）雜誌在一九八四年八月把我列爲「全美十大嚴厲老闆」之首時，我又受到另一次嚴重的打擊。我從未想過，追求成爲業界的前兩名竟會帶來如此的後遺症。還好這篇文章也有若干正面的報導。一位離職員工對雜誌社表示：「我從未見過商業創意如此豐富的人，我覺得自己的智力得到前所未有的激盪。」另一位員工則稱讚我「爲公司注入熱情與專注力，讓奇異可以媲美矽谷最具潛力的初創公司。」

我很高興見到這些評論，但是一位「匿名」員工的指責蓋過了一切正面回應的效應。他表示我的脾氣十分暴躁，無法容忍任何以「我想……」開頭的答案。「在他手底下工作像是打仗，」另一位不表示身份的員工說道：「許多人中彈倒地，而存活的人則繼續進行下一場硬仗。」這篇文章聲稱我發問的方式幾近於攻擊——借用文章作者的話，我「批評、貶損、揶揄、羞辱」奇異的員工。

事實上，我們開會的方式的確迥異於以往；會議的氣氛坦率、具有挑戰性，對員工的要求也更高。如果離職主管想要爲自己的辦事無力提出藉口，同一個故事可以找出許多種不同的說法。

我是在週末前往加州波希米亞林（Bohemian Grove）參加董事利特菲爾舉辦的派對之前，讀到了這篇文章。我把這件事告訴他，他只是聳聳肩膀、一笑置之。

這篇文章在我的腦海中盤旋不去，整個週末顯得漫長而難捱。在這些宣傳的影響之下，「中子傑克」與「全美最嚴厲老闆」的封號，將會在我身上留下很深的印記。

諷刺的是，我所推動的變革其實不夠深入，速度也不夠快捷。一九八○年代中期，我應哈佛管理學院之邀前往演講時，學生們問我在擔任總裁的第一年中最後悔的一件事，我回答：「我行動的時機太慢了。」

課堂上爆出一片笑聲，但那是實情。

事實上，我在就任之初是極端躊躇不決的，遲遲不敢打破組織窠臼。我浪費了好長一段時間，才決定關閉不具競爭性的設施；也經過漫長的思索，才下定決心重整總公司的人事，讓一些經濟學家、行銷顧問、策略規劃員與純然的組織冗員在職位上多待了許多不必要的時間。我一直到一九八六年才取消事業類別制的結構；它只是另一個造成隔絕的管理階層，早在總裁接班人選塵埃落定之時就該廢止。

七位事業類別的執行長，是公司內最出類拔萃的人才，他們應該親身經營奇異的事業，把他們放在監督的職位上是公司的一大浪費。我們把最傑出的主管晉升到這些職位上，卻反而掩蓋了他們的才華。這項制度廢止之後，我們很快發現了其他事實：沒了事業類別這一層級的保護，我們可以一覽無遺觀察實際經營事業的員工。

這項決策改變了遊戲規則。幾個月內，我們就可以一眼看出員工的優劣。一九八六年年中，四位資深副總離開了公司；那是一次重大突破。

□

在媒體以裁員爲焦點的時候，我們專心發掘值得保留的人才。我可以苦口婆心，鼓吹面對現實、搶佔每一個市場的前兩名地位，或者創造一個在變革中茁壯的組織，但是若沒有千里馬各就其位，我們缺乏眞正能帶動公司改革的力量。我實在不應該在頑抗份子的身上浪費那麼多時間，一心希望扭轉他們的觀點。

等到我們終於在所有關鍵職位上放置適當的人選之後，局勢爲之丕變。且讓我稍加說明適才適所的重要性；最佳的範例，莫過於我在一九八四年三月任命達莫曼擔任財務長。

如果你在那時候要求上千位員工提出繼任索森之財務長職位的五位人選，恐怕沒有人會想到達莫曼；在財務部的階級架構當中，他只是無足輕重的一名小卒。

索森和我之間的關係錯綜複雜。我欣賞他過人的腦袋、趾高氣揚的態度，也能享受與他相處的樂趣。然而他雖然傾全力支持公司的政策，卻總是以保護公司內權力最重的部門爲首要考量。

諷刺的是，他也是公司內最尖銳的批評者，嚴厲而一絲不苟地對待每一件事、每一個人，包括我在內。然而若論及財務部門，他卻無法踐踏自己心中的聖壇。我們爲此曾交換過幾次意見，卻徒勞無功。索森最後前往旅行者（Travelers）集團擔任財務長之職，繼續發展其事業生涯。

財務部門擁有一萬兩千多名員工，已成組織體制中最龐大而最根深柢固的一部份。公司內大多數不具實際價值的研究，都是財務部門所發起的；當時每年光是進行作業分析就得耗費六千五百萬到七千五百萬美元的經費。

財務部門儼然已成爲一個獨立的機構。它擁有公司內最完善的訓練課程；部門內最傑出的員工將加入稽核小組，以好幾年的時間輪番審核奇異的每一項事業。結果是我們擁有一個強大、傑出卻自成一格的財務機構，它控制公司的每一個角落，卻無意改變自己或是整個公司。

任用達莫曼擔任財務長的目的，就是希望他能在財務部門推動革命。在我提出這項任命案的時候，達莫曼是奇異資融公司不動產事業部門的總經理，從未在董事會面前提出報告。他當時年僅三十八歲，如若上任，將是公司史上年紀最輕的財務長。

我還是事業類別執行長的時候，和達莫曼共事了兩年。在那段期間，他展現了驚人的智慧、勇氣與多方的才能。他可以在某一天反覆琢磨家電事業最枝節末葉的細節，然後在隔天分析奇異資融公司最繁複難懂的交易。在人事檢討會議當中，他總能一眼看出優秀員工與次級員工之間的差異。同樣重要的是，他沒有名單上其他候選人所背負的組織包袱。我給了他一份異常艱鉅的任務。儘管達莫曼對自己的資格不無懷疑，但我完全信任他的能力，並且承諾將盡全力協助他。

達莫曼對這項任命案的驚訝程度，不亞於財務部門的反應。我在一九八四年一個三月天的上午七點十五分打電話給達莫曼的時候，他正坐在奇異資融公司的辦公室裡。我要求他在當天晚上六點，與我在蓋茨（Gates）餐館碰面，也就是我在杯墊紙巾上寫下三個圓圈策略的那家餐廳。

我要求達莫曼保密，不要向任何人透露此次的會面。我不知道在會面之前的十個鐘頭裡達莫曼的腦中出現了哪些念頭。我相信他一定認爲是好事，不過，他絕對想像不到我會要求他接任財務部門的最高職位。

我進到餐廳，達莫曼已經坐在吧台旁了。我在他身旁坐下，爲自己點了一杯酒，然後直截了當提出此次會面的重點。

「達莫曼，」我說：「我打算在這個星期內向董事會提議，任命你爲資深副總兼財務長，你意下如何？」

他毫無心理準備，驚訝得只能喃喃回答：「好……好啊。」

恢復鎭靜之後，達莫曼開始提出一連串關於這項職務的問題。他腦中有數不淸的疑問，我只好打電話邀請卡洛琳前來一同用餐；我們共同慶祝了達莫曼的這項好消息。

在這項任命案公佈之後，它所造成的震波在公司上下流竄，並且扎扎實實搖撼了財務部門。這正是我所希望見到的；達莫曼的任命案創造了我們迫切需要的危機感。爲了引發更激烈的波濤，我寄給達莫曼一份評論，以三頁的篇幅批評財務部門的時弊；達莫曼隨後與其小組成員分享了這篇評論。

我在一九八四年五月間的一封信件中寫道：「我首先希望澄清，我並不『嫌惡』這個部門。我認爲它的長處……使它成爲公司內最傑出的部門單位，它曾是令公司緊緊相繫的『黏著劑』。但這已是過去的事；以往最有效的手段——控制，已無法應付明日的需求……

「過去的一切措施，將面臨各項質疑——是質疑，而非批評；這些將要受質疑的措施，包括財務管理專案、它所耗費的資源、它的規模和它所提供的訓練，到總公司與前線組織的規模、角色，無一例外。」

改革不會來自一句標語或一篇演講詞；它之所以發生，是因爲你把適當的人選放在恰當的職位上，而這些人選讓改革得以實現。人才優先；策略與其他要素其次。就許多層面來看，達莫曼是公司內最完美的「局外人」，他幫助我們打破財務部門內盤根錯節的官僚體制。

慢慢的，達莫曼徹底改變了財務部的面貌。在位兩年之後，他仍持續與組織體制搏鬥。總公司人員對各種資料抱著一種癡迷的態度；我們花了多年的時間，才矯正了財務人員過度分析資料的毛病。一九八六年，一份針對全球銷售數字的詳盡分析出現在我的桌上，它預測奇異未來五年在全球每一個國家的營收狀況，包括位在非洲海岸的小國模里西斯（Mauritius）。

我快抓狂了。報告底下簽署的名字是大衛・寇特（Dave Cote），他是服務於總公司的一位財務分析師，比達莫曼低兩個階級。我要求助理打電話給寇特，請他立刻來我的辦公室。

「寇特，」我說：「你看起來是個聰明的傢伙。你麻煩前線人員提供這些資料究竟有什麼用處？

銷售數字？五年的預測？模里西斯？我敢說你甚至不曉得那是什麼地方！」

他不知應該如何解釋。其實，他在兩個月前就曾試圖廢除這項任務；我們在那天徹底擺脫了這項陋習。寇特日後的表現日益耀眼，在一連串的晉升之後，最後成爲家電事業的執行長。他在一九九八年離開奇異，目前在克里夫蘭（Cleveland）擔任ＴＲＷ公司的總裁。

達莫曼堅持不懈地對抗此類事件，以及其他上百種類似的難題。就任的前四年當中，他把財務部的人員裁減一半，整合了我們在全美所使用的一百五十種不同的薪資系統，並且改造財務管理專案。財務管理專案的工作內容，原本是九十％的財務與十％的管理，改造之後，管理與領導各佔一半的工作量。他也改變了稽核小組的角色，讓稽核人員成爲各項事業的支援者，而不再是總公司派來的糾察隊。

稽核角色的轉變，是我們的一大勝利，也是一項攸關重大的變革。讓稽核人員從抓小辮子的角色搖身一變成爲事業單位的夥伴，不僅改變了他們的作爲，也終將改變他們的人格特質。若不是這群年輕新秀的熱情領導與支持，我們的三大措施方案——服務至上、六標準差與電子商務——不會達到今天的成就。他們毫不懈怠地把公司內部的最佳實務做法推廣到全球各個角落的奇異分支機構裡。

如今，奇異各項事業部門的財務長把自己的角色視爲營運長（COO），而不是主計官。達莫曼於一九九八年升任奇異的副董事長，在此之前的十四年財務長生涯中，他把稽核導向的財務單位轉變爲培養企業領袖的訓練中心。他底下的三位稽核長，日後都成了奇異的熠熠之星：電力事業的約翰．萊斯（John Rice）與飛機引擎事業的大衛．卡洪（Dave Calhoun），如今是奇異兩大事業的執行長；

傑·艾爾蘭（Jay Ireland）則升任NBC電視台的總經理。三十六歲的莎琳·貝格列（Charlene Begley）是三個孩子的母親，她原本掌管擁有一百八十名員工的稽核小組，在二〇〇一年年中，晉升爲奇異特殊材料事業的財務長；三十七歲的琳恩·卡比特（Lynn Calpeter）繼任莎琳的職位，她原本是NBC電視網的財務主管。

法務部門也有類似的成功故事。我們的法務單位基本上不直接執行；如果發生任何問題，公司內的律師基本上知道向誰求救，然後由外界的律師負責處理案件；奇異的法務人員則擔任備用、救火的角色。和財務部門不同，公司內部欠缺足以推動必要改革的人選。我與外界各式各樣的律師會晤，希望能找到最傑出的人才。

如同達莫曼是大爆冷門的財務長人選，我新用的法律總顧問，班·海曼（Ben Heineman），也跌破了衆人的眼鏡。他原本是華府特區的憲法律師，專門負責上訴最高法院。海曼曾經是羅德思（Rhodes）獎學金的得主、《芝加哥太陽報》（*Chicago Sun-Times*）的記者、耶魯法律期刊的編輯、最高法院的書記官，以及服務於華府的公衆利益律師。他離開大法官波特·史都華（Potter Stewart）的書記官職務之後，第一份工作就是替精神障礙病患進行辯護。他曾任公職，擔任健康、教育與福利部門的副部長；我們在一九八七年相識之時，他是席德利與奧斯汀律師事務所的主事合夥人。

對某些人而言，任用海曼掌管我們的法務單位似乎是一項很奇怪的選擇，但我不這麼想——儘管他本人也存著些許懷疑。在我們最後一次面談之前，他說：「請記得，我是一位憲法律師，不是商業律師；我可不是紐約來的律師。」

「我不在乎，」我回答：「你懂得任用優秀的律師，而那就是我需要你幫忙的地方。」

達莫曼繼承了財務部門的一大群傑出精英，海曼則沒有如此幸運，他必須向外界招募優秀人才。我讓他全權負責法務部門的薪資結構，他可以提供不遜於外界一流律師事務所的薪水，並以股票選擇權作爲額外的誘因。海曼最後誘使一群法律界最聰明的律師加入奇異。

這是精英任用精英的典範。

海曼極爲重視履歷。在他眼中，人是由一行一行的條件和資歷構成的——從學歷背景、在《法學評論》（*Law Review*）中的地位，到他們曾爲哪位聯邦法官擔任書記。我們總喜歡拿這一點取笑他。我得承認，履歷表在法律這一行眞的很重要，海曼也從中找到了閃亮之星。他引進道威・伯朗汀事務所的前任合夥人約翰・山繆（John Samuels）執掌我們的稅務單位，任用麻州州長威爾德的前任法律總顧問布萊吉・丹尼斯頓（Brackett Denniston）經營訴訟單位，邀請摩根、貝克與路意斯事務所的合夥人潘蜜拉・戴利（Pamela Daley）領導我們的併購單位（M&A），敦聘司法部的前任環保訴訟首長史提・拉姆塞（Steve Ramsey）掌管環保與健康單位，最後延請亞諾與波特事務所的合夥人朗・史登（Ron Stern）帶領奇異位在華府的反壟斷單位（他二〇〇一年的大部分時間滯留在布魯塞爾，處理一項沒有任何人應該承受的經驗）。

海曼可說爲奇異每一項事業的法律總顧問之職都找到了同樣優秀的人才。

海曼的三名同事後來離開法務部門，在奇異的營運中扮演吃重的角色：飛機引擎事業的前任法律顧問亨利・哈伯修曼（Henry Hubschman），如今是奇異資融航太服務事業的執行長；電力系統事業的法律顧問法蘭克・布萊克（Frank Blake），成爲公司事業發展部門的首長；家電事業的前任法律顧問傑・拉平（Jay Lapin），後來在奇異日本分公司的總經理職位上大展長才。

海曼讓法務部門改頭換面。今天，我相信奇異擁有世界上最優異的法律事務所（差不多每一個人都同意，這是陣容最堅強的企業法律小組）。我們的律師深入了解了公司及其員工的優勢後，可以設計出最佳的工作業務並籌畫策略。外界的律師事務所與我們的關係更加緊密，成爲奇異的合作夥件。

很諷刺的是，我不應該爲了能力不足的員工花那麼長的時間痛苦思量。我在這些年來屢屢得到一項教訓：我在許多情況下，實在是太過謹愼了。我應該及早摧毀官僚化的組織結構、出售體質較差的事業單位。幾乎每一項舉措都應該也都可以更早一點開始執行。

這位號稱「美國最嚴厲」的老闆，坦白說，還不具備不爲感情所動的強硬意志。

10
「島嶼」計劃的策略

併購 RCA

RCA 併購案，帶給我們一個偉大的電視網事業、

一份眞正全球化的醫療事業、

在全球性衛星公司裡的重要地位，

以及好幾百億元的現金——這全都得歸功於

1985 年一筆耗費 63 億美元的投資。

RCA 是奇異在策略上的一大勝利，

而這筆交易對組織士氣的提昇，同樣功不可沒。

我永遠不會忘記那次前往日本參觀工廠的經驗。那是一九七〇年代中期，我們剛與橫河（Yokogawa）醫療設備公司簽下合資協定。那趟訪問位於東京市郊的橫河工廠，我目瞪口呆看著超音波儀器的組裝過程。

這套流程是我在美國聞所未聞的：當機器製造完畢，一名工人解開襯衫的鈕扣、在胸前輕輕塗上一些凝膠，然後拿起超音波探測器在身上移動，快速進行品質檢驗的工作。接著，同一名工人把產品打包、放入箱中、貼上運送地點標籤，再把產品送往貨車的裝卸地點。

在密爾瓦基的工廠裡，這整套流程需要配置好幾名員工才可能完成——而那兒是奇異最卓越的工廠之一。

日本公司驚人的效率不僅令人嘆爲觀止，也使我心生戒愼恐懼。我在日本之行中所見證的驚人效率，正在我們所參與的許多市場內發生。日本廠商陸續瓦解許多產業的成本結構，一個接一個重擊了全球的電視機、汽車與影印機市場。

我試著尋找一個能提供安全屏障的市場。在一九八〇年代初期，三大產業似乎正切合我們的需求：食品、藥品與電視廣播事業。誰都需要塡飽肚子，而美國也是世界上的農業大國。我們評估了包括通用食品（General Foods）在內的許多食品公司，但是財務數字總是兜不攏。那時候，通用食品的本益比是奇異的好幾倍，而製藥公司的財務數字更有如天壤之別。

政府針對電視事業所設定的外資限制，使得這項產業深富吸引力。和食品業相同，電視業也能帶來極佳的現金流量，有助於增強與擴充我們的其他事業。

日本廠商的威脅，引發了一項對奇異產生深遠影響的交易。奇異在一九八五年以六十三億美元收購了ＲＣＡ。當時在非石油相關產業中，這是歷史上規模最大的一筆交易。我們收購ＲＣＡ的用意，主要在於取得他們旗下的國家廣播公司（NBC）。然而伴隨而來的其他事業將徹底改變奇異的命運。

□

我一直深深著迷於電視網事業。

在收購ＲＣＡ以前，我們差一點就買下了哥倫比亞廣播公司（CBS）。一九八五年春，泰德・透納（Ted Turner）試圖惡意收購（hostile takeover）ＣＢＳ電視網；ＣＢＳ董事長湯姆・惠曼（Tom Wyman）前來我們的總公司，與我商討奇異扮演白色騎士（white knight，譯按：指幫助收購標的公司對抗惡意接收者的善意併購企業）的可能性。不過，惠曼後來擊退了透納的威脅，不再需要我們的救援，ＣＢＳ的交易終究告吹，但我和惠曼的「秘密」會談沒躲過媒體的注意。

華爾街上沒有秘密。雷拉・飛瑞（Lazard Freres）投資公司的合夥人費利克斯・羅海廷（Felix Rohatyn），是彼時多項大型併購案幕後的推手。我們從未打過交道，但是我衷心佩服他的才幹。他聽說了我對ＣＢＳ的興趣，也知道我早先曾試圖收購考克斯廣播公司。同時，羅海廷與ＲＣＡ的董事長索頓・「布萊德」・布萊德蕭（Thornton "Brad" Bradshaw）有深厚的私交，兩人曾對ＲＣＡ的策略選項進行一番討論。

布萊德曾任ＡＲＣＯ公司的總經理，在此期間表現傑出；因此在一九八一年年中，ＲＣＡ便禮聘他前往整頓公司的營運。他是個文靜、謙遜卻無比睿智的人，我立刻對他產生好印象。布萊德把

RCA經營得有聲有色，在延請電視製作人葛蘭特・廷可（Grant Tinker）帶領電視網的營運之後，NBC的表現更是成績斐然。

從一開始，布萊德就不打算在他的職位上待太久。諷刺的是，他心中屬意的繼承人選，正是當年曾與我共同角逐雷吉職位的前任奇異高階主管，鮑伯・費德瑞克。費德瑞克在三年前加入RCA，身兼營運長與總經理二職，並在一九八五年升任RCA總裁。布萊德繼續留在董事長的職位上，但是私心裡，他總是懷疑RCA有沒有能力獨力對抗市場挑戰。

在毫無預警的情況下，我接到羅海廷的電話，問我願不願意與布萊德會面。幾天後，一九八五年十一月六日，我們在羅海廷的紐約寓所見了面。由於布萊德剛從一場正式晚宴中偷溜出來，所以身上還穿著禮服。我們之間有許多共同點，我們都因爲來自亞洲的競爭而感到憂心忡忡，也同樣以市場中的第一或第二爲企業目標。

當晚並未提及特定的交易，但是我們彼此欣賞。羅海廷是位眼光獨具的紅娘；布萊德和我相處融洽，同時雙方都能理解結盟背後的策略理由。這是一次短暫的會晤，不到一個小時就結束了。我離開的時候，我們並未約定再次會面。

我們還只是處於約會的階段，但是，我相信雙方終究將踏上紅毯。

隔天，我召集財務長達莫曼與事業發展部門首長麥克・卡本特（Mike Carpenter）成立專案小組，展開RCA的詳細研究。這項專案有個秘密代號：「島嶼」（Island）。

感恩節前一天，小組成員們聚集在一起，研商是否繼續進行下一個步驟。鮑希迪、島嶼小組和我花了四個多鐘頭的時間，埋首打滾於購併案的各項優劣面。「在泥沼中打滾」一直是我們的一項管理特色。人們不分階級高下，齊聚會議桌旁與特別困難的議題角力，從各個角度慢燉細煮，人人絞盡腦汁，知無不言、言無不盡，但我們不會立即作出結論。

我們從各個角度打滾之後，發現RCA所能提供的好處決不僅止於它的廣播電視網。奇異擁有一項規模不大的半導體事業，RCA也是；我們的業務範圍涵蓋航太事業，RCA也是；同時，雙方都涉足於電視機市場。結合雙方在這幾項事業中的營運，可以大幅提昇每一項事業的競爭力。

我們經營電視台的經驗已有好幾年了。此外，在短暫追求CBS的過程中得到的心得，也讓我們對電視網的經營深具信心。我們評估這項廣播事業具有三十五億元的價值，如果我們能夠以二十五億元吃下其他業務，這筆交易將是奇異的一記全壘打。

我們最擔心的就是NBC的價值評估。雖然它在一九八五年的收視率很高，但是有線電視已開始侵蝕NBC電視網的觀衆群。我們假設有線電視將積極滲透市場，但仍然認爲這是一筆頗具吸引力的交易。

我不斷質問：「十年之後，你希望留在家電事業搏鬥，還是置身於電視網事業？」

我們大家同意，暫時停止討論，各人回去在感恩節的長假裡仔細思索。我們在假後星期一的一大早再度召開會議，大家都得出相同的結論：數字上行得通，而且除了電視網事業之外，RCA的其他事業也與我們極爲契合。

我們決定放手一搏。

我告訴羅海廷，只要價格合理，我們有興趣收購RCA。他安排我與布萊德在十二月五日會面，地點是布萊德在曼哈頓杜塞飯店（Dorset Hotel）中的住處。

閒話家常一會兒，我們就進入了主題。

「我願意買下你們公司，」我告訴他：「這兩家企業的結合是個完美的搭配。」

他顯然也很清楚這一點。

我試圖把價格定在每股六十一元的範圍內，這比當時RCA的股票交易價格還高出十三元。他沉吟了一會兒，然後以學者般的風範，很禮貌指出這個價格還不夠吸引人。會議結束之時，我們同意繼續研究這筆交易，也了解雙方在價格上的歧見。

隔天，事情出現了一點小波折。布萊德並未就我們的會談事先知會費德瑞克。費德瑞克發現之後勃然大怒——這還是客氣的說法；他其實覺得布萊德背著他出賣了公司。費德瑞克與布萊德爲此發生爭執，之後，費德瑞克試圖安排RCA的某些董事出面阻止這項交易。幸好董事會在十二月八日星期天開會時，布萊德仍能取得多數董事的贊同，通過了這筆交易。

他以電話通知我這項好消息，但表示價格仍有待商榷。他委託羅海廷擔任他的代表人，我也需要投資銀行家的協助，因此我邀請好友約翰·韋恩柏格（John Weinberg）處理相關事務，他當時是高盛（Goldman Sachs）投資公司的負責人。

接下來幾天，布萊德、費德瑞克與羅海廷，開始與韋恩柏格和我在紐約飯店中的辦公套房展開協商。我們錙銖必較，計算著每一分、每一毫。布萊德心中的理想價格是每股六十七元，我則堅守六十五元的底線；雙方最後在每股六十六塊半的價格成交，可能比他所期望的高出五毛錢。

遇到公司的成功需仰賴賣方的持續投入時，我總試著在談判桌上釋出善意。

在十二月十一日星期三的傍晚，我們以六十三億美元的現金價格，正式收購了RCA。

這筆交易有一個奇特的插曲。雙方開始接觸之前的幾個月，RCA的一位低階律師曾致電我們的法務部門，表示希望廢除奇異與RCA之間的一項老協議。一次世界大戰期間，美國政府要求奇異、美國電話電報（AT&T）與西屋電器等企業，共同籌組美國無線電公司（Radio Corporation of America，即RCA），以配合國防上的需求。

到了一九三三年，司法部門認爲我們應該進行資產分割，讓RCA成爲獨立運作的公司。我們遵照指示，然後接收RCA位在紐約列辛頓大道（Lexington Ave.）五百七十號的辦公大樓作爲補償。不過，在這項協議的限制之下，奇異將不得購買RCA的普通股股權。司法部門在十月撤銷了這份長達五十多年的限制，清除了兩個月後的交易所可能面對的障礙。

眞是傻人有傻福啊！我們根本不知道有這項承諾協議的存在。

星期三晚上正式締約之後，我離開RCA的法務部門，回到奇異位於列辛頓大道的辦公室大肆慶祝。這正是我們奇異在一九三三年向RCA接收的辦公大樓。

好一個精采的夜晚！

我們打開香檳、高聲笑鬧、彼此擊掌慶賀，包括鮑希迪、麥克、達莫曼與其他小組成員在內的所有人，都開心得像孩子。我們望向窗外，從濃霧中看到RCA的霓虹招牌在他們位於洛克菲勒中心的辦公大樓頂端閃爍著；這棟大樓與我們僅隔三條街，我等不及看到奇異的標誌高掛在大樓上。我們都有一股蹤在雲端的感覺，那是我永生難忘的經驗。

從我與布萊德的初次會面到董事會的核准定案，僅花了三十六天的時間，就敲定了當時最大宗的非石油相關併購案。這項在十二月十二日正式宣佈的交易是奇異的一大轉捩點。奇異跨進電視網事業，引來了許多評論家的議論，他們提出這樣的問題：「一家電燈泡公司收購電視網事業，究竟有沒有搞錯？」廣播事業爲我們帶來一個充滿魅力的世界，並且對現金流向極有幫助——同時，也是我躲避外國競爭者的避風港。交易的隱藏價值，正是來自一些較不受重視、不在光環籠罩之下的資產。

□

RCA併購案讓我們得到一份極佳的電視網事業，增加了我們的策略籌碼。此外，它也燃起一個更具活力的新奇異。在重整與裁員的過程中，奇異內部一直顯得動盪不安。這筆交易扭轉了組織內的氣氛。我記得在公佈併購案的幾個星期之後，我們於一月份在波卡（Boca）舉辦了一次營運經理人大會。

我走上講台，準備發表開場演說。突然間，在場的五百多位經理全數起身，熱烈鼓掌。RCA爲奇異揭開了一個新時代的序幕。

交易完成之後，我們開始銷售RCA的非策略性資產，包括其唱片、地毯與保險事業。我們並不欣賞唱片公司裡的文化；地毯公司則不符合我們的任何一項事業，小型的保險公司亦然。一年內，我們就從這筆六十三億元的交易中，回收了十三億元。

我竭盡所能試圖挽留廷可，希望他繼續帶領NBC前進。他與布藍登·塔提可夫（Brandon Tartikoff）攜手合作，推出了許多叫座的電視影集，從《天才老爹》（The Cosby Show）到《歡樂酒店》（Cheers），幫助NBC電視網轉虧爲盈。廷可的五年合約即將在七月份到期；他每個星期都必須通勤於紐約與加州之間，已經感到十分厭倦了。雖然廷可在我們收購ＲＣＡ之前便已向布萊德表明離職的意圖，我仍然試圖說服他留下。我們在紐約共進晚餐，我提供他一筆——對我來說——極爲驚人的高薪，但是似乎任何方式的利誘都無法打動他。

還好，我從一開始就準備了救援計劃。自從公司出售了小型家電事業，萊特便轉任奇異資融公司的總經理。在我試圖收購考克斯廣播公司的那段期間，他曾是奇異駐考克斯的代表，之後更留在考克斯有線電視公司擔任總經理，長達三年的時間。

萊特是最理想的人選，他對於這項事業具有敏銳的直覺、熟悉奇異的運作方式，也是伴隨我們勇闖陌生領域的親密戰友。我在一九八六年八月指派萊特擔任ＮＢＣ電視網的首長，媒體一肚子疑惑：「這個來自奇異的傢伙，有能力掌管一大電視網嗎？」

這麼回答吧：歷經了十五年的時間，萊特仍然穩居其位，而且成績斐然。

ＮＢＣ繼續享有其獨立自主的經營空間，不過，針對ＲＣＡ與奇異之間具有互補關係的事業，我們立即展開整合動作。爲了減少開支，我們召集了一個聯合小組，小組的目標是「一加一等於一」，也就是說，一位奇異員工與一位ＲＣＡ員工之間，在合併後的公司裡僅剩下一個職位。整合小組一致認爲，新的職位應屬於兩家公司裡的最佳員工。

這可不是空泛的口號。奇異雖佔據了最高層的幕僚職位，但在具有互補性的事業當中，ＲＣＡ贏得了大部分具有關鍵地位的職務。我們最終成了全美第一大電視機製造商，而這項事業的最高主管來自ＲＣＡ的優秀人才。合併後的航太與半導體事業也是如此，都由出身於ＲＣＡ的主管執掌大局。帶領全美第四大政府服務與衛星通訊事業的主管，是來自ＲＣＡ的金・墨菲（Gene Murphy），他後來成爲奇異航太與飛機引擎事業的執行長，最終晉升爲奇異的副董事長之一。墨菲擁有軍人般的氣質，總是信守承諾，絕不負人之託。我封他爲「正直先生」，這是我對人的最高讚譽。

這些資產，或說是籌碼，帶給我們前所未有的策略空間。接下來的十年中，每一項籌碼都爲奇異創造了實實在在的價值。

□

遺憾的是，正當我在追求事業生涯中最大筆的交易時，生命中最重大的聯盟正逐漸步入尾聲。多年來，我和卡洛琳的婚姻一直存在著許多難題。打從我進入奇異的第一天開始，我就是個無可救藥的工作狂，而卡洛琳則一路盡心盡力養育著我們的四個孩子。此時，四個孩子的羽翼漸豐，而且都不需要令人操心。我們的老大凱薩琳已從杜克大學（Duke University）畢業，正就讀哈佛管理學院一年級。長子約翰畢業於維吉尼亞大學（University of Virginia），準備進入伊利諾大學的化工研究所。二女兒安自布朗大學（Brown University）畢業，預備赴哈佛建築學院攻讀碩士。小兒子馬克則是佛蒙特大學（University of Vermont）的新鮮人。

卡洛琳和我覺得彼此漸行漸遠。除了友誼與互敬之外，我們幾乎沒有任何共同點。儘管這項決定做得既困難又痛苦，我們還是在一九八七年四月結束了這段長達二十八年的婚姻。卡洛琳隨後重新踏入學校、取得法律學位，最終嫁給她在大學時期的男友，此人恰巧也是一位律師。

突然間，我又重回單身生活了。

一個有錢的單身漢，似乎和一位昂然六呎四的濃密黑髮美男子具有相同的吸引力。每個人都試著幫我安排對象，我得到許多機會，與十分吸引人的女士約會。

不過，在瑞斯頓和他太太凱蒂爲我安排的一次盲目約會之前，我並沒有眞的與任何人擦出火花。這次約會的對象是珍・畢斯利（Jane Beasley），她是一位很有魅力的律師，任職於紐約的謝爾曼與史特靈（Shearman & Sterling）律師事務所，是凱蒂兄長的屬下。當珍的上司問她願不願意與傑克・威爾契約會時，她以爲他指的是事務所內的另一名律師。

「我不能和他約會，」珍說：「他是公司內的同事。」

「不是那個人，」他說：「這個傑克・威爾契是奇異電器公司的董事長，年紀比你大一點。」

「那不要緊，我又不打算嫁給這個傢伙。」

那時珍被分派到倫敦執行一項長時期的任務，六個月之後返國。我們在一九八七年十月，前往紐約帝諾（Tino）義大利餐廳共享晚餐，由瑞斯頓夫婦作陪。

由於瑞斯頓在場的緣故，這次約會顯得有些不自然，我必須隨時注意自己的舉止風度。珍和我在晚上十點離開餐廳，再到盧森堡咖啡館（Cafe Luxembourg）小坐閒聊，試圖拉近彼此的距離。第二次約會的地點在一家速食漢堡店，我們都穿皮夾克與牛仔褲出現，這時，雙方才眞正對彼此產生好感。

珍是一位爽朗、強悍、聰明機智的女士，比我年輕十七歲，凡事實事求是。她來自阿拉巴馬州的小鎭，小時候，她會清晨五點半就到父親的農場上採收利馬豆，直到腰酸背痛才停。母親是教師，而珍則在三兄弟的影響之下養成男孩般的性格。她畢業於肯塔基大學（University of Kentucky）法學院，隨即前往紐約，成爲專門辦理企業併購事務的律師。

我並非總是一位理想的約會伴侶。一九八八年夏天，我邀請她共赴南塔基特（Nantucket）度過一個週末。她必須與上司討價還價才爭取到片刻的休息。星期五晚上，我們一同上館子用餐。

隔天清晨，我起身穿衣，準備踏出門外。

「你打算去哪裡？」她問道。

「我要去打高爾夫球。」

「你在開玩笑吧，」她說：「爲了與你共渡週末，我幾乎得簽下賣身契，而你居然打算去打高爾夫球？」

坦白說，我不知道還能做些什麼——這就是我在前一段婚姻中的行爲模式。我一整個星期辛勤工作，然後在星期六早晨起身穿衣、踏出家門，和老朋友們打一場高爾夫球。

這一次，我知道我得打破一成不變的生活習慣了。

我們倆認眞交往之後不久，開始探討是什麼原因造成我與她的關係進展得不順。我告訴她，我很在意她既不滑雪也不打高爾夫球，她則希望我能開始觀賞歌劇。我們達成了一項協議：如果她答應陪我滑雪、打高爾夫，我就陪她聽歌劇。我眞的希望能夠得到一位共享生活每一點滴的伴侶——一位願意容忍我的生活排程、陪我四處出差旅行的夥伴；爲此，珍必須放棄她的事業。她向公司申請留職停薪、體驗一下這樣的生活，我很幸運，她最後決定成爲我的全職伴侶。

我們於一九八九年四月在南塔基特家中舉辦婚禮，我的四個孩子都在場。接下來的幾年，我經常陪她觀賞歌劇，我把這項活動稱爲「作丈夫的義務」，直到珍後來恩准我不必履行此項義務爲止。

雖然我對歌劇的鑑賞能力毫無起色，但是教導珍打高爾夫球的經驗，帶領我進入了一個全新的領域。多年以來，我總嘗試摘下俱樂部中的冠軍頭銜，卻一直未能如願。我和珍合作之後，表現出色。珍在認識我之前從未接觸過高爾夫，但她如今是南塔基特俱樂部中蟬連四屆的冠軍得主——而我則贏過兩次；珍是最完美的搭檔。

□

話題回到工作上頭。我們在RCA交易之後釋出的第一份籌碼，就是電視機製造事業。

一九八七年六月，我和保羅·法斯科在法國網球公開賽期間前往巴黎，招待贊助NBC轉播球賽的廣告客戶。法國國營電器公司，湯姆笙（Thomson）企業的董事長亞蘭·葛麥茲（Alain Gomez），順道前往我們在球場上的貴賓室致意。他是一個風趣而熱情的傢伙。

我們原本就打算在隔天前往他的辦公室拜會。我和他一見如故，毫不遜於與布萊德初次會面的情況。雙方各有一些需要協助的事業單位。湯姆笙底下有一個疲弱不振的醫療影像事業，大約位居法國市場的第四或第五名，此單位出產的CGR儀器是我所希望得到的一項產品；我們奇異則是美國醫療設備市場的龍頭老大，產品範圍從X光儀器、電腦斷層掃描器到磁振造影機等琳瑯滿目。法國政府基於對湯姆笙的保護，完全把奇異阻擋於法國市場之外。

葛麥茲一開始便表明無意出售其醫療事業，法斯科和我於是決定向他提出交換條件。我們一直打算撤除奇異事業範圍中某些業務。我在湯姆笙會議室中衝向台前，抓起馬克筆，開始在白板上寫下願意與他們的醫療事業進行交換的業務。

我首先寫下我們的半導體事業，這絲毫提不起葛麥茲的興趣。接著我提出電視機製造事業，他則立刻看出這項構想的潛力。湯姆笙電視機事業的規模不大，而且完全限於歐洲市場。葛麥茲看出這項交易可以幫助他擺脫虧損的醫療事業，並且在一夜之間成爲全球最大的電視機製造商。

這項交易令我們三人非常興奮。我們決定由法斯科與葛麥茲的一名幕僚人員，在一星期之內開始針對交易的相關事宜進行討論。葛麥茲一路陪著我們搭乘電梯下樓，走到等在他辦公室外的汽車旁。車子一駛離人行道，我立刻抓住保羅的手臂。

「天啊，」我說：「我認爲他眞的有心進行這項交易。」我們兩人都樂得暈陶陶。

我相信葛麥茲也有同樣的心情。葛麥茲知道他的電視機事業規模太小，完全無力抵禦日本廠商的競爭；這項交易將帶給他一個足以發動猛烈攻勢的市場地位與規模經濟。我們在美國的消費性電子產品事業，擁有每年三十億美元的營收和三萬一千名員工。湯姆笙的醫療設備事業則具有七億五千萬美元的年營業額。

這項交易將會讓我們在歐洲的市場佔有率成長三倍，達到十五%，並且讓我們在最大的競爭對手西門子（Simens）面前更具份量。雙方在六星期內達成交易協定，並於七月正式發布消息。除了事業單位的交換之外，湯姆笙支付我們十億美元的現金，以及一組連續十五年、每年可在稅後淨賺一億元的專利權。同時，湯姆笙也成了全世界第一大電視機製造商。

然而，許多人無法接受奇異退出電視機市場的事實。媒體評論家聲稱，奇異出售這項事業等於向日本競爭者俯首稱臣，有些人大肆抨擊，認爲這項交易有辱國格，我甚至接到一通電話，指責我是在戰鬥中夾著尾巴逃跑的懦夫。

媒體上的責難，都是些莫名其妙的廢話。這項交易帶給我們更國際化的高科技醫療事業——以及一大筆現金。專利權每年爲我們帶來的收益，已超過電視機事業在過去十年內的總和。

交易之後不久，雙方都經歷了一段艱苦的奮鬥。我們在歐洲的醫療市場上蒙受了將近十年的虧損，湯姆笙的消費性電子產品事業也不例外。不過，雙方都不屈不撓，終究在各自的崗位上獲得成功。

□

兩年後，我們爲半導體事業找到了出路。哈里斯企業（Harris Corp.）和我們相同，也擁有一個規模不大的晶片事業。我們在七月接到哈里斯董事長傑克・哈特立（Jack Hartley）的來電，他希望前來費爾菲德試探雙方合作的可能性。哈里斯企業是一個擁有小型半導體事業的國防電器製造商，主要承包軍方的業務。哈特立認爲該公司若無法擴充規模，並且增加在工業市場上的銷量，他們的半導體事業將無以爲繼。

我從未對半導體產生任何好感。我在董事會中提出的一份圖表，充分反映出我的想法。這是一項資本密集的週期性事業，它的產品生命週期很短，而大多數業者的投資報酬率一向很低。退出半導體市場將有助於釋放公司資金，轉而挹注於噴射引擎、醫療設備與電動渦輪機等利潤率更高的事業。

幸好，我們最主要的幾家全球競爭對手都堅守自己的半導體事業。這項事業耗用了他們的一大筆資本，並且分散了管理階層的注意力。

由於我急於擺脫半導體事業，因此我們與哈里斯的協商進行得十分順利。我要求的不多，只希

出售半導體事業

產業特性

• 二十年以上的快速成長

董事大會

• 但是...

週期性高

競爭激烈

投資報酬率一向很低，而且愈來愈糟

董事會用表

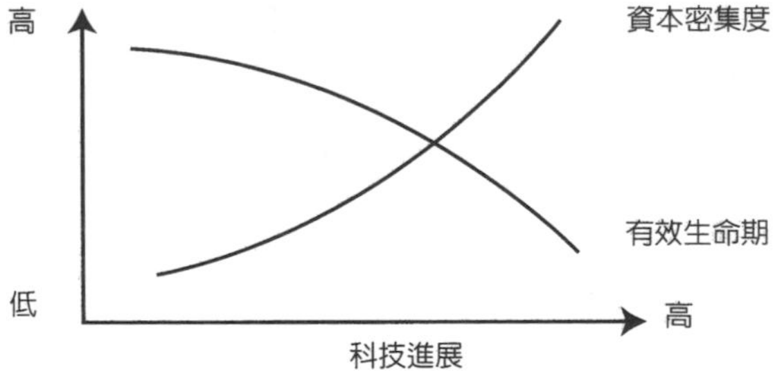

望能優雅地退出舞臺。我和哈特立利用一頓午餐的時間，勾勒出這筆交易的概要。我們在紙上列出六大要點，然後交由雙方的財務小組制定細節。

兩個月後，這筆交易在一九八八年的九月中拍板定案。哈里斯接收奇異的人員、設施與業務，我們則得到兩億六百萬美元的現金。

至於航太市場，我們花了較長的時間，在五年後才找到退出之道。冷戰時期已經結束了，航太業者過多的產能分食著業務量過小的市場。我們決定抽身。專注於航太事業的馬汀馬利塔（Martin Marietta），似乎是最理想的合作對象。

一九九二年的十月底，我出席了一場企業協會會議，並且試圖在其中尋找馬汀馬瑞塔的總裁諾曼・奧古斯丁（Norm Augustine）。奧古斯丁是一位正直誠實的紳士，非常聰明、細心、有文化修養，而且言辭動人。我們那年秋天在會議中心的大廳碰面時，彼此還不太熟悉。我提議雙方應就彼此航太事業的前途進行會談。他早有此構想，但是由於擔心我們打算吞下他的事業，因而遲遲不願與我們接洽。

「我們十分珍惜公司的自主性，」奧古斯丁說道：「我很樂於與你洽談，但是我不希望作出任何傷害公司自主性的事情。」

「我保證那絕不是洽談的目的。」我如此回答，並建議雙方盡快在私下安排晚餐會議。

幾天後，奧古斯丁前來費爾菲德，此時我們的小組成員已將交易背後的理由，一一展現在圖表上。在我向他遊說的同時，奧古斯丁坐下來享用鮮美的魚排。這顯然是一次互惠的交易；馬汀馬瑞塔勢必得擴大規模，而對我們來說，這將是另一次優雅退場的機會——這一次，將從我所不熱中的軍事市場退出。繁瑣、充滿陷阱的政府採購條例，讓奇異成爲檢察官向企業界開刀時的大肥羊。

我們在晚餐中答應要互相坦白，放下企業界慣用的手腕，共同找出合理的交易條件，並且遵照約定、決不討價還價。我們希望藉由迅速行動及公平合理的態度，避免因走漏風聲而替馬汀馬瑞塔招來麻煩。到了奧古斯丁要離開時，雙方已達到相當程度的共識。

我們同意自行完成交易，不借助於投資銀行或外界的律師事務所。在協商過程中，奧古斯丁曾三度秘密夜訪我們的辦公室。那時馬汀馬瑞塔的一百位高階主管正在佛羅里達的開普提瓦（Captiva）島進行會議。奧古斯丁在白天的議程結束之後，隨便吃點晚餐，便匆匆飛往紐約，與我和達莫曼商談直到深夜，然後搭機南下，在飛機上稍微闔眼，快速梳洗之後，再若無其事出席公司的會議。連續三個晚上開會到半夜兩三點，這是那時候的家常便飯。

到了第三個晚上，我們在餐巾紙上擬定交易的要點，握手成交。雙方的互信讓協商過程得以迅速完成。我們也同意控制雙方的律師與銀行家，那些外來的小組經常爲了證明自己的聰明才智而讓局面陷入一團混亂。我告訴奧古斯丁：「一旦出現打混戰的跡象，我們得立刻透過電話平息爭議。」

三個星期之後，這筆交易便正式完成了。

當我們於一九九二年十一月二十三日發布交易訊息，雙方的市場資本額在開市的前四個小時各自往上竄升二十億美元。從我們第一次在費爾菲德共進晚餐，到宣佈這筆當時爲航太業史上最大規模的交易，總共只花了二十七天。

這筆交易價值三十億美元，但是馬汀馬瑞塔頂多只能籌措到二十億的資金，於是達莫曼設計了一套可轉讓優先股結構，幫助馬汀馬瑞塔完成這項交易，我們也因此擁有該公司二十五％的股權。

在握有馬汀馬瑞塔的股權之後，這筆交易的成功與否就對我們產生持續性的影響。這筆交易讓馬汀馬瑞塔的規模成長了一倍，也促成日後航空業界的大幅整合。兩年之後，馬汀馬瑞塔與洛克希德（Lockheed）合併。我們在一九九四年出售馬汀馬瑞塔的股權時，這些可轉讓證券的價值比當初的三十億交易還高出一倍。

□

馬汀馬瑞塔、哈里斯與湯姆笙交易的完成，都得歸功於收購ＲＣＡ之後所獲得的策略籌碼。整合航空、半導體與電視機製造事業所創造的規模，正是日後成功的關鍵因素。

最後一筆與ＲＣＡ相關的交易，一直到二〇〇一年才浮出檯面。我們先前把ＲＣＡ的衛星事業併入奇異資融公司，好滿足它汲取資本的胃口。我們在ＲＣＡ原有的業務基礎上積極擴張，建立了一個堅強的衛星通訊公司。我們在全美擁有二十座衛星，可以透過任何一套有線電視系統，深入四千八百萬個家庭。不過，儘管我們是全美最大的固定衛星供應商，這項事業的觸角仍然不夠國際化。

在公元二〇〇〇年七月的長程規劃檢討會中，奇異資融公司的執行長丹尼士・奈頓（Denis Nayden）及其幕僚，認爲我們必須藉由收購其他公司來擴展衛星事業，否則就必須出售或與其他業者合併。奈頓勾勒出尋找事業夥伴的策略，最終與一家盧森堡企業ＳＥＳ達成協議。ＳＥＳ擁有二十二座衛星，傳播範圍廣及八千八百萬戶。我們以五十億美元的價格把衛星事業出售給ＳＥＳ，他們以現金及股票各半的方式支付。這項即將完成手續的交易，將讓我們擁有ＳＥＳ集團二十七％的股權，並且讓這項事業成爲眞正全球化的業務。

ＲＣＡ併購案帶給我們一個偉大的電視網事業、一份眞正全球化的醫療事業、在全球性衛星公司裡的重要地位，以及好幾百億元的現金——這全都得歸功於一九八五年一筆耗費六十三億美元的投資。

ＲＣＡ是奇異在策略上的一大勝利，而這筆交易對組織士氣的提昇，也同樣功不可沒。

11

生產人才的工廠

奇異的人事與考績制度

我們終於找到一個真正理想的評估方式。
我們把它稱爲「活力曲線」。
每一年，我們都會要求奇異的各個事業單位，
針對單位內的所有高階主管打分數。
這項評估模式的基本概念，
就在於強迫事業單位領袖區分其高階主管的表現。
他們必須指出哪些主管是單位內表現最優秀的前 20%、
哪些人是不可或缺的中間 70%，而哪些人則是墊底的 10%。

喬伊絲・赫根漢（Joyce Hergenhan）是我在就任董事長之職後，第一位向公司外界招攬而來的高階主管，也是公司少數幾位空降部隊之一。她非常聰明，擁有企管碩士的學位，個性直率而強硬，受過良好的訓練，懂得如何面對逆境。她當時是愛迪生發電公司（Con Edison）公共關係部門的資深副總，此時，公用事業正遭逢電力短缺的危機，外界批評聲浪如潮。

見面之前，我先做了準備功課，得知她瘋狂沉迷於體育方面的益智問答，於是晚餐時我鬧著玩，決定丟給她第一道難題。

「一九四六年紅襪隊的二壘手是誰？」

「巴比・杜爾（Bobby Doerr），」她毫不遲疑。

我十分佩服。我是紅襪隊的終身球迷，還清楚記得一九四六年的棒球大聯盟世界大賽，彷彿又回到十一歲。

我決定進一步試探：「目前爲止都答對了，不過，誰讓球在手中耽擱太久了？」

「噢，」她立刻回擊：「你指的是伊諾斯・史勞特（Enos Slaughter）藉由一記一壘安打，由一壘跑回本壘得分的那次嗎？」

「沒錯。」

「強尼・佩斯基（Johnny Pesky）！」

當然，我不是因爲赫根漢的棒球知識而任用她，她所具備的條件遠超過於此。在十六年公共關係部副總的職位上，她幫助奇異塑造了如今的聲譽。

赫根漢並不是第一位透過非傳統面試過程而獲得聘用的員工。將近二十年前，我的福斯汽車在紐澤西縱貫公路上拋錨了。我在當地的修車廠認識了一位來自德國的技工霍斯特・歐布斯特（Horst Oburst）。接下來的兩天，隨著他東奔西跑尋找零件，我們建立了一段友誼。他堅定的意志力令我印象深刻，於是，我提供他一個工作機會。一星期後，他前往我那時候待的匹茲費爾德，成爲奇異塑膠事業的一員。

歐布斯特在那裡工作了三十五年，其間獲得多次晉升。

你可以透過各種不同方式挖掘優秀人才。我一直相信：「你所遇到的任何一個人，都是一次面試的機會。」

事實上，奇異的使命不外乎發掘與培養優秀人才——不論這些人才來自哪一個國家。我在許多議題上顯得興致高昂，不過，沒有一項比得上我對培養人才的執著；我希望讓員工成爲奇異的核心競爭能力。聽起來或許有點自相矛盾，但是在培育人才的過程中，制度的確扮演了十分重要的角色；儘管我痛恨官僚體制並誓言推翻它，然而這個嚴苛的人員制度正是促使奇異向前的原動力。

在一個擁有超過三十萬名員工與四千多位資深主管的企業中，我們需要的不只是感情用事的慈悲善心。我們需要建立一套結構與思考邏輯，幫助所有員工了解組織內的遊戲規則。這套程序的中心，就是奇異的人力資源循環：我們於四月份在每一個事業單位中展開歷時一整天的人事檢討會議；六月份進行兩小時的視訊會議，追蹤人事檢討會議的後續行動；十一月份舉辦第二次人事檢討會議，確認各單位都已貫徹執行四月份達成的協議。

這是正式的一面。

在奇異內部，每天都以非正式的方式，無言地評估著每個人的表現，不論是在員工餐廳、辦公室走廊或每一次的業務會議，員工在各種不同的環境中接受試鍊。對員工的全神貫注，正是奇異的管理特色。追根結底，這就代表了奇異的一切。

我們培育優秀的人才，而他們創造優秀的產品與服務。

儘管制度中存在著厚厚的卷宗與一板一眼的議程，但是，我們的人事制度絕不能以「死板」來形容。除了事先詳細擬定的議程之外，整個人事檢討的過程，沒有任何一個步驟是稱得上簡單、俐落的。

不論我們在檔案中留下怎樣的紀錄——而我們把任何事件都訴諸於文字——卷宗並不能代表一切。眞正重要的，是每個人在會議桌上展現的熱情與張力。當經理人爲他們的部屬挺身而出，你不僅可以認清正在接受檢討的人員，也可以更深入了解這群經理人。

有時候，我們可以爲了一頁的內容爭論一整個小時。

這些會議爲什麼具有如此強烈的張力？

一句話：**鑑別出各人的差異**。

在製造過程中，我們試圖消除品質上的差異。但對於人員而言，差異代表一切。

鑑別出差異並非易事。在大公司中找出一個能區分所有人的方式，是最艱鉅的工程之一。這些年來，爲了區分人才的高下，我們試過各式各樣的鐘形曲線與區塊圖，企圖依照績效與潛力進行評等（高、中、低）。

我們也展開「三百六十度評估」（360-degree evaluations），把同儕與下屬的意見納入考量。

我們十分熱中於這項概念，在最初的幾年，它幫助我們找出那些「諂上欺下」的「馬屁精」。不過，對於任何以同儕意見爲主的制度，人們總是能想出對策鑽漏洞。員工們開始爲彼此說好話，讓每個人都能得到不錯的考績。

如今，我們僅在特殊情況之下，才會採用三百六十度評估。

在不斷摸索的過程中，我們終於找到一個眞正理想的評估方式。我們把它稱爲「活力曲線」(vitality curve)。每一年，我們都會要求奇異的各個事業單位，針對單位內的所有高階主管打分數。這項評估模式的基本概念，就在於強迫事業單位領袖區分其高階主管的表現。他們必須指出哪些主管是單位內表現最優秀的前二十％、哪些人是不可或缺的中間七十％，而哪些人則是墊底的十％。如果單位內共有二十名主管，我們希望認識最傑出的四位和最遜色的兩位，包括他們的名字、職稱與薪水。不及格的主管通常得離開公司。

這是很棘手的判斷，也不見得總是十分精確，很可能會遺漏幾位閃閃發亮或大器晚成的主管，但是它可以幫助你建立整齊劃一的堅強隊伍。這是塑造一個偉大組織的方式。年復一年，差異的鑑別不斷提昇員工的品質標準，強化組織整體的素質。這是一個動態的過程，沒有人能夠安然獨占鰲頭，所有主管都必須持續地證明自己的能力。

□

差異化的目的，在於區分A級、B級與C級的員工。

A級員工熱情洋溢、決心完成使命、能接受各種觀念，前途具有無限的可能性。他們能夠自我敦促，也能感染週遭環境、激勵其他人的士氣。他們不僅生產力旺盛，同時也能讓工作充滿樂趣。

他們具備所謂的「奇異領導力四E」：高度的幹勁（energy）、激勵（energize）他人的能力、制定艱難決策的銳利（edge），以及貫徹執行（execute）、達成承諾的能力。

事實上，一開始只有三E：幹勁、激勵能力與銳利。我們在人事檢討會議當中以這三項評估標準衡量員工的表現時，發現許多經理人在此三方面表現突出，然而，我們偶爾會撞見一兩位符合三E標準、卻有什麼地方不太對勁的主管。這些主管所欠缺的，正是達成目標的能力。於是我們添加了第四個E——執行。

在我的腦海中，這四個E的共通點是P，熱情（passion）。

A級員工不同於B級員工的一大特點，就是熱情。B級員工是公司的中流砥柱，也是確保組織營運順暢的關鍵。我們花了許多心血改善B級員工的素質，希望他們能夠找到自己所欠缺的一環，努力向上提升，進入A級員工之列。經理人的職責，就是在他們的蛻變過程中提供一臂之力。

C級員工是無法完成任務的一群人。他們欠缺活力、因循苟且、提不出具體成績。你不能在他們身上浪費時間。爲了重新調配他們的工作，我們投入了相當可觀的資源。

「活力曲線」（Vitality Curve）是人事檢討會議中最重要的工具，它是一種動態的方式，幫助我們挑出A、B、C級員工。以二十／七十／十的比例區分員工，強迫主管面對許多棘手的決策。

活力曲線還無法一言道盡我對人才的A—B—C評估：A級員工可能被歸類於中間的七十％。那是因爲並非每位A級員工都具備爬上組織高層的企圖心，然而，在其職責範圍內，他們仍是最傑出的員工。

無法區分員工高下的經理人，將會發現他們自己被劃入C級。

差異化

活力曲線

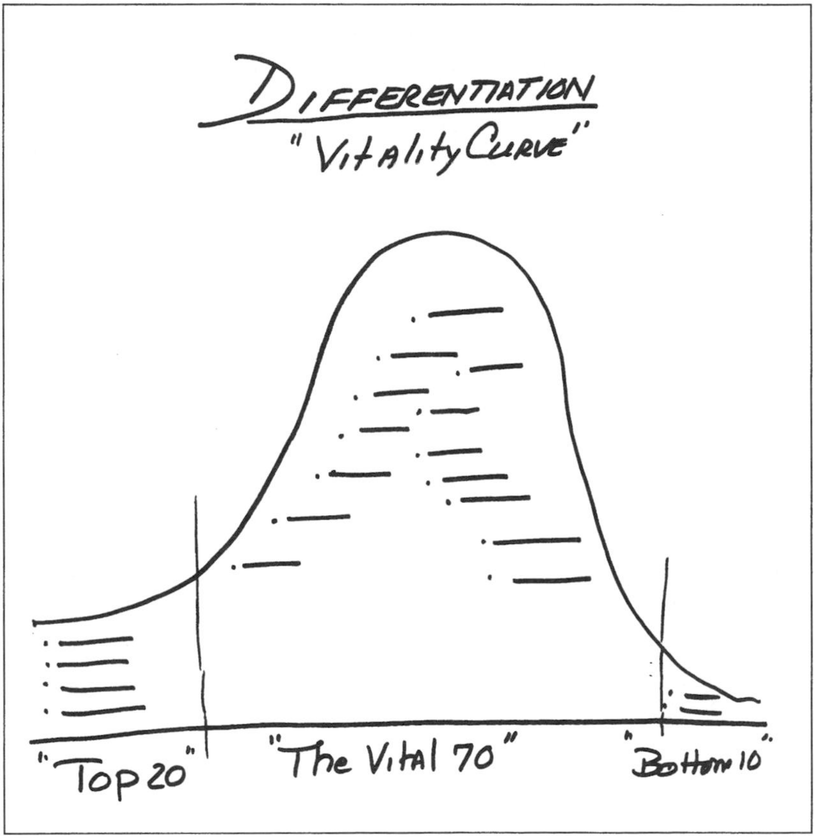

前20%　不可或缺的70%　末10%

活力曲線必須以獎勵制度爲後盾——加薪、授與選擇權，或晉升。

A級員工的調薪幅度必須是B級員工的兩倍到三倍；B級員工的調薪幅度必須足以表彰他們的貢獻；而C級員工不該受到任何獎勵。發放選擇權時，所有A級員工都能得到高額的股數，而在B級員工當中，大約六十到七十％的人能得到認股權。

活力曲線是我們在調薪、授與選擇權或制定晉升決策時的指標；每一項獎勵的背後，都必須附帶說明獎勵對象在曲線上的位置。

A級員工的流失，是一項嚴重的過錯。你要愛他們、擁抱他們或親吻他們，絕不可以失去他們。一旦失去一位A級員工，我們便會開腸剖腹深入檢討，並要求主管爲這項損失負責。

這套方法確實管用。我們的A級員工流失率每年不到一％。

這套制度不免也有缺失。找出A級員工是管理人員的一大樂事，每個人都樂在其中。發展並獎勵七十％的中堅份子，就爲管理階層帶來了些許的挑戰。

而處理墊底的十％，是最令人頭痛的一件事。

新上任的主管，可以不費吹灰之力就篩選出績效最差的員工；第二年，事情開始變得較爲麻煩。

到了第三年，它成了一場戰爭。

這時，他們已剔除了績效明顯不良的員工，許多經理人與工作小組建立了深厚的感情，無法狠下心腸把任何部屬歸類爲C級員工。

管理人員開始在名單上玩把戲。他們有時候會在名單中偷偷塞入即將退休的員工，或是原本就打算離開公司的人員。有些人的名單中甚至出現離職員工的名字。

有一個事業單位更誇張，在他們的C級員工名單之中，赫然出現一位在檢討會議之前兩個月就已過世的員工名字。

這是項艱鉅的工作，沒有人樂於制定棘手的決策。組織中出現了激烈的阻力，甚至連最頂尖的員工也不例外。我總是親自處理這項問題，但是許多時候，我也會犯下不夠嚴苛的罪行。我曾與自己的意志力搏鬥，抗拒每一個改變方針的衝動。如果奇異的事業領袖沒有指明單位中表現最差的十%員工，我會駁回他們所遞交的紅利或選擇權發放計劃，直到他們眞正區分出員工的高下。

指派新的主管，可以解決人們不願意以坦率、直接的態度處理C級員工的問題。新任主管尚未與小組成員建立深厚的感情，因此可以輕而易舉辨識出績效最差的員工。

有些人認爲，剔除底端十%的員工是殘忍、冷酷的行爲。對我而言，把人留在一個無法幫助他成長、茁壯的地方，才是眞正無情的「假仁慈」。最殘忍的事情，莫過於不斷等待，等到人們進入職業生涯的中後段才指出這不是適合他們的地方。這時，他們的工作機會已很有限，而他們可能需要支付子女的大學學費，或償還一大筆貸款。

把活力曲線貼上「殘忍」的標籤，其實是源自於錯誤的邏輯，並且是假仁慈文化的自然產物。爲什麼踏出校園之後，人們就停止衡量自己的成績表現呢？

從小學一年級開始，成績管理就是每個人生活中的一部份。足球隊、啦啦隊與榮譽學會的選拔，無一不是差異化的表現。差異化也出現在大學入學許可的審核過程中，你可能被某些學校錄取，而被另外一些學校拒絕；到了畢業的時候，文憑上載明的「優等生」榮譽，也是差異化原則的運用。

在生命的前二十年當中，我們每個人都生活在充滿差異化的世界。爲什麼在人們花費最多時間的職場就得停止進行差異的辨別呢？

我們的活力曲線之所以能夠成功，是因爲我們花了十年的時間，透過坦白的回饋，在組織各階層灌輸一個講求績效的文化。公開、公正是這項文化的基石；若不是因爲組織內已具備了一套績效文化，我不會毫不遲疑地提出活力曲線的構想。

□

我們的典型人事檢討會議是怎樣的情況？

在我們深入前線的一個月之前，總公司高階主管辦公室與人力資源部門首長比爾・康奈迪（Bill Conaty)合力提出一份議程，供各大事業單位參考(詳見附錄的二〇〇一年奇異人事檢討會議議程)。

接下來，各個事業單位著手準備會議中所需的詳細資訊。他們的目標並非打贏一場文件戰爭，而是具體顯示我們的人力資源策略，是否符合組織內各大活動的需求。

這些卷宗、圖表與分析工具可能令人望而生畏，不過，會議本身的進行方式是不拘禮節的，洋溢著信任、情感與幽默。

儘管如此，我們所討論的是許多人的前途，攸關重大。人事檢討會議是我們一年之中最重要的會議，一整天的議程大致如下：

早上，我們談論事業單位的組織架構及其中的人員。

午餐時間，我們以「多元化」爲討論的主題。

下午，我們開始檢討具有重大影響力的活動，以及帶領這些活動的領袖們。

上午的議程是爭議最多的部份，我們討論員工的生涯、晉升機會、活力曲線，以及個人的長短處；每一個人都有他的優點也有缺點，有長處也有需要加強的地方。我們花最多時間討論那些需要提昇的領域，並探討這些經理人是否仍有成長的機會。

就我們最近檢討的一位製造經理而言，他的長處是能夠達到具體成效（高生產力、驚人的產出率、堅強的六標準差實力），不過，他也具備若干顯而易見的缺點：對屬下太嚴厲、無法接受別人的意見。經過長時間的辯論，我們決定給這個傢伙一個警告：他必須有所改變。

他正冒著成爲C級員工的風險。無法接受他人的意見，是一個極爲危險的特徵。

當然啦，我們也有輕鬆愉快的時刻。

我經常毫無節制提出質疑，不放過任何一個人。人事檢討卷宗包含每一位主管的照片與簡歷。當照片中顯示出鬆垮垮的肩膀、無神的雙眼或是垂下來的頭顱時，我會立刻指著照片說：「這傢伙看起來已經一腳踏入棺材裡了，他的表現絕對好不到哪裡！他可能在同一個職位上待了六或七年，而且沒什麼發展。到底怎麼一回事？你們怎麼還沒開除他？」

一張面無表情的照片當然並不代表什麼，我只是希望引發一場生氣勃勃的討論、看到事業單位領袖爲他的部屬挺身而出。每一位主管在人事檢討會議之後，都必須體會出員工就像一場棒球賽：其中包括球員本身、國歌的演奏、熱狗，以及第七局的反攻機會。這是一場完整的球賽，缺一不可。

二〇〇一年三月，我在新任總裁伊梅特的陪同之下，前往匹茲菲爾德進行人事檢討會議。我瀏覽著卷宗，發現一張很有趣的照片，那是奇異塑膠事業的一位高潛力經理人。

「如果這個傢伙眞有那麼好的話，你們最好讓他換張照片，」我開玩笑說：「有些人可能從照片上得到錯誤印象。」

當天稍晚，我當著這名主管的面前揶揄他。

「哎呀，」我說：「你本人和照片完全不同，那張照片一點都看不出你的優異表現。」

我的話大概讓他覺得很有意思（或許也促使他換上新的照片）。

照片的旁邊是一個九宮格，我們根據此經理人的潛力與績效，在其中的一個格子裡打勾（如左圖）。最理想的評分落在左上角的格子，我們的評分標準完全取決於我們的企業目標，包括四E與奇異的重大活動，例如顧客至上、電子商務及六標準差。

照片的下方，是這位經理人的優缺點摘要。大部分摘要都是正面的評語，但是根據遊戲規則，此處至少必須列出一項需要加強的短處。我們不允許主管粉飾太平。有一位經理人的正面評語是：「財務上的鬥犬」、「前途不可限量」與「深諳電子商務」，而負面評語則是：「野心昭然若揭」。我們一直不喜歡那種把工作重心放在下一個職位、看遠不看近的人，這種做法很可能扼殺一個人的前途。另外一個主管得到這樣的評語：「聰明、有幹勁、衝力十足」，但缺點是：「執行能力仍有待加強」。無法達成目標的人，終究得面臨淘汰的命運。

在這些摘要的背後，是各項成就與發展需求的詳細描述。除了上司的分析之外，每一位員工的自我評估也會呈現在同一頁。

□

過去幾年以來，我們經常與來自各方的「高潛力人員」共進午餐。每一位高潛力人員，都有一

綠帶

姓名：

職稱：

在職長短（月數）：

照片

潛力 / 績效

X		

+技術能力優異

+接觸面廣、具備顧客關係

+具有管理領導潛力

－領導能力仍不夠成熟

綠帶

姓名：

職稱：

在職長短（月數）：

照片

潛力 / 績效

X		

+強悍／鬥犬性格

+優異的邏輯思考能力

+前途不可限量

+深諳電子商務

－野心昭然若揭

綠帶

姓名：

職稱：

在職長短（月數）：

照片

潛力 / 績效

X		

+最頂尖的營運領導人

+學習速度驚人

+優秀的導師

+受同儕敬重

－敏銳度有待加強

綠帶

姓名：

職稱：

在職長短（月數）：

照片

潛力 / 績效

	X	

+聰明、有幹勁

+具有世界觀

+角色扮演稱職

+絕佳的教練／導師

－執行能力

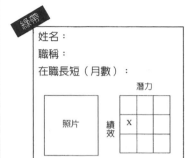

位來自高層的導師。我幾年來不斷強調，導師專案的目的不在於解釋員工福利計劃，而應該用相當於發展產品的熱誠，套用在人員的發展上頭。

在這種情況下，接受輔導的人員就是所謂的「產品」，導師們必須負起發展產品的責任。這意味著他們必須幫助徒弟成爲A級員工，否則就得趕緊另找一個新徒弟。我們在午餐時間，針對導師專案的進展進行開誠布公的對談。在我們的績效文化中，導師與徒弟都得遵守嚴格的基本規則，提出優越的「產品」是雙方的責任，也是他們受到評估的項目之一。這是資深管理階層的重責大任。

這項專案的成績斐然。一九九九年，超過八十％的徒弟獲得晉升。

午餐之後的討論重點，是組織內的各項活動。我們希望見到各項活動的領導人與小組成員。小組人員利用簡報的機會，提出活動年度目標與實際成果的比較。我們從各個事業單位中找出最具成效的實務做法，以便進一步推廣。然而最重要的是，我們得以深入剖析各項活動背後的動力。

我們在會議結束之前擬定明確的待辦事項清單，並與各事業單位分享。兩個月後，我們將在七月份以兩個鐘頭的視訊會議，追蹤這些工作項目的進展。這份清單會在十一月份的第二次人事檢討會議中，接受最後一次的巡禮。

儘管我們具備如此嚴苛的人力資源發展過程，每年一度的意見調查仍會出現一些令人大感驚訝的結果。在四十二道題目中，有一項陳述總會得到最低的贊同度：「公司以果決的態度處置表現欠佳的員工」。

二〇〇一年，僅有七十五％的員工同意這句話，不過比起一九九九年的六十六％，這已是一大進步。員工對這項議題的滿意程度，與其他題目的高分形成強烈對比（當問到員工在奇異的職業生涯是否「對我與我的家庭產生有利的影響」，超過九十%的員工給予正面的回應）。這樣鮮明的結果，顯示組織的各個階層都十分重視「差異化」，也顯示我們的員工渴望一個更積極、更坦率的管理方式。

當我們在奇異的重要據點展開人事檢討會議時，至少會花一個鐘頭的時間與地方工會領袖見面。我們希望了解他們與他們心中的想法，也希望他們能認識我們。

我們與各階層工會領袖的相互敬重是眞誠而深切的。過去十五年以來，我們經常與國際電機工會（IUE）的主席比爾・拜瓦特（Bill Bywater）及其接班人艾德・法爾（Ed Fire）產生激烈的爭執。奇異一開始的談判代表是道爾，後面七年則是我們的人力資源首長康奈迪。每年總有一、兩次，我會隨著道爾或康奈迪與工會領袖共進晚餐，針對薪資、福利或其他典型的議題爭論。雙方最大的邏輯差異，在於我認爲如果我們善盡職責，奇異的員工將不需要組織工會以捍衛其利益。我的立場總會引發康奈迪與法爾的強烈反彈，抗議我們成爲他們組織工會的障礙。雙方的差異總是一目了然的，沒有任何密而不宣的把戲。

在更廣泛的工會活動中，我的前輩瓊斯是一個勞資合作小組的領袖，其中的成員包含十位工會領袖與十位企業總裁。這個小組在一九七〇年代，與美國全國總工會（AFL-CIO）的喬治・米尼（George Meany）和雷恩・柯克藍（Lane Kirkland）往來密切。我很欣賞這個小組的理念，因此在瓊斯退休之後，便與柯克藍以及隨後的約翰・史維尼（John Sweeney）共同扛起小組的領導責任。史維尼和我都具有愛爾蘭人的頑固脾氣，但我總能感受到彼此間眞誠的尊重。我們曾嘗試在健康保險、貿易與教育等議題上達成共識。儘管這個小組在政策上的成就可說是微不足道，但透過無數次的會議，我們對彼此的立場有了更深的體會。

我們對待工會的方式，與我們面對員工的態度並沒有不同。許多局外人經常問我：「奇異的組織文化怎麼能在世界各地存活、與各種不同的文化相容？」只有一個答案：讓員工享有尊嚴，並聆聽他們的聲音。這樣的做法，在全世界都能暢行無阻。

□

不論是在一天裡或在一年裡，用在人員發展的時間總嫌不足。對我而言，人員的發展代表一切。我總是試圖提醒各階層的經理人，要求他們分享我對員工的熱情。或許今天我是他們眼中的「大人物」，但對事業單位中的員工而言，他們才是貨眞價實的「大人物」。他們必須向員工傳達同樣的熱誠、決心與責任感，對這群員工而言，「傑克．威爾契」這個名字絲毫不具任何意義。前妻卡洛琳經常提醒我，我在公司的前十年，根本不知道奇異的董事長是哪一位。我力促奇異經理人記得一件重要的事：就他們的屬下而言，「他們就是公司的總裁」。

即使是公司內最閃亮的明星也得遵守規則。NBC電視網的總裁安迪．賴克（Andy Lack）說得好：「傑克和我是八年的好友，我們兩人的妻子也經常往來。但是如果我開始走下坡，犯下四個令人難以置信的錯誤決策，我知道他一定會開除我。他會給我一個擁抱，表示他的歉意，我可能再也不願意與他共進晚餐，但他絕不會因此手下留情。」

績效表現，就是一切。

12

最先要改變的是經理人

可羅頓維爾的主管訓練所

我們立即著手整修主要的大型階梯教室，並動工興建直昇機升降場，
以便幫助領導小組迅速往返於訓練中心與辦公室之間
（若從陸路前往費爾菲德，單程就得耗費一個鐘頭的時間）。
我要求波曼在 1983 年 6 月的董事會中推銷這份計劃，
並提出興建宿舍所需的四千六百萬經費需求。
波曼記得，我在審核他的簡報內容時，
在分析投資回收期的圖表上打了個「X」，
然後草草寫下「無限期」，
以強調這份投資將能提供無止盡的報酬。

沒有人熱愛改革——而被貼上革命標籤的行動，更是備感寂寞。

一九八一年一月初，在接受了董事長提名之後的第二個星期，我前往佛羅里達參加奇異的年度總經理大會。我首次參與這項大會的經驗是在一九六八年，地點是在清水（Clearwater）的美景高爾夫俱樂部（Belleview Biltmore），之後，我便從來沒有缺席過。我在晚餐前的雞尾酒會中找到了吉姆・波曼（Jim Baughman）。波曼是個大鬍子學者，曾任教於哈佛管理學院，也是奇異多年來的顧問。奇異在一年前延請他擔任可羅頓維爾管理發展中心的主管。

我在一小群人當中找到波曼。

「你正是我要找的人。」我說。

我抓住他的手臂，簡單自我介紹，然後迅速切入正題：我要他準備好接受生命中的一大挑戰。「我們即將在公司裡推動各式各樣的改革，而我需要可羅頓維爾擔任樞紐的角色。」

我認爲可羅頓維爾是我們成功的希望。我需要盡可能地向組織員工傳達改革的理念，而可羅頓維爾正可以幫助我們觸及廣泛的聽衆群。

位於紐約奧辛寧（Ossining）的可羅頓維爾校區，面積廣達五十二英畝，是先前幫助奇異管理階層改頭換面的重鎮。一九五〇年代中期到晚期，前任總裁勞夫・寇帝南（Ralph Cordiner）爲了在公司各個階層推廣分權的概念，因而籌建了此一設施。

數以千計的奇異主管，在此地學會了掌控其事業營運的概念，也明白了他們所背負的利潤責任。多年來，訓練中心的講師根據一套涵蓋了三千五百多頁管理守則的「藍皮書」，照本宣科，傳授頗具實用價值的訓練課程；數千位總經理在這些教條中成長。回顧那個時代，在藍皮書中佔有相當篇幅的POIM（計劃－組織－整合－評估）原則，地位有如《聖經》裡的十誡。

待分權概念深植於各個階層之後，可羅頓維爾的角色由培育領袖的搖籃轉變爲公司舉辦技術性訓練課程或在危機時期傳遞重大訊息的場所。一九七〇年代原油價格飆漲的時期，瓊斯數度在此地舉辦研討會，派遣數百位經理人到此學習高通貨膨脹時期的管理方式。

一九八〇年，此地的設施已顯得十分老舊。可羅頓維爾逐漸成爲慰勞員工的安慰獎，不再是菁英份子聚集的地方。課程開始開放給員工報名參加，學員的品質出現嚴重的落差。公司內的明日之星，對此地的訓練課程都不感興趣。在七位爭奪瓊斯職務的候選人當中，僅有兩位曾參與長達數星期的總經理課程，我並非其中之一。不過，我記得自己曾在一九六〇年代末期到此接受一星期的行銷訓練，課程我很喜歡，但是不太欣賞此地的膳食住宿。

到了一九八一年，可羅頓維爾已疲態盡顯，陳舊不堪。

□

我希望重新爲此地注入生氣，需要這位前任的哈佛教授主導專案的推行。我希望把可羅頓維爾塑造爲一個開放的討論環境，員工可以相互激發構想、散播最新觀念。這會是打破組織體制最理想的地方。我需要一個暢通無阻的溝通管道，讓訊息穿透層層的組織架構，直接傳達給深入組織的主管們。

但可羅頓維爾若要發揮這樣的功能，就必須先進行改革。我與波曼在佛羅里達會面的幾天之後，在費爾菲德展開長達三個小時的會議，深入思考訓練中心的未來。我希望進行全面的改造——包括學生、師資、課程內容與實體設施。我希望它著重於領袖的養成，而不是提供狹隘的技術訓練。我希望它幫助公司觸及頂尖人員的心靈與才智，發揮鼓舞人心的作用，讓員工能團結一致地度過改革時期。

「我不希望在那裡見到不具潛力的員工，」我告訴波曼：「我希望可羅頓維爾成爲激發優秀員工潛能的中心，而不是老邁員工尋求最後一份獎勵的地方。」

如果打算吸引優秀人才前往受訓，我們必須讓可羅頓維爾成爲世界級的訓練中心。在這天翻地覆重整事業範圍與大幅裁員的改革過程中，我們必須改造可羅頓維爾的設施。我們立即著手整修主要的大型階梯教室，並動工興建直昇機升降場，以便幫助領導小組迅速往返於訓練中心與辦公室之間（若從陸路前往費爾菲德，單程就得耗費一個鐘頭的時間）。我要求波曼在一九八三年六月的董事會中推銷這份計劃，並提出興建宿舍所需的四千六百萬經費需求。波曼記得，我在審核他的簡報內容時，在分析投資回收期的圖表上打了個「X」，然後草草寫下「無限期」，以強調這份投資將能提供無止盡的報酬。

那確實是我的信念。

改革的進展緩慢。我首次主持的奇異經理人課程，和我職業生涯早期所參與的會議沒什麼兩樣。那時，可羅頓維爾仍在整修中，因此，接受四星期管理訓練課程的高階主管便前來費爾菲德，參加所謂的「與董事長共度一夜」。那是一九八一年的六月，我站在總公司的大禮堂中，眼前是五十位西裝筆挺的高階主管。學員們坐在前排，後排座位上則是公司的人力資源同仁。我的即席演說圍繞著我最鍾愛的主題：讓奇異成爲第一或第二的策略，以及我對改變公司「氣氛」的渴望。

勾勒出奇異的願景之後，我開放時間回答問題。

在場人士提出了一些問題，但顯然沒有人打算質疑我的想法。禮堂中至少有七十%的人帶著狐疑的表情（你知道我的意思——就是那種心中不太服氣時所自然流露的表情）。

公平一點說，我相信我把他們嚇破膽了。我在學員面前來回走動，威脅著說將要整頓、出售或關閉他們的事業單位，而主宰學員職業生涯的人力資源同仁就坐在他們的後頭；那一定令他們感到坐立難安。只有少數深爲組織體制所苦的主管能夠接受我的演說。

我能夠理解瀰漫在禮堂中的困惑與恐懼。畢竟，那些經理人來自一個不同的時代：傳統的奇異。我試著尋找合適的字眼，以減緩訊息可能造成的衝擊。這些以追求卓越、提高品質、鼓勵創業精神、勇於任事、面對現實、爭取成爲前兩名的主題，讓這群人感到莫大的壓力，在他們心中，能否保住工作都還是一大問題。

我繼續在費爾菲德的大禮堂中舉辦類似的講座。情況逐漸好轉，但那是一趟艱難的破冰之旅。

□

公司氣氛隨著媒體的報導與奇異的股價而起伏不定。每一篇正面的報導，都能讓組織爲之一振；而每一則負面的消息，則讓牢騷不斷的犬儒份子尖酸人士重起戰火。

《財星》雜誌在一九八二年一月發表了一篇樂觀的評估，文章標題爲：「奇異的甦醒」。不到六個月的時間，媒體又以「中子傑克」的標籤大肆抨擊我的作爲。一九八四年三月，《富比士》雜誌以「追求嶄新未來的超凡計劃」一文，強力聲援奇異的改革。我記得這篇封面報導出刊的前後，我與亨利·季辛吉（Henry Kissinger）搭乘同一班直昇機由費爾菲德前往紐約；他認爲這是一篇極佳的文章。從通曉媒體運作的季辛吉口中聽到這樣的評論，是一件非常不容易的事。不過，愉悅的情緒立即成爲幻影。五個月後，《財星》雜誌封我爲「全美最嚴厲的老闆」。

我從王子變成青蛙，又在轉瞬間由青蛙變成王子——至少在媒體上是如此。

還好，證券市場和我站在同一陣線。沉寂了幾年之後，奇異股價和整體證券市場都開始起飛，這更堅定我對奇異策略的信心。多年來，奇異的股票選擇權一直沒有太高的價值，我一九八一年繼任董事長之職的時候，全體員工所持有的選擇權僅價值六百萬元，隔年，選擇權的價值暴升至三千八百萬元，到了一九八五年，價值已達到五千兩百萬元了。

這是奇異員工首次享受荷包飽滿的感覺。

他們開始對公司的策略產生信心。

一九八四年起，我全程參與公司的三大高階主管課程。我們大刀闊斧地改革課程內容；以往的訓練課程以其他企業的個案爲討論基礎，如今，我們把重點放在解決奇異的實際議題上。波曼延請具有高度創造力的密西根大學管理教授諾爾·帝智（Noel Tichy），幫助我們重新設計課程內容。帝智在一九八五年到一九八七年期間擔任可羅頓維爾的主管，他對這項工作抱著高度的熱情，並且提出「行動學習」（action learning）的概念。

我們的主管訓練所提供多項不同的課程，從新生訓練到特定部門的技術訓練。我們有三項旨在培育領導人才的課程：爲最具潛力的主管提供的ＥＤＣ（高階主管發展課程）、屬於中階主管的ＢＭＣ（企業管理課程），以及爲爆發力十足的後起之秀所提供的ＭＤＣ（管理發展課程）。

此系列課程的第一階段是爲期三週的MDC，每年共有六到八個梯次、培訓四百到五百名經理人，純粹在充滿課堂氣氛的可羅頓維爾舉行。

帝智提出的「行動學習」概念，強調從解決企業實際議題中獲得學習。這項概念是進階的BMC與EDC的中心思想。課程中所研討的個案，是以奇異所在的某一個主要國家、某項重大事業，或公司正在執行的某些專案（例如品管或全球化運動）爲主題。有趣的是，我們在柏林舉辦BMC的那一天，正巧是拆除柏林圍牆的日子；而在北京舉辦課程的時候，又剛好碰上天安門事件。學員們目睹了這些事件，不過大家都安然無恙，而且從這些經驗中得到更多的體會。

我們每年舉辦三次BMC，每次大約有六十人參與。EDC則每年舉辦一次，培訓三十五到五十位最具潛力的主管。這兩項課程都爲期三週。爲了讓學員在我們每季一次的企業高階主管委員會（CEC）中提出建言，課程舉辦的時間也經過精心安排。在CEC會議中，三十五位奇異高階主管——各大事業單位的行政總裁與總公司的幕僚首長——將齊聚一堂。

由於這些課程具有高度的行動特質，學員們因此搖身一變，成了高級管理階層的內部顧問。這些課程分析我們在全球已開發與開發中國家的成長機會，深入剖析其他企業的成功經驗，並且評估公司四大專案的進度與效率。每一次課程都會提出具體建議，實際運用在奇異的事業中。我們不僅從眞正關心公司前途的頂尖員工身上得到極佳的建言，還藉由這些課程促成了許多維持終身的跨事業部門友誼。

這些課程開始具備高度的象徵意義，代表公司對員工成就的認可。參加BMC的學員名單事先經過公司高層的核准，而參加EDC的名單，更需要經過人力資源部門首長康奈迪和我的審核。我們在年度人事檢討會議中，也會針對所有課程的提名人選進行討論。

到了一九八〇年代中期，課堂裡的臉孔與對話都有長足的進步，學員的組成與過去截然不同。自從我們於一九八九年開始大舉分發股票選擇權給衆多經理人之後，我會在課堂中詢問：「有多少人收到了分紅？」

一開始，往往只有不到半數的學員舉手。

「向大家宣佈一項好消息：首先恭喜收到股票選擇權的人，如果你不是A級員工，你不會拿到這項紅利。我們的股票在過去表現強勁，如果公司繼續維持高度績效，你們將可以從選擇權中大賺一筆。」

這時，課堂中從未見過股票選擇權的學員，莫不對接下來的談話充滿期望。

「對於沒有收到分紅的人來說，這也是一項好消息，」我接著說：「現在，你知道上司對你不夠坦白。如果你的上司說你是一位明星，那麼問題就來了——因爲，公司內所有明星員工都會收到股票選擇權。你應該回去和老闆長談，了解一下自己爲什麼沒有收到選擇權。」出人意料的是，許多人並不打算去找上司交涉——因爲，他們對自己的角色定位深具信心。

一九九一年，我們決定，唯有收到分紅的員工才有權利參加可羅頓維爾的高級課程。所有的頂尖員工都應該收到股票選擇權，也都應該擁有前往可羅頓維爾受訓的經驗。

一九九五年，我從《財星》雜誌上的文章得知，百事公司（PepsiCo）的總裁羅傑·恩里科（Roger Enrico）及其幕僚，親身向百事可樂的高階主管傳授領導之道。我很欣賞這樣的模式，因此決定領導小組的每一位成員都應固定在可羅頓維爾傳授一門課；在此之前，資深的幕僚首長與事業單位領導人只是偶爾客串講師。新的教學模式讓學員們更深入了解公司裡最成功的典範，也能讓領導小組在公司內發揮更深的影響力。如今，可羅頓維爾八十五%左右的講師都由奇異的事業領袖擔任。

可羅頓維爾的整修工程在一九八六年竣工。除了新教室之外，也有嶄新的宿舍大樓。最重要的是，課堂裡的學員已歷經徹底的改造，他們更有活力，也更願意提出尖銳的問題。

整體而言，我們大約歷經了十年的努力，才成功改造了組織內的每一份子。在最近的十年中，階梯教室裡坐滿了興奮而專注的人們，他們具有年輕而多元化的臉孔，提出的問題既聰明又富有挑戰性——對我、對他們而言都是如此。

如今的可羅頓維爾是個能量中心，爲新概念的交換提供強勁動力。

□

說到底，教育是我一生的抱負。我一直熱中於教學，得到博士學位之後，我甚至前往幾間大學進行面試。在我早年的奇異歲月裡，我定期在午餐時間爲我的一名技工彼得·強思（Peter Jones）講授數學。我知道他很聰明，也希望他能重返校園。

強思會說我是一個急性子的老師；他有時候不懂我在辦公室黑板上寫下來的數學公式，我居然會向他丟粉筆。無論如何，我們的辛苦是值得的。強思隨後離開奇異，回到學校取得學位，並在匹茲菲爾德的教育界服務了三十年。

我很自然就沉迷於可羅頓維爾的活動，在那裡度過了很大比例的時間。我每個月會在大教室內出現一次或兩次，每次可以長達四個鐘頭。在過去的二十一年內，我在此地與奇異的一萬八千名領導者建立直接的聯繫。參與可羅頓維爾的課程總讓我返老還童，這是工作中最令我感到快樂的一部份。

我從未在可羅頓維爾發表冗長的演講，我喜歡進行全然開放的雙向溝通，享受教學相長的經驗。我擔任輔導員的角色，幫助大夥兒相互學習。我會把一些構想帶入課堂中討論，透過彼此意見交換，讓這些構想的內涵更形豐富。我希望每個人都能回擊與質疑，在過去的十年，他們也的確達到了我的期望。

我有時候在上課前會先寄發一份手稿，列出我打算在課堂中探討的主題（如左頁）。在ＭＤＣ課程中，我通常要求學員們集思廣益，分析某些議題。

「我打算討論A、B與C競爭者，我將要求各位提出這三者的不同點……並希望你們能熱情投注於討論中。」

「你在奇異的事業生涯中，最不滿意、最希望改變的是哪一點？」

「你能感受到公司內所推動的品管活動嗎？如何在你的工作領域、事業單位與公司整體加速此項活動的推行？」

ＥＤＣ課程中所探討的議題則截然不同。我詢問ＥＤＣ學員：如果他們明天就要接掌奇異的總裁職位，將會採取哪些行動？

「你在接任後的頭三十天要做什麼？目前對未來有怎樣的『願景』？你打算如何發展一份新的願景？你將如何『推銷』它？你的願景將建立在哪些基石之上？你打算廢除公司的哪些慣例？」

此外，我也要求每個人準備描述他們在過去一年中所面對的領導難題，諸如關閉廠房、調職、

10/22/96

MDC Class.

I look forward to seeing you on what appears to be a full Monday for you. I know you will enjoy interacting with the BOD. I have a few thoughts for you to think about prior to our session.

As a class (perhaps in three sections)

Ⓐ What are the major frustrations you deal with on a daily basis that
– You or your immediate leader can confront
– I can help with

Ⓑ What are the three best things about a GE career.

Ⓒ What don't you like about a career in GE that you would like to see changed.

Individually –

Ⓐ Are you experiencing the Quality initiative... How would you accelerate it in your area? your business? the Company.

Jack

10/22/96

MDC 的全體學員：

我期望在星期一的課堂上與大家見面，對你們而言，那似乎會是充實的一天。我相信你們與董事會的互動會是一次愉快的經驗。我在此提出一些問題，供你們於會前深入思索：

就全體學員而言(或分為三組)：

1. 在你日常工作中遭遇的主要困擾，有哪些是：

你或你的直屬上司可以解決的？

我可以協助的？

2. 在奇異的生涯中，最理想的三件事是什麼？

3. 你在奇異的事業生涯中，最不滿意、最希望改變的是哪一點？

就個人而言：

1. 你能感受到公司內所推動的品管活動嗎？如何在你的工作領域、事業單位與公司整體加速此項活動的推行？

傑克

開除員工及收購或出售某項事業。我會在課堂中分享我的個人經驗，藉以拋磚引玉。我最常說的故事，是關於我在一九九七年十一月和波音（Boeing）董事長菲爾．孔迪（Phil Condit）的會面。那時我們正積極爭取一份金額超過十億美元的合約，試圖成爲波音新長程七七七噴射機的引擎供應商。

我在比爾．蓋茲於西雅圖舉辦的企業年度高峰會中，擔任晚餐後的演講人。當晚，我找到孔迪，要求在隔天中午與他共進午餐。爲了挑選七七七長程噴射機的引擎，奇異與波音小組已歷經長時間而艱困的協商。孔迪對此知之甚詳。我口若懸河推銷奇異引擎，並且試圖讓孔迪相信奇異是波音的最佳拍擋。

孔迪仔細聆聽、提出一些問題，然後以這項好消息結束了我們的會談。

「讓我在午餐結束之前這樣說：你得到了這筆交易，」他說：「但是你得保證暫時不知會奇異小組，讓他們誠實完成談判工作。」

我同意了。接下來的六十天到九十天，負責爭取這筆交易的主管時常打電話給我，表示我們得在價格上提出更大的讓步，或者需要加強引擎的研發。奇異小組的每一次讓步都令我心急如焚，不過無論如何，我絕不會透露我與孔迪之間的協議。

於是他們一次又一次退讓。

最後，當波音再度提出新的要求，我終於忍不住了。我拾起話筒，撥了通電話給孔迪。

「孔迪，我快窒息了。我不能繼續坐視奇異的退讓，我得打破對你的承諾。」

「你等得夠久了，」他回答道：「叫你的組員對波音說『不』，他們已經得到這筆交易了。」

我樂於分享的另一個難題，與我們在一九九〇年代晚期把路易斯維爾的電冰箱工廠遷移至墨西哥的決策有關。這項決策顯然具有高度經濟利益，然而，不論是全國性或地方性的工會，都曾殫精竭慮，試圖協助我們提昇美國工廠的競爭力。

純粹就商業的角度來看，數字上的考量使得遷廠勢在必行。不過，我們也需要考慮這項決策對路易斯維爾其他工廠，以及對全國性工會領袖的影響。最後，我們決定在路易斯維爾保留一條電冰箱生產線，估計約保存了九百份工作。我告訴學員，我們從這項決策中獲得的信譽，可以幫助我們促進路易斯維爾的競爭力。儘管如此，與財務數字反其道而行，仍是一個極爲困難的決策。

我在課堂中訴說著這一類的故事，讓每一位在場人士體會我所遭遇的道德難題與領導難題。接著，我會邀請也曾陷入艱難處境的學員與大夥兒分享他們的經驗。學員們打開心防，掏心剖腹談論他們的個人經驗。這些關乎個人的私密討論，是可羅頓維爾的課程中最感人、張力最強的時刻。此後假如遭遇困難決策，學員們會了解他們並不孤單。

在第一階段的課程中，我首先要求每一位學生自我介紹。我們以一整個小時的時間進行這項工作。我試圖與學員建立個人聯繫，因此要求他們在自我介紹時盡情發揮。接著，我會傾聽他們對公司的觀點，詢問假如與我角色互換，他們將推動怎樣的改革？

我們在組織內推行新的活動時，可羅頓維爾就成爲澄清員工疑慮的地方，這一方面，它發揮了無法估算的價值。在全球化運動的早期，有人問我：「我是否得接受先全球性的工作任務，才可能繼續在奇異內部獲得升遷？」

「當然不是，」我說：「不過，國際性的經驗會是一大優勢，對你和你的家人而言，這也是成長的好機會。」

當我試圖把企業重心移轉至服務業時，學員們總不免要問我：「我們要放棄既有的產品嗎？」

「沒有優秀的產品，就無法發展我們的服務業。」

在推動六標準差品質運動的初期，人們詢問：「是不是一定得通過黑帶級的六標準差訓練，才能在奇異裡出人頭地？」

「我相信那會有幫助，」我如此回答：「那是幫助你脫穎而出的一個途徑。」

而當我們在一九九九年展開電子商務活動，又有人開始懷疑這條黑帶是不是失去了效力。有些人急於投入數位化運動，不願意投資兩年的時間接受六標準差訓練。我的答覆是這樣的：「六標準差是一項基礎教育，它是突顯個人差異的一項要素，如同你的大學或研究所文憑；數位化活動只是一項工具，就跟讀、寫一樣，是每個人都必須具備的技能。」

課程結束後，我通常會在返回總公司前，與學員們一同在可羅頓維爾的娛樂中心小酌一番。三天後，我會收到學員們針對三項問題的回應：

「你認爲課程中的哪些地方具有建設性？哪些地方澄清了你的疑慮？」

「哪些地方令人感到迷惑或困擾？」

「你最重要的心得是什麼？」

這些評論讓我獲益良多。一九八〇年代初期，許多經理人在課後顯得困惑、不安。我很仔細地研讀他們的評語，藉以改善下一次的課程內容。如果有人在問卷中簽下名字，我會寄給他們一份短箋——特別是當他們誤解了我的意思時。

到了一九八〇年代中期，學員們愈來愈能接受我所說的話了。他們表示，聽了課之後，對公司的策略與願景產生了更深的體會。不過，他們從我口中得到的訊息，經常與地方主管的言論相互牴觸。有些主管甚至事先進行破壞工作，表示學員們在課程中聽到的都將只是一些鑿空之論。在組織的中、下層裡，許多人對改革仍抱著強硬的抗拒心態。

時至一九八八年，每年大約有五千多名奇異員工前往可羅頓維爾接受各式各樣的訓練。然而，我所聽到的問題與評論一成不變。他們認爲課程中的訊息與願景都很有道理，但是他們通常附帶表示：「地方上的運作全然不是這麼一回事。」該死，經過了這樣的努力，我的重點仍然不能暢行無阻直抵組織的最下層。

一九八八年九月的一個午後，我帶著滿腹牢騷離開可羅頓維爾。我受夠了。那一天的課程收穫豐富，學員們一股腦兒傾訴他們在改革中遭受的挫折。我知道我們必須把課程中展現的坦白與熱情散播到工作地點。

搭乘直昇機返回費爾菲德的途中，我向波曼宣洩心中的挫敗感：「我們爲什麼無法把可羅頓維爾式的坦率風氣帶到組織的所有層面呢？」

波曼還沒有機會回答問題，我心中已有了答案。

「我們必須在公司的上上下下，複製可羅頓維爾大課堂的氣氛。」

當直昇機在費爾菲德降落時，我們已產生了大致的藍圖。這項概念經過數星期的發展，成了扭轉奇異組織文化的「工作簡化」（Work-Out）專案。

□

可羅頓維爾大課堂的秘訣，在於人們覺得自己可以暢所欲言。儘管技術上來說我是學員們的「老闆」，但是我對他們個人的職業生涯幾乎毫無影響力——對於參與初級課程的學員而言更是如此。我們必須在各個事業單位創造類似的氣氛。當然，由於事業單位領袖認識手底下的每一個人，所以決不能讓他們主導此類會議的進行；他們將改變會議的動態，讓大家難以盡情抒發己見。

我們的想法是向外界聘請受過訓練的輔導員；他們主要是與員工沒有利害衝突的大學教授。工作簡化會議的靈感來自新英格蘭地區的傳統市民大會。我們邀請四十名到一百名員工，暢談他們對業務及組織體制——特別是審核過程、報表、會議與評估方式——的觀點。

「工作簡化」的意義，正如字面上的涵義：去除制度中不必要的工作項目。我們期望每個事業單位都能舉辦上百次的工作簡化會議；這將是一個大規模的專案。

典型的工作簡化會議，大約為期兩天到三天。一開始由事業單位主管進行報告，他們可能在報告中向員工提出挑戰，或者僅概述會議的議程；主管在報告結束後就離開會場。接下來，輔導員開始要求員工提出問題、討論解決方案，並且準備在主管返回會場之後推銷他們的構想。這些立場中立的輔導員，大多是波曼從學界徵召而來的教授，在他們的折衝之下，員工與主管之間的意見交換得以順利進行。

這項專案真正與衆不同之處，在於我們堅決要求事業主管當場制定決策。他們必須針對七十五%以上的提議，做出「是」或「否」的明確答覆；至於無法當場回答的議題，雙方必須就決策的日期達成共識。主管必須面對員工的所有提議，不可存著逃避的僥倖心態。人們一旦見到自己的構想立即獲得採用，就可以徹底剷除官僚作風，改變工作習性。

家電事業部門在一九九〇年四月舉辦的工作簡化會議，是一次難忘的經驗。大約三十名員工，聚集在肯塔基列辛頓市（Lexington）的假日飯店（Holiday Inn）裡開會。一名工會勞工針對電冰箱製造流程的改進方式發表意見，正在描述工廠二樓裝配線上的一個步驟。

突然間，工廠的總幹事跳上台，打斷他的報告。

「眞是胡說八道，」他說：「你不知道自己在說些什麼，你根本沒有這方面的實務經驗。」他抓起一支麥克筆，開始龍飛鳳舞在白板上書寫，不一會兒功夫，他開始主導報告的進行並回答問題。他的解決方式立即獲得接受。

見到兩位工會勞工針鋒相對地爭論製程的改進方式，眞是痛快。想像一下：一群剛拿到學位、踏出校園的年輕小伙子，坐在辦公室裡絞盡腦汁想要解決製程上的問題，他們根本沒有成功的機會！而在此地，經驗豐富的資深勞工正幫助我們解決問題。

大家開始拋開對於階級、地位的成見，毫不拘束地公開發表意見。

這一類的故事在公司的各個角落出現。到了一九九二年年中，已有超過二十萬名的奇異員工投身於工作簡化專案中了。一位家電工人的評論，爲推行這項專案的理由作了最佳的詮釋。「二十五年來，」他說：「你用薪水交換我的勞力，其實，你也可以取得我的智力，而且不花一毛錢。」

工作簡化專案證實了我們原有的信念：最接近前線的員工，對工作的了解最深切。公司內所發生過的一切美好經驗，幾乎都得歸功於某項事業、某個小組或某一個人解除了舊有的桎梏；工作簡化專案釋放了每一個人。這項在可羅頓維爾發起的簡單構想，幫助我們創造一個全員參與的文化，組織每一位成員的想法都受到重視，而主管的工作由控制轉變爲領導。經理人以指導代替訓示，而成果更加卓著。

可羅頓維爾最終成爲一個生氣蓬勃的學習場所，學員本身成爲千金難求的知識泉源。從他們在課堂中的討論與實地研究，各個事業領導人與學員彼此之間都學到更理想的工作方式。

在某一個層面上，可羅頓維爾是我們最重要的工廠。不多久，我們將會透過一個能徹底改變組織的概念，更進一步強化可羅頓維爾的生產力。

13

成爲無界限的組織

拆除一切阻礙成長的圍牆

我們的人員的確找到一個「更理想的方式」，

使得奇異在商業世界中頭角崢嶸。

你可以從數字上評估成果：

我們的營業利潤率從 1992 年的 11.5%，成長到 2000 年的 18.9%；

在工業事業部門當中，我們的流動資本週轉率，

從原本的 4.4 暴升到 2000 年的 24；

奇異的營業額達到 1300 億美元，收入淨額幾達 130 億美元。

無界限行爲，幫助我們這群平凡的人物，

造就出一番不平凡的大事業。

一九八九年十二月，我坐在巴貝多（Barbados）的海灘上，與第二任妻子珍一同沉浸在延宕多時的蜜月假期裡。我的行程早在一年前就已經排滿了，因此無法遵照傳統在四月婚禮過後立刻渡蜜月。而今，我們終於享有這份遲來的「浪漫假期」，但是我和往常一樣把工作掛在嘴邊——和一般人的枕邊細語大異其趣。

幸好，珍熱愛商業。

工作簡化專案獲得了莫大成功，成爲我們打擊官僚體制的利器。新的概念以前所未有的速度在公司內流動。我搜索枯腸，試圖找出一句能吸引組織整體的口號，並把「概念分享」提昇至另一個層次。

我要求珍聽聽我的想法：我希望奇異的三十多萬名員工能夠成爲彼此的智囊。那就像是與八位各有所長的博學之士共進晚餐；如果能夠找出一個有效的方式，把每一個人的知識傳播給其他七個人，那麼所有人的智慧都將獲得提昇。這就是我所追求的目標。

巴貝多的沙巷（Sandy Lane）是個渡假的好去處，我在那裡度過了一個與衆不同的加勒比海聖誕節。我躺在沙灘上，看著聖誕老人從潛水艇中跳出，那或許正是我所需要的刺激。那一天在沙灘上，我得到一個令我著迷了十年的新靈感。

可憐的珍，我正在興頭上。我不斷談著工作簡化專案所摧毀的藩籬，突然間，「無界限」（boundary-less）一詞從我腦中一閃而過。這個辭藻概括了我的夢想，它佔據了我的心靈、揮之不去。

聽起來或許很傻，但對我來說，這個詞彙可以媲美科學上的大突破。

一星期之後，我帶著這份最新的癡迷，興沖沖前往波卡瑞頓（Boca Raton）參加爲期兩天的營運經理人大會。往常，我總是以奇異所面臨的一連串新挑戰作爲這項會議的結語。這一次，在我演講稿中的最後五頁，完全環繞著「無界限行爲」這個主題打轉（我想，我的演講比匆匆寫下來的草稿〔見本頁左〕有力許多）。和我一貫的作風相同，我有一點熱過了頭。不過我從經驗中學會，你必須強力推銷任何一份重大構想，直到它深深留在每個人的腦海中。

演講近尾聲，我聲稱這個「無界限」的構想「將使奇異成爲九〇年代全球首屈一指的企業」。在我的願景中，無界限企業將剷除部門之間的障礙、化解「本土」與「國外」間的區別；它代表我們在布達佩斯與漢城的營運，將和路易斯維爾或史克內塔迪的運作一樣輕鬆自如。

無界限企業要拆除掉對外的圍牆，把經銷商與顧客融入整體的作業流程中。它也會摧毀隱形的種族與性別圍牆，讓每個人放下自我意識，以團隊的運作爲最高考量。

在公司的歷史中，我們經常表揚發明家或新概念的創始人。而在無界限企業裡，我們不只推崇提出新理念的員工，也將表彰挖掘、延伸這些概念的推手。透過這種方式，我們鼓勵事業單位領袖與他們的小組

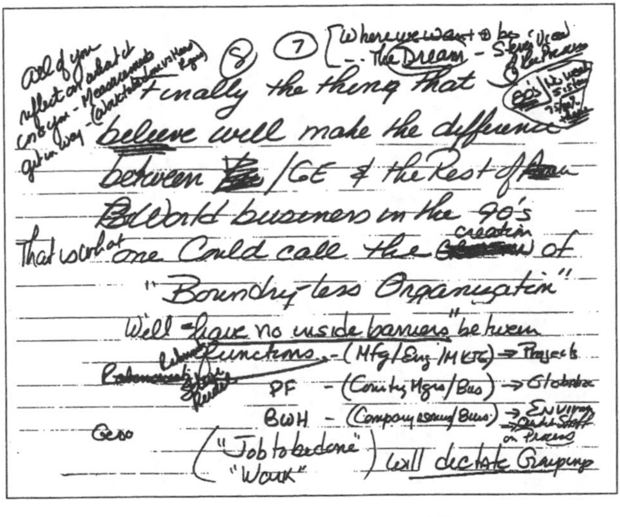

分享榮耀，而不是由某一個人搶盡光彩；員工之間的互動關係，也因而產生了大幅的變化。

無界限的構想，也讓我們學會開放心胸，採用其他公司的最佳構想與實務典範。藉由學習日本企業的看板式管理（這是及時庫存管理的前身），我們已經稍微突破「NIH——不在此處發明」(Not-Invented-Here）的窘境。無界限的構想具有更深遠的影響，它喚醒每一個人實踐「天天追求進步」的目標。這句話成了無所不在的口號，高懸在全球的奇異工廠與辦公室的牆上。

奇異的學習文化在工作簡化專案中開始成形，而這項新的構想，則爲學習文化注入了新的動力。到了一九九〇年，我們開始見到事業部門之間的分享與學習。「無界限」只是一個詞彙，我們藉它傳達一項信念，並且試圖融入日常工作中。這個詞彙開始在每一次的會議出現，我們會拿它開玩笑，揶揄不願意與其他人分享意見的員工，或者諷刺某個不肯借將給其他部門的主管。有人會戲謔地說：「這可眞是無界限的行爲啊！」

這項訊息已深植人心。

到了一九九一年，我們開始在人事檢討會議當中爲奇異經理人的無界限行爲打分數。我們根據同儕評估與上司隨後的評論，把每一位經理人的表現歸類爲優良、中等與有待加強三個評等。名字被圈出來的主管，必須立即改變他們的行爲或者離開公司。每一個人都從訊息的回饋中得知自己在此項價值標準上的表現——沒多久，每一個人都體會出這項價值標準的重要性。

一九九二年，同樣在波卡的會議中，我試圖讓包括無界限在內的價值觀燃起新的生命。我們根據主管完成財務目標與堅守奇異價值的兩項能力，把經理人區分爲四種類型：

第一類經理人能完成既定的目標，不論是財務目標或其他方面目標，而且符合奇異的價值標準。

此類經理人的未來相當明確。

第二類經理人無法達成目標，也無法接受奇異的價值觀。此類經理人的前途也同樣非常明確，可惜並不光明。

第三類經理人無法達成目標，但能分享奇異的一切價值觀。我們願意賦予此類經理人第二次甚至第三次的機會，不過，最好先幫助他們轉換跑道；許多經理人在改變環境之後，展現出令人刮目相看的成績。

第四類經理人的狀況最爲棘手。他們總能達成目標，亮出耀眼的成績單，但是他們與奇異的價值標準格格不入。此類經理人通常以高壓政策驅策部屬，而非以鼓舞的方式激發部屬的表現。他們是獨裁者、是暴君。我必須承認，我們通常以另一種角度看待這些惡霸的表現。

或許在另一個時代，這樣的做法並不爲過。但在一個提倡無界限行爲的組織中，我們無法接受第四類的經理人。

□

我對著波卡的五百位與會人士，不指名道姓解釋四位主管在前一年被迫離職的原因，雖然說他們都具備相當優異的財務表現。當我希望有效地傳達訊息時，決不會以「基於個人理由離職」等陳腔濫調模糊焦點。

「看看你們的周圍，」我說：「會場內少了五張去年的熟悉面孔，其中一人因爲績效不良而離職，其他四人則因爲未能奉行我們的價值標準而被迫離開。」

我繼續闡釋，有一位主管對「工作簡化」或「概念分享」的構想嗤之以鼻，他不能體會無界限的眞意；另一位主管無法激發團隊效力；第三位主管緊握大權不放，不願意授權給他的團隊；而第四位主管則一直無法吸收全球化的構想。

「我佔用這麼長的時間解釋這一點，就是因爲它十分重要。如果人們無法接受這些價值觀，那麼面對現實、坦率眞誠、全球化、無界限、速度與分權，都只是空談。我們每一個人都必須身體力行。」

場內一片闃靜。當我以「缺乏無界限行爲」作爲開除經理人的主要理由之一，確實爲這項概念擊出了一記全壘打。你可以感覺聽衆在忖度著：這次是玩眞的，他們不是在開玩笑。

突然間，「天天追求進步」不再是口號，而是無界限行爲的本質，也是我們對員工的期望。在多年的硬仗之後——包括事業部門的重整、收購與清除，我們開始以無界限概念爲中心，發展日後所謂的企業「社會結構」。

這些中心價值，正是塑造出奇異獨特風格的原動力。

我們必須堅持追求卓越，決不姑息組織官僚作風；我們必須追尋並採用最佳構想，不論這份構想來自何處；我們必須珍視全球的智慧資本，以及提供這項資本的人員；我們也必須熱情貫注於顧客的成功。值此同時，超過五千名員工以三年多的時間，在可羅頓維爾鍾鍊出一份價值陳述書。由於這些價值具有極端的重要性，我們甚至把它印在護貝紙卡上，以便隨身攜帶（見左圖）。

簡言之，我們希望創造一個學習型的文化，讓奇異的成就超越組織各項成分的總和——讓奇異的角色超越所謂的「企業集團」。從我擔任總裁的第一天起，我就知道奇異擁有的不只是一群不連貫的事業部門。一開始，我提出了「整合性多元化」(integrated diversity) 的口號，希望宣揚奇異可以藉由跨事業部門的經驗分享所獲得的優勢。

這項口號沒有發揮效力，它過於「商業化」，無法在個人或人性的層面上打動人心。

文字的力量眞令人驚訝，幾個字的差別，就能影響事情的成敗。

當然，我們不能純粹仰賴一個辭藻或一句話；若要發揮口號的效力，我們必須以完整的系統作爲後盾。首先，我們必須改變公司的薪酬制度。照先前的制度，年度的紅利佔了很重要的比例。而紅利的計算方式是以員工個別的績效爲基礎。

如果你的績效優異，而就算公司的整體表現令人失望，你還是能得到屬於你的那份紅利。

我完全不能接受這種觀念，這彷彿是說即使公司觸礁沉沒了，某些事業單位還能安然坐在岸邊。這樣的薪資制度無法刺激我所期望的行爲，如果我們希望每一個事業單位都能成爲新構想的實驗室，我們就必須建立一套能強化這種行爲的薪資制度。

我們的薪資制度與企業目標相互牴觸。我在一九八〇年就任董事長職位時，經過十二年的累積，手頭上總共有奇異一萬七千股股票的選擇權，實現的利潤合計不到八萬美元，而其他主管透過選擇權獲得的利潤更是少得可憐。反觀我們的紅利制度：假設某位主管的年薪爲二十萬美元，如果所屬事業單位擁有豐收的一年，他當年的紅利將可達到底薪的二十五%，也就是五萬美元。與個人紅利相比，股票選擇權的價值根本微不足道。我希望員工對公司整體表現與股價的重視，能勝過他們對個人事業單位績效的關心。

我在一九八二年九月前往董事會報告，獲得董事會對改革的支持。我們增加了授與選擇權的股

GE Values

All of us … Always with unyielding integrity…

- Are passionately focused on driving customer success
- Live Six Sigma Quality … ensure that the customer is always its first beneficiary … and use it to accelerate growth
- Insist on excellence and are intolerant of bureaucracy
- Act in a boundaryless fashion … always search for and apply the best ideas regardless of their source
- Prize global intellectual capital and the people that provide it … build diverse teams to maximize it

- See change for the growth opportunities it brings … e.g., digitization
- Create a clear, simple, customer-centered vision … and continually renew and refresh its execution
- Create an environment of "stretch," excitement, informality and trust … reward improvements … and celebrate results
- Demonstrate … always with infectious enthusiasm for the customer … **the "4-E's" of GE leadership**: the personal **Energy** to welcome and deal with the speed of change … the ability to create an atmosphere that **Energizes** others … the **Edge** to make difficult decisions … and the ability to consistently **Execute**

奇異的價值觀

每一份子……永遠以不打折扣的誠實正直……

- 熱情貫注於顧客的成功
- 實踐六標準差品質……確保顧客永遠是品質的第一受惠者……進而加速企業的成長
- 堅持追求卓越，決不姑息官僚作風
- 展現無界限的行為.……追尋並採用取自任何來源的最佳概念
- 珍視全球智慧資本以及提供此項資本的人員……建立多元化團隊以擴大資本
- 尋找改革所帶來的成長契機……例如數位化運動
- 創造一個清晰、明確、顧客導向的願景……並持續為願景的執行注入新動力
- 建立一個能擴展、活潑、不拘形式而彼此信任的環境……獎勵進步……並讚揚成果
- 永遠對客戶抱著具有傳染力的熱誠……展現奇異領導風格的「4 E」原則：擁抱並面對改革速度的個人幹勁；創造合宜氣氛並激勵他人的能力；制定困難決策的銳利度；以及貫徹執行的能力

數與頻率。一九八〇年代初期股市交易活絡，員工們開始看出：當公司整體表現搶眼的時候，他們從選擇權獲得的利潤，可以遠超過從個人事業單位中獲得的紅利。這樣的認知，強化了公司五百位高階主管意見交換的行爲。

我應該更迅速採取更大規模的行動才對。我一直到一九八九年才決定擴大授與選擇權的範圍——那一年，獲得選擇權的人數由原先的五百位高階主管，擴大到表現傑出的前三千名員工。如今，每年有一萬五千名員工獲得選擇權，而手上握有選擇權的員工是這個數字的兩倍。

選擇權計劃的擴張與股市的活力，幫助推動概念分享的行爲。在一九八一年，奇異員工行使選擇權所獲得的價值，總計不過六百萬美元。四年後，價值增加到五千兩百萬美元。到了一九九七年，奇異的選擇權爲一萬名員工賺進十億美元；而在一九九九年，更爲一萬五千名員工賺取二十一億美元。到了二〇〇〇年，三萬兩千名員工手上握有的選擇權，價值超過美金一百二十億元。

員工儲蓄計劃中所持有的股票與選擇權，讓奇異員工成了公司的最大股東。

眞爽！每逢星期五，我都會得到一份報表，上面列出本週行使選擇權的員工名單及他們的獲利程度。選擇權計劃改變了員工的生活，幫助他們供子女上大學、照料年邁的父母，或者購置第二棟房子。

最大的樂趣在於發現我不認識的名字。無界限概念不僅影響了高層人物，更讓公司內的每一個人都獲益良多。

持有公司的股票，改變了員工行爲——而這一項在薪資制度上的改變，爲一九九〇年的無界限運動注入了一股衝勁。不過，這只是拼圖中的一小片。我們需要更多。我們需要一個發現最佳構想、並迅速在公司內推廣的機制。

□

這就是我們的營運系統即將扮演的角色。

和一般企業相同，我們也會舉辦一系列貫穿整年度的計劃與檢討會議。無界限概念讓這些會議環環相扣、創造出一個營運系統，幫助公司產生源源不絕的新概念。

在我眼中，每一次會議都是概念發展過程中的一塊基石，隨著一層一層往上堆砌，這些概念會愈來愈成熟、穩固。這種觀點改變了一連串原本枯燥、曠日費時的業務會議。新進員工經常表示，奇異與其他公司最大的不同，就在於我們從不放過任何一次會議，總是持續鼓吹並強化公司的中心概念。

我們的營運系統在一月初於波卡舉辦的營運經理人大會中正式啓動，這是公司最佳員工與最佳構想的一次慶典。在這爲期兩天的大會中，來自各階層的演講人以十分鐘的時間，熱情洋溢地陳述他們在各項活動中的進展。沒有冗長乏味的演說，沒有獨角戲——只有絕佳構想的交換與推廣（詳見附錄的二〇〇一年會議議程表）。

三月間，我們在可羅頓維爾一間被暱稱爲「洞窟」（the Cave）的房間裡，舉辦第一季的企業高階主管委員會。事業單位領袖在會中陳述業務營運的最新進展，並發表他們對各項活動的最新見解。

每一個人都有義務提出一份突破思考框架、而且能套用於其他事業單位的新概念。

在四月及五月間，企業高階主管與人力資源部門首長康奈迪前往前線視察營運，並在各地展開人事檢討會議。這些鬧哄哄的會議別有一番趣味——大夥兒以積極、幾近於殘忍的坦承、甚至是斐長流短的態度剖析公司裡的佼佼者。我們深入探討各項活動的進度，以及組織中下層投入這些活動中的才幹水準。

人事檢討會議幫助我們發掘公司裡最傑出、聰明的年輕新秀。我總是在可羅頓維爾向學員們呼籲：「積極投身於各項活動，那是你們露臉的好機會。」

到了七月，我們會以兩小時的視訊會議追蹤檢討人事異動決策的執行進度。如果我們曾表示事業單位在某項活動中的馬力不足，這項問題通常都會在七月的視訊會議前獲得解決。

在六、七月間，事業單位領袖會前往費爾菲德，進行該年度第一次的策略檢討會議。此次會議的重心在於競爭者分析，我們會進行沙盤推演，試圖先發制人。這是一場鬥智的棋賽，而我們嚴陣以待，假設競爭對手都是來自俄羅斯的棋王。

十月間，公司一百七十位高層主管在可羅頓維爾展開年度大會。我們將在長達十分鐘的「典範」(role-model) 報告中，發表大夥兒在人事與策略檢討會議中發現的最佳概念。

第二次的策略檢討會議於每年十一月舉行，事業單位主管在此次會議中呈現下年度的營運計劃。我們將以半天的議程討論各項活動的詳細計劃，在此，我們又會得到另一批新鮮的點子。

接著再回到波卡。我們將從花了一整年時間蒐集而來的最佳概念中，篩選出對每一個人都有幫助的全新活動，以此展開令人振奮的新的一年、新的循環。

爲了協助員工持續分享最佳概念，我們設立了一個活動策劃小組，這是總公司的幕僚單位中唯一獲准增加人手的單位。我在一九九一年，延請任職於波士頓顧問集團（Boston Consulting Group）的蓋瑞・雷納（Gary Reiner）擔任企業發展部門的首長。該部門原先是以收購其他公司爲業務重心，如今，他們將著重於激發新的構想以輔佐公司內的各項活動。此部門由二十多位企管碩士組成，他們多半是亟欲投身於眞實世界的前任企管顧問，已在顧問業中接受三到五年的洗禮。

我們對這些前任顧問做出允諾：如果他們提出具體成效，奇異的事業單位將在兩年內展開「挖角」的動作。總公司不會把他們硬塞給各事業單位，他們得被「挖」走。在此前提之下，他們不僅負責概念的「推廣」，也會幫助事業單位領導人完成概念的「執行」工作。如果無法說服或幫助事業單位採用新的構想，他們就得離開公司。過去十年以來，雷納所聘用的十名顧問中，就有九名遭到事業單位的挖角。此部門招募的人員，大約有六十五名仍服務於奇異，其中好幾人已晉升到高階主管的職位。

股票選擇權計劃揭開改革的序幕，營運系統則發揮了整合的效用，把一系列枯燥的例行會議轉變爲一個促進學習的循環。在人事檢討會議中進行無界限行爲的評估，讓每個人都積極參與意見交換。而活動策劃小組則擔任觸媒劑的角色，加速了改革的步調。

巴貝多聖誕老人所激發的靈感，正是這一切改革步驟的源頭。

□

在波卡演說之後四個月，我與當時的電子產品製造部副總勞埃・特洛德（Lloyd Trotter）進行人事檢討會議。特洛德表示，他所設計的一個「矩陣」，幫助他找出了電子產品部門四十座工廠之中的最佳實務做法。特洛德首先提出十二項通用於所有廠房的評估標準或生產流程，其中包括庫存週轉率到發貨速度；接著，他要求每座工廠的廠長進行自我評估。

這些矩陣的縱軸是廠長的自我評估，以一分到五分表示，五分是最傑出的表現；橫軸則代表某項生產流程或程序。蒐集了廠長的評估之後，特洛德將在員工會議中，要求給自己打了高分的廠長提出解釋。

當這些自吹自擂的廠長無法提出站得住腳的解釋，特洛德發現大家並沒有認眞看待這項追求最佳實務典範的計劃。許多人在員工會議中顯得尷尬萬分。到了第二次嘗試，大家才獲得了眞正的學習。好比說，北卡羅來納州沙利斯柏利（Salisbury）工廠的庫存週轉率，達到每年週轉五十次的速度，而其他工廠的平均速度則爲每年週轉十二次。大家很快就湧向沙利斯柏利，效法他們的庫存管理方式。

不久之後，量化的衡量方式，取代了廠長們的自我評估。

特洛德習慣以圓圈圈選表現最佳的工廠，而在表現最差的工廠上頭畫下長方形記號。人們把這些記號戲稱爲「光環」與「棺材」——非常貼切地表現出特洛德的想法。

這些一目瞭然的矩陣，成爲所有人的目光焦點。沒有人希望是最後一名。於是，人們爭著參觀表現傑出的工廠，試圖從它們身上學到改進之道。這種做法是否發揮了效果呢？簡單地回答，在一個成長速度緩慢的市場中，特洛德的營業利潤率從一九九四年的一點二％，提昇至一九九六年的五點九％，到了二○○○年，電子產品事業部門甚至達到十三點八％的驚人利潤率。

我開始大肆宣傳特洛德所設計的矩陣，「特洛德矩陣」成爲奇異各地最熱門的管理工具。在我的經驗中，從來沒有任何一個案例——從地區銷售業績比較到跨事業單位的採購金額分析——是無法利用這個矩陣達成大幅績效成長的。

這個矩陣的原理聽起來很簡單，但是，我發現許多企業尚未發現它的效力。在我們所收購的企業中，經常見到不同部門的人員各行其是。我們在二〇〇一年與漢尼威公司進行整合會議時，發現該公司在伊利諾州佛利堡（Freeport）的感應器工廠，享有七個標準差的高品質水準。

坦白說，我感到十分震驚。我從未見過如此高效率的工廠。該工廠在二〇〇〇年所輸出的一千一百萬個零組件當中，沒有發現任何一個瑕疵品。我詢問在場的二十位漢尼威人員，有多少人參觀過這座工廠？沒有一個人舉手。若是在奇異，這座工廠的廠長可能得面對應接不暇的訪客。就像特洛德在一九九一年成爲波卡會議中的焦點人物，這位廠長也會成爲會議的討論核心。

每當我們得到一個新的想法，便會傾全力推銷。有時候時機尚未成熟，有幾個構想會在半途中夭折。但是我們只要看到具有潛力的構想，便會在波卡會議中大力推廣。我總是很容易墜入愛河，不過，如果某項構想無法發揮作用，我移情別戀的速度也一樣驚人。

一九九〇年代初期，各種構想生氣蓬勃地自各地湧出，甚至來自公司以外的地方。我在拜訪威名百貨（Wal-Mart）創辦人山姆．威頓（Sam Walton）時得到了一個好點子。一九九一年十月，威頓邀請我前往阿肯色州的班頓維爾（Bentonville），在威名百貨經理人大會中發表演說。我和威頓的初次會面，是在一九八七年的威名地區經理會議中，那次他同意把威名百貨的收銀機資料與奇異的照明設備事業部門連結（這是無界限概念的最佳範例），如此一來，我們可以省去許多文件往返的工作，迅速補足威名百貨的電燈泡庫存。

一九九一年，我和威頓在飛機上會合，一同前往阿肯色州。他面露病容，身上還掛著藥物注射袋，隨時補充化療藥物。在經理人會議中，威頓要求我描述奇異是如何艱苦地打擊組織制度。這之後，他向經理人提出挑戰，要求他們防止官僚作風悄悄爬進組織裡，甚至佔據了威名百貨的營運。我們在接下來的兩小時中盡情交換意見，讓威名百貨的經理人了解組織體制的邪惡。

回到機場的途中，威頓帶領我參觀一家威名商店。我們在店裡漫步著，突然間威頓抓起麥克風，向所有人宣佈我們的到訪。「奇異的傑克・威爾契正在店裡參觀，」他說：「如果他們的產品有任何瑕疵，你可以前來向他投訴。」還好，沒有人來找我的麻煩。很遺憾，威頓在六個月之後辭世，他到了人生的盡頭仍關心著自己一手建立起來的公司。

在這次的訪問中，我從威名百貨身上看到一個很好的特點。

駐紮在班頓維爾的威名百貨地區經理，會在每星期一飛往各自的統轄區域，並於接下來的四天視察轄區內的威名商店與競爭者的商店，然後在星期四晚上返回班頓維爾。星期五早晨，地區經理與總公司高層主管開會，分享在各地蒐集得來的情報。如果地區經理發現某項商品在某家分店或某個區域中銷售一空，總公司便會立即從其他分店調派庫存。

這是威名百貨從最基層感受顧客脈動的方式，一週一次，從每一家分店的每一個角落。

威名百貨擁有最精密的電腦與庫存控制系統。在星期五的會議中，業務經理坐在會議室前排，依次報告他們在前線的實地經驗。掌管資訊系統的高科技小組，則負責立即滿足地區經理的需求。

在我所參與的威名百貨經理人會議中，地區經理表示上週中西部的氣候溫暖，而東岸的氣候則較爲寒冷，因此一個地區的防凍劑出現缺貨的現象，另一區則有多餘的庫存。這個問題當場獲得解決。前線的高感受能力與總公司的高科技結合，是山姆・威頓與總經理大衛・格萊斯（David Glass）讓威名百貨在高速成長之際，仍能維持小公司的敏捷性之一大利器。

我滿心歡喜地離開班頓維爾，心中充滿對這套系統的遐想。威頓答應讓我派遣好幾個奇異團隊列席參加他們的星期五會報。

我們的人員一看到這套系統的效力，立刻著了迷。事業單位領袖吸取這項概念，並根據奇異的文化略爲調整。他們開始與前線的業務團隊舉行每週一次的電話會議，除了執行長之外，事業部門最高層的行銷、業務與製造經理也將加入會議，以便針對不論是運送、價格或產品品質的問題提出立即的回應。

我們把它稱爲「快速市場情報」（Quick Market Intelligence，簡稱QMI），並在每季的CEC會議中追蹤這項活動的進度。這是一次很大的成功。QMI讓領導階層更貼近顧客，藉由這項活動，我們當場解決了許多原本可能花很長時間才會發現的庫存或品質問題。

我們的事業單位領導人，也會把他們發現的好點子帶到CEC中討論。一九九五年，奇異運輸公司的執行長包柏・納德利（Bob Nardelli）發現一個招募人才的好地方。總公司位於賓州艾略市的運輸事業，幾年來一直無法吸引足夠的優秀人才。納德利發現公司可以招募爲數衆多的美國年輕軍官，他們多半是已服役四到五年的軍校畢業生。這些軍官工作勤奮、聰明、熱情、具有領導經驗，並且由於曾在世界上最困苦的環境中服役，因此具備驚人的彈性。

納德利的構想立即像野火般蔓延。在招募了八十名退役的年輕軍官之後，我們邀請他們前來費爾菲德參觀。這些人才的品質令我們印象深刻，於是決定每年招募兩百名退役軍官。我們利用每一次的人事檢討會議，追蹤這些退役軍官在各個事業單位中的表現。

如今，奇異的薪資帳冊上有一千四百名退役軍官的名字。納德利是這項構想的發起人，無界限的觀念讓整個組織都能夠從中受惠。

□

營運系統的中心概念，就在於學習與成果導向；我們利用它來革新並倡導各項構想。例如，在一九九九年的採購部門首長會議中，我們發現電力系統事業部門透過供應商網上競標（on-line auction），達到了驚人的節省。該部門斥資十萬美元與一些零碎的費用，向外界購買了一套競標軟體。運輸事業部門的採購經理傑克・費雪（Jack Fish）喜歡這個點子，但不願意花費十萬美元購買軟體。

他返回運輸事業部門，詢問當時的ＩＴ經理派特・麥克納米（Pat McNamee），是否有辦法以低廉的成本發展類似的軟體。在兩位賓州州立大學（Penn State）學生與奇異位於印度的軟體工程師通力合作之下，麥克納米在三週之後以一萬七千美元的成本完成了軟體原型。兩星期後，他們首度以此軟體進行網上競標。我於那年十一月舉行的第二次營運計劃檢討會議之中，由費雪口中聽到這個故事，隨即把麥克納米的成就，納入二〇〇〇年一月波卡會議的議程中。

其他事業單位紛紛如法炮製，很快地，我們便拋棄了大多數來自於外界的競標軟體。

我再見到傑克・費雪，是在四個月後的運輸事業部門人事檢討會議中。費雪向我報告最新的網上競標活動；他表示該部門預計在那年，透過網路完成價值五千萬美元的採購活動。那時候我已經完成了許多事業部門的人事檢討會議，聽過許多更具雄心的網上採購計劃。電力系統預計達成十億美元的網上交易，另一個事業單位預計達成三億美元，還有另一個事業部門則以五億美元為目標。他們所談論的是實實在在的節省；每透過網路進行價值一億美元的採購，我們的成本就可以降低五百萬到一千萬美元。

「費雪，」我半開玩笑告訴他：「我知道這聽起來像是好心沒好報。你是啓發大夥兒進行網上採購的傢伙、是這個概念道道地地的創始人，但是如今你所設定的目標非常不具野心。」

經過與同事們的商討，他在一星期後寄給我一封電子郵件，表示該部門的目標已更新為兩億美金，並重申他們達成目標的信心。

他的確達成目標了。

首先提出新概念的人，可以在壓力較輕的情況下追求成果。然而，他的目標將成為下一個人的最低標準——並從此展開一個向上提昇的循環。

雷納帶頭的企業活動策劃小組，不僅幫助推廣各項概念，也會自行創造新的構想。雷納在一九九二年整理該年度第一次策略檢討會議的成果時，發現我們的產品售價每年下降一%，而原料的採購成本卻面臨持續上揚的壓力。他以一份簡單明瞭的「怪獸圖」（monster chart）說明這項趨勢：我們的售價與採購成本之間的差距愈來愈小，利潤也愈來愈薄。

如果不採取有效對策，我們會活生生被這頭怪獸吃掉。

雷納在九月間與CEC分享這項分析。接著在十月的經理人會議與一九九三年一月的波卡會議中，兩位頂尖的採購經理向大家解釋他們壓低採購成本的方法。而在一九九三年的人事檢討會議當中，我們也針對各個採購部門進行深度的剖析。

接下來的四年中，我們每季舉辦一次採購委員會會議（Sourcing Council meeting），各個事業部門的採購經理，每季都會前來費爾菲德與副董事長或我，分享他們的最佳概念。事業領導人知道他們必須派遣最佳人才參與這項會議，如果與會代表的表現稍遜一籌，我們就會在下一季見到新的面孔。

一旦我們得到更優秀的人才，就能激發出更好的構想。在如此專注的努力之下，我們解決了這頭怪獸——也終結了這份圖表。

□

這麼多年以來透過營運系統產生的各項構想之中最拔尖的一項，來自可羅頓維爾的企業管理課程（BMC）。這是可羅頓維爾與組織學習之間產生直接聯繫的最佳例證。一九九四年，鮑柏・尼爾遜（Bob Nelson）及其財務小組提出了一份分析，顯示爲了在二十世紀末之前達到千億美元的營業額與百億美元的利潤，奇異所必須完成的課題。那時奇異的營業額爲六百億美元，稅後盈餘爲五十四億美元。

這項目標深得我心，於是，我在一九九五年二月的可羅頓維爾管理課程中，要求經理人提出新的構想，幫助我們達到一千億美元營業額的目標。一部份學員訪問了奇異十大事業部門的資深領導人，藉以評估奇異在過去的表現。另一組人馬拜訪我們的主要客戶，聽取他們對奇異成長前景的看法。第三個小組則前往拜會其他高成長企業的主管，試圖從中學習一些心得。

然而諷刺的是，最傑出的構想並非來自企業界，而是來自位於賓州卡勒（Carlisle）的美國陸軍戰爭學院（U.S. Army War College）。在可羅頓維爾經辦ＢＭＣ課程的提姆・里察斯（Tim Richards），提出要把ＢＭＣ課程與戰爭學院上校級課程合併的計劃。他獲悉軍方正試圖改頭換面，把軍人的角色從冷戰時期的型態，轉變爲一種能在世界各地發動小型攻勢的彈性編組。

里察斯突發奇想，認爲我們和軍方能夠各取所長。他說：「這是那種碰巧成功的蠢念頭。」在四天的訪問當中，一名陸軍上校表示我們在市場追求第一或第二的策略，可能反而扼殺了我們的成長機會。他表示奇異內部到處是聰明的經理人，這些聰明的主管大可縮小市場的定義範圍，藉以安枕無憂維持在第一或第二的市場地位。

正常的情況下，學員們會在一九九五年六月舉辦的ＣＥＣ會議中，報告他們在可羅頓維爾的心得。不過，由於那時候我正值開心手術後的復原期間，因此一直到九月，我才在費爾菲德聽取了學員們的簡報。

學員們以一張圖表，彙整里察斯對於重新定義市場佔有率的洞見。在這張圖表上，學員們建議推動「心態改造」。他們表示奇異必須重新定義所有市場，讓各個事業單位的市場佔有率不超過十%。如此一來，每一個人都必須以全新的思維審視其事業，這將是最極端的擴張視野運動，也是擴張市場佔有率的一大突破。

十五年以來，我總是孜孜不倦地強調在每一個市場搶佔前兩名的必要性。如今，學員們一語道破：我的一項基本信念反倒阻礙了奇異的成長。

我告訴他們：「我熱愛你們的構想！」坦白說，我也熱愛他們在我面前大力推銷此項構想時所

Before Getting to Quality I'd like you to reflect on the recent BMC Challenge to all the business leaders

--- How Can you define Your MKT in such a way that your present product offering represents <<10% share of this NEWLY DEFINED MKT

--- Doing this just has to Open Your eyes to Growth Opportunities

--- Perhaps our Stress on #1 #2 or Fix, Close or Sell now Limits our thinking & ~~[illegible]~~ hurts our Growth MINDSET.

We are going to ask you and your teams in S-II to Come in with Some fresh thinking --- ~~[illegible]~~ on this

-- and Give us a page or two on ~~how you can define your current~~ ~~how~~ What you would add to ~~[illegible]~~ ~~your~~ Your MKTS to define your Market Share as Less than 10%.

在奇異投注於品質活動之前，我希望各位仔細思索BMC學員最近向所有事業領袖提出的挑戰。

你如何重新定義你的市場，讓目前的產品銷售量在新定義之下的市場，擁有小於10％的佔有率？

這種做法將會幫助你們放眼看清成長的契機。

或許我們對第一或第二以及整頓、出售或關閉的強調，如今反而限制了我們的視野、損害了我們追求成長的心態。

我們打算要求你和你的組員，在第二次營運計劃會議中提出一些全新的思維...並且以一到兩頁的報告，說明你打算如何重新定義市場，藉以讓目前的市場佔有率少於展現的自信。

這是無界限行爲的極致表現。

在定義狹窄的市場上擁有高度的佔有率，或許可以令經理人洋洋得意，但學員們是對的：這項既有策略讓我們畫地自限了；這證明官僚作風可以扭轉一切策略的美意。

兩個星期之後，我在十月初舉行的年度經理人大會上，把他們的構想納入我的演講。

「這種做法將會幫助你們放眼看清成長的契機。或許我們對『第一或第二』以及『整頓、出售或關閉』的強調，如今反而限制了我們的視野、損害了我們追求成長的心態。」

我要求各個事業單位重新定義市場，並且在十一月舉行的第二次營運計劃會議中，提出一到兩頁的「全新思維」。

在擴大了市場定義之後，我們的成長速度開始產生變化。它強化了我們積極進入服務業市場的決心。在新的市場定義之下，奇異所面對的市場價值，從一九八一年的一千一百五十億美元擴展到如今的一兆多美元；這種做法爲我們提供了一個巨大的成長空間。舉例而言，醫療事業部門的市場佔有率，原本是以診斷影像（diagnostic imaging）市場爲計算基礎，如今，我們評估所有的醫療診斷儀器市場，包括儀器維修、放射線技術以及醫院資訊系統等。

在電力系統事業部門的眼中，服務市場不外乎零件的銷售與奇異產品的修復。在此定義之下，我們佔有價值二十七億美元的市場之六十三％。這個數字看起來棒極了！但若是把發電廠的整體維修工程納入計算，在此價值一百七十億美元的市場中，奇異的電力系統事業部僅達到十％的佔有率。

再次證明，這項活動將擴張我們的視野，並激起一份更強烈的企圖心。

接下來的五年中，重新注入生氣的事業部門，讓奇異的規模成長了一倍。我們在一九九五年的營收爲七百億美元，到了二〇〇〇年，已成長至一千三百億美元。這當然得歸功於多項原因，但是心態上的改變是最重要的。我們在可羅頓維爾的課程中提出一項挑戰，而學員們則把觸角往外延伸，從一位陸軍上校的身上得到一份偉大的構想；我深深引以爲傲。

這是無界限行爲的典範。我們的人員的確找到一個「更理想的方式」，使得奇異在商業世界中頭角崢嶸。你可以從數字上評估成果：我們的營業利潤率從一九九二年的十一點五%，成長到二〇〇〇年的十八點九%；在工業事業部門當中，我們的流動資本週轉率，從原本的四點四暴升到二〇〇〇年的二十四；奇異的營業額達到一千三百億美元，收入淨額幾乎達到一百三十億美元。

無界限行爲幫助我們這群平凡的人物，造就出一番不平凡的大事業。

14

直衝而下

愛管閒事的老闆

我最喜歡的特權之一，就是揀出一項議題，

然後執行我所謂的「直衝而下」：挖出一項我自認能扭轉情況的挑戰

一項看起來頗有意思的艱鉅工程，

然後以職位份量當作這項工程的後盾。

有些人說我的行爲是「瞎管閒事」，倒也不爲過。

我常常這樣——我差不多管遍了公司各個角落的閒事。

我會干涉任何在我直覺偵測範圍內的事務，

從 X 光管的品質到高級鑽石的上市活動。

我選定了目標，然後直衝而下。

這是我從不間斷的活動，一直到我卸任的那一天才可能停止。

當董事長可以享受許多好處。

我最喜歡的特權之一，就是揀出一項議題，然後執行我所謂的「直衝而下」(deep dives)——這是指挖出一項你自認能夠扭轉情況的挑戰、一項看起來頗富興味的艱鉅工程，然後以你的職位份量當作這項工程的後盾。有些人說我的行爲是「瞎管閒事」，倒也不爲過。

我常常這樣。我差不多管遍了公司各個角落的閒事。

我會干涉任何在我直覺偵測範圍內的事務，從X光管的品質到高級鑽石的上市活動。我挑選了目標，然後直衝而下。這是我從不間斷的活動，一直到我卸任的那一天才可能停止。

我的最後一擊，是在二〇〇一年五月插手管理CNBC的業務。

盧・杜布斯（Lou Dobbs）經過兩年的沉潛，再度回到CNN電視台，擔任《錢線》(Moneyline)節目的主播。他的重返舞台，爲我們CNBC電視台晚間六點半到七點半的《商情中心》(Business Center) 節目造成一大威脅。自從杜布斯離開崗位之後，《商情中心》兩位主播，羅昂・殷瑟納 (Ron Insana) 與蘇・赫蕾拉 (Sue Herera) 的收視率，就在《錢線》節目的襲擊之下節節敗退。我四月底接到赫蕾拉的電話，她表示杜布斯將在五月十四日重新登台，希望我能送出一封電子郵件爲整個工作小組加油打氣，以迎接即將在五月十四日展開的戰鬥。

CNBC一直是我最鍾愛的專案，而從第一天開始，赫蕾拉就是CNBC的一大支柱。她對整個奇異和我們的婦女聯盟出了不少力。我把她當作朋友。在CNN對杜布斯的強力促銷之下，赫蕾拉取消了和家人共享的假期，全力以赴，迎接這項艱鉅的挑戰。

「赫蕾拉，與其發出一份電子郵件，何不讓我前往你的辦公室，和整個小組面對面呢？」

「好啊，就這麼辦！」她說。

幾天之後，我前往CNBC位於紐澤西的攝影棚，坐在餅乾與汽水堆中，與殷瑟納、赫蕾拉及大約十五名工作小組成員天南地北討論著幾十個點子；我彷彿回到十年以前，置身於早期的工作簡化會議之中。工作小組建議延長節目時間，並從晚上六點開播，以搶先《錢線》三十分鐘的時間。我覺得這是一個好點子，也很喜歡其他幾個新的概念。

會議快結束時，我答應額外撥出兩百萬美元的節目促銷經費。回程，我打電話給NBC的新總裁安迪・賴克，央請他在杜布斯重新登台的那一天，讓赫蕾拉與殷瑟納上晨間的《今天》(Today)節目接受訪問。我接著與NBC體育部總經理迪克・埃柏索爾(Dick Ebersol)通電，請他在NBA籃球賽決賽期間，強力播放《商情中心》的促銷廣告。

一個星期下來，NBC的每一份子，從繪圖人員到佈景設計，都處在最高昂的備戰情緒。杜布斯的重返一定會引起觀眾的好奇，但這不會是一場輕鬆的仗。這將是一場長期抗戰——我們打算贏得第一場戰事。

那天晚上，我的接班人伊梅特打電話與我閒聊，我不得不認罪。我告訴他我的老毛病又犯了，跑到CNBC扮演「專案經理」的角色。從他在塑膠與醫療事業中的經驗，他很清楚我可以多煩人。「我保證這是我今天唯一插手管的閒事。只要再一、兩個月的時間，你就可以徹底擺脫我的糾纏。」

感謝上帝讓我開始撰寫這本書，它讓我在交接期間留給伊梅特很大的自主空間。

伊梅特和我在星期天晚上搭機前往東京，因此，我看不到開戰之後的首場演出。CNBC小組每天以一封電子郵件向我報告最新情勢。星期一，《商情中心》在杜布斯重新登台的第一天，與對方打成了平手；到了星期四，《商情中心》已逐漸拉大收視率差距。我在星期五傍晚五點半左右由東京返抵家門，及時趕上那個星期的最後一場節目。

殷瑟納和赫蕾拉的表現可圈可點，工作小組為節目注入了新的生命。我為他們全體感到高興，他們贏得了第一場戰爭。這眞是令人精神為之一振的勝利！

□

這麼多年來，我有好幾百次「直衝而下」的經驗。這些行動不是次次都必勝，我的許多點子也從來沒有被採用。但對我而言，滿足感與樂趣來自於親赴現場、捲入狀況，然後激起大夥兒的鬥志，為專案的方向展開唇槍舌戰。

撇開職位不談，我想我的行動之所以能「得逞」，是因為人們認為我只是試著幫忙。儘管手段不盡相同，但我們總是抱著共同的目標。他們知道我不會因為意見不被採納而耿耿於懷（《英文版》編輯註：你不會才怪！）。

奇異醫療系統是另一項令我著迷的事業，就某種層面而言，我在這行待了二十八年。我熱愛它的技術、人員與顧客。涉足醫療方面的業務，總帶給我一份奇特的感覺。從一九七〇年代到八〇年代初期，我簡直是電腦斷層掃描器與磁振造影儀背後的「專案經理」。

一九九〇年代初，我迷上了另一個專案：超音波影像器。在這項非侵入性、非放射性的技術中，奇異遠遠落後於其他業者的腳步。我相信我們能做得更好。

從一九九二年開始，我被戲稱爲這項技術的「地下專案經理」。在決定不以重金收購其他公司以提昇競爭地位之後，我們展開了內部的研發計劃。我要求醫療事業的執行長約翰・川倪（John Trani）放棄傳統的階級概念，直接監管專案的進度。川倪是個成果導向的人，他透過一群能肩負任何使命、忠誠度極高的工作小組，達到了令人激賞的成績。

我們把一座老舊工廠全面翻新，讓小組人員置身於頂尖的工作環境。總公司的研究實驗室把這項專案視爲第一要務。原任的專案經理退休之後，我們決定向外網羅人才，從超音波業界尋找繼任人選。我親自進行面試工作，向應試人員宣示我們在超音波事業中的決心。基於我們在起跑時犯下的錯誤，業界許多專業人才都對奇異抱持著懷疑的態度。

我們找到了奧瑪・伊錫拉（Omar Ishrak），他是孟加拉人，你可以感到超音波在他的血液中流竄。他原替奇異的一大競爭對手工作。我們一致認爲他正是奇異所需要的人才。

我們已準備就緒。我確保伊錫拉得到足夠的資金與關切，每當我前往密爾瓦基視察醫療系統部門，我總會試圖突顯伊錫拉與超音波事業的重要性，儘管這只是奇異整體事業的一小部份。

我成了伊錫拉的啦啦隊隊長。他任用了多位傑出人才，而其成果已在歷史中得到證明。我們在一九九六年還無足輕重，但到了二〇〇〇年，已成爲業界首屈一指的領袖。我們創造出一個利潤豐厚的事業，每年成長二十到三十％，如今，一年的營業額已達五億美元。伊錫拉晉升爲總公司的高階主管，而他的成就，爲我們兩個得到了同等的樂趣。

我在醫療事業中另一次直衝而下，與奇異X光和電腦斷層掃描器的燈管品質有關。故事得從一九九三年開始講起。那時我正在許多城市巡迴拜訪奇異的顧客。醫療事業的顧客認爲我們擁有最先進的電腦斷層掃描器技術，但是他們連聲抱怨儀器燈管的使用壽命。我回到公司後，發現我們的燈管平均可以進行兩萬五千次的掃描，還不到競爭對手的一半水準。

我們的電腦斷層掃描系統固然具備頂尖的技術，但它的致命弱點在於燈管，這爲產品品質蒙上了一層陰影。

我前往密爾瓦基，與川倪及其小組共同檢討這項問題。在醫療系統這類熱門的高科技產業中，零組件單位經常被視爲次等公民。川倪帶我參觀我們的燈管生產設施。諷刺的是，燈管製造單位與全面翻新的超音波發展部門，正巧座落於同一座廠房。僅僅一牆之隔，燈管生產設施就彷彿孤兒般的備受冷落。

爲了顯示我們對燈管的重視，我們找來了負責生產所有醫療系統產品的製造經理，問他願不願意承擔這項挑戰，直接向川倪報告燈管的改進計劃。他認爲我們的提議很傻。他是那種傳統的工廠經理，已經是包括燈管製造在內的所有製造活動的管理人，不論多少錢或者承諾怎樣的好處，都無法令他理解「燈管任務」對其職業生涯的重要性。

我們很幸運，終於找到一位適任的傢伙。川倪提議找來馬克·昂尼托（Marc Onetto），他是一位血氣方剛、熱情十足的法國人，原任醫療系統服務部門駐歐洲的總經理。

我邀請他前來費爾菲德，向他強調這份工作的重要地位，以及燈管壽命由掃描兩萬五千次到十萬次的必要性。我承諾將傾全力提供必要的資源。

我們提供昂尼托充裕的經費以更新工廠設備，並幫助他招募一群傑出的人才。麥克·艾德齊克（Mike Idelchik）是箇中佼佼者，他是工程師裡的工程師，一直以飛機引擎的設計工作爲生活動力。

艾德齊克離開飛機事業，前來擔任工程經理，他和手下的工程師是改善燈管品質的關鍵人物。在這期間，艾德齊克曾受到外界其他公司的引誘。馬可向我求援，於是我在一個星期日晚上，花了一整晚時間挽留艾德齊克。他接受了我的遊說，並在日後成爲照明事業的工程副總，前途看好。

昂尼托提出一句口號：「燈管——系統之心」，藉以強調這項原本備受冷落的零件之重要性。他四處張貼這個標語，希望吸引每一個人的注意。

接下來的四年，他每週向我傳眞一份報告，詳述小組的工作進展。昂尼托記得我曾給他這樣的評語：「太慢了、太法國了。加快速度，否則走著瞧。」昂尼托把我的回覆塞在抽屜裡，置之不理。有時候，我會寄發幾封短箋，恭賀昂尼托在工作上的突破。他就把我的短箋貼在工廠的佈告欄上，與所有人分享。

五年以來，工作小組把燈管的壽命由掃描兩萬五千次提升到將近二十萬次。到了二〇〇〇年，藉由六標準差技術，他們創造出一種平均掃描五十萬次的燈管，現已成業界標準。這項重要零件的改良，使我們得以推出一項史上最暢銷的電腦斷層掃描儀，奇異 LightSpeed。

藉由讓燈管成爲系統的心臟，工作小組改變了零組件單位的心態。這項成功影響了每一個人。昂尼托成爲醫療事業六標準差活動的領導人，如今更晉升爲總公司的高階主管，帶領醫療事業的全球供應鏈系統。

□

另一項仍在持續發燒當中的直衝，涉及我們的工業用鑽事業。一九九八年，奇異塑膠事業部的

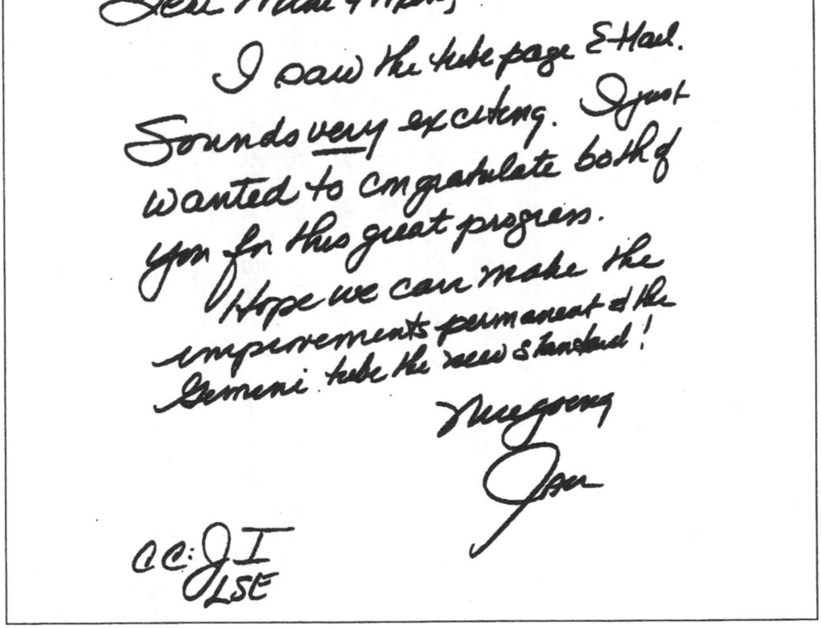

John F. Welch
Chairman of the Board

General Electric Company
3135 Easton Turnpike, Fairfield, CT 06431

9/14/97

Dear Mike & Marc,

I saw the tube page E-Mail. Sounds very exciting. I just wanted to congratulate both of you for this great progress.

Hope we can make the improvements permanent & the Gemini tube the new standard!

Nice going

Jack

cc: JI
LSE

9/14/97

親愛的麥克與馬克：

我見到關於燈管紀錄的電子郵件，聽起來十分令人振奮。我只是希望藉此恭喜二位了不起的進展。

希望我們能讓這項進步保持下去，並且成為業界的新標準！

做得好！

傑克

執行長蓋瑞・羅傑斯（Gary Rogers），與工業用鑽事業單位的領袖比爾・伍德伯恩（Bill Woodburn），要求與我在費爾菲德展開「秘密會談」。

我對此次會議的目的一無所知。奇異自一九五〇年代開始，便透過碳的高溫高壓處理生產工業用鑽。這些鑽石的品質不高，運用範圍以重工業的切割工具與研磨機器爲主。

羅傑斯與伍德伯恩帶著一袋天然的棕色石頭，以及六個藍色絨面的珠寶盒出席會議，盒中放置著極高品質的美麗鑽石。他們倆的聲音本來就很柔和，這一次，他們簡直是以輕聲細語向我表示奇異的科學家已找到一個方式，可以把地球上的天然棕色鑽石轉化爲純淨無瑕的清澈珍寶。在本質上，這套新的程序複製了鑽石在地心歷經千萬年的形成過程，完成大自然已進行了一半的工作。

我驚訝得說不出話來，這項新事業的巨大商機讓我興奮異常。我等不及加入市場。這眞是趣味無窮的專案——它牽涉到二十八克拉的大型寶石、加入全然陌生的消費市場所帶來的挑戰，以及藉由我們創造的新技術徹底改造產業的可能性。

我立即成爲伍德伯恩的堅強後盾。我幫助他動員資源，並且在接下來的三年內參與無數次的會議，爲各項議題提供意見——從產品名稱到合適的定價。

聽起來很簡單，不是嗎？

其實，攻破納克斯堡（Fort Knox，譯按：美國聯邦政府貯藏黃金的國家金庫所在地）的堅強防禦，都比進入這個已有幾百年歷史的行業來得容易。由於擔心我們破壞寶石的市場行情，由商人與經銷商組成的安特衛普（Antwerp）聯盟，幾乎無所不用其極地封殺我們的市場。他們提出不實的聲明，宣稱我們的鑽石是人工製造的，因此較不具魅力。安特衛普的抵制，讓我們改變原先每次銷售五十到一百顆鑽石的批發策略，轉而以零售的方式，每次向高級珠寶商銷售一到兩顆鑽石。

爲了刺激銷售，我們讓員工以優惠價格購買這些高品質的寶石。如今，員工購買鑽石的金額，每個月已高達十萬美元。我甚至爲奇異股東提供同樣的優惠價格，希望藉由在二〇〇〇年年度報表中揭露股東的購買金額，爲這項產品產生一些額外的公關消息。

好幾位董事以兩萬六千到四十一萬美元不等的價格購買鑽石。誰料得到？儘管媒體總喜歡大肆宣傳董事們的薪水與特權，他們購買鑽石的消息竟激不起一絲漣漪。在你唯一希望得到追蹤報導的事件中，媒體反而顯得意興闌珊。

鑽石問世之後的第二年，我們的營業額僅達到三千萬美元，還不及目標的三分之一。在此價值數十億元的產業之中，這項技術性的突破顯然尚未發揮它應有的潛力。我們的工作小組不斷提醒我保持耐性。這項專案仍有待努力——這是我得留給接班人的另一項有趣工作。

我必須留給接班人的另一項點子，是我在二〇〇〇年秋天訪問日本時所得到的靈感。這些年來，我曾數度造訪日本，發覺我們很難吸引優秀的日本男性畢業生加入奇異。雖然我們的努力已逐漸看到成績，但是仍有一大段路要走。

最後，我突然靈光一現。突顯奇異與其他日本企業之不同點的最佳機會，就在於我們對女性的重視。日本企業總是優先考慮僱用男性員工，而在他們的組織裡，女性往往難以晉升到高層位置。

同樣的，我再度爲新的點子感到興致勃勃。我們很幸運，找到了安・阿巴亞（Anne Abaya），她是奇異資融公司的資深主管，說得一口流利的日文。她同意轉調東京，擔任奇異日本分公司的人力資源首長。我給她一百萬美元的廣告經費，把奇異定位爲「職業婦女的最佳選擇」。

我們並不清楚日本分公司內原已具備的人才水準。當伊梅特與我在二〇〇一年五月前往日本視察時，我們與十四位極富潛力的女性員工共進晚餐，其中包括奇異塑膠事業駐日本的財務長、醫療事業駐日本的業務與行銷部門總經理、消費金融事業駐日本的行銷協理、奇異與東芝合資的矽原料事業之人力資源首長，以及奇異醫療系統駐日本的人力資源首長。

這群年輕主管令伊梅特和我印象深刻，讓我更堅定對日本商機的信心。

這一項活動才剛起步，但我相信伊梅特會把它帶入新的領域。

□

我熱愛這些直衝而下的舉動所帶來的刺激——恐怕是比承受我衝下來的重擊的員工們更能樂在其中。

我有十足的把握，伊梅特將會找到他自己的俯衝機會，並且在插手管閒事的過程當中，得到我所享受過的樂趣與快感。

第三部

成敗

15
太自以爲是
一次錯誤的收購決策

他們提出警告，表示投資銀行的業務與奇異的其他事業有著天壤之別：

「這一行的人才起起落落，而且可以在轉眼間說走就走，

你最後買下來的只是一堆辦公家具而已。」

我在 1986 年 4 月於堪薩斯城召開的董事會中，堅決主張執行這項收購案，

並且說服董事會毫無異議順著我的意思表決通過。

這是最典型的傲慢行爲。

由於在 1985 年與 1984 年的兩項併購案中連戰皆捷，

我顯得躊躇滿志、意氣風發。

坦白說，我實在是得意忘形了。

「天啊，傑克，你的下一步是什麼？買下麥當勞嗎？」

這是當我在一九八六年四月於奧古斯塔（Augusta）高爾夫球場的第七球道開球時，四人小組中的一位球友所提出的問題。那是我們宣佈收購RCA之後的第四個月，我剛買下華爾街上歷史最悠久的投資銀行之一，基德皮巴迪。

球友們只是在開玩笑，但的確有一些人對我的這項決策相當不以爲然：至少有三位董事持反對意見，其中包括兩位金融服務業的沙場老將，花旗集團董事長瑞斯頓與摩根（J.P. Morgan）的總裁盧・普雷斯頓（Lew Preston），以及冠軍國際公司（Champion International）的董事長安迪・席格勒（Andy Sigler）。他們提出警告，表示投資銀行的業務與奇異的其他事業有著天壤之別。

「這一行的人才起起落落，而且可以在轉眼間說走就走，」瑞斯頓說道：「你最後買下來的只是一堆辦公家具而已。」

我在一九八六年四月於堪薩斯城召開的董事會中，堅決主張執行這項收購案，並且說服董事會毫無異議順著我的意思表決通過。

這是最典型的傲慢行爲。由於在一九八五年的RCA與一九八四年的雇主再保公司（Employers Reinsurance）兩項併購案中連戰皆捷，我顯得躊躇滿志、意氣風發。坦白說，我實在是得意忘形了。儘管對內而言我仍在摸索合適的組織「氣氛」，但是在對外的併購案中，我覺得自己無所不能。

我很快就發現，自己這一步棋是走得太遠了。

我們收購基德公司的邏輯很簡單：在一九八〇年代，融資收購（leveraged buyout，簡稱 LBO）是最熱門的話題。奇異資融公司已是融資收購市場上的一大玩家，在三年內爲七十五家公司的併購案提供資金，其中包括LBO大戰中的早期大贏家：比爾・賽門（Bill Simon）與雷・錢柏斯（Ray Chambers）收購了吉布森賀卡公司（Gibson Greeting Cards）。

對於奇異提供所有資金、承擔一切風險，卻眼睜睜看著投資銀行帶著一大筆預付佣金安然脫身，我們已逐漸感到厭煩了。我們認爲基德公司可以成爲奇異的試金石，爲我們帶來更多筆交易與新的通路，讓我們不必再支付驚人的佣金給華爾街上的另一家經紀公司。

□

併購案成交後的八個月，我們發現自己陷入華爾街歷史上最駭人聽聞的醜聞案之一。基德投資銀行裡的閃亮之星，馬帝・席格（Marty Siegel），坦承自己爲了賺取一整箱的鈔票而向伊凡・博斯基（Ivan Boesky）提供內線消息。他也承認，基德根據任職於高盛公司的李察・佛利門（Richard Freeman）所提供的消息，而從許多筆交易中獲得不當利益。他在這兩項詐欺案中伏首認罪，並在隨後協助檢察官魯迪・朱利安尼（Rudy Giuliani）進行調查。

由於這次事件，武裝的聯邦幹員在一九八七年二月十二日，直直闖入基德公司位於紐約漢諾威廣場十號的辦公室。他們針對套利部門的主管里查・威格頓（Richard Wigton）搜身調查，並把他押解離開辦公大樓。前任的基德套利員提姆・塔勃（Tim Tabor）與高盛公司的佛利門，也因爲涉嫌內線交易而受到逮捕。檢察官對威格頓與塔勃的指控最後遭到撤銷，佛利門則被判處四個月的徒刑與一百萬美元的罰鍰。

雖然這些非法交易發生在奇異收購基德之前，但是身爲公司新任的所有權人，我們必須負起法律上的責任。在搜索事件之後，我們開始展開內部調查，並全力配合證管會與朱利安尼的偵查。我們發現公司內部的控管制度存在著許多漏洞。基德的董事長勞夫‧迪南佐（Ralph DeNunzio）雖然沒有涉入醜聞，但他顯然賦予席格過大的自由空間。

在股票交易樓層中，席格擁有絕對的自主權，而當他要求進行風險套利交易時，通常也不會受到公司的質疑。他還有一項奇怪的習慣：在他的檔案櫃中，塞滿了一整箱記載電話留言的紙條。這項習慣是最後造成他垮台的原因之一。根據這些紙條與基德詳盡的通聯紀錄，不難看出席格的交易模式。

檢查官朱利安尼原本可以吊銷基德公司的營業執照，不過，他只要求我們撤除大部分的資深管理人員。當時擔任奇異副董事長的鮑希迪，花了整個星期六上午的時間與朱利安尼談判，終於達成和解。我們最後支付了兩千六百萬美元的罰金、關閉基德的風險套利部門，並且同意建立更嚴密的控管程序。在此同時，迪南佐與幾位重要員工決定自行請辭。

如此一來，正應了瑞斯頓先前的警告——我們手中只剩下一堆辦公家具罷了。我們必須找到一位能幫助基德重拾信心的人。我認爲凱斯卡特是絕佳人選，他的腦筋靈活、個性誠實，我對他抱著百分之百的信心。凱斯卡特擔任奇異董事已有十五年的時間，並且一直兼任伊利諾工具公司的董事長。

當我打電話到芝加哥，要求凱斯卡特出面經營基德公司時，他最初的反應並不十分熱烈。

「你發什麼該死的神經？」他問道。

「聽著，凱斯卡特，我可以到你那兒去，或者你到紐約來，我們好好兒談一談。」

幾天後，鮑希迪與我在紐約的一家小型義大利餐館與凱斯卡特見面。凱斯卡特帶著一張黃色公文紙，上面列出十五項用來駁斥這個點子的理由，以及六位他認爲更適合的人選。我在仔細研讀之後，隨手把紙條揉掉。

「凱斯卡特，我們正面臨一項嚴厲的考驗，而你是幫助我們度過難關的不二人選，」我說：「我們必須盡快穩定情勢，把基德拉回常軌。這項工作頂多只需要兩年的時間。你們夫妻倆一定會喜歡紐約的生活，而且，你離退休的年紀還早哩！」

我大概還口沫橫飛提出了其他好幾項理由，鮑希迪和我眞的需要他。凱斯卡特最後答應回家和妻子蔻姬商量，還好，紐約的生活深深吸引著蔻姬，而凱斯卡特其實也願意助我們一臂之力。他在兩天之後回覆，表示願意接受工作。

□

五月十四日，在朱利安尼撤銷起訴威格頓與塔勃的隔天，凱斯卡特以董事長兼總裁的身分接管基德公司。鮑希迪在十點整透過基德跨辦公室的通話系統宣佈這項人事異動消息。並非每個人都爲此感到興奮。《華爾街日報》引述一位不具名的基德員工嘲諷說：「是啊我們好需要他，一個在機械與模具上經驗十足的人！」

問題是，席格並非只是另一個收受賄賂、製造醜聞的人，他是基德的明星。他的長相英俊、巧舌如簧，不僅是基德內部最高薪的員工，也是華爾街上具有指標性的幾位投資銀行家之一。

媒體把席格封爲「基德特許經銷商」(the Kidder franchise)，他是許多基德交易員的偶像。在坦承犯下兩項內線交易的罪行之後，席格被判處九百萬美金的罰鍰與兩個月的徒刑。他為什麼在擁有了一切之後，竟為了博斯基的一袋現金而犯下如此罪行，實在令人百思不得其解。

許多基德員工在席格的庇蔭之下維生，風險套利部門的關閉使得公司士氣跌入谷底。凱斯卡特埋首於工作中，發現情況並不樂觀。他問起採購部門的問題，是一個製造業傢伙的典型問題，竟然沒有人知道這個部門的主管是何許人也，也不知道部門的所在地。公司發放紅利的方式尚未制度化，在以往的方式中，迪南佐會分別與公司的高層主管坐下來，討價還價，議定他們的年終獎金。

老實說，基德的紅利數字令我們每一個人目瞪口呆。當時，奇異一年創造四十億美元的利潤，發給員工的紅利總數還不到一億美元。而基德的盈餘僅有奇異的二十分之一，但它所發放的紅利金額竟高達一億四千萬美元。

凱斯卡特還記得基德發放紅利的情況：員工在拿到支票後的一個小時內走得一乾二淨。他告訴我：「你可以拿著機關槍在辦公室內掃射，絕對不會打到任何一個人。」大部分員工完全依賴這筆年終獎金來過自有風格的生活；對凱斯卡特和我而言，這是一個全然陌生的世界。

凱斯卡特在第一次進行紅利分發之前，要求基德的每一份子遞交一份清單，仔細列出自己在該年的各項成就。果不其然，有六個人宣稱自己是同一筆交易中最具貢獻的關鍵人物，每一個人都深信自己是交易背後的最大功臣。這樣的態度反映出基德的一大弊病：一個自我膨脹、邀功論賞的文化。

投胎轉世講的是運氣——在華爾街上，這句話顯得再貼切不過。一大群庸才在華爾街上賺的錢比世界上任何地方的收入都要高。當然囉，這裡的確有幾個明星，也有一些人憑自己的實力掙錢，但他們所吸引而來的人潮是另外一回事。世界上可能只有華爾街上的人才會把十萬美元的調薪視為塞牙縫的小費。

當你遞出一張寫著一千萬美元的支票，他們會直直看著你說道：「一千萬？對街的傢伙剛剛拿到一千兩百萬！」在基德裡頭，「謝謝」是難得聽到的一句話。

如此驚人的紅利，即使在獲利豐厚的一年也會造成相當大的財務衝擊，到了景氣蕭條的時候，簡直快把我給逼瘋了。那時我會聽到這樣的說法：「沒錯，今年的確不好過，但是你至少得發放和去年相等的紅利，否則他們會立刻投入另一家公司的陣營。」

這是一個典型的「我勝你敗」的遊戲。

在公司仍未上市、合夥人拿自己的錢——而不是「別人的錢」——下賭注時，華爾街上的情況應該比較好一點。在此地，意見交流與團隊合作的概念根本是天方夜譚。如果你在投資銀行或證券公司工作，而你的部門擁有突出的成績，你完全不必在乎公司整體的營運表現如何。他們只在乎自己應得的獎賞。

這是一個鐵達尼號就要下沉了，仍會設法以救生艇載著百萬富翁揚長而去的地方。

凱斯卡特的任務艱鉅。他強化了公司的控管制度，並任用一群優秀的員工。一九八七年十月，凱斯卡特上任後的第五個月，美國股市慘遭崩盤。基德的交易利潤瞬間化為烏有。基德該年的損失高達七千兩百萬美元，我們得裁去五千位員工之中的一千個職位。

我們每個人都很清楚，基德與奇異的文化差距實在太大了，我當初真應該聽從董事會中的反對意見。如今我想抽身，但希望能盡量減輕損失。我期望能在出售基德之前，先拿出一張漂亮的成績單。

凱斯卡特也希望從中抽身。他在基德具有穩定軍心的力量，但在兩年的過渡期之後，他覺得基德需要一位長期性的領袖。我們延請一家獵人頭公司代爲尋找凱斯卡特的繼任人選，卻徒勞無功。

鮑希迪和我轉而要求我們的一位老朋友，當時擔任奇異資融公司執行副總的麥克・卡本特來接掌基德的營運。鮑希迪、達莫曼和我在一九八〇年代晚期認識卡本特，那時我們正試圖收購一家位於芝加哥的有軌機動車租賃公司 TransUnion，而原本任職於波士頓顧問集團的卡本特，剛替這家公司完成了一份策略分析。這家公司最後被傑・普利茲克（Jay Pritzker）買走，我們卻因此結識了卡本特。

我在一九八三年，聘請卡本特擔任奇異事業發展部門的首長。卡本特在ＲＣＡ併購案中出力不少，他在奇異資融公司裡負責ＬＢＯ部門的業務，表現也十分突出。他一直希望能獨當一面，因此，儘管深知這條道路艱難險阻，仍在一九八九年二月同意接管基德的營運。

在長達好幾個月的移交期間，凱斯卡特一直留在崗位上協助卡本特。卡本特承襲凱斯卡特的工作，試著塑造一個正直而誠實的組織文化。他也爲基德的各個事業部門設定明確的策略。公司開始轉虧爲盈；基德在一九九〇年虧損了三千兩百萬美元，一九九一年已出現四千萬美元的利潤，到了一九九二年，更達到一億七千萬的盈餘。

我們仍然希望退出這項事業，並且開始與 Primerica 金融服務公司的桑迪・魏爾（Sandy Weill）接洽。我們差一點就要完成一個能令奇異全身而退的交易，但這項交易在一九九三年的國殤日假期破局。桑迪和我在國殤日週末之前的星期五達成了一般性的共識。我們認爲在華爾街，你必須盡速成交，以防走漏風聲，否則，你很快就會流失員工，並且慘遭股市的屠殺。當時的財務長達莫曼利用週末假期與買方協商交易的細節，並且隨時透過電話，向人在南塔基特渡假的我報告最新消息。我計劃在國殤日當天返回工作崗位，與魏爾一同敲定交易合約。

事情的發展顯然不如預期。我回到公司之後，發現我們當初打的如意算盤是絕不可能成功的。魏爾是美國商業界的成功人物之一，他透過一連串精采的併購案建立起一個企業王國。我十分仰慕他，不過和他談判是一件相當辛苦的工作。到了星期一，這項原本能令我們全身而退的交易，已經被談判弄得遍體鱗傷，面目全非。

我在傍晚花了幾個小時的時間，試圖把交易拉回原先的出發點。在幾經嘗試之後，我知道事情已沒有轉圜的餘地了，於是對魏爾說道：「我們沒有辦法接受這項交易。」他笑了一笑。我們握了握手，仍維持朋友的關係。

在 Primerica 交易破局之後，卡本特再回到公司主持大局，而我們則退居幕後。一九九三年的利潤達到兩億四千萬美元，一切彷彿都上了軌道——起碼我這樣認爲。

□

當卡本特在一九九四年四月十四日星期四晚上，以電話捎來一項你永遠不希望聽到的消息時，我正準備踏出辦公室，渡過一個長達三天的週末假期。

「發生問題了，傑克，」他說：「一個交易員的帳戶虧空了三億五千萬美元，我們找不出原因，而他現在行蹤不明。」

我當時還不知道喬瑟夫・傑特（Joseph Jett）是誰，但在接下來的幾天，我對他的認識比我想要知道的還多。傑特是基德的政府債券交易員，他爲了爭取更高的年終紅利，呈報了一連串虛構的交易，以大幅膨脹帳面收入。爲了清理這團混亂的局面，我們必須從第一季的盈餘中扣除這三億五千萬元的虧空。

卡本特的這項消息令我作嘔：三億五千萬美元！我簡直不敢相信！我快被擊垮了。我衝進洗手間，一陣一陣痙攣，吐淸了胃裡面的所有東西。珍還在機場裡等著接我。我打電話給她，告訴她這項消息，並請她先行回家。當天傍晚，我撥了通電話給正在可羅頓維爾授課的達莫曼。

當他拾起話筒時，我告訴他：「這是你最可怕的夢魘。」事實上，這也是我自己最可怕的夢魘。當初收購基德就是一項糟透了的決策。從一開始，基德所帶來的就只是頭痛與難堪——如今又發生了這件事！

達莫曼立刻帶了一個八人小組前往基德，一整個週末不眠不休，整理問題的頭緒。他們檢查所有帳戶結餘，進行徹底的稽核工作。我在這些工作上完全使不上力，只能坐在電話旁等候消息；如果我親臨現場，一定會把他們逼瘋。

到了星期天下午，我再也等不下去了，我必須親眼見到事情的發展。當我抵達基德時，達莫曼與卡本特表示他們確定帳面上所呈報的盈餘是不實的。我們尙未找到所有證據，不過，我們必須在兩天後宣佈第一季的盈餘，達莫曼與卡本特確信我們必須在盈餘中沖銷三億五千萬美元。

我花了幾個鐘頭的時間，試著理解幾億美元在一夜間消失無蹤的原因。這實在是一件不可思議的事情，我們對這一行的認識顯然還不夠深。我們後來發現，傑特是利用基德電腦系統的漏洞而犯下此一罪行。

那個星期天傍晚，我以電話向奇異的十四位事業部門領袖傳達這項壞消息，並向他們一一致歉。我感覺糟透了，這項意外將會衝擊奇異股價，傷害奇異的每一位員工。

我爲這場災難深深自責。

事件發生之前的一年，傑特的幽靈交易佔了基德固定收益（fixed income）小組將近四分之一的利潤，因此被提名爲「年度最佳員工」。我們允許卡本特給予傑特九百萬美元的現金紅利，即使在基德內部，這也是一個天文數字。一般而言，這種狀況會引起我的注意，我會深入分析這位員工如此成功的原因，也會堅決要求與他會面。但是我沒有這麼做。

這都是我的錯，因爲我沒有照往例提出我的質疑。基德的文化與我們大異其趣，而奇異的文化對基德員工而言也是同樣陌生。

奇異各事業部門領導人對此次危機的反應，呈現出典型的奇異文化。即使第一季的報表已完成結帳工作，許多主管仍立即表示願意分擔基德的虧損。有些人表示，他們可以從事業部門中找出多餘的一千萬、兩千萬，甚至三千萬美元，藉以抵銷這次意外事件的衝擊。雖然時間上已經來不及，但是他們表現出的熱誠，與基德員工紛紛劃清界線的行爲形成強烈對比。

基德員工不僅沒有提出援手，還不斷抱怨這次事件可能對其收入產生的負面影響。「這會毀掉一切，」其中一名員工如此表示：「我們的紅利泡湯了，這樣怎麼留得住員工呢？」在我腦中，這兩個組織文化及其差異從未顯得如此鮮明。我的耳邊充斥著「這不是我做的」、「我完全不清楚」、「我從未見過他」、「我沒有和他說過話」，似乎每個人都互不認識，也從沒有合作的經驗。

眞是令人不齒。

我們當晚開除了傑特，並把其他六位員工調職處分。回家之後，我要求珍做好心理準備，我們將經歷一段漫長而艱辛的路程。

「媒體將會緊追不捨，你得撐著點兒。」

媒體的報導十分嚴苛。我又由王子變成了青蛙。一整年之中，我們好幾次出現在《華爾街日報》頭版右手邊的專欄；《時代》（*Time*）雜誌爲我取了一個新的綽號：「盒子裡的小丑」（Jack in the Box，編按：“Jack”是撲克牌裡的那張小丑牌）；《新聞周刊》的記者宣稱：「你可以聽到奇異的基石逐漸碎裂的聲音。」

《財星》雜誌的報導做出一個很荒謬的結論，他們表示，基德發生的醜聞乃因奇異的管理不善。眞是胡說八道。基德的問題只在基德的範圍內。這次事件的根源，只在於一顆老鼠屎與一套不夠嚴密的控管制度。

負責進行基德內部調查的人，是任職於達維法律事務所（Davis Polk & Wardwell）的蓋瑞・林區（Gary Lynch），他曾是證管會的稽核主管。在奇異稽核小組的大力協助之下，他發現公司疏於監管傑特的交易，是導致問題發生的一大因素。林區一次又一次指出，公司對這些不尋常交易利潤所存在的疑點，「以錯誤的、疏忽的，甚至逃避的態度對待……在傑特的獲利能力提昇之際，其他人對傑特的懷疑經常被疏忽或置之不理。」

在基德內部，固定收益小組是一個具有自主權的特許部門，其盈餘甚至超過公司其餘部門的加總。基於他們的成就，公司對於他們所提出的意見可說是照單全收，甚少提出疑問。我們並非華爾街上第一家受到教訓的公司。活生生的一個例子是，麥可・密爾肯（Michael Milken）違反證券相關法令被判刑十年，而德南索・蘭伯特（Drexel Burnham Lambert）投資公司因無力負擔巨額罰款而申請破產。不過，連那斯達克股市的前任主席兼執行長法蘭克・札布（Frank Zarb）與皮特森等傑出的領導者，也得努力對抗雷曼兄弟（Lehman Brothers）的強勢地位。前人的教訓歷歷在目，我們竟沒有放在心上。

隨後，證管會的行政法官認定傑特以「異乎尋常」的方式，在基德進行詐欺的行爲。卡洛・佛拉克（Carol Fox Foelak）法官認爲，傑特以不實的否定與具有誤導性、自相矛盾的說辭，故意欺瞞他的上司、稽核人員與其他人。她禁止傑特加入任何一家證券經銷商協會，並判處傑特支付八百四十萬美元的罰鍰。

我們爲基德付出的慘痛代價，包括一大堆的麻煩事及我們最優秀的主管之一。一九九四年六月中旬，我必須要求我的好友卡本特離開公司。那大約是我這一生中最困難的決策。卡本特是一位傑出的管理人才，他以積極的態度處理這項問題，一個並非由他引發的問題。

他是這項醜聞案中的最大犧牲者。媒體對他進行無情的攻擊；除非卡本特下臺，否則媒體的負面報導將不會停歇。他和我進行一次長談，我最後說：「這些新聞會纏著我們不放，一直到你離開公司爲止。」他明白這一點，於是很有風度地離開。傑特的直屬上司、也是基德固定收益小組的主管，艾德・賽瑞洛（Ed Cerullo），在卡本特離職之後的幾天也自行請辭。

我們暫時以達莫曼替補卡本特的職位，擔任基德的董事長兼總裁，並且任命另一位傑出的奇異資融公司老將奈頓，出任基德的總經理兼營運長。

四個月之後，我們終於在一九九四年十月與潘韋伯（Paine Webber）公司達成交易協定，以基德換取六億七千萬美元的現金與潘韋伯二十四%的股權。在這項交易中，皮特森再度扮演重要的角色。奇異資融公司與潘韋伯執行長唐・馬朗（Don Marron）之間的談判，在十月初的週末面臨破局的危機。

我打電話給馬朗，試圖彌補雙方的裂痕。馬朗於是延請他的老朋友皮特森，出面擔任這項交易的顧問。我與馬朗僅有點頭之交，這更加重了皮特森在談判過程中的角色。皮特森、馬朗、達莫曼和我很快就達成共識，並握手成交。我隨後前往亞洲出差十天，由達莫曼負責談判的最後工作。皮特森在此期間曾幾次打電話給我，藉以解決一兩項難題。

交易在十天後完成，而我們四人的友誼絲毫不受談判的影響。

□

這個故事有一個還算圓滿的結局。二〇〇〇年年中的一個星期五傍晚，我在準備離開辦公室之前，接到皮特森的來電。

「傑克，很抱歉打擾你，」他說：「但我希望讓你過一個愉快的週末。」

皮特森表示，瑞士銀行UBS決定以一百零八億美元收購潘韋伯。「我們爲你握有的股權創造了二十多億的利益，我希望你能同意這項交易。」

「讓我過一個該死的愉快週末？」我大聲嚷嚷著：「你會讓我一整年都樂不可支！」

馬朗、他的小組和基德的幾位關鍵人物，令雙方的合併成爲一大成功。他們的成就讓我們在擁有基德的十四年之後，終於達到稅後十%的報酬率。

不過，就算能得到再多的財富，我也不願意重新來過。

基德的經驗我永誌難忘。組織文化確實重要——十分重要。在一九九〇年代末期網路公司風起雲湧之際，奇異資融公司的股票投資小組享受豐碩的成果，跟社會上許多短線操作的投資人一般。這些傢伙表示，除非他們獲得奇異資融公司投資標的物的一小部份股權，否則他們不願意留在奇異。

我叫他們捲鋪蓋走路。幾個人離職之後，媒體開始對我們展開攻擊，聲稱我們「趕不上潮流」、「完完全全」不了解新的經濟型態。

我於十月份的經理人大會中抓到機會重申：奇異內部流通的貨幣僅有一種型態——那就是奇異的股票。不同程度的績效表現，可以得到不同程度的股數，但是每一個人的生命都繫在同一條船上。不過，一種文化、一套價值標準與一種貨幣，並不代表只有一種風格——奇異的每一份事業都有自己的個性。

儘管矽谷的高科技公司可能與奇異的策略契合，但我基於同樣的理由——文化上的大幅差距——放棄了收購這些公司的機會。我不希望一九九〇年代末期在矽谷發展的新文化，污染了奇異的組織文化。文化與價值觀實在太重要了。

自信與狂妄只有一線之隔。這一次，狂妄佔了上風，帶給我一份終身難忘的教訓。

On another issue -- Forbes this week has an article on People Leaving GE Equity/NBC for internet ~~consulting~~ Investment -- because I wouldn't agree to give them a piece of the action in their investments --- It's true --- the article is Completely true --- There is only one equity Currency in GE -- AND That is GE Stock ---

另一件事情——本週的《富比士》雜誌刊載一篇文章，表示奇異股票投資小組與NBC的員工因為網路投資而離開公司……因為我不同意分給他們其投資標的物的一小部份股權……這是真的……這篇文章完完全全正確無誤……奇異內部僅有一種股票貨幣……那就是奇異的股票……

我母親，葛莉絲・威爾契。1920年

我爸媽。約1930年。

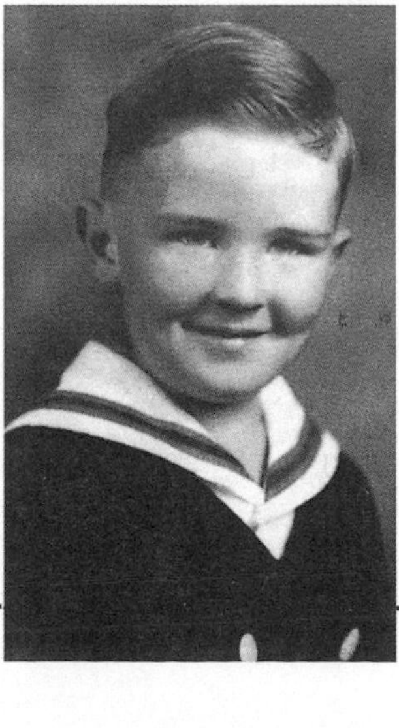

我母親的寶貝。1939年。

幾個好友，左邊是比爾・庫倫，中間是麥克・遜福南。攝於緬因州的果園海灘，1945年。

剛剛開始接觸一項我日後終身喜愛的活動。1950年。

正準備投出一記變化球。塞勒姆，1950年。

高中畢業照。1953年。

「老傑克」在工作中留影。他就在所工作的通勤列車上領悟到高爾夫球的好處。

在南塔基特渡假，
與妻子卡洛琳留影。

我的孩子們
：由左至右
分別是凱薩
琳、約翰、
安、馬克。

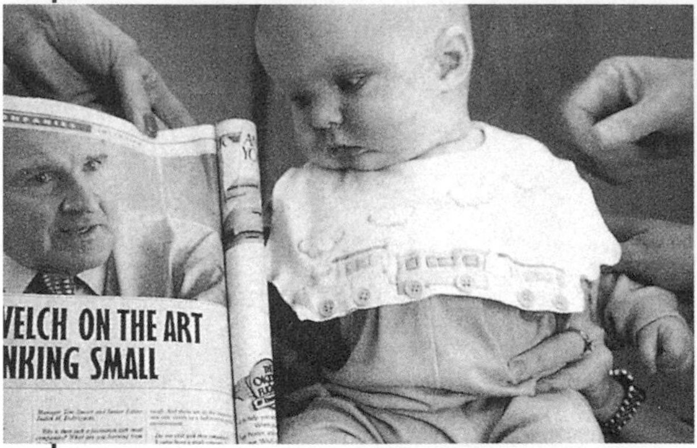

孫子小傑克到我辦公室來玩，看著某雜誌對我的報導。
時為1993年。

與小傑克攝於南塔基特，
1996年。

兒子約翰與媳婦潔琪，以及他們的五個孩子。

抱著女兒凱薩琳的兒子，路克，攝於老么馬克的婚禮。2001年6月。

帶著孫女卡洛琳，在南塔基特消磨。

女兒安，和新生外孫女可萊兒。

與第二任妻子珍，攝於1991年的卡布里島。

巴貝多島上的聖誕老人，間接為我帶來「無界限」的概念。1990年。

與珍在印度觀賞煙火。1993年。

1992年，在卡布里島與老友們渡假。由左至右分別是馬琳・法斯科、科里・費歐瑞、我、吉娜・費歐瑞、珍、保羅・法斯科。

我老婆珍，有職業高爾夫球選手的水準。攝於1997年一次在愛爾蘭打球的空檔。

展示正確姿勢。請注意球的位置。

與我奇異的球友攝於奧古斯塔，由左至右分別是：大衛・卡洪、比爾・麥道、我、查克・查德維爾。

珍與我，和奇異董事施・凱施卡特夫婦（左）。攝於加拿大。

與兒子約翰搭檔，在1995年的一場錦標賽中。

與珍一起，爲設在2000年雪梨奧運會場的NBC《今天》節目代班主持。

與家人留影於2000年4月的奇異股東大會。由左至右分別是：女婿史蒂芬・麥米倫、女兒安、媳婦席拉、兒子馬克、珍、我、媳婦潔琪、兒子約翰、女兒凱薩琳。（感謝維吉尼亞州政府授權使用照片）

塞扣克時期，由左至右：我、艾倫・海伊、
魯本・葛多福。（照片由葛多幅提供。）

既過得充實豐富，又有薪水拿的日子。
與塑膠事業的工作小組在1970年代早期，
一起「把屋頂掀開」。

新任的奇異事業群最高主管。
1973年。（照片由奇異公司提供）

,雷吉・瓊斯向奇異員工介紹「新人」，
1981年。（照片由奇異公司提供）

我當上董事長之後所主持的第一次董事會，是一次相當正式的場合。（照片由奇異公司提供。）

我擔任董事長之後的第一張公務用照片，在我身後左邊的是艾德・胡德，右邊是約翰・伯靈甘。（照片由奇異公司提供）

賴瑞・鮑希迪(中)，在1984年與我和胡德留影。

1985年，在紐約市，與鮑伯・費德瑞克和布萊德蕭一同宣佈，奇異以63億美元購併了RCA。（照片由奇異公司提供）

在老布希總統款待英國女王的國宴上。父母沒能看見我所參與的這些時刻，我總覺遺憾。

與中國國家主席江澤民會面。時爲90年代早期。（照片由奇異公司提供）

80年代早期，謁見俄國總統戈巴契夫。

與前總統柯林頓球敘，1999年夏天，在馬莎莊園。

2001年，在布希總統的就職典禮上。

「直衝而下」，管起製造的事。
1995年。（照片由奇異公司提供）

首度踏上印度大地。K.P.辛格和法斯科與我同行。（照片由奇異公司提供）

大力宣揚一項運動。
（照片由奇異公司提供）

與法斯科(最左)和鮑希迪巡迴全球視察。珍陪在一旁。

珍與我的老友安東尼•洛菲斯克夫婦。

與萊特夫婦留影，慶祝NBC的成功。

在印度，與珍（前排左二）、辛格（後排最左）、法斯科（後排最右）和他太太（前排右二）。

與比爾・蓋茲、萊特，攝於1995年MSNBC開站典禮上。

向威名商場的山姆・華頓及其團隊學習「快速市場學」。最左邊的是後來當上副董事長之一的歐沛。

這傢伙，不管參加任何場合，都會是廠中最聰明的人：華倫・巴菲特。他與我一同到佛羅里達接受《財星》雜誌頒發給我們的「最受景仰」諷刺漫畫人物獎。

在主管訓練中心的大教
室裡。1998年。
（Mark Peterson攝）

與幾位副董事長：法斯科
（左坐者）、歐沛、墨菲。

我的助理羅珊與我。（Mark Peterson攝）

一組工作人員在我
的會議室開會。順
時鐘方向由圖最前
方爲：法斯科、達
莫曼、康奈迪、歐
沛。
（Mark Peterson攝）

在紐約證券交易所的歷史時刻。一位CNBC記者問我，對於聯合科技公司宣佈要買下漢尼威的這的消息有什麼看法。我說：「有意思，我得了解一下。」（照片由紐約證券交易所提供）

來見見「新人」，傑夫・伊梅特。2000年11月，在紐約市。
(照片由奇異公司提供)

新團隊：（從左下開始，順時鐘方向）董事長伊梅特、萊特、達莫曼。

與我八個新交的好朋友當中的兩個。攝於家中。

16
推動成長的引擎

奇異資融公司的成功

奇異資融一度是個無足輕重的小型事業，

如今是奇異集團極爲珍貴的一環。

我第一次接觸這項事業，是在 1978 年擔任事業處行政總裁的時候，

那時奇異資融的資產價值 50 億美元，

創造出 6 千 7 百萬美元的盈餘

（到了 2000 年，奇異資融的資產價值已達 3 千 7 百億美元，

創造出 52 億美元的利潤，佔奇異總收入的 41%）。

這個驚人的成長故事，在許多時候以許多不同的方式傳述著；

但大多數人並不了解，

我們在成功背後投入了多少的專注、運籌帷幄與創業精神。

一九九八年六月的一個晚上，我坐在家中的沙發上瀏覽「交易檔案」，為隔天舉行的奇異資融公司董事會議做準備。其中一項申請董事會核准的交易提案，是我擔任董事二十年以來所看過最古怪的點子。

這項案件提議在泰國收購價值十一億元的汽車貸款，承接幾家週轉不靈、並遭政府扣押的金融公司之業務。我知道泰國正在經歷有史以來最低迷的經濟衰退期，而我們是泰國市場上唯一一家屹立不搖的汽車貸款公司。

我大略向坐在對面的妻子描述了這項提案。

「提出這項計劃的傢伙，明天會連坐下來的機會都沒有，」我說：「我們在五分鐘之內就會把他轟出會議室。」

這些會議可不是尋常的董事會議。我們每年提供企業界數十億美元的資金，而每一項交易提案都必須在每月一次的會議中遭受嚴刑烤問。奇異二十多位合計擁有超過四百年各類業務經驗的沙場老將，在這些會議中進行深入而激烈的討論。

在這一群人毫不馬虎地針對數千筆提案挑斤揀兩之後，我們才會做出決策。儘管這些提案在送交董事會之前已經經過重重關卡的嚴格篩選，而且九成的提案終究會獲得批准，但我們仍會在每五件提案之中駁回一件，要求提案人針對計劃內容進行調整。

我那天晚上在閱讀泰國交易的細節的時候就很確定，這筆提案只有丟入垃圾桶一途。這項建議與高盛公司形成股權各半的合夥關係之提案，會使我們成為泰國九分之一的汽車之所有人。而如果要得到成功，我們得在泰國額外僱用一千名員工承銷貸款、收款，並且處理所有遭到抵押的車子。

如果我們的叫價獲得接受，我們將以貸款帳面價值的四十五%接手。這個點子的提案人是馬克・諾邦（Mark Norbom），他是奇異資融公司負責泰國業務的主管。

隔天早晨，我帶著一張笑臉走進費爾菲德的會議室。

「泰國汽車貸款？」我笑著說：「我迫不及待想要討論這項提案。」

會議進行到諾邦的提案時，我皺眉蹙額，搖一搖頭。

「我們怎麼可能在幾個月裡僱用一千名員工還要加以訓練呢？」我這麼問。

諾邦的回答令我印象深刻。他表示他的組員已經篩選了四千張履歷表、面談了超過兩千位應徵者，並與一千名應徵者簽定表明競標成功才生效的合約。他指出汽車是泰國人最珍視的財產之一，泰國人寧可放棄一切，就算得睡在車上，也不願意因爲遲交貸款利息而失去他們的車子。

在一陣取笑，加上諾邦慷慨激昂的簡報之後，我們接受了這項點子。優秀的簡報與滿腔的熱誠，的確能改變一個人的成見；這就是最好的範例。

我在開會以前認爲這個傢伙瘋了，而在會議結束之後卻不禁想著：這不是太美妙了嗎？

諾邦是對的。接下來的三年，奇異資融在泰國建立了一份高成長、高獲利的汽車業務。這項交易之後，我們陸續在亞洲收購許多因爲金融風暴而面臨危機的資產，這些交易不僅爲奇異帶來成功，也對當地的經濟貢獻良多。

諾邦的成績也很不錯。他後來成爲奇異日本分公司的總經理。

奇異資融曾經是一個無足輕重的小型事業，如今是奇異集團極爲珍貴的一環；這筆小小的泰國交易與其他數千筆交易，正是奇異資融得以日漸茁壯的原因。我第一次接觸這項事業，是在一九七八年擔任事業處行政總裁的時候，那時奇異資融的資產價值五十億美元，創造出六千七百萬美元的盈餘（到了二〇〇〇年，奇異資融的資產價值已達三千七百億美元，創造出五十二億美元的利潤，佔奇異總收入的四十一%）。

這個驚人的成長故事，在許多時候以許多不同的方式傳述著。但是外界大多數人並不了解，我們在成功背後投入了多少的專注、運籌帷幄與創業精神。

□

我在一九七八年見到了龐大的商機——不僅是資產負債表上的利益，還包括把財力與腦力這兩項原料結合在一起之後所產生的力量。

我一輩子待在製造業，所賺的每一分錢都是辛辛苦苦的血汗錢，金融業的賺錢方式「看起來」簡直容易得超乎我的想像範圍。這項事業顯示，一項具有良好擔保品的優秀交易，可以創造驚人的股東權益報酬率。舉例來說，飛機的融資租賃，可以達到三十%以上的報酬率。

我愛上了這個念頭：結合財務上的創意巧思與製造業的訓練素養和現金流轉，藉以創造一份偉大的事業。當然，我們需要仰賴優秀的人才實現這份理念。

達莫曼總會提醒我富蘭克林（Ben Franklin）的一句名言：「除非你擁有本金，否則賺不到利息。」幸好奇異資融原本就具備一份堅持貫徹到底的文化，要求執行交易的員工從頭到尾監控投資標的事業的運作。如果你遞出一份提案，你最好確定投資的對象會獲得成功，否則你就得接管對方的資產，親自督促投資標的事業步上軌道。

我十分確信這項事業擁有龐大的商機，我們唯一需要做的，是把它從舞台的角落拉到聚光燈之下。更優秀的員工與更強大的財務資源，會帶領我們享受巨額的利潤。

我很幸運，從乒乓球賽中發現了鮑希迪。鮑希迪在奇異資融公司執行長史坦吉的協助之下，讓此事業部門呈現煥然一新的景象。我從夏威夷的一場乒乓球賽中認識到鮑希迪在處於劣勢時會產生的挫折感。一九七八年的奇異貸信公司，是一個非主流的、沒人理會的小型事業。我在早年的時候，塑膠事業也面臨同樣的窘境。鮑希迪希望把奇異資融公司推向舞台中心。他是一位從基層出身的稽核人員，深知公司必須推動怎樣的改革。

我在奇異資融展開的第一個大動作，就是在一九七九年時要求瓊斯任命鮑希迪擔任奇異資融的營運長。鮑希迪和我一樣，都不符合人們對奇異高階主管所抱持的刻板印象。鮑希迪非常不重視衣著，你可以從他在風中飄揚的襯衫下擺一眼就從背影認出他來。他對夏季西裝的定義，就是一套冬季西裝再加上白色皮帶與閃亮白漆皮鞋的裝飾（隨著他在企業界日益卓著的聲望，鮑希迪如今已成了《GQ》雜誌的封面人物）。

他一直是個顧家的男人。他妻子南茜把九個孩子照顧得很好，他也會幫忙，但是他經常抽不出空來。他們的三個小孩後來也成爲奇異的成員，其中一個成爲商務器材融資事業的主管，這是奇異的前二十大事業之一，資產價值達三百八十億美元。

鮑希迪和我在許多事情上的思維模式相同，對人員的看法更是一致。我們不僅透過人事檢討會議評估員工，也利用每月一次的董事會議查看員工在壓力之下的反應。我們觀察員工在炮火之下推銷自己的提案，以及在隨後的某些情況之下，解釋他們將如何從麻煩中脫身。

□

我在我介入奇異資融的二十三年以來，見到四個不同的成長階段：一九七七年到八五年，執行長史坦吉與鮑希迪聯手，從奇異集團中挖掘出許多優秀的人才；一九八〇年代後半，鮑希迪（這時已晉升爲副董事長）與執行長蓋瑞・溫德（Gary Wendt）開始積極擴張事業版圖，讓奇異資融成爲一個收購機器。一九九〇年代，溫德與營運長奈頓，帶領公司走入一個空前熱絡的交易時期，創造出一份全球化的金融服務事業。奈頓是目前的執行長，他與營運長麥克・尼爾（Mike Neal）攜手延伸事業單位的全球化運動，並把六標準差的嚴格標準與數位化運動引進金融服務事業中。

回顧這些來從不間斷的兩位數字成長，這一切幾乎顯得不太眞實。我還記得自己曾爲了一筆價值九千萬美元的交易而坐立不安。和泰國汽車貸款和如今動輒數十億美元的交易相比，九千萬是微不足道的數字——但在一九八二年可不是如此。

那時，鮑希迪、達莫曼與我在波多黎各舉行的奇異資融管理會議中，爭論是否應向包德溫聯合企業（Baldwin United）收購美國房貸保險公司（American Mortgage Insurance）。當時，這是奇異資融前所未見的大型交易，我們絞盡腦汁思索適當的標價，也擔心任何一項可能出現的複雜狀況，每個人都爲了這筆交易筋疲力盡。

這是觀點不同的問題。在決定於一九八三年收購美國房貸保險公司之前，達莫曼得親自在我們核發的每一張保單上簽名；他的保險事業規模還太小，不允許他花錢購買簽名機器。交易完成之後，我們不僅能夠負擔簽名機器，更躍升爲保險市場上主要業者之一。

一年之後，我們在一九八四年以十一億美元收購雇主再保公司（ERC），打破這無足掛齒的九千萬美元紀錄。史塔吉與達莫曼在一九七九年首次注意到這家位居美國三大產險再保公司之一的ERC。此保險公司邀請我們扮演白色騎士的角色，以抵抗康健保險公司（Connecticut General Insurance）不受歡迎的收購行動。當時，我們的保險事業規模很小，但ERC寧可成爲我們旗下的一員，也不願意被市場上的強勢業者康健保險併吞。

不過，ERC最後找到了他們眼中絕佳的白色騎士：一家完全不懂保險事業的公司——蓋帝石油。蓋帝後來在此時期最惡名昭彰的交易中被德士古集團收購，而對德士古而言，一家再保公司簡直毫無用處。由於我們在前幾年已進行了深入的背景調查，因此得以迅速提出收購ERC的計劃。我最後與德士古的執行長約翰・麥肯利（John McKinley）約定了一筆價值十一億元的交易。

我們的保險事業當時還不具備多少份量。當ERC小組在交易成交之後的一個星期天晚上前來費爾菲德與我們共進晚餐時，他們表示，ERC該年度的盈餘，將無法達成計算交易價值時的假設數字。

我立刻希望在交易價格上打折扣。我的好友、任職於高盛公司的韋恩柏格，是我們在這筆交易中的代表人。我打電話到奧古司塔高爾夫球場找他，怒氣沖沖地指出這項盈餘差額。我請他打電話給麥肯利，要求在價格上進行調整。

還好麥肯利是個風度十足的紳士，他接受了調整過後的數字，給予我們兩千五百萬美元的折扣。我們最終支付了十億七千五百萬美元。如今，我對自己當初的行爲感到相當尷尬，不過，我那時才上任不久，也許有一點太好強了。

ERC併購案讓我們往前跨了一大步。我們經營ERC的成績出色，淨收入從一九八五年的一億美元，急速成長到一九八八年顛峰時期的七億九千萬。不過，價格競爭加上八八年與八九年期間一連串的風災，對我們造成很大的衝擊；我們在兩千年的盈餘，僅達到五億美元。

我們任命朗·普萊斯曼（Ron Pressman）擔任ERC的執行長，希望把ERC的狀況拉回常軌。普萊斯曼是稽核人員出身，曾一手建立一份獲利豐厚的房地產事業；其才智與訓練的組合，正好切合這份職務的需要。此時，價格競爭狀況略為舒緩、六標準差的觀念也逐漸生根，如果氣候狀況配合的話，普萊斯曼會讓這個事業部門再度發光。

□

我們在一九八〇年代展開的行動，多半是幅度不大的舉措。奇異資融有句格言：「學跑之前先學會走路」。在一頭潛入特定市場之前，我們會先投石問路。

我們從來不替奇異資融勾勒一份偉大的策略願景。

這是一個巨大無比的市場，我們沒有必要搶佔第一或第二。我們所需做的，就是結合奇異的雄厚財力與人員的才智，讓這項事業不斷成長。

一九七〇年代的業務重心在於傳統的消費性貸款，例如房地產貸款或是汽車的長期租賃契約。此外，奇異資融也從事小額的運輸與房地產投資。

到了一九八〇年代，我們把重心放在更積極的成長，並維持嚴密的風險控制程序。我們沿用七〇年代保守的風險標準，並未稍加放鬆。我們任用獨樹一格的人員，讓他們盡情發揮，依照他們的構想進行投資，並逐漸壯大。

我們採用來自各地的點子。奇異資融在過去二十年急速擴張，如今業務範圍甚至涵蓋了從卡車、輕軌機動車到飛機等各種機器的管理；我們也毫不遲疑就進入自有品牌信用卡市場，並強化我們的房地產業務。我們在一九七七年僅有六項金融服務利基，到了二〇〇一年，奇異資融已擁有二十八種不同的金融服務事業。

如果說人才能夠扭轉企業命運的話，這就是最好的例證。這些年來，我們擁有過一群出類拔萃的人才：鮑希迪、達莫曼、布萊克、萊特、溫德、奈頓。這些人隨後都曾出任集團內部與外部的執行長之職。

奈頓是奇異內部的成功典範。他在一九七七年自康乃迪克大學畢業之後，立刻加入奇異擔任行銷專員。接下來的二十年，他一步步往上爬，成爲溫德的左右手，最後在一九九八年晉升爲奇異資融的執行長。

我們透過製造事業部門中的人才，把奇異資融由純粹的金融公司轉變成一個結合營運技能與交易制定能力的事業。目前在奇異資融服務公司內的領導階層，有一半的人有製造業的背景。

我們的經理人深知如何經營事業。當投資標的事業成績令人失望時，我們很少認賠了結，我們不喜歡進行呆帳的沖銷。相反的，我們會接管這份事業，試圖轉虧爲盈。我們在營運上的能力，讓我們可以堅守棘手的資產。

當我們提供給泰戈國際公司（Tiger International）的貸款，在一九八三年出現了清償危機，我們便介入該公司的營運，成爲一家租賃輕軌機動車的公司。當我們出租的民航客機租約到期，我們便將客機改裝成貨運飛機，並成立一家獨立經營的貨運航空公司：北極航空（Polar Air）。我們在飛機租賃事業的長期經驗，引發我們收購Polaris公司的興趣，並在一九九三年與一九九四年，藉由收購愛爾蘭金氏皮特（Guinness Peat）航太公司的資產，繼續擴張事業的規模。

如今，奇異資融航太服務公司（GECAS）旗下的資產，價值已高達一百八十億美元。

□

我們以一筆接一筆的規模有大有小的交易，塑造出如今的奇異資融，其中絕大多數的交易都必須經過董事會的批准。奇異在金融服務業中的每一步，都是以小心翼翼的態度進行的。從一九七○年代以來，奇異資融的風險審核程序就不曾添加新的條例——不過，也沒有稍加放鬆。股權投資金額超過一千萬美元以及商業風險超過一億美元的交易，都必須送交董事會審核。

我們從未隨著公司規模的日益成長，而改變交易送交審核的門檻。

我可以說是熟知每一項交易，所以，任何一次正確決策我都有功，而所有錯誤決策我也都有份兒。我們在一九八○年代陷入融資收購的熱潮。在一九八九年的一項ＬＢＯ交易中，我們提供資金幫助收購一家廣告看板公司，派翠克媒體（Patrick Media）。這項事業具有相當不錯的現金流轉與成長率，只有一個問題令我深感困擾：決定出售派翠克的人是約翰‧克魯奇（John Kluge），他是大都會媒體集團（Metromedia）的主席，是一位名聞遐邇的生意人。

我對廣告看板的了解不深，但我知道假如克魯奇打算脫手，我就不應該買進。我在協商考克斯交易案的過程中與他打過照面，我非常欣賞他。但我也明白他是業界最精明的投資人之一。我眞應該聽從直覺、不要淌這場混水。廣告看板業務在一九八〇年代末期陷入谷底，我們爲了避免沖銷六億五千萬美元的呆帳，因而接管這家公司的擁有權。我們著手進行重整，最後在一九九五年出售時，只掙得微幅的利潤。

我們也參與蒙哥馬利・沃德（Montgomery Ward）連鎖零售商店在一九八八年的LBO案。這筆交易差一點點就是一記漂亮的全壘打。我們與名列財星雜誌全球最富有的人士之一，柏尼・布倫南（Bernie Brennan）形成五十五十的合夥關係，沃德連鎖店因而出現一時的榮景。這家公司後來經營不善，儘管新的管理團隊用盡心思挽救，仍然回天乏術，沃德最終在二〇〇〇年宣告破產。

不過，成功的交易還是佔了壓倒性的勝利。舉例來說，我們曾投身於汽車拍賣事業中。我一直很喜歡這一行，而且在一九八〇年與考克斯公司談判時也曾稍有接觸，考克斯擁有汽車拍賣業中的龍頭老大，曼翰（Manheim）公司。這是一項單純的服務事業，投資金額很低，利潤率卻很高。當時執掌奇異汽車長期租賃業務的艾德・史都華（Ed Stewart），在一九八〇年代初期開始收購小型的汽車拍賣公司，他最後買進了二十多家公司，並且與福特汽車公司組成一個八十比二十的合資企業。

汽車拍賣會場是一大塊排滿木頭板凳的空地，就像個跳蚤市場。叫賣熱狗與花生的小販在場中穿梭，販賣哈雷皮帶的小販也在場邊設攤。拍賣會的交易熱絡，主持人每一分鐘便賣出一輛車。追根結柢，曼翰也是我們出售這項事業的主因。他們的規模實在過於龐大，具有整合市場的實力。我們在一九九〇年代初期把汽車拍賣事業出售給曼翰，獲利脫手了結。

□

董事會審核過的許多最佳提案，以及若干瘋狂的點子，都來自溫德。溫德在一九八六年到九八年期間擔任奇異資融的執行長，帶領公司進入強勁的成長期。他提出的點子總是充滿想像力與創意。溫德不僅能看到絕佳的交易機會，還具備一項珍貴的能力：能夠把平凡無奇的提案扭轉爲獲利豐厚的交易。

溫德是一位訓練有素的工程師，他擁有哈佛MBA的學位，同時也是天生的談判家。奇異貸信在一九七五年延攬溫德擔任房地產貸款經理的時候，他服務於佛羅里達的一家房地產投資信託公司。他隨後管理整個商業貸款部門，並於一九八四年成爲奇異資融的營運長。到了萊特於一九八六年年中卸下奇異資融的執行長職務、前往經營NBC電視網時，鮑希迪便決定把公司交給溫德經營。溫德與鮑希迪攜手合作，爲奇異資融打下堅實的根基。

到了一九九一年，鮑希迪開始希望獨當一面。他當時五十五歲，是奇異的副董事長，但是由於我在總裁職位上還有十年的任期，因此鮑希迪在奇異內部實在沒有任何晉升空間。鮑希迪希望能親自掌管一間大公司，也透過人力仲介公司的傑利・勞區找到一個大好機會。

六月底的一個星期一早上，鮑希迪帶著這份消息走近我的辦公室。

「傑克，」他說：「我該離開公司、繼續前進了。我不希望在後半生一直坐在這裡枯等。現在出現了一個好機會，我打算好好兒把握它。」

「你打算什麼時候走？」我問道。

「我會在明天宣佈這項消息。」

「這麼說來，你已經下定決心囉？」我問。

「是的，我非這麼做不可。」他說。

這是一次非常情緒化的會談。我們回首從前，想起我一九七八年在夏威夷的乒乓球賽之後說服他留在奇異的情景。我們倆熱淚盈眶，緊緊擁抱。

鮑希迪接著告訴我，他要去聯合訊號公司當總裁，這是一家位於紐澤西的工業產品製造商。鮑希迪表示，聯合訊號公司吸引他的原因，在於該公司所面臨的困境正可以令他大展身手。此外，由於該公司也位在美國的東北部，因此鮑希迪不需要大舉搬家。

勞區後來打電話給我，我說：「我的半邊臉在哭泣，因爲你搶走了我最好的朋友與事業夥伴。但是我的另外半邊臉在微笑，因爲他的能力足以經營任何一家公司，而這是他應得的機會。」

接掌的溫德，希望在各個地方貼上勝利標籤。他告訴員工不必擔心幾處傷口，「我們必將打贏這場戰爭，」他說：「而你們必須堅持到底。」

當時所有企業都在推廣全球化，而奇異資融是其中的佼佼者。在歐洲景氣低迷的時期，溫德帶領工作小組在那裡展開大肆攻擊。奇異資融在一九九四年收購了價值一百二十億美元的資產，其中一半以上不在美國境內。一九九五年的收購步調加快了一倍，總共取得兩百五十億美元的資產，其中一百八十億的資產位於美國海外。

□

奇異資融在全球各地的活動如火如荼展開，收購對象包括消費貸款公司、自有品牌的信用卡業務，以及拖曳車與輕軌機動車的租賃業務。

這些交易背後的故事，足以洋洋灑灑編纂成冊。溫德一九九五年夏天在歐洲渡假時，他和歐洲事業發展部門的主管克里斯多福・麥坎席（Christopher Mackenzie）共同駕著一輛麵包車在東歐各地暢遊。假期結束後，他們滿腦子都是在那個世界裡見到的商機。他們手頭上已經有個購買布達佩斯一家銀行的提案。我們很喜歡匈牙利市場，而這家銀行與當地的奇異照明公司會是很好的搭配；那時，奇異照明事業已經是匈牙利市場上提供最多工作機會的廠商之一。

我們也在波蘭與捷克各收購一家銀行，並利用它們跨入當地的個人金融市場。捷克銀行的收購案有個小小的插曲。這家銀行的業主也擁有一家電器經銷公司，倉庫裡堆滿了俄羅斯製造的電視機。我們在確定不會陷入捷克的家電市場之後，才同意收購這家銀行。

這三家銀行如今都有不錯的利潤，每年的淨利總計約三千六百萬美元。溫德的旅行果然大有斬獲。

另一個有趣的故事，發生在奇異全球消費金融（global consumer finance）公司的執行長大衛・尼森（Dave Nissen）大力鼓吹收購 Pet Protect 公司的時候。Pet Protect 是英國第二大的寵物保險公司，專門銷售貓狗的壽險與健康保險。這項提案與泰國汽車貸款一案相同，在送交董事會之初，看起來都沒有太大的希望。

尼森在一九九六向董事會報告時，以這句一語雙關的話作爲開場白：「這是一隻會打獵的狗。」我對寵物保險市場的認識不深。我們隨後發現這項事業以每年三十%的速度成長，全年的保費收入高達九千萬美元。英國人爲愛貓愛犬投保的比率爲五%，次於瑞典的十七%，看起來還有很大的成長空間。

兼任奇異主計長的董事成員吉姆・邦特（Jim Bunt），從這份提案中得到許多樂趣。他開玩笑說，這項事業的保險涵蓋範圍，應包括「當飼主被狗咬傷、緊急住院時的狗旅館費用」。

我們通過這項提案並不是因爲我們了解寵物保險業，而是因爲我們信任這個提出計劃的傢伙。此外，這家公司的售價爲兩千三百萬美元，交易規模實在很小。我們在審核許多更大型的提案中提出了許多認眞的問題。尼森在一九七七年提議收購一間大型瑞士銀行的消費金融事業單位，Aufina 銀行，我遲遲無法做出決策。

瑞士的銀行家主宰著全球的銀行世界，他們怎麼可能願意出售有利可圖的事業單位呢？這看起來不太對勁。尼森解釋，因爲瑞士銀行家是眞正的銀行業者，他們偏好更大型的事業與全球的投資銀行業務，對他們而言，個人與汽車貸款業務只是消遣而已。

我們最後買下了兩家位於瑞士的公司，它們在二〇〇〇年達到七千八百萬的利潤。

尼森懷有一份恢弘的偉大計劃，企圖建立一個全球化的消費性金融企業；這些交易都是計劃中的一小部份。我們的第一項大動作，是在一九九〇年收購隸屬於英國大型服飾零售商柏頓集團（Burton）的自有品牌信用卡業務。這項收購案讓奇異資融開始在歐洲佔有一席之地。隔年，尼森在收購名單上，加上了哈洛德百貨（Harrods）與費雪之家（House of Fraser）。

在艱鉅的交易談判過程中，哈洛德百貨的主管展現一種苛刻又獨特的談判風格。當他不喜歡協商進行的方向時，他會走出會議室，告訴大家他五分鐘後會回來，並希望到時候能聽到更好的答覆；當他第十次上演這齣戲碼時，尼森與工作小組在紙卡上寫下幾個大字：「去你的！」

當哈洛德主管回到會議室中，我們的小組成員便高高舉起這張紙卡，這讓他覺得很好玩。這份幽默，大大紓緩了談判過程中劍拔弩張的氣氛，雙方於是能很快達成共識。

正當溫德與奈頓推動全球化成長之際，我們在美國境內的步調也不曾稍緩。幾件較爲有趣的交易，是由商業融資部門的主管麥克・高帝諾（Mike Gaudino）所提出的。在搜尋投資標的事業的過程中，我把重心放在我想要收購的公司，而高帝諾則以他想要拯救的企業爲目標。他指出，美國半數以上的企業都屬於非投資等級。高帝諾經常向董事會提議收購即將破產或已經破產的企業，每年總會有六到七件此類的提案。除了針對該企業的領導階層進行分析之外，高帝諾也會評估奇異爲該公司收復應收帳款與庫存的能力。這是一種逆向的思維——與我們慣用的思考方式恰恰相反。

伊頓百貨（Eatons）的收購案是一個很好的例子。這家位於加拿大的大型連鎖零售商，在一九九七年陷入了財務困境。就在其他融資公司紛紛拒絕提供資金時，高帝諾提出一份放款三億美元的提案送交董事會審核，希望能幫助伊頓解除困境。然而在經歷另一波經濟衰退期之後，這家公司終究難逃破產的厄運。高帝諾透過清償該公司的資產，設法回收投資的每一分錢，並且達到預計的報酬率。由於高帝諾總能設法解決難題，例如伊頓一例，所以他在董事會中建立了良好的信譽。過去六年以來，高帝諾提出的兩百多件提案之中只有一項交易遭到駁回。他的逆向思維與堅強的承銷能力，幫助該部門的財務狀況由一九九三年損益持平，提升到兩千年將近三億美元的淨收入。

溫德成爲奇異資融內部的成長之神，他讓業務開發成爲組織文化中的一大要素。除了兩百多位專門尋找收購目標的員工之外，奇異資融的每一位高階主管也都無時無刻在思索著具有潛力的收購提案；這反映出溫德在公司內部注入的成長取向。《哈佛商業評論》（*Harvard Business Review*）把奇異資融譽爲整合性併購（integrating acquisition）的成功典範，詳盡記載溫德及其小組的成功之道，而他們可採用的素材也的確極爲豐富。

在一九九〇年代，溫德與奈頓完成了四百多件交易，經手的資產總值超過兩千億美元。

溫德是爲了各項交易而活，對他而言，生活中萬事萬物無非一次又一次的談判。奈頓記得他和溫德在香港逛街購買收音機的經驗；溫德和業務員討價還價了一個鐘頭，終於壓低了價格，心滿意足離開商店。當他們沿著街道漫步，溫德看見另一家商店的櫥窗中，陳列著一模一樣的收音機，而標籤上的價格竟然比他辛辛苦苦談判而來的價格還低，這讓溫德暴跳如雷。

一整個週末，溫德都幾近發狂。

溫德也喜歡在推銷提案的過程中要一點手段。營運長尼爾記得他一九八九年第一次在董事會之前和溫德檢討提案的經驗。尼爾希望買下康特爾信貸公司（Contel Credit）；這是一個隸屬於電信公司的租賃事業。在尼爾的整個簡報過程中，溫德看起來興趣缺缺，並且不發一語，一直到尼爾完成了簡報才開口。

「尼爾，」他說：「這或許是我所看過最糟的收購計劃，不過，我手上有一個很刺激的大型計劃，是關於我們眞正喜歡的商務飛機收購案。我打算讓你在董事會中提出你的計劃，然後緊接著提出這項飛機收購案。傑克很少連續拒絕兩項提案，你的簡報會讓另一項計劃安然獲得批准。」

尼爾走進董事會中爲他的計劃請命。但我們通過了他的計劃，而溫德偏好的提案則中彈倒地。

我們曾經爲了多項交易發生激烈爭執，不過整體而言，溫德的打擊率非常高。

早在日本開放外商投資的好幾年以前，溫德便派遣一個小型的業務開發小組前往日本挖掘潛在的商機。日本經濟在一九九〇年代中期開始下滑，其銀行與保險業界的負債比例過高，而且深爲許多不良的投資所苦，逾期放款的金額達到驚人的地步。他們需要新的資金與新的所有權人。

等日本開始開放外資，溫德事先打下的基礎就讓奇異資融得以搶佔先機。

我們在一九九四年的第一筆交易，是收購價値十億美元的消費性金融公司，美蓓亞（Minebea），它是一家滾珠式軸承製造商的子公司。在當時奇異日本分公司總經理傑・拉賓的輔佐之下，溫德在消費金融、保險與設備租賃等市場上完成了許多項創新交易。拉賓原本是家電事業的法律顧問，他是最合適的地區性行政主管；經過一番努力，他贏得了日本政府及商界人士的信任。他熱愛日本和日本人民，而日本也以相同的熱情回應。我前往日本視察的時候，從拉賓在家中舉辦的派對上結識了許多日本大企業的執行長與重要的意見領袖。

到了一九九八年，我們的步伐已十分穩健了。奇異資融這一年在壽險、消費金融與租賃市場上再度完成兩筆交易，讓我們躍升爲日本金融服務市場的主要業者之一。

其中第一筆交易是在二月與東和互惠人壽保險公司（Toho Mutual Life Insurance）建立價値五億七千五百萬美元的合資事業。這項交易的提案人是麥克・弗雷茲（Mike Frazier），他也出身於奇異的稽核部門。弗雷茲在費爾菲德工作的時期，致力於尋找全球最佳實務做法。他一九八〇年代初期曾擔任奇異日本分公司的總經理。弗雷茲曾在美國成功整合十三筆收購案，爲我們建立一個強大的保險公司。如今在溫德的強力支持下，他打算在日本開疆闢土。

我對這項交易存著很深的疑慮，它讓我十分緊張，全身肌肉都不得放鬆。東和是一家已經宣佈倒閉的公司，而這項交易的深度與廣度都讓我坐立難安。這是一個陌生的戰場，我不熟悉日本的法規，因此希望弗雷茲及其小組確實地評估各項潛在風險。於是，這項提案經過許多次往返。弗雷茲在十二月間，數度穿梭於美國與東京兩地，以確保買賣雙方的考量都獲得滿足。這項交易在聖誕節之前的幾天拍板定案。

一九九八年在日本的第二筆交易，是在七月間以六十億美元收購雷克集團（Lake）的消費性貸款事業，這是排名日本第五大的消費金融公司。雷克透過自動櫃員機提供顧客短期的消費性貸款，它在日本擁有六百間分行，顧客人數幾達一千五百萬人。這項收購案大幅提昇我們在日本消費金融市場的地位。雷克是一家形同破產的公司，我們在這項極爲繁瑣的交易上頭，花了將近三年的時間。

尼森在一九九六年提出的併購計劃，爲雙方的接觸揭開序幕。當時由於我們不肯承接該公司的負債，這項提案因而遭到對方拒絕。隔年我們再度表達收購意願，但是仍然沒有太大的進展。到了一九九八年，尼森及其小組想出一個不尋常的交易結構，終於令雙方都能接受。我們提議買下雷克的個人放款業務，並協助成立一家獨立的公司，承接雷克的其餘資產，包括價值大約四億美元的藝術品。我們也同意實行收益外購法（earn-out），讓股東們在公司達到特定盈餘目標的前提之下得到更多好處。

為了完成這筆交易，我們必須說服雷克的二十多家債權銀行在債務上打點折扣。尼森的工作小組甚至延請佳士得（Christie's）拍賣公司，前來替懸掛於雷克辦公室的畢卡索與雷諾瓦名畫進行估價。雖然我們的收購範圍並不涵蓋這些名貴的藝術品，但是在收益外購條款之下，如果雷克可以藉由銷售這些藝術品與其他資產籌措更多現金，我們就可以少付一些錢。

這項提案在送交董事會審核之前，尼森及其小組成員已經針對計劃內容，與溫德、達莫曼和財務長帕克進行八次的研商。

我很欣賞這筆交易。雷克併購案完結之後，我和投資大師華倫・巴菲特（Warren Buffett）結伴前往塞米諾（Seminole）的高爾夫球場打球，他表示十分欣賞我們剛在日本完成的交易。我總是想像巴菲特一臉精明、狡黠坐在奧馬哈（Omaha）的模樣，從不知道他對國際市場也知之甚詳。不過，他顯然擁有無人能及的廣泛觸角。

「你對雷克併購案有什麼看法?」我問。

「這是我見過最出色的交易之一，」他說：「如果不是因為你，我早就奪人所愛了。」

不過，當奇異資融在二〇〇一年試圖介入費諾華（Finova）金融公司的重整案中，巴菲特的態度就比較積極了。身為費諾華的主要債權人，巴菲特試著為這家陷入危機的公司進行估價。我很願意與巴菲特合作，但是他已經與 Leucadia 金融控股公司結盟了，所以我們只好自行出價。巴菲特提出的價格略高一籌，贏走了費諾華。

□

溫德是個怪人，你永遠摸不清他腦中的想法或是當下的情緒。他最不喜歡的一件事就是受到監督。只要是有一位頂頭上司，不論那是鮑希迪、萊特或我，都讓他覺得芒刺在背；擁有一位偶爾說「不」的長官，眞會令他氣得七竅生煙。

執行長接班人的遴選過程，讓溫德在一九九八年年底萌生去職之意。

總經理奈頓與執行副總尼爾都已準備就緒。爲奇異工作了二十一年的奈頓，是一個充滿幹勁、優秀的承銷人員，頭腦十分靈光，有能力執行大型而複雜的交易。他個性中最難能可貴的一項特質，就是堅忍不拔的毅力。他可以毫不懈怠地執行一項交易，直到每一個小節都確實完成了爲止。如果說溫德是個胸懷偉大構想的人，奈頓就是負責實現夢想的人。

我一直認爲尼爾是奇異資融的靈魂。尼爾和其他主管不同，他原本是奇異供應事業（GE Supply）的業務經理，並不具備任何財經背景，因此得以一步一步從頭開始學習。尼爾的人際能力是他最大的長處，他的個性詼諧，深受大家喜愛。他隨時能以風趣妙語化解任何緊張或尷尬的氣氛。

帕克從一九八九年起就擔任奇異資融的財務長，他也是這個成長故事中的一大角色。他具有絕佳的判斷力，對本行瞭若指掌。

達莫曼在他的職業生涯中，曾經三度進出奇異資融，扮演幾代執行長之間的銜接橋樑。他的專業能力，讓我們得以安心尋找奇異資融的執行長接班人。

由於接替小組已經準備就緒，溫德可以毫無後顧之憂地離開公司。他表示不願意替奇異的下一任總裁工作。基於他多年來的貢獻，我們提供了一份非常優渥的離職津貼，同時，雙方也簽定了一份非競爭協定，要求溫德不得爲奇異資融的競爭者工作。

二○○○年六月中，康西可（Conseco）保險與金融服務公司深陷泥淖。他們的股價在一九九八年急驟下跌了三十三%，一九九九年的跌幅更高達四十一%，他們急需幫助。康西可的大股東艾爾溫・傑科伯思（Irwin Jacobs）與湯瑪士・李事務所（Thomas Lee & Associates），希望溫德能幫他們脫離困境。老實說，溫德的確是幫他們扭轉乾坤的最佳人選。

他終於可以當自己的老闆了。

我最樂在其中的談判經驗之一，就是接到傑科伯思的電話，他試圖說服我終止與溫德簽署的非競爭協定。傑科伯思在第一通電話就問他必須付出多高的代價，我才願意放溫德自由。

「艾爾溫，你一定以爲我頭腦不清了，你想，我會放溫德自由、爲自己找麻煩嗎？」

艾爾溫出價兩千萬美元。

「提都別提了，我不會終止這項協定的，他太聰明、太有價值了。」

艾爾溫又打了幾次電話，每次都出更高的價格，但是任何金額都不值溫德的身價。

不久之後，我接到大衛・哈金斯（David Harkins）的電話，他是康西可的董事之一，暫時接任該公司的董事長兼執行長。和艾爾溫一樣，哈金斯也是極盡籠絡之能事，企圖軟化我的態度。我在兩天裡接到許多次電話，雙方最後終於達成協議。我同意取消這項非競爭協定，條件是康西可必須買下溫德手中持有的奇異股票，並且授與奇異一千零五十萬美元的認股權證（warrant），讓奇異未來能以協議當時的市價，每股五點七五元，購買康西可的股票。

這是一次雙贏的交易：溫德找到他心目中最理想的舞台，一個能夠讓他獨當一面、充分展現長才的地方；康西可如願以償，扭轉了股價下滑的趨勢，而我們得以再度坐在場邊為溫德加油打氣。我們透過這場遊戲佔了康西的一小部份股權，因而與溫德共存共榮。

溫德離開後，我提名達莫曼擔任奇異資融服務事業的董事長兼任奇異集團的副董事長。我們讓營運長奈頓晉升為總裁兼執行長。我認為他們兩位長期以來對奇異資融的貢獻卓著，將可以帶領這份事業走進下一個世紀。他們保存了工作團隊的完整，讓奇異資融在既有的根基之上更形壯大。一九九九年到二〇〇〇年之間，奇異資融收購了四百七十億美元的資產，其中三百三十億位於美國境外。奇異資融服務事業的淨收入在二〇〇〇年達到五十二億美元，成長率為十七%，創下了新的盈餘成長紀錄。

不過，數字不足以說明一切。

我最喜歡的一張圖表，是長期掌管風險部門的吉姆·科立卡（Jim Colica）在二〇〇一年七月的董事會中所提出的（見下頁）。它清楚表現出奇異資融服務事業的成長、幅員與風險。儘管交易的個別狀況偶有起伏，但是業務範圍的多元化，以及我們控制風險的哲學，讓奇異資融擁有穩定的成長。一九八〇年，奇異貸信公司擁有十項業務與價值一百一十億美元的資產，活動範圍僅限於北美。到了二〇〇一年，奇異資融服務的幅員涵蓋了二十四項業務、三千七百億美元資產、四十八個國家。

奇異資融公司是一個融合了金融業與製造業的故事。結合了具有創意的人員與製造業的經驗，的確是成功的一道良方。

GE Capital

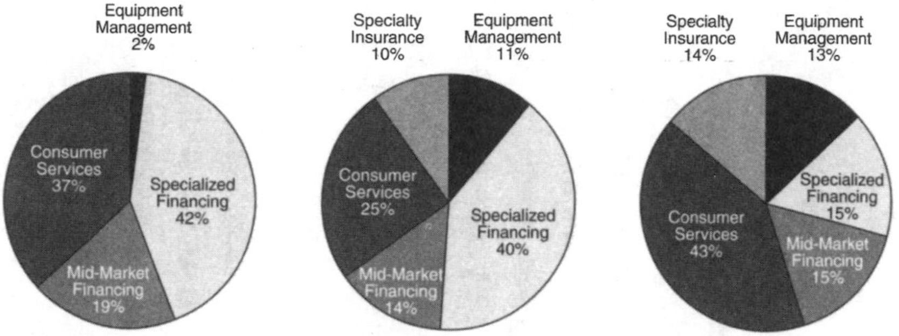

1980年

10項業務

資產價值110億美元

僅限於北美

專業融資42%

中小企業融資19%

消費性服務37%

設備管理2%

1990年

21項業務

資產價值700億美元

三個國家

全球90億美元

專業融資40%

中小企業融資14%

消費性服務25%

設備管理11%

特種保險10%

2000年

24項業務

資產價值3700億美元

48個國家

全球1400億美元

專業融資15%

中小企業融資15%

消費性服務43%

設備管理13%

特種保險14%

審核門檻

單一顧客商業風險最高一億元……沒有改變

股權投資一千萬元……兩千五百萬元（僅限美國、非初創階段）

董事會前會議……沒有改變

董事會月會……沒有改變

17

電燈泡加上電視台

經營 NBC 電視公司

萊特與我為 NBC 影劇部的成就深自為慶，

但也很清楚電視網的前途滿佈荊棘。

NBC 顯然停留在過去的榮光之中。

我們擁有堅強的影劇部門，

但是有線電視正逐漸侵蝕 NBC 的觀眾群。

新聞部已連續幾年出現財務赤字，

光 1985 年便虧損了 1 億 5 千萬美元。

NBC 就像典型的娛樂事業，花起錢來從不眨眼。

而 NBC 完全漠視這些現實情勢。

於是，我們首先針對新聞部的虧損展開行動。

我們一九八五年十二月宣佈收購ＲＣＡ時，ＮＢＣ的營運狀況看起來好極了。此電視網擁有八千名活力旺盛的員工，整體營業額高達三十億美元，即將跨入全盛時期；它在黃金時段、夜間時段及星期六晨間的兒童節目時段，收視率都高居各電視台之冠。ＮＢＣ播放的《天才老爹》是電視史上最叫座的單元劇，在《天才老爹》的帶領之下，我們共有九個節目名列收視率最高的前二十名排行榜，其中包括《天才家庭》（Family Ties）、《歡樂酒店》（Cheers）以及《夜間法庭》（Night Court）等。

我腦中所浮現的第一個問題，就是如何維持ＮＢＣ的盛況？我在一九八六年六月徹底完成所有收購工作之前，曾花許多時間從雙方的整合會議中學習ＮＢＣ的業務。

任何人都看得出來，ＮＢＣ的總裁廷可，以及影劇部的總經理塔提可夫，是ＮＢＣ的兩位靈魂人物。他們所挑選的節目，正是ＮＢＣ的關鍵成功因素。

廷可已經厭倦了在紐約與加州兩地之間通勤，一開始就清楚表明他的離職之意。廷可認爲ＮＢＣ的領導小組將能扛起重責大任，繼續維持ＮＢＣ的領先地位。他向我保證，包括塔提可夫在內的領導小組所有成員都會繼續留在工作崗位上。

還好，我的一位老朋友唐·歐梅耶（Don Ohlmeyer），很熱心地向我透露塔提可夫蠢蠢欲動的消息。歐梅耶是一位獨立電視節目製作人，我透過納比思可（Nabisco）食品公司的羅斯·強生（Ross Johnson）認識了他，我們曾一同在納比思可高爾夫球公開賽中打球。

年僅三十歲的塔提可夫，是各大電視網中最年輕的影劇部總經理。他是許多膾炙人口的節目背後的關鍵人物，包括《洛城法網》（L.A. Law）、《邁阿密風雲》（Miami Vice）、《天才老爹》、《天才家庭》與《歡樂單身派對》（Seinfeld）等的成功，他功不可沒。失去他，會是一大損失。

我邀請塔提可夫在五月十二日於紐約的 Primavera 餐廳共進晚餐。我們相談甚歡，他和我都是超級棒球迷。我向他保證，ＮＢＣ未來的發展會比過去更強。一個月後，他簽定了一份新的四年合約。留住了塔提可夫帶領我們的影劇小組，這讓我信心大增，我相信奇異在電視網事業將能闖出一片燦爛的天地。

□

我花了一整個夏天與廷可的幕僚會談，試圖從中找出ＮＢＣ總裁的繼任人選。他們都是優秀的人才。廷可屬意的人選是新聞部的總經理賴瑞・葛羅斯門（Larry Grossman），但是葛羅斯門欠缺我所要求的商業眼光與敏銳度。

我告訴廷可，他的幕僚都不符合我的要求。我請他與萊特會面。打從一開始，我就認爲萊特是這項職務的最佳人選。我安排廷可前往費爾菲德，與萊特及妻子蘇珊共進晚餐。儘管廷可與萊特互相欣賞，但是怎樣都無法打消廷可提拔內部員工的意念。

不過，我仍在兩個月後提名萊特擔任ＮＢＣ的總裁。

我們對這項決策所可能激起的反應已經做好了心理準備。大家對於「電燈泡工人」經營電視網的能力莫不抱持著懷疑的態度。我絕對相信萊特的能力，我們曾在塑膠事業、小型家電事業與奇異資融事業中合作無間。

萊特具備多項長處。他曾在考克斯有線電視公司工作三年，這項經驗將能幫助NBC超越傳統電視網的事業範圍。他熱力四射的管理風格與創意，能夠有效帶動組織氣氛。此外，他也是一個能爲朋友兩肋插刀的人；他把工作上的人際關係帶入更深的層次，願意分擔同事們的個人困難。

萊特與我爲NBC影劇部的成就深自爲慶，但也很清楚電視網的前途滿佈荊棘。NBC顯然停留在過去的光環之中。我們擁有堅強的影劇部門，但是有線電視正逐漸侵蝕NBC的觀衆群。新聞部已連續幾年出現財務赤字，光一九八五年便虧損了一億五千萬美元。NBC就像典型的娛樂事業，花起錢來從不眨眼。

NBC完全漠視這些現實情勢。

我們首先針對新聞部的虧損展開行動，矛頭再度指向NBC新聞部總經理葛羅斯門。我們彷彿來自不同的星球。他早年曾負責NBC的廣告業務，後來出任公共電視台（PBS）的總經理，在廷可的號召之下，於一九八四年重返NBC的懷抱。

我們接掌NBC之後不久，葛羅斯門邀請萊特與我以及家人參加他在家中舉辦的宴會，當天與會的人士還包括NBC的許多位台柱：晚間新聞的主播湯姆·布洛可（Tom Brokaw），以及《今天》節目（Today）的主持人布萊恩·甘保（Bryant Gumbel）與珍·波莉（Jane Pauley）。

葛羅斯門夫婦爲當天晚上的宴會煞費心思。

但是只有一個問題：晚上正巧是一九八六年職棒聯盟世界大賽的第六場決賽，有我所支持的紅襪隊出戰紐約大都會隊（Mets）。打從六歲開始，我就是和紅襪隊生死與共的超級球迷。

這很可能是我這一生首度有機會見到紅襪隊在世界大賽中封王。NBC爲這場球賽做了現場直播。我懷疑葛羅斯門可能根本不知道這是世界棒球大賽的球季。結果那天成了紅襪隊歷史上最悲哀的一天，比爾・巴克納（Bill Buckner）讓球從他的兩腿間滾了過去，讓紅襪隊在第十局下半失去了差一點到手的勝利。

葛羅斯門對這場球賽的重要性渾然不覺，這讓我感到非常訝異。不過，他或許也感到同樣苦惱：我竟然會把全副心思放在這樣一件「芝麻綠豆大」的瑣事。那是一個很尷尬的夜晚，但並不是我們之間最後一次的不愉快經驗。

當我們孜孜要求NBC新聞部減少赤字之際，葛羅斯門在十一月舉行的第二次策略檢討會議中，仍然不顧一切提出增加預算的請求，著實令我大爲錯愕。

葛羅斯門一向痛恨此類會議，他認爲和生意人討論公司成本是一件貶損人格的事情。葛羅斯門認爲就算電視網賠錢，也應該堅守新聞的公正性。他對利潤的輕蔑態度，更加深了我們之間的摩擦。我在會後感到鬱鬱難平。

我爲此徹夜輾轉反思。隔天早上，我決定當機立斷，於是要求萊特隨同葛羅斯門搭乘直昇機前來費爾菲德開會。

「葛羅斯門，我不喜歡昨天會議進行的方式。」

「你不喜歡哪一點？」他問。

「我不喜歡你對於我們在成本上的考量嗤之以鼻的態度。」

我的話從未對他產生任何作用；我們之間存在著一道很深的鴻溝。會議進行了兩個小時之後，葛羅斯門看著手錶說：「傑克，我們得盡速結束討論，我得趕回紐約，我和漢堡大王的主廚有約。」

「葛羅斯門，如果你還想繼續享受漢堡大王的美食，你最好趕緊彌補利潤上的差距。你替萊特工作，也是替奇異工作。控制你的成本，否則就得離開公司。」

我們在接下來的一年半繼續忍受葛羅斯門的態度，一直到他在一九八八年七月離開公司爲止。在離職的前夕，葛羅斯門也不能免俗地成爲艾德·史坎倫（Ed Scanlon）的座上之客。我在奇異與RCA的整合會議上認識了史坎倫。他原本是RCA人力資源部門的最高首長，因此，理論上，他也負責掌管NBC的人事活動——儘管NBC一向認爲自己享有很高的自主權。我非常欣賞史坎倫，他的個性直率、深諳人情世故，並且在RCA與奇異的整合過程中出力不少。

我希望留住史坎倫，但是集團內沒有任何一個空缺可以媲美他在RCA的地位。我認爲他是RCA的最佳人力資源長才，也深信他能扮演奇異與NBC之間的橋樑。史坎倫住在紐澤西，出任NBC的人力資源首長並不會對他的生活造成任何不便。而電視網的高度曝光率，更增添了這項工作的吸引力。

史坎倫最後接受了我們的邀請。

對我們而言，這眞是一項大好消息。從工會領袖到電視演員及其經紀人，每一個人都與史坎倫相處融洽。他在商業界與演藝界之間扮演著折衝的角色。萊特和我在接下來的十五年之中，與史坎倫建立了很深的工作關係。

□

NBC過去的成就，讓許多高階管理人員更難面對新的現實情勢。萊特請我在一九八七年三月於羅德岱堡（Fort Lauderdale）喜來登文德飯店（Sheraton Bonaventure Hotel）舉行的管理會議上，與NBC的高階主管分享我的看法。這次會議的氣氛，有點兒類似六年前在西堡舉行的 Elfun 會議。我的話令在場一些人如坐針氈。

我在晚餐之前向萊特底下的一百名高階主管發表演說，表示NBC必須在新世界中進行改變與調適。「有線電視已蓄勢待發，它將改變你們的世界。這間會議室中有太多人仍沉緬於過去的成就，我們有太多員工靠著影劇部的肥缺過活，不過，這些好差事不會永遠存在。你們必須掌握自己的命運，否則，萊特會毫不留情。」

對於A級員工而言，這可能是一個大好機會。

「但對於庸才而言，」我說：「前途岌岌可危。」

不到二十%的主管在聽了演說之後躍躍欲試。其餘的人則認爲我應該遭到逮捕，或者被送進精神病院。

我們花了很長的時間認眞尋找替補葛羅斯門的人選。NBC泰斗兼晚間新聞主播布洛可，強力推薦由麥克‧加特納（Michael Gartner）扛起這份空缺。加特納擁有相當傑出的新聞資歷，他曾任《華爾街日報》的頭版編輯，也曾是德莫尼新聞社（Des Moines Register）與《路意斯維爾信使報》（*Louisville Courier-Journal*）的編輯。儘管加特納的個性有些陰晴不定，但在許多層面上看來，他似乎是這項工作的最佳人選。

加特納在一九八八年七月加入公司，他在管理上推動的第一項改革，是NBC日後成功的一大因素。

提姆・盧塞特（Tim Russert）一直擔任葛羅斯門的副手。加特納希望任用自己的人馬，萊特於是建議盧塞特轉任地方新聞台的管理職。盧塞特曾經是紐州州長馬里奧・古莫（Mario Cuomo）與參議員派翠克・莫尼翰（Patrick Moynihan）的助理，但是他完全沒有親自經營一份事業的經驗。

加特納提議由盧塞特出任NBC華盛頓分社的社長。盧塞特不願意離開紐約這個權力中心，因而婉拒了這項提議。我與他進行一小時的懇談，向他解釋這份工作吸引人的地方。華盛頓分社是NBC新聞部規模最大的前線營運中心，這是他展現管理實力的大好機會。

盧塞特的調職，對每一個人都有好處。他在一九八九年聘請凱蒂・古蕊克（Katie Couric）擔任華盛頓通訊員，爲這位了不起的新聞從業人員揭開事業的序幕。

古蕊克在一九九一年四月成爲《今天》節目的雙主持人之一，立刻受到觀衆的歡迎。節目的收視率開始向上攀升，古蕊克成爲這個節目長期以來最受觀衆認同的明星。遺憾的是，古蕊克的夫婿在一九九八年因結腸癌過世，古蕊克非常悲傷。

全美國的觀衆都爲古蕊克感到傷心。爲了增加民衆對結腸癌的認識，她甚至在全國性的電視節目上親身進行結腸鏡檢查，喚醒人們對這項程序的注意。我最近進行了一次健康檢查，我的醫生表示，由於古蕊克的努力，他的工作表已排到下個年度了。

同時間，每晚的晚間新聞總會與各分社社長進行連線報導，盧塞特從華盛頓帶來的眞知灼見令麥克印象深刻。一九九一年，加特納邀請盧塞特擔任《與媒體會面》(Meet with the Press）節目中的論壇成員之一。一年後，當節目的原主持人蓋瑞克・巫特利（Garrick Utley）前往紐約主持週末期間的《今天》節目時，盧塞特接替蓋瑞克的遺缺，主持《與媒體會面》。

就許多層面而言，盧塞特都是一個與衆不同的人物。他把《與媒體會面》帶上高峰，成了同時段收視率最高的節目，盧塞特也成爲家喻戶曉的政治評論家。但是他並沒有被名聲沖昏了頭，他是一個坦白正直的人，受到各界歡迎，奇異的員工尤其喜歡他。他會前往奇異的每一座工廠與員工進行面對面交談。

等我發現盧塞特在十年前獲贈的選擇權將於三個月後失效時，我不確定他到底明不明白奇異的股票選擇權計劃。我打電話給他，說道：「你知道，你抽屜裡的那一張紙價值連城，不過，它將在九十天之後失效。」

「傑克，我有信心。」他這麼表示。事實證明他不僅信心堅定，也比大多數人聰明許多，他把選擇權留到即將失效前的幾天才執行，爲他掙得了更高的收益。

□

加特納不僅幫助盧塞特走上成功之路，也指派傑夫・札可（Jeff Zucker）擔任《今天》節目的執行製作。札可跨出哈佛校園之後，立刻加入NBC體育部總經理埃柏索爾的旗下，擔任漢城奧運的轉播助理。埃柏索爾提拔札可不遺餘力，設法讓他參與《今天》節目的幕後活動。在埃柏索爾的鼓勵之下，加特納與萊特決定破格任用年僅二十六歲的札可，擔任《今天》節目的執行製作。他們的信心獲得了極爲珍貴的報償；《今天》在札可的帶領之下，獲得了空前的成功。札可在二〇〇一年被提名爲NBC影劇部的總經理，我們如今需要他在這個新的領域上發揮魔力。

不過，加特納也不是事事順心。他在電視事業上的經驗不足，同時，他的管理風格也引發了一些問題。儘管我們十分讚賞他在抨擊ＮＢＣ新聞部成本結構時所展現的勇氣，但這項措施並未爲他贏得員工的支持。加特納遭受過最嚴厲的一擊，來自《日期》(Dateline) 的一項新聞報導所引發的重大爭議。一九九二年十一月十七日，新聞性節目《日期》在一節報導：「等候爆炸？」中指出，通用汽車 (General Motors) 的小貨車安全設計不良，可能在受到撞擊時產生爆炸。一九九三年二月八日，通用汽車提出控告，指責ＮＢＣ電視網以不正當的手段操縱撞擊測試。

我們在內部調查中發現，這項報導的某些論點的確仍有待商榷。雖然主持人波莉並未牽涉在這樁事件中，但她同意上《日期》節目宣讀道歉聲明，爲此次事件劃下句點。這是團隊精神的極致表現。波莉的行爲是一項偉大的表現，而觀衆對她的信任讓我們得以化解危機。

雖然加特納不需要爲此事件負擔直接責任，但他一直沒有走出事件的陰影。加特納在三月二日提出辭呈之前，正努力誘使ＡＢＣ電視網的尼爾・夏皮羅 (Neal Shapiro) 轉換陣營，成爲《日期》的執行製作。夏皮羅在各方面的創意與眞誠，很自然就使他成爲ＮＢＣ電視網中最受歡迎的人物之一。夏皮羅不僅幫助節目恢復信譽，還讓《日期》的播出時段由每週三小時延伸爲四小時。這個節目成爲ＮＢＣ的一大成功，夏皮羅的事業生涯也因此如日中天。他在二〇〇一年升任ＮＢＣ新聞部的總經理。

在《日期》事件之後，萊特與新聞界的每一位重要人物會談，希望找到加特納的繼任人選。這時，布洛克再度提供了寶貴的意見。布洛可的名聲讓他成爲ＮＢＣ新聞部對外的代表人，他在長達三十年的職業生涯中，是許多年輕新聞從業人員的導師。

布洛可的韌性堅強、自我期許很高。萊特凡是要制定一項關乎ＮＢＣ新聞部的重大決策，都會尋求布洛可的建議。在萊特面試了所有浮出檯面的人選之後，布洛可建議萊特去找當時任職於哥倫比亞廣播公司（CBS）的執行製作人賴克談談。

賴克與萊特在杜塞飯店的餐桌上進行長談。賴克令萊特留下深刻的印象，晚餐結束之後，萊特希望我能見見賴克，我們在兩天之後會面。

我大概跟每一個人都說過，賴克是我在面試工作人員時覺得最有意思的人。他和我所認識的其他新聞界領袖截然不同，他生性幽默、率直、充滿活力，而且總是從容自在——你現在應該知道，這些都是我很欣賞的特質。

他的魅力徹底征服了我。

會談進行了二十分鐘，我轉向萊特問道：「我們還在等什麼？」

「就這樣決定了吧！」萊特說。

我望著賴克，提出這個問題：「你做好心理準備了嗎？我們要給你的，是一項艱鉅的任務。」

他回答道：「聽過了這麼多關於你們的傳聞以後，我很懷疑自己能得到足夠的資源，幫助NBC新聞部重新站起來。」

我們向他保證，我們將不遺餘力提供一切必要資源，供他扭轉新聞部的營運。

賴克在星期天打電話給萊特，同意接受這項工作。他在星期一早晨向CBS遞出辭呈，並於一九九三年四月初加入我們的陣營。

同時間，萊特繼續朝有線電視市場前進。

我們買下NBC的時候，此電視網唯一的有線電視資產，是藝術與娛樂頻道（Arts & Entertainment，簡稱 A&E）的三分之一股權。萊特很想大舉進軍有線電視市場，這個產業已逐漸成熟，良機轉瞬即逝。一九八七年年初，萊特聘請湯姆・羅傑斯（Tom Rogers）開拓有線市場。羅傑斯曾擔任眾議員提姆・沃斯（Tim Wirth）的國會助理，在國會中推動電信相關法案。他在有線電視產業中的人脈豐富，也是一流的談判家與策略家。

羅傑斯與萊特首先與有線電視業的先趨——查克・杜倫（Chuck Dolan）接洽。杜倫在紐約長島創立纜視系統公司（Cablevision Systems），這是美國規模最大的有線電視系統業者之一。杜倫還推出Bravo頻道、與友人聯手創立HBO頻道，同時開發了一連串有線電視資產。萊特與杜倫一家人很熟，差一點在一九八〇年代初期離開考克斯，出任纜視系統的總經理。

雙方在一九八九年一月談定一項合夥關係，由NBC以一億四千萬美元買下杜倫的彩虹產業公司（Rainbow Properties）。這項交易讓我們持有Bravo頻道、美國經典電影（American Movie Classics）頻道、體育頻道USA（Sports Channel USA），以及遍及全美的地方性體育頻道的股份。NBC另外還買下了法庭電視（Court TV）、獨立電影頻道（Independent Film Channel）、歷史頻道（History Channel）與浪漫經典頻道（Romance Classics）的部分股權。

在萊特與杜倫的合夥協議中，雙方也同意攜手發展具有潛力的新點子。第一項具有重大意義的概念，是發展一個商業新聞電視網，也就是ＣＮＢＣ。我立刻喜歡這個點子，我一直相信商業頻道具有廣大市場，而且商業節目不同於影劇或體育節目，你不需要支付任何權利金。

當時唯一的競爭對手，是連年虧損的財經新聞網（Financial News Network，FNN）。杜倫同意與我們形成五十五十的合夥關係，協助成立ＣＮＢＣ。ＣＮＢＣ在一九八九年四月開始播送節目。

到了一九九一年，ＣＮＢＣ的累積虧損金額幾乎達六千萬美元。商業新聞的收視市場未見起色，ＦＮＮ在一月份宣告破產。這時，ＦＮＮ已深入三千兩百萬戶家庭，而ＣＮＢＣ的收視戶則約有兩千萬戶。杜倫完全沒有興趣追逐破產的ＦＮＮ。

他受夠了。杜倫撤回他在ＣＮＢＣ的五十％股權，於是我們只能自食其力，爭取收購ＦＮＮ。我們認為應該能以五千萬美元買下它，因此，當我們聽到西屋電器與道瓊（Dow Jones）出價六千萬美元時，全都吃了一驚。當萊特與布洛可向董事會表示還得再加五百萬美元時，價格已飆漲到一億五千萬元了。現在看起來或許很傻，但是當時包括我在內的每一個人，都為了加高價碼而大為痛苦，畢竟這個價格是初估價值的三倍。還好，我們渴望得到ＦＮＮ，而這多餘的五百萬美元擊敗了其他競爭者。

這項交易讓我們的收視戶數量成長了超過一倍。我們保留了ＦＮＮ內部的最佳人才，包括如今收視率最高的《商情中心》節目主持人，羅昂．殷瑟納與蘇．赫蕾拉，以及《強力午餐》（Power Lunch）節目的主持人比爾．格里菲思（Bill Griffeth）。

□

在影劇事業這一邊，事情的發展就沒有那麼順利了。我們在一九八八到九二年之間，推出了好幾十齣既不叫好也不叫座的影集。我在這個領域完全幫不上忙。在併購了NBC之後，我偶爾前往好萊塢參與新黃金檔的試片會。

你應該聽聽每一次試片會的簡報，以及他們對前景的瘋狂預期。每一個節目都有高度勝算：了不起的製作人、深受歡迎的明星、足以贏得這項或那項艾美獎等等。每一個喜劇影集都是繼《歡樂單身派對》之後的傑作，而每一個劇情類節目都可以媲美《急診室的春天》(ER)。

感謝上帝讓這一行充斥著樂天派。

實情是，我從來沒有見過任何一項預測具有十足的把握，多個節目都慘遭滑鐵盧。每十個新點子當中，往往只有一個能夠通過考驗、登上舞台；而如果每五個上映的節目當中有一個獲得成功，就算是非常幸運了。推出像《歡樂單身派對》、《歡樂一家親》(Frasier) 或《六人行》(Friends) 等轟動一時的影集，機率大約僅有千分之一。

別人經常對我說：「你怎能擁有NBC?你完全不懂劇情片或喜劇。」的確如此。但是我也不曾親手建造一具飛機引擎或渦輪機。我在奇異的工作，是關於資源的管理，人員和財務上的資源。我提供給飛機引擎設計工程師的協助，和我對好萊塢挑片人員的協助一樣多（或一樣少）。

我們在影劇事業的表現不盡理想。NBC過去叫座的影集大都已露出疲態了。塔提可夫在一九九一年離開NBC，投效派拉蒙（Paramount）電影公司。塔提可夫的副手華倫・利特菲（Warren Littlefield），隨後在指派之下晉升爲影劇部的總經理。利特菲承接一個很困難的處境：我們沒有任何新的影集，而電視廣告市場陷入二十年以來的最低點。NBC的利潤由一九八九年的最高峰：六億零三百萬美元，驟降至一九九二年的兩億零四百萬美元。

那一年，我們必須面對一項困難的決策。我們在一九九二年的波卡會議中，討論由誰接手強尼・卡森（Johnny Carson）在《今夜》節目中的主持棒子。由於傑・雷諾（Jay Leno）與大衛・賴特曼（David Latterman）當時都是NBC電視網的一員，我們實在很難在兩者之間做一取捨。

財務長達莫曼和我，在接近午夜的時候走進一個正處於激烈論戰的會議室中。大部分來自東岸的傢伙偏好賴特曼，而透過視訊會議加入討論的西岸人士，則大多擁護雷諾。萊特希望能同時留住兩個人。他擔心若是從中擇一，很可能導致另一個人投入CBS電視網的陣營。達莫曼和我坐在會議室後頭聆聽兩邊的論點，這時，萊特轉而向我們求助。

「你投票給哪一個人？」

「你知道我不夠資格做評論，」我說：「但是如果我們兩人的角色互換，我會選擇符合奇異文化的人選。你很欣賞雷諾的價值觀，他是個好人，能夠對員工產生正面的影響，而美國觀衆將會發現他的這些優點。」

這項決策引起廣泛的抨擊。賴特曼離開了我們，加入CBS，並且在同時段推出新的節目與我們互別苗頭。

批評聲音四起，連廷可也加入評論的行列。我很欣賞廷可，也一直以爲我們之間的關係良好。

他在一九九四年推出一本新書，文中表示萊特與我應爲NBC的衰落負責。

他聲稱我任命萊特擔任電視網總裁是一項猶如「神風特攻隊」的自殺式決策，而我們以傑·雷諾取代強尼·卡森，則是一個致命的錯誤。他聲稱我們收購FNN的價格過高，並且把CNBC歸類於「必死無疑」的範疇裡。

「除了一個新的股票行情顯示器之外，CNBC缺乏任何獨特的風格，」廷可在書中寫著：「我很好奇傑克·威爾契是否收看CNBC的節目，也很想知道他的看法。」

廷可的惡毒評論讓我大感驚訝，不過，我後來發現巴德·魯凱塞（Bud Rukeyser）是這本書的合作撰寫人之一。魯凱塞是NBC公共關係部門的前任首長，一九九八年春，他在一個不太愉快的情況之下離開NBC。

在如此消沉的時期，我們又爲自己招來了另一個麻煩。我們與杜倫合夥，準備在有線電視頻道播放一九九二年巴塞隆納奧運的三台聯播節目。有線電視收視戶只需要多付一百二十五美元，就可以收到三個頻道、超過一千小時、不插播廣告的立即與錄影轉播。

這是一次徹底的失敗。

我們預期在四千萬個有線電視收視戶中，能有三百萬戶加入這項活動。不過，我們最後僅得到二十五萬戶的顧客。我們受到了嚴厲的打擊，這次失敗深深衝擊我們的媒體形象與財務狀況。光是這項活動，就造成了一億美元的損失。雖然萊特相信杜倫會信守合夥承諾，但是會計師擔心我們得負擔大部分的損失。

杜倫在必要時刻是一位最強硬的談判家，但他也是一位高貴正直的紳士。我們在十一月收到杜倫寄來的五千萬美元支票，用來分擔奧運轉播節目的損失。

在那個動盪不安的時期，我們遭受了許多挫折，奧運轉播節目只是其中的一項問題。

□

在一九九二到九四年之間，我們花了許多時間與心血應付種種問題，並試圖尋求脫困之道。我們與許多娛樂業集團接洽，其中包括派拉蒙、迪士尼（Disney）、時代華納（Time Warner）、維康（Viacom）與新力（Sony）等大企業。我們並非尋求資金上的支援，而是想重整旗鼓，讓NBC成為一個更壯大而堅強的電視網。我們差一點就與迪士尼和派拉蒙敲定合作協議。

我、達莫曼與公司的顧問，在一九九四年夏天，與迪士尼總裁麥克・艾斯納（Michael Eisner）及其工作小組進行晚餐會談。雙方暫時達成共識：迪士尼買下NBC四十九%的股權，而儘管我們保留過半數股份，NBC的營運將交由迪士尼掌控。我的主要條件是在結合了迪士尼電視業務與NBC的營運之後，仍由萊特出任新公司的總裁。

艾斯納喜歡這項構想，我和達莫曼都很興奮。

不過到了早上，艾斯納改變心意，決定放棄此次交易機會。我們與其他人進行了幾次認眞的討論，包括與派拉蒙的馬帝・戴維斯（Marty Davis）討論，不過最後都無疾而終。這些討論引起媒體的注意，關於奇異對NBC的計劃之種種臆測，在一九九四年如野火般蔓延開來。

尼爾遜、達莫曼和我聯手準備了一份分析資料，說明奇異在電視網事業中的長期利益CNBC電視網當時的資產價值，大約四十億到五十億美元。我們相信奇異可以在風險不高的情況下創造出極有價值的資產。我們在一九九四年十月的董事會中提出這項分析，建議繼續保留電視網事業。

我逐一詢問每一位董事的意見，要求他們支持這項決策。他們毫無異議都同意堅守NBC電視網，我們於是向社會大眾申明奇異在電視事業中的決心。

在此期間，利特菲在新節目的發展上，也頗有斬獲。萊特決定給予利特菲更多的資源，並且任用我的老朋友歐梅耶掌管西岸的營運。利特菲與歐梅耶展現出完美的搭檔；利特菲深諳節目規劃的細節，而身材高大、經常出言不遜的歐梅耶，則是一位促銷專家。他擁有一間非常成功的製作公司，我們得買下這家公司才能讓歐梅耶加入我們的陣營。他那英雄般的姿態，幫助我們的伯班克（Burbank）攝影棚重拾信心。兩個初露頭角的節目，《歡樂單身派對》與《爲你瘋狂》（Mad About You），逐漸受到觀衆的歡迎。

在十八個月的合作經驗中，他們倆聯手推出了《歡樂一家親》、《六人行》與《急診室的春天》等轟動一時的節目；影劇部的情況開始好轉。

新聞部在賴克的帶領之下，也展現出亮眼的成績。賴克在一九九三年四月就任時，NBC新聞是三大電視網中的第三名，而且遠遠落後於前面兩名。在我們的衆多新聞節目，包括《今天》、《晚間新聞》與《日期》中，沒有一個搶佔同時段的第一名。由於《今天》的收視率疲弱不振，甚至有人建議把它縮減爲一個小時。

賴克加入新聞部兩個月後，提出一個讓許多人覺得很瘋狂的點子。他希望把《今天》節目的拍攝地點，移出位於奇異大樓三樓的舊攝影棚，而在洛克菲勒中心一樓建造一個全新的攝影棚。

他認爲這樣將能扭轉節目的頹勢。

「我們應該讓古蕊克和甘保，與觀衆建立更深的互動關係，」賴克表示：「不過，這可不是一項便宜的計劃，攝影棚的造價約一千五百萬元，如果這個點子不成功，將會是一次很大的打擊。」

「不！不！不！」我高聲嚷嚷著：「不會失敗，這是一個了不起的點子，放手去做吧！」

我向達莫曼說道：「你得替我們找到一千五百萬美金。」

一九九四年秋天，《今天》的拍攝工作搬到新攝影棚的一年半之後，節目的收視率開始起飛。供路上行人觀賞節目拍攝工作的大型窗戶，以及我們把節目現場帶到洛克菲勒中心的機會，在在令《今天》成爲紐約的一大觀光景點。每逢星期五早晨，《今天》在廣場中舉行的現場演唱會總會吸引上千名觀衆駐足。

這時，甘保在主持了十五年之後開始對工作產生厭倦感。他和他的經紀人明白表示希望嘗試新的工作。賴克與萊特開始尋找接任人選，最後發現解答就近在眼前。

WNBC（NBC紐約地方電台）的總經理比爾・波司特（Bill Bolster），一直試圖整頓清晨五點到七點的節目時段。他對幾年前在紐約第九台（Channel 9）主持談話性節目的麥特・勞爾（Matt Lauer）印象深刻。

在那個節目結束之後，勞爾的事業一直沒有太大的發展。事實上，勞爾有天早晨在園藝公司的卡車上瞥見「徵人」的牌子，還曾打電話應徵。波司特在隔天打電話給勞爾時，他還以爲是園藝公司打來的電話。不過，波司特提供的是一個更理想的工作機會與更優渥的待遇——比起園藝公司的工作簡直是天壤之別。

他聘用勞爾擔任WNBC晨間新聞的雙主播之一。自從勞爾在一九九二年年底加入電視台，我總在觀賞完CNBC的商業新聞之後收看由他播報的六點半晨間新聞。我和波司特一致認爲勞爾在螢光幕前充滿魅力，他謙遜而有魅力，具有取代甘保的潛力。

我開始打電話騷擾賴克，彷彿我是勞爾的經紀人一般。波司特和我站在同一陣線。

「你認爲麥特・勞爾如何？」

「他很不錯。」賴克回答。

「你什麼時候給他這份工作？」

「他還需要一點磨練。」

「噢……拜託！」

《今天》的執行製作札可，在一九九四年開始讓勞爾擔任節目中的新聞播報員，漸漸的，勞爾開始在甘保週末休假期間取代了他的地位。大家都很喜歡勞爾的風格。

CBS電視網爲甘保在晚間黃金時段開闢了一個新的節目，甘保終於如願以償離開晨間新聞事業，我們都替他感到高興。

勞爾在一九九七年年初接替甘保的角色。古蕊克與勞爾的完美搭檔，立刻捕獲了廣大的晨間觀衆群。

《今天》在一九九六年成爲收視率第一的晨間節目，並且逐漸拉大與第二名，ABC電視台的《早安美國》(Good Morning America) 之間的距離。隔年，布洛可的《晚間新聞》搶佔冠軍寶座，目前仍穩居王位。《日期》的執行製作夏皮羅在主持人波莉與史東・菲力浦 (Stone Phillips) 的協助之下，讓這個黃金時段的新聞性節目，在通用汽車事件之後創造另一個高峰。

賴克眞的讓NBC新聞部重新站穩脚步。

□

羅傑・艾爾斯（Roger Ailes）是CNBC背後的推手。他曾經擔任前總統老布希的政治顧問，以及洛許・林波（Rush Limbaugh）電視節目的執行製作。萊特在一九九三年八月延請艾爾斯擔任CNBC的執行長，我立刻折服於他的能力。他是一個敏銳而且容易激動的人，對任何事情都有意見。他爲CNBC塑造獨特的風格、策劃黃金時段的節目內容，並且大力提昇克利斯・馬休（Chirs Mattews）等主持人的知名度。艾爾斯一手策劃了一個談話性節目，節目名稱爲《美國說話》（America's Talking）。

在艾爾斯的領導之下，CNBC的營運利潤從一九九三年的九百萬美元，大幅提昇至一九九五年的五千萬美元。不過，我們與微軟合資成立的MSNBC，是導致艾爾斯離開公司的間接因素之一。他不喜歡我們把他的寶貝《美國說話》交由MSNBC經營。艾爾斯在一九九六年一月離開我們，著手創立福斯新聞頻道，爲自己開創一個極爲成功的事業。

我們任命波司特接替艾爾斯的位置。波司特曾幫助WNBC成爲紐約首屈一指的地方性電視台。他開始在CNBC的螢光幕上，以跑馬燈的方式顯示即時股票交易行情，並且要求記者以播報刺激性體育新聞的語調，進行商業新聞的報導。他在股市開盤之前的時段，推出一個三小時的節目，《揚聲器》（Squawk Box），藉以拓展股市開盤之前的收視狀況。

《揚聲器》捧紅了一組人馬，包括馬克・海恩斯（Mark Haines）、喬・肯南（Joe Kernen）與大衛・法伯（David Faber）。他們自然、不造作的戲謔與敏銳的觀察力，讓市場在開盤前便充滿活力。這個節目廣受歡迎，其觀衆群幾乎涵蓋了美國的所有企業領袖。

股市開盤期間，ＣＮＢＣ塑造出來的第一位名播報員，瑪莉亞・芭蒂羅莫（Maria Bartiromo），將在「前線」（也就是證交所）進行連線報導。她的獨家內幕報導，爲她贏得了全美最佳財經新聞記者的美名。

收盤之後的時段，是殷瑟納與赫蕾拉主持的《商情中心》。這是最具權威性的商業新聞節目，其地位可以媲美ＥＳＰＮ體育頻道的《體育中心》（Sports Center）。

我在波司特大力整頓節目內容的過程中，不斷要求他比較《華爾街日報》與《紐約郵報》（*New York Post*）對同一則新聞的處理方式，慫恿他採用郵報這種肆無忌憚、更具娛樂價值的風格。追根究底，商業是一場競賽。波司特，以及由紐約ＮＢＣ電視前任新聞總監布諾・可翰（Bruno Cohen）帶領的工作小組，確實掌握了其中的精髓。

ＣＮＢＣ在接下來五年中穩定成長，利潤在二〇〇〇年達到兩億九千萬美元，讓ＣＮＢＣ晉身最賺錢的有線頻道之一。

ＮＢＣ的營運狀況在一九九六年開始好轉，營業利潤在當年首度超過十億美元。《急診室的春天》是收視率第一的連續劇，而《歡樂單身派對》則是收視率第一的單元喜劇。ＣＮＢＣ獲利豐厚，並且穩定成長當中。《今夜》節目戰勝了ＣＢＳ的大衛・賴特曼，傑・雷諾的確是最棒的深夜節目主持人。

□

一九九五年年底，萊特得知微軟考慮投資CNN電視台，於是開始和他們討論合作的可能性。我們一直希望開發有線新聞頻道，但是從頭開始創立一個電視台的成本實在過於驚人。萊特在一九九五年十月的NBC策略檢討會議中，描述他與微軟之間持續進行的協商過程。

> 我們絞盡腦汁思索適當的合作關係，其中一項可能性，是透過特許權的安排進行合作。我跳到台前，引導大夥兒討論各種可能的替代方式，最後在黑板上畫出一個奇異經常採用的交易結構。在此結構中，我們將成立兩個各佔五十的合資企業，其中，有線電視事業將交由NBC掌管，而網路事業則交由微軟掌管。

羅傑斯與萊特開始和微軟小組討論這項概念。一開始，微軟的興趣主要在於我們採訪新聞的能力，希望藉此發展一個網路新聞頻道。對微軟而言，有線電視是一個次要的產品，雙方立場的不同，讓協商過程困難重重。雙方在一九九五年十二月舉辦記者會宣佈合作計劃的前夕，仍然未就幾項歧見達成共識。

羅傑斯與工作小組挑燈夜戰，試圖敲定交易的所有細節。比爾・蓋茲對有線電視的考量，是最後一項懸而未決的議題。

第二天早上七點，離記者會只剩兩小時的時間，交易仍未拍板定案。

> 我們爲了宣佈雙方的合作關係，籌畫了一個大規模的記者招待會，比爾・蓋茲將從香港、而羅傑斯將從德國透過衛星連線與會。由於記者會已迫在眉睫，萊特要求我直接與蓋茲交涉。

我撥了通電話給他。蓋茲的主要考量，在於擔心自己會陷入有線電視的重大虧損中、進退維谷。

「傑克，」蓋茲問道：「你相信有線電視的預測數字嗎？」

「我對有線市場的前景深信不疑，」我回答：「你們只管面對網路事業的挑戰，我相信我們絕對能在有線市場上締造佳績。」

我對有線電視台的成績提出一些擔保，試圖降低微軟承擔重大虧損的風險。

「這樣就夠了，」蓋茲回答道。

記者會召開之前的四十分鐘，比爾．蓋茲與我達成了協議。MSNBC在二〇〇〇年開始出現利潤，MSN也成了最受歡迎的新聞網站。

MSNBC提供布萊恩．威廉斯（Brian Williams）一個新的伸展台。威廉斯自從一九九三年加入NBC電視網後，便一直擔任晚間新聞主播布洛可的後援，同時也是週末新聞的主播。賴克爲他開闢了一個新節目，《布萊恩．威廉斯新聞時間》(The News with Brian Williams)。

螢光幕後的威廉斯，是全世界最風趣的人。他才華洋溢，要不是因爲已下定決心成爲新聞主播，威廉斯也可以擔任深夜脫口秀的主持人。

萊特與羅傑斯繼續尋找網路商機，並且投資了幾間網路公司；這些公司隨後併入了一間新的上市公司，NBCi。NBCi和當時大多數的網路公司一樣，都過於仰賴廣告受入。當網際網路的廣告市場在二〇〇〇年年初瓦解，NBCi的營運便陷入困境。我們在二〇〇一年重新買回NBCi，把它的角色定爲進入整個NBC世界的入口網站。

□

一九九七年年底，萊特和我收到了一項壞消息。黃金時段最炙手可熱的單元喜劇《歡樂單身派對》的明星傑利・賽恩菲爾（Jerry Seinfeld），不想再繼續做節目了。賽恩菲爾不僅是全美最受歡迎的喜劇演員，也是我個人的最愛。十二月的一個星期天中午，我們在萊特位於紐約的公寓中一同用餐，試著說服賽恩菲爾再多做一季的節目。

這個問題在一年前就出現了，那次我們說服了賽恩菲爾留到一九九七年年底。我記得萊特請我到他的辦公室中進行遊說。那次會議的氣氛很奇特；爲了留住賽恩菲爾，我們提出了一套相當優渥的股票選擇權與有限證券。賽恩菲爾要求我解釋這些證券的意義。賽恩菲爾裝傻的能力不遜於他的喜劇功力，我則假裝教導他財務學的概念，那眞是有趣的一刻。

我們那時留住了賽恩菲爾——如今，在一九九八年第一季開始之前，他再度萌生退意。這一次，賽恩菲爾帶了兩個好朋友，喬治・夏皮洛（George Shapiro）與賀華・衛斯特（Howard West）前來赴會，他們倆是老式的好萊塢經紀人。萊特以極有說服力的簡報，說明賽恩菲爾可能是電視史上第一位在節目仍持續成長的時候離開節目的明星。在電視史上，沒有一個節目能在邁入第九個年頭，收視群還有成長，連五〇年代的諧星密爾頓・伯勒（Milton Berle）也做不到。

賽恩菲爾希望在顚峰時期引退，萊特則堅稱他的潛力還未到達極限；這是很有說服力的一擊——此外，只要賽恩菲爾答應再多留下一年，就可以額外得到價值一億美元的奇異股票。

萊特和我以爲我們成功了，不過，這份喜悅的感覺只持續了十天。聖誕節前夕，我在佛羅里達接到賽恩菲爾來自伯班克攝影棚內的電話。

「傑克，」他說：「對我而言，這眞是一個困難的決策，而我也不願意讓你失望。」

我覺得糟透了；我知道我們失去他了。

「傑克，這是聖誕節前夕，我一個人坐在辦公室的小隔間裡。每一個人都正在和家人共度節日，而我卻坐在這裡寫劇本。我沒有辦法再過一年這樣的日子，傑克，我眞的做不到。」

「眞遺憾聽到這樣的決定，」我說。

我爲了他這麼多年來的貢獻而向他道謝。我尊重他的選擇，他一直希望在顛峰時期急流勇退，如今終於如願以償。

我們不僅失去賽恩菲爾，還「失去」了NFL。打從一九六五年起，NBC已連續三十多年進行職業足球賽的電視轉播，不過在一九九八年年初，我們把這項轉播權輸給了全國足球聯盟(National Football League)。

這項轉播權的放棄並非一個困難的決策；NBC內部沒有任何人願意討論這項轉播權的權利金，連體育部的人員也不例外。

當然，我最欣賞的報紙《紐約郵報》總能從此類事件中得到極大的樂趣；他們在頭版安插一張顯示我漏接足球的特寫畫面。

不過，這不是一次失誤。我們放棄價值四十億美元的八年轉播權，是因爲這個數字實在太瘋狂了。

失去NFL轉播權，導致我們決定在二〇〇一年，與世界摔角聯盟主席（WWF）文斯・麥克馬洪（Vince McMahon）聯手推出一個新的足球聯盟：ＸＦＬ（意指「終極美式足球聯盟」）。這項決策事後證明是一顆危險的炸彈，而我則不偏不倚站在爆炸點的正中央。如果你搞砸其他事業，通常還可以想辦法隱藏——但是電視事業上的錯誤決策就無所遁形了。

每一個人都盯著你瞧，尤其是那些評論家。

我是ＸＦＬ在公司內部的最大支持者。那時，ＮＢＣ星期六的晚間節目乏善可陳；麥克馬洪又極具天賦，他的ＷＷＦ也享有莫大的成功；曾經是摔角選手的明尼蘇達州州長傑西・范度拉（Jess Ventura）願意爲比賽進行開場，更增加了整件事的戲劇性。我們結合幾個重要市場上的八支隊伍，成立了這個新的聯盟。

問題是，我們一直無法決定ＸＦＬ究竟是一個娛樂性的組織，還是正規的足球聯盟——他們帶拉斯維加司的賭場老闆前往訓練營參觀時，這項難題才開始浮現出來。賭場老闆不喜歡ＸＦＬ提議的瘋狂規則，因爲這會令他們難以計算賭注的賠率；我們的體育部門則認爲我們需要這些賭局帶來的公信力與宣傳。在此認知之下，雙方便關起門來，制定一套令ＸＦＬ更具娛樂效果的辦法。

第一場球賽一開始有很高的收視率，然而在漫長的比賽過程中，觀眾逐漸失去了興趣。體育記者把我們批評得體無完膚；而聯盟隨後唯一獲得的報導，是讀者投書指出ＸＦＬ破壞了職業足球的神聖性。

觀眾不喜歡聯盟所提供的娛樂效果，也不喜歡足球賽進行的方式。聯盟開始步入死亡，沒有人觀賞比賽，每一個人都等著目睹我們的失敗。

我們在長達十二個星期的球季結束之後宣佈退出。ＸＦＬ是一個危險的暗礁，讓我們損失了六千萬美元，其效力和兩齣失敗的單元喜劇相同。儘管這是一次不愉快的經驗，但是財務上的衝擊還不算太大。承擔此類打擊，是奇異的規模所能提供的好處之一；你不需要每次揮棒都擊出全壘打。

除了ＸＦＬ之外，埃柏索爾經手的業務幾乎每一項都具有出色的成績。埃柏索爾在一九八九年年初加入ＮＢＣ，成爲魯尼．亞理傑（Roone Arledge）的門徒。亞理傑是電視界中轉播周一晚間足球賽與奧運的先驅，埃柏索爾繼承魯尼的地位，成爲體育活動電視轉播的大師。

一九九五年，埃柏索爾完成了體育電視界中最重大的勝利。二十年來，國際奧委會第一次在進行競價之前便同意把轉播權交給ＮＢＣ。ＮＢＣ曾經轉播一九八八年的漢城奧運、九二年的巴塞隆納奧運，並準備在九六年轉播亞特蘭大奧運；這些經驗是埃柏索爾的取得奧委會協議的後盾。

一九九五年七月底，萊特與埃柏索爾透過電話向我陳述一項創新的提議。埃柏索爾及其小組打算向奧委會提出一份史無前例的計劃，同時購買二〇〇〇年雪梨奧運與二〇〇二年鹽湖城冬季奧運的轉播權。埃柏索爾相信，藉由同時購買兩項比賽的轉播權，他可以說服奧委會省略慣常的競價過程。

他們希望展開閃電行動。爲了取得上層的同意，埃柏索爾安排萊特從南塔基特海岸的船上連線開會，達莫曼從緬因州的小木屋中加入討論，我則坐在南塔基特的夏日別墅中與會。

這項計劃所費不貲——價格高達十二億美元。

「埃柏索爾，計劃的最糟狀況是怎樣的情形？」我問。

「我們可能得蒙受高達十億美元的損失，」他答道。

我們一致同意放手一搏。埃柏索爾立即搭乘奇異專用的噴射機，前往瑞典會見國際奧委會主席薩馬蘭奇，接著再飛往蒙特婁，與奧委會中掌管電視轉播權的委員迪克・龐德（Dick Pound）展開會商。

不到七十二小時的功夫，他便鎖定了兩項奧運會的轉播權。

幾天後，埃柏索爾希望能趁勝追擊。一九九五年十二月初，我們以二十三億美元的代價，取得了另外三次奧運會的轉播權：雅典奧運、杜林（Torino）冬季奧運，以及二〇〇八年的比賽。

這項奧運計劃對ＮＢＣ電視網以及它的有線資產而言，是一次空前的勝利。在兩大有線電視頻道上播放奧運節目，可以幫助有線電視的業務主管大衛・札斯拉弗（David Zaslav），進一步把ＣＮＢＣ與ＭＳＮＢＣ帶入數百萬戶的家庭中。如今，ＣＮＢＣ的收視戶已超過八千萬戶，而一九九五年還低於兩千五百萬收視戶的ＭＳＮＢＣ，也將在二〇〇二年超越七千萬戶的大關。

□

這些年來，ＮＢＣ爲奇異帶來了龐大的利益。

它帶給我們的不僅是豐厚的財務利潤，還有那份讓員工以身穿ＮＢＣ運動衫爲傲的光榮。萊特讓ＮＢＣ超越傳統電視網的角色，這份遠見是造成ＮＢＣ成功的關鍵因素。電視網的觀衆逐漸在流失，這更證明我們在有線電視頻道上的投入是正確的一步。ＣＮＢＣ是財經新聞的龍頭老大，而一項針對二十五歲到五十四歲的觀衆群所進行的二十四小時收視調查顯示，ＭＳＮＢＣ是最受歡迎的有線新聞網路。儘管在我撰寫此書時ＮＢＣ的整體收視率已降到第三名，但是在廣告主最在意的族群，十八歲到四十九歲的觀衆眼中，它仍是居於領先地位的電視網。

在這整個過程中，鮑伯·萊特成爲電視史上任期最長的電視網總裁之一。他證明了一個「電燈泡工人」可以在電視業中締造驚人的佳績。

18

與政府交手

有輸有贏的經驗

我曾經近距離觀察我們的政府，我看到了對與錯、善與惡，

有誠實而勤勞的公僕，也有奸險狡詐而自我吹捧的政客。

我多次目睹政府的小奸小惡，而我到了 1992 年也有了親身的體驗。

的確，我對政府產生很大的懷疑——

但是希望自己不至於成爲憤世嫉俗的人。

唯有同時具備道德操守與豐富資源的大企業，

才有可能爲了自己的信念與政府抗爭。

很幸運的，我們兩者兼備。

我記憶深刻的一樁童年往事，是在上樓回到我們位於麻州塞勒姆的二樓公寓時聽見母親哭泣的聲音。那是一九四五年，我才九歲。在此之前，母親從未在我面前掉過一滴淚。我穿越門廊，看見母親站在廚房的燙衣板旁熨著父親的襯衫，眼淚從她的臉上汩汩流下。

「噢，老天爺啊！」她說：「法蘭克林・羅斯福過世了。」

我大爲震驚，不明白爲什麼總統逝世的消息會讓母親如此心碎；我完全無法理解。不過，十八年後，約翰・甘迺迪遇刺身亡，我感受到了相同的傷痛，坐在電視機前久久不能動彈。

母親由衷相信羅斯福拯救了我們的國家與我們的民主制度，是這份信念使得她對於羅斯福身故的消息如此難過。她完全信任羅斯福總統與我們的政府；父親也一樣。他們倆深信這個政府致力於實現民意、保護它的子民，並且從不犯錯。

許多年來，我一直抱持著與父母親相同的信心；然而這份信心數度遭遇嚴格的考驗。我曾經近距離觀察我們的政府，我看到了對與錯、善與惡，有誠實而勤勞的公僕，也有奸險狡詐而自我吹捧的政客。

我曾經多次目睹政府的小奸小惡，而我到一九九二年也親身遭遇到第一件大案子。

□

我正在南卡羅來納州的佛羅倫斯市（Florence）主持奇異董事會議時，我的法律總顧問班・海曼把我拉到一旁講話。他說，《華爾街日報》將在隔天（四月二十二日）刊載一篇報導，記載去年十一月遭到開除的副總艾得・羅素（Ed Russell）對奇異提出的訴訟。

這不是一般關於非法解僱的訴訟。原本在俄亥俄州掌管奇異工業鑽石事業的羅素，指控我們與南非的戴比爾斯（De Beers）聯手操縱鑽石的市場價格。他聲稱，自己遭到解僱，是因爲他對上司格蘭・海納（Glen Hiner）與戴比爾斯之間的秘密協商表達不滿。

我在當天下午從董事會上離席，與海曼和公關副總赫根漢一同商討對策。我知道羅素所言不實。首先，奇異塑膠事業部門的執行長海納品行正直，無可挑剔。其次，羅素是基於績效不良的原因而遭到解僱的；我知道這一點，是因爲我曾在一個關鍵時刻去函給他的上司要求開除羅素，這是連羅素本人都不知道的事實。

我在羅素於一九七四年以策略規劃員的身分加入奇異後不久就見過他，他在照明事業部門逐步晉升，終於在一九八五年成爲奇異超級磨料（GE Superabrasives）的總經理；這是奇異旗下的工業用鑽石事業。我在一九七〇年代初期在匹茲菲爾德工作時曾經監管這項事業，因此對此事業知之甚詳。一開始，羅素的表現不錯，營收與利潤都呈現穩定的成長；但到了一九九〇年，羅素開始面臨瓶頸，利潤從前一年的七千萬美元滑落到五千七百萬美元。

在一九九一年整年當中，羅素的情況不見好轉。他的財務數字沒有獲得改善，而且在一連串的檢討會議中，他也無法對其上司，塑膠事業部門執行長海納，提出任何解釋。我爲此深感困擾。這麼多年以來，我一直支持羅素；在我的許可之下，公司讓他一路晉升至超級磨料的總經理。

到了九月，海納和我在匹茲菲爾德與羅素進行最後一次的檢討會議。他完全無法回答我的問題，連業務上一些最直接的問題也答部出來。他表示自己並不準備討論這些項目，因爲他認爲這些不是此次會議的目的。我的財務分析師尼爾遜也參與了此次會議，羅素的回答令他大感詫異。

隔天，我草草寫了一張紙條給海納，概述我對此次會議的觀點，其中也包括我對羅素的觀察：「羅素必須離開公司。他在七月與昨天的會議中醜態盡出，他顯然完全不進入狀況。」(見下圖)

隔了一個月，海納打電話召他前往匹茲菲爾德，並在十一月十一日開除了他。

如今，羅素以各種亂七八糟的論點指稱海納所犯的錯。我在起草回應之前，記起自己曾寄給海納這張紙條，並請海納把它傳眞至佛羅倫斯給我。幸好這張紙條清楚顯示了羅素是基於績效上的理由而遭到我的開除；開除羅素的，並不是羅素所指控的人，海納。

海曼、赫根漢與我共同爲《華爾街日報》與其他媒體起草一份聲明。我們表明羅素是基於「績效不彰」的理由而遭到解聘；他在離開公司之前曾與許多人進行會

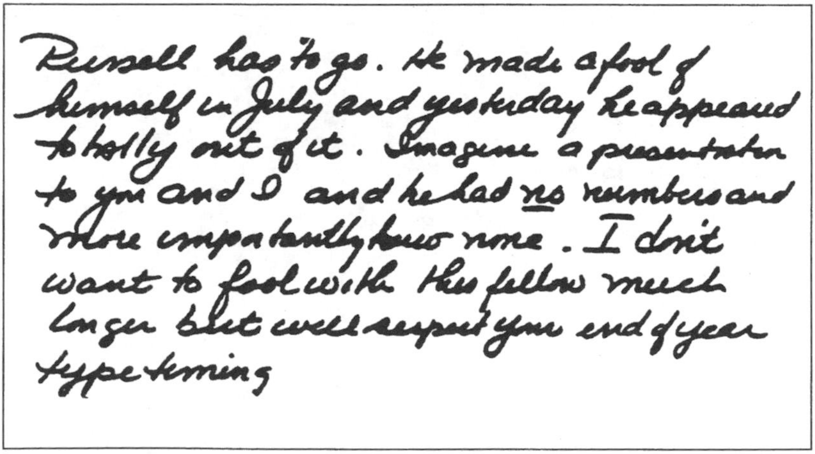
Russell has to go. He made a fool of himself in July and yesterday he appeared totally out of it. Imagine a presentation to you and I and he had no numbers and more importantly knew none. I don't want to fool with this fellow much longer but will respect your end of year type timing

羅素必須離開公司。他在七月與昨天的會議中醜態盡出，他顯然完全不進入狀況。想想看，向你和我提出的簡報竟然完全不含數字，我看他是根本沒有內數字可以提出。我不想再跟這個傢伙浪費時間了，年底大概是適當的時機。

談，試圖爭取更優渥的離職津貼。在這些會談當中，羅素從未提出任何關於違反托辣斯法的指控；他只是一位因爲遭到開除而心存不滿的員工。

隔天的報導出現了更糟糕的消息：羅素已說服司法部門，針對他所提出的操縱價格指控展開刑事調查。《華爾街日報》的記者在董事會後詢問我對這項指控的看法，我指稱這是「完全胡說八道」。我們開始進行內部調查，聘請了雅諾波特事務所（Arnold & Porter）的律師，以及溫斯頓史壯事務所（Winston & Strawn）的訴訟律師丹・韋伯（Dan Webb），深入研究羅素提出的指控。

來自外界的律師以不到六星期的時間，就能斷定羅素並沒有說實話；現在的工作是得說服司法部門。我們把調查結果告訴司法部人員分，並且整理出一份「白皮書」，詳述羅素在其訴訟具結書中提出的十二項不實論點。

司法部門對此文件置若罔聞。

一九九四年二月，海曼與我爲了這項案件前往華府與一位助理檢察官會面。她完全不聽我們的說明，一心只想進行起訴，沒有什麼事情阻擋得了她。她表示如果我們想避免這項關於操縱價格的起訴過程，可以事先認罪、付清罰鍰了事。

我絕不可能這麼做；我們並未犯下任何過失。政府對我們的起訴，是以一連串的謊言爲基礎。我們必須力爭到底。

通常，在政府的要求之下，以大陪審團進行審判的過程是免不了的。華府會談之後的第三天，這位助理檢查官正式起訴我們與戴比爾斯涉嫌操縱市場價格。她不信任自己手下的助理官員，因此以政府的經費聘用了一名來自外界的律師。

八個月之後，這項案件於十月二十五日在俄亥俄州哥倫布市（Columbus）的聯邦法院開庭審理。丹·韋伯在律師事務所的比爾·貝爾（Bill Baer）與奇異內部訴訟部門首長傑夫·金德勒（Jeff Kindler）的協助之下，主持我們的訴訟小組。

訴訟小組的表現傑出，我們甚至不必提出自己的證據就能徹底推翻檢察官的論點。喬治·史密斯（George Smith）法官在聽取檢察官的一切證據之後，於十二月五日駁斥整個案件，表示不予受理。「政府提出的陰謀理論完全站不住脚，」他說：「檢察官的論點毫無可取之處……即使以最偏袒政府的眼光審視這些證據，也沒有一位理性的審判員能判定奇異有罪。」

這項案件的勝利，證明如果我們知道自己是對的就應該據理力爭。檢察官毫無事實論據，只是打心眼裡憎惡一個大企業。過去，法官幾乎從來不會在進入審理程序以後，還駁斥關於反托辣斯法的刑事案件——尤其在被告還未提出申訴的情況之下。不過，這就在我們身上發生了。我們花了三年的時間回擊，這三年裡面，媒體充斥著對我們的負面報導；唯有事實讓我們深信自己是對的。

這是政府最惡劣的一面。他們讓聯邦調查局幹員監聽奇異離職員工，卻一無所獲；他們花了很長的時間追逐莫需有的指控，又向外界聘用昂貴的知名律師審理這項案件——這一切只是某些政府人士想要名垂青史罷了。

當然，我們並非毫無瑕疵。發生在前一年的另一項截然不同的案件中，政府的指控的確是對的。

□

事情還是得從海曼說起。他在一九九〇年十二月的一個星期六下午打電話到家中找我。

「你不會相信這件事的，」他說：「我們的一位員工和以色列的空軍上將，共同在瑞士銀行中開立了一個戶頭。」

這簡直令人難以置信。如果有什麼事情是我在奇異內部諄諄教誨苦苦勸戒的，那就是要有正直的品行。這是我們最重視的價值標準，沒有什麼比誠實的操守更重要。在每一次的企業會議當中，我都是以強調正直、誠實的演說爲會議畫下句點。

海曼在那個星期六打電話給我的時候，唯一的消息來源是奇異以色列分公司的一位職員寄回來的當地剪報。以色列當地報紙指出，奇異飛機引擎事業部的員工赫伯特·史坦德勒（Herbert Steindler）與空軍上將拉米·多頓（Rami Dotan）勾結，涉嫌從奇異供應以色列F十六戰鬥機引擎的大型合約中收取回扣。

這次事件在十九個月後落幕，奇異在此期間數度登上媒體的頭條新聞。我們懲戒了中、高層主管與基層員工等二十一人，並支付美國政府六千九百萬美元的刑事與民事罰鍰，同時也在國會面前表示懺悔。飛機引擎事業部的執行長在聯邦法院裡，以奇異代表人的身分坦承認罪，而公司的一位副董事長則在華府花了一星期的努力，試圖說服政府取消奇異飛機引擎事業部的暫停投標處分。

但在那個星期六，我剛聽到海曼帶來的這項消息時，差一點噎住。我們的員工之中竟出現了一個騙子。史坦德勒立即遭到停職；而由於他拒絕配合公司的內部調查，我們在三月間開除了他。我們聘用一群來自威莫·古特·皮克林事務所（Wilmer Gutler & Pickering）的律師，協助奇異稽核小組展開調查。接下來的一年，他們幾乎以辛辛那提市（Cicinnati）爲家；那裡是奇異飛機引擎事業部的大本營。調查小組追蹤合約的每一個細節、約談牽涉在內的每一位人士，在九個月的期間，他們調閱了厚達三十五萬頁的文件，並訪問超過一百位證人。

調查發現，多頓將軍在史坦德勒的協助之下，在紐澤西州成立了一家虛設的轉包商，由史坦德勒的一位密友出面擔任公司老闆。他們透過這家公司，把一千一百萬美元的公款轉入多頓與史坦德勒在瑞士銀行的共同帳戶。多頓是一位苛刻又令人望而生畏的顧客。早在一九八七年初，某些主管就開始針對多頓的交易提出質疑，但是這位空軍上將強調自己只是一位希望破除繁文縟節的以色列愛國人士，而史坦德勒也設法讓奇異主管相信沒有什麼好擔心的。

公司內部，只有一個人在知情的情況下違反了奇異禁止員工獲取直接財務利益的政策——那個人就是史坦德勒。開除他是再容易不過的事了。問題是，其他二十位受到懲戒的員工對此計畫毫無所悉，也沒有從中獲取一分一毫。這二十位員工在奇異的年資加起來有三百二十五年，其中某些人一輩子都爲奇異工作，有人的年資甚至長達三十七年。許多人擁有令人刮目相看的紀錄和卓越的績效，其中兩位是公司的高層主管，也是飛機引擎事業部門首長布萊恩·羅伊（Brian Rowe）的好朋友。

羅伊在航太產業擁有英雄般的地位，他是仍活躍於飛機引擎設計的前輩之一。羅伊熱愛他的工作夥伴，因此遲遲無法對他們進行處分。羅伊的遲疑是可以理解的。除了最後鋃鐺入獄的史坦德勒之外，其他人犯下的都是懈怠之罪，而非行動之罪。這些人並未得到任何好處，他們只是被人以巧計欺騙、不夠警覺，或是忽略了一些警告訊號。

除了史坦德勒之外，其他人都沒有明顯的涉案情況。因此對每一個人，特別對羅伊來說，這次的懲戒案是一個十分困難的決策。

此次事件唯一堪稱安慰的一點，就是比爾·康奈迪的崛起。康奈迪在後來成爲奇異人力資源的最高首長。他當時剛接掌飛機引擎事業部的人事職務，肩負懲戒行動的重責大任，同時必須確保每一個人都獲得了公平的待遇。每一位陷入這團混局的員工都收到一封信件，信中詳細記載我們的「憂慮」，或是以內部調查爲基礎的「指控」。他們得到機會陳述自己的說法，並且可以自行聘用律師協助，奇異將負責支付律師的費用。康奈迪最後提出針對每一位員工的處分建議。

在此期間，康奈迪、羅伊、海曼與我，幾乎天天透過電話進行聯繫。

坦白說，對於坐鎮在費爾菲德的海曼和我而言，進行嚴格的處分動作是比可憐的羅伊容易多了；畢竟他有幾位多年好友都涉入其中。還好，我們三人都對康奈迪抱持很高的評價，而他也能夠在我們之間扮演折衝的角色。

在這二十一位涉案的員工當中，十一位被迫離職或自行請辭，另外六位被降級處分，剩下的四位則受到申誡。而其中的兩位高階主管，有一位受到降級處分，另一位則請辭獲准。

這向全公司傳達了一份清楚的訊息：假如大頭兵受到處罰，將軍和上校不能若無其事地穩居其位。我們希望全體主管謹記在心，當他們手底下的員工從事不正當的行爲，他們必須負起責任。主管由於對員工操守的鬆懈而受到懲戒，在奇異內部激起了熱烈的震盪。

這次事件在許多層面上爲我帶來了重大的學習，不論內部的紀律問題，或是外部的對華府或媒體的認識。外界人士開始認爲，競爭壓力及對利潤的追求是造成人們作弊的原因。有人不願意就事論事——在這間擁有服務熱線、內部調查專員、自願揭露訊息政策，以及領導人持續宣揚正直操守的企業中，這只是一次獨立的事件。

我在一九九二年七月前往華府，接受衆議院小組委員會的詢問。委員會的主席是衆議員約翰．

丁格（John Dingle）。我發現他雖然態度強硬，卻相當公正，我不能要求更多了。在我前往國會之前的一個星期，我們與司法部門達成協議，同意支付六千九百萬美元的罰金。

在國會中說明案情發展不是一項愉快的經驗，但是我對自己的訊息深富信心——也希望能夠親自傳遞這些訊息。我向委員會表示：「卓越的追求與競爭能力，並不會與正直、誠實相互牴觸。」

我接著說道：「主席先生，如果把奇異看成一座城市的話，我們的員工人口總數在聖保羅市（St. Paul）或坦帕市（Tampa）之列。我們沒有警力，沒有監獄，公司的第一防線，必須仰賴員工本身的操守。遺憾的是，這套系統在此次事件中顯得不夠堅強。但是奇異全球二十七萬五千名員工當中，百分之九十九點九九的人，每天以無懈可擊的操守及昂揚的鬥志從事競爭行爲，我爲此深感驕傲。他們不需要警察或法官，他們只需要在攬鏡自照時能夠無愧於自己的良心。

「他們每天在全球各地，付出超過百分之百的心血從事競爭、爭取勝利與成長，同時能夠出於自覺、毫不懈怠地維持至高無上的操守，對他們而言，兩者之間完全沒有衝突。」

那是一次很公正的聽證會。儘管我出席會議的理由十分醜陋，但是我很高興能得到機會陳述己見。如今我更堅信，任何競爭行爲都必須以高貴的操守爲基礎。

□

這二十五年以來，包括二十年的總裁任期在內，在我所必須處理的議題當中，多氯聯苯事件是最令人頭痛的一項。

多氯聯苯是一種液態化學劑，是一九七七年以前電器產品爲了防火而採用的流質絕緣體。環保署在二〇〇〇年十二月提出的哈德遜河清理專案中，多氯聯苯再度成爲專案的焦點議題。

環保署在柯林頓（Clinton）執政時期的尾聲提出這項計劃。這眞的是一次科學研究與常識被高分貝的極端觀點淹沒的案例；這些極端人士一心一意要求政府處罰一間大型的全球企業。

這些年來，爭論的焦點已從多氯聯苯事件轉變成一場更基本的聖戰。極端人士可以抓住多氯聯苯之類的事件借題發揮，藉以質疑企業的基本角色。這些人通常視企業爲無生命的物體，沒有任何感覺或價值標準。

然而奇異並非由磚頭或大樓所構成的。賦予奇異生命的，是一群有血有肉的人；這群人與批評家住在同一社區、上同一所學校；這群人有希望也有夢想，承受相同的痛苦與創傷。

企業也是人。

一個大規模的企業，是一個很顯著的攻擊目標；一旦企業的表現突出，就更成了衆矢之的。事實上，奇異擁有世界上最優良的環保與安全紀錄。我們擁有超過三百座工廠與裝配地點，而且從來沒有因爲違反規定而與政府產生爭執。我們在美國的六十座工廠設施，還因爲優良的環保與安全標準，受到中央管理機關頒發「ＳＴＡＲ」認證許可。

過去十年以來，我們致力於降低廢棄物的排放量。根據環保署的評估，我們在十七種會破壞臭氧層的廢氣上，排放量降低了九十％，整體廢棄物排放量也降低了六十％以上。

這樣的成就並不是一件意外。奇異的每一位製造經理必須經過嚴格的訓練課程，並且每年向事業部門行政總裁與奇異的環保副總報告成績。同時，我每一季都會針對各事業部門的環保與安全績效進行評估。

簡而言之，我們對待環境與員工安全的方式，正如我們一貫的態度：首先設立高標準，然後進行評估，並且期望達到卓越的成就。

我們並不完美，但我們總是孜孜追求最卓越的表現。

資金從來不是問題。奇異擁有足夠的資源從事正確的事，而我們也知道，就長遠來看，做正確的事總能幫助我們達到更高的利潤。只有在此前提之下，你才能了解爲什麼我們在多氯聯苯事件中，如此堅持自己的立場。

對我而言，多氯聯苯事件可以追溯至一九七五年；那時我在匹茲菲爾德擔任事業群執行長。聖誕節之前兩個星期左右，我前往雪城視察半導體工廠，該單位的經理在閒談中提起，紐約政府的環境保育部門打算舉辦一場公聽會。他表示奇異位於紐約州北部的兩座電容器工廠是此次公聽會的焦點，這兩座工廠在哈德遜河中排放多氯聯苯，可能因而違反了法令。

在此之前，我從來沒有接觸過多氯聯苯，但是身爲一位化學工程師，我很熟悉工廠可能排放的廢棄物；我很想了解此次公聽會的發展。

兩天之後，我坐在匹茲菲爾德的辦公室中沒有太多工作可做。我決定驅車前往紐約州的首府奧本尼（Albany），看看事情的進展如何。我坐在公聽會會場的後頭，沒有人知道我的存在。

那天，奇異聘用的專家證人正在發表證詞。這位生物學家兼某實驗室的副總聲稱，根據他對哈德遜河魚群的實驗，魚類體內的多氯聯苯含量尚在可略而不計的水準。我們的證人不論聽起來或看起來，都不太像是一位專家。他似乎對自己的研究沒有太大的把握，也沒有辦法以直截了當的方式回答問題。我愈聽愈覺得不舒服。

如果他無法說服我，勢必無力說服公聽會上的官員。

公聽會結束之後，我打電話給事業部門的法律總顧問亞特・普西尼，要求他從匹茲菲爾德前來奧本尼開會。如今，事態看來已十分嚴重，我必須親自熬夜處理。普西尼和我要求這位「奇異專家」前來我的旅館房間，一步一步解釋他手抄的實驗紀錄。到了淸晨兩點半，我們經過了仔細盤問，認定他的研究不夠確實。我們認爲他的資料不足採信，也不應該在公聽會中提出。

我眞想勒死他。

隔天，我要求我們聘用的辯護律師不要仰賴這位專家的資料，也向公聽會的官員提出同樣的請求。兩個月後，環保局公聽會官員發布一份臨時裁決，文中指出「多氯聯苯污染」是「企業弊病與政府管理失職」所造成的結果；這是因爲我們的多氯聯苯用量在合法的範圍內，同時我們也取得排放它們的合法執照。

普西尼與我試著和後來成爲美國奧杜邦學會（National Audubon Society）主席的環保局局長彼得・伯勒（Peter Berle）取得協議；公聽會官員，同時也是哥倫比亞大學法律系教授的艾貝・索法葉（Abe Sofaer）幫忙居中協調。我們同意向河川清理基金會捐贈三百五十萬美元、協助多氯聯苯的研究，並且停止使用這項化學劑。紐約環保局同意比對我們的捐款配合貢獻，並且解除我們對哈德遜河的進一步責任。

伯勒和我簽訂了這項協議。《紐約時報》（*New York Times*）刊登了我和他簽約的照片，並附上這個標題：「奇異與州政府的多氯聯苯協定，被譽爲其他污染案例的處理典範」（見下頁）。《紐約時報》引用索法葉的話，指出這項協議是「雙方都有責任的情況下，一次很有效的處理先例」。紐約州

THE NEW YORK TIMES, THURSDAY, SEPTEMBER 9, 1976

Associated Press

Peter A. A. Berle, left, Commissioner of Environmental Conservation, and John F. Welch, a vice president of the General Electric Company, sign an agreement in Albany settling the case of the PCB's dumped into the Hudson.

G.E.-State Pact on PCB Is Praised As Guide in Other Pollution Cases

Special to The New York Times

ALBANY, Sept. 8—The Columbia University law professor who conducted hearings on state pollution charges against the General Electric Company said here today that yesterday's agreement to stop the company's chemical contamination of the Hudson River was "an effective precedent for dealing with situations of joint culpability."

The comment, by Prof. Abraham T. Sofaer, came after Commissioner Peter A. A. Berle of the State Department of Environmental Conservation and John F. Welch, a G.E. vice president, signed a quasi-legal agreement under which the company pledged to stop dumping toxic PCB's (polychlorinated biphenyls) by July 1, 1977.

G.E. uses PCB's to make capacitors—an electronic device for storing a charge—at plants employing about 1,200 workers in Hudson Falls and Fort Edward, north of Albany. After the manufacturing process, the PCB's have been routinely discharged into the Hudson for about 25 years.

In recommending the agreement, Professor Sofaer, whose hearings earlier this year covered 11 days of testimony, noted that G.E. had "requested and obtained" Federal and state permits to dump PCB's into the Hudson.

Until exactly a year ago, Professor Sofaer noted, when former State Environmental Commissioner Ogden R. Reid began an action against the company, "no one had ever claimed that G.E.'s PCB discharges violated state water quality standards." Governor Carey joined Commissioner Berle in saying that the agreement emphasized the "shared responsibility of the state and G.E. in PCB pollution of the Hudson."

That is why, Mr. Berle said, both the state and G.E. will cooperate in attempts to cleanse a 50-mile stretch of the Hudson, from Fort Edward to Albany, of PCB's now encrusted in the earth as sludge beneath the river.

From what is described as "reclamation" of the river, G.E. and the state will each pay $3 million. The company has agreed to put up $1 million more for state-directed research into toxic chemicals.

州長休伊・凱瑞（Hugh Carey）後來提議飲用一杯哈德遜河的河水，以顯示他對水質的信心。

這份簽訂於一九七六年九月八日的協定，甚至表示假如州政府有必要採取進一步措施保護民衆健康與公衆資源，它必須向聯邦政府爭取適當的經費。在協定的第三頁中明白指出：「當此處針對哈德遜河多氯聯苯污染補救措施所提供的經費，不足以確保民衆健康與公衆資源之安全時，環保局必須盡最大的努力，向奇異以外的來源爭取足以進行適當保護措施的額外經費。環保局應盡速提出爭取經費的行動計劃，向聯邦政府與其他經費來源詳細表明預算的用途。」

但是我們的努力還不僅止於此。

這項協議的前提，是以動物研究爲基礎。我希望了解多氯聯苯是否對人體有害，以及我們的員工是否有致癌的危險。我知道這項由企業贊助的研究若要取得任何公信力，我必須找到一位倍受尊重的科學家主持研究。於是，我前往西奈山環境醫學院，拜會當時的院長愛爾溫・塞立可夫（Irwin Selikoff）博士。自從發現接觸石棉會導致肺癌之後，塞立可夫就成了環保界的重要人物。他仔細聆聽我的請求。我邀請他前往奇異工廠，對經常接觸多氯聯苯的員工展開研究。

我賦予塞立可夫最大的研究空間，可以自由研究任何一位員工，完全不受限。他在奇異位於艾德華堡（Fort Edward）的工廠設立一座實驗室，首先針對三百位來自兩座奇異工廠的員工進行檢驗。他在一九八二年發表的研究成果，讓我更堅信多氯聯苯不會致癌。

塞立可夫的死亡率研究顯示，在接觸多氯聯苯長達三十年的員工當中，沒有任何人因爲罹患癌症而死亡，或是出現其他嚴重的副作用。一般而言，就他所研究的樣本數量，即使樣本群沒有接觸多氯聯苯，也至少應有八件死於癌症的案例。

那時期，還有其他科學家針對長期接觸多氯聯苯的電力工人與西屋電器員工進行調查。任職於國家職業安全衛生研究院（NIOSH）的亞歷山德・史密斯（Alexander Smith），在一九八二年以最簡潔的方式提出研究結論：「如果接觸多氯聯苯會對人體產生任何負面影響，毫無疑問的，這些負面影響應該會出現在接觸最深的族群身上。然而，在已發表的職業安全或流行病學研究報告中（包括我們的研究），沒有任何一份顯示，接觸了多氯聯苯與任何負面的健康狀況有關。」

許多年以前，兩起虛驚一場的重大事件，就引起大家對多氯聯苯議題的關注。第一起事件發生在一九三〇年代，當時，一項含有多氯聯苯的化學混合物，鹵蠟（Halowax），會產生嚴重的發疹現象，並且在少數幾件案例中引發肝病、導致死亡。一位率先研究此次事件的哈佛科學家指出，多氯聯苯是鹵蠟混合物中毒性最高的成分。

然而在深入研究之後，他於一九三九年修正自己的報告，表示多氯聯苯「幾乎不含毒性」。遺憾的是，他的訂正沒有引起任何人的注意。一九七七年，那份報告之後將近四十年，安全衛生研究院發表的政府報告指出，鹵蠟事件「不斷被人以錯誤的方式引用」。

即使到了今天，我們還是經常接到記者的電話，他們自以爲從這些古老的鹵蠟事件中發現了「爆炸性的證據」——雖然說科學家與政府都已駁斥這些案例與多氯聯苯的關聯。

另一次虛驚一場的經驗，是一九六八年發生在日本的「油症事件」，大約一千名民衆在使用了米糠製造的食用油之後，產生了嚴重的出疹現象以及其他症狀。人們發現油中含有多氯聯苯的成分，因此把它稱爲「多氯聯苯油症」。

然而，日本科學家在隨後的研究發現，米糠油中含有其他兩種氯性化學劑，而且含量很高，這兩種化學劑都是多氯聯苯在高溫之下的副產品。這群科學家同時檢驗了日本的電氣工人，發現他們血液中的多氯聯苯含量高過油症病患，但這些工人並未出現任何病徵。等到科學家在猴子體內注射多氯聯苯與其他兩種化學劑之後，他們認定，導致油症事件的主因是另外兩種化學劑——而非多氯聯苯。

這些虛驚一場的警報，引起美國研究員芮娜·金布羅（Renate Kimbrough）博士的興趣，她後來爲美國政府進行最早期的多氯聯苯老鼠實驗之一。金布羅博士發現，被餵食高劑量多氯聯苯的老鼠，產生肝腫瘤的機率較高。她在一九七〇年代中期，曾先後任職於美國疾病防治中心與環保署，這段期間裡，她積極投身於此類研究中。就像我一九七五年求助於塞立可夫博士的時候一樣，我希望找到一位不論品行、資歷都極具公信力的科學家，再度爲我們研究多氯聯苯的不良影響。因此，我在一九九二年四月邀請金布羅博士承擔這項任務。

奇異內部的多氯聯苯研究，由史提夫·拉姆齊主導。拉姆齊曾任司法部環境管制局局長，如今是奇異的環境與安全部門首長。他和奇異的另一位科學家，史提·漢姆頓（Steve Hamilton）博士，深知批評家會對奇異贊助的研究抱持懷疑態度，因此，他們成立了一個諮詢小組，藉以審核金布羅與其他人員的研究過程。諮詢小組由政府與學術界的研究人員構成，並由國家癌症中心的前任首長亞瑟·阿普頓（Arthur Upton）博士，出任諮詢小組的主席。

金布羅針對一九四六年到七七年期間任職於奇異哈德遜瀑布與艾德華堡兩處工廠的所有員工，展開全面性的大規模研究。她聘請私家偵探，透過奇異的薪資帳冊紀錄與陳年的電話簿追蹤當時的所有員工，甚至檢驗其死亡證明書。這項研究的對象，涵蓋了七千零七十五位現職與離職的員工。

一九九九年，金布羅博士發表了一篇驚人的報告：奇異員工基於各種癌症的死亡率，遠低於全國與地區性的平均標準。

環保署在審核金布羅報告的過程中，曾經向南加州大學諾李司癌症研究中心（Norris Comprehensive Cancer Center）的一位流行病學家徵詢意見。湯瑪斯・麥克（Thomas Mack）博士在回覆環保署的信件中表示：「我認爲，金布羅的研究具備完善的設計、適當的分析與客觀的詮釋，其追蹤調查亦相當完整……簡言之，這篇報告的結論是適切的，我認爲政府可以降低對多氯聯苯的管制優先權。」

我們後來透過資訊自由法申請調閱環保署的檔案，才獲悉麥克博士的意見。這封信的最後一句話表露了他的心跡：「我相信這封信對你們的幫助不會太大，但我已經盡力了。」

若非我們透過法律調閱環保署的檔案，這封信將永無公諸於世的一天。

在這場曠日持久的爭論過程中，奇異被描述成一個不在乎公衆利益的大型企業，在紐約的哈德遜瀑布與艾德華堡中大量「傾倒」多氯聯苯。

事實上，我們從未「傾倒」多氯聯苯，也從未製造這項化學劑。我們在消防與建築法規的強制要求之下，利用它來解決電子儀器行之已久的問題。之前使用的絕緣物質容易著火、引發爆炸；多氯聯苯解決了這個問題，因此被視爲一項了不起的化學劑。紐約州政府允許我們排放廢棄物，並核發合法的排放執照。

以多氯聯苯爲抨擊藉口的評論家是怎麼說的？

首先，他們表示奇異是擁有超級基金（Superfund）場址最多的公司（國會在一九八〇年通過一項法案，藉以籌措資金供政府整治過去遺留下來的有害廢棄物棄置場址；這項法案被稱爲超級基金法案），藉以影射奇異過去犯下的許多錯誤。我們的確擁有許多此類的棄置場址，總共有八十五處。但這個數字與我們的歷史和規模有關。奇異創立於一八九二年，在全球各地擁有的工廠數量，位居全球企業界之冠。和大多數公司相同，我們在政府的許可之下，合法地棄置工廠的廢棄物。

在絕大多數的超級基金場址中，來自奇異的廢棄物排放量，還不到整體數量的五％。許多團體應爲剩餘的廢棄物負責，其中包括市政當局、其他企業以及垃圾清運公司。奇異以很嚴肅的態度看待我們對這些棄置物場址的責任，我們在過去十年中，每年提出將近十億美元的經費贊助這些場址的整治工程。

批評我們擁有這些場址，好比批評老年人一頭白髮。場址的數目無關乎我們的品行，而是與年紀有關。

另一項常見的抱怨，指出我們不斷對超級基金法案提出異議，希望藉此免除清理棄置物場址的責任。的確，我們對法案的部分條文提出異議。美國人視打官司爲家常便飯，不論是違反交通規則或犯下謀殺案，都喜歡上法庭解決。

然而，當環保署發布超級基金命令時，你可沒有上法庭申訴的機會。在法案的規定之下，你只有一條路可走：根據官員的命令行事，否則就得面對三倍的賠償責任，以及按日計費的罰金。法案賦予環保署無限制的權力；你在收到命令之前沒有抗辯的機會，一直到許多年以後，等環保署認爲你的責任已了，你才可能得到舉辦聽證會的機會。

這是一道「先開槍，再問話」的法律。

我們相信這是錯的。我是一個化學工程師，不是憲法律師，但是以天父之名，我實在無法理解爲何我們的憲法能夠容許這種做法。它剝削你在合法訴訟程序中的基本權利；環保署試圖利用這項法案，推展它們的疏浚計劃。

如今，環保署表示人們可以安心在哈德遜河中游泳、划船、戲水，並且以它爲飲用水的水源。禿鷹與其他野生動物，也開始在哈德遜河谷中繁衍、成長。政府的疏浚計劃是以一項奇特的風險評估爲基礎：

> 環保署表示，如果一個人每週吃掉半磅的魚，連續四十年如此，此人罹患癌症的機率將提高千分之一。換句話説，你必須連續四十年，每年在五十二頓飯中吃魚，才可能增加罹患癌症的機率。任何一個理智的人都應該知道，這樣的風險比呼吸致癌的機率還低。

暫且不提政府禁止人們食用哈德遜河川的魚群已有二十多年的時間了；一九七七年迄今，水中及魚群體內的多氯聯苯含量也已降低了九十％。超過二十項研究——其中多半與奇異無關——顯示，多氯聯苯與癌症之間並無關聯。追根結柢，多氯聯苯對老鼠的影響和對人體的影響並不相同。魚群體內的多氯聯苯含量已降到百萬分之三到八；而根據食品及藥物管理局的規定，含量在百萬分之二以下的魚，才可以安全地在市場中買賣。

想想看，環保署的疏浚計劃將會造成多大的影響。環保署提議從哈德遜河挖掘八十億磅的沉澱物，希望藉此清除十萬磅的多氯聯苯。人們必須日夜挖個不停，每週六天，每年長達六個月。五十艘小艇與駁船必須全天候停在河川上，以長達好幾英里的管線輸送多氯聯苯。

環保署提議在河岸興建工廠，藉以清除泥漿中的水分，然後再以好幾萬車次的卡車或輕軌列車，送走乾掉的泥土。一旦完成了沉澱物的挖掘工作，環保署提議在河中重新注入二十億磅的乾淨砂石，同時聘用潛水夫種植一百萬株水生植物，彌補疏浚工程所造成的破壞。

然而這一切的做法並不會清除哈德遜河中的多氯聯苯，只會讓沉澱的化學物質重新懸浮於水中，並且往下流移動。

想想看，如果一個人基於商業目的而在哈德遜河進行挖掘工程會是什麼狀況；他會拆除河堤、破壞生態環境，並且砍掉樹木、擴充道路，藉以搬運他所挖掘出來的東西。

這會是環境上的大災難。

誰忍心破壞哈德遜河？環保署本身曾在一九八四年否決一項疏浚計劃，表示它會毀滅整個生態系統。如今，情況並沒有太大的改變——只除了政治環境的變化，以及魚群體內多氯聯苯含量降低了九十%。

奇異投注於研究、調查與清理的經費，至今已超過兩億美元。老舊工廠的多氯聯苯排放量，已從每天五磅降低到每天三盎司。我們相信，以奇異如今的技術，可以把每天的滲流量降到零。排放量的控制加上河川的自然沉澱過程，將可以讓魚群體內的多氯聯苯含量降低到疏浚工程預計的目標，並且不會造成化學物質的重新懸浮，也不會毀滅河川的生態。

環保署的提案中令人百思不解的問題之一，就是其他替代方案的付之闕如；他們完全沒有針對毀滅性較低的方案進行分析。

這不是錢的問題；我們會不計一切代價做正確的事。

爲了向哈德遜河上游的人說明事件的歷史背景，並解釋奇異反對疏浚計劃的原因，我們已花了一千多萬元進行宣傳。宣傳活動也引發了風波；激進份子對於宣傳中的訊息倒沒有太大的異議，他們只是認爲我們應保持沉默、遵照當局的指示行事。

我們的努力得到一些進展。根據民意調查顯示，居住在哈德遜河上游、從華盛頓到道奇士郡(Dutchess County) 的人，以三比一的比例反對環保署的疏浚計劃。該河川所流經範圍的六十多個地方政府與組織，也對這項計劃持有異議。環保署最後的決策，會把這些反對觀點納入考量。

遺憾的是，這不再是關於多氯聯苯、人體健康或科學上的議題，也不再以哈德遜河的前景爲出發點；這是關於政治上的鬥爭，以及對大公司的懲罰。

如果我們相信多氯聯苯對人體有害，你認爲，我和我的同事會採取這樣的立場嗎？這是絕不可能發生的事！

企業操守是最重要的事情，也應該是任何組織的最高價值規範。它不僅代表謹遵各項法律條文與精神，也代表行其所當行，並爲自己的信念據理力爭。

就多氯聯苯事件而言，我們採取了必要的措施，確保這項化學物質不會傷害我們的員工或鄰居；我們斥資好幾億美元，以最合乎環境的方式清理我們的棄置場與哈德遜河——我們也會持續投入必要的經費。

□

從母親爲羅斯福哀悼的那天到現在，我經歷了許多風雨。的確，我對政府產生很大的懷疑——但是希望不至於成爲憤世嫉俗的人。唯有同時具備道德操守與豐富資源的大企業，才有可能爲了自己的信念與政府抗爭。

很幸運的，我們兩者兼備。

第四部

奇異四運動

如果你有事業雄心，你一定會喜歡奇異。

如果你熱中於新的點子，也一定會愛上奇異。

在這裡，各項新點子在二十多個獨立事業部門與三十多萬名員工之間發起，並且毫無阻礙地自由流動。

無界限行爲，讓來自組織各個角落的新概念都能得到發展、茁壯的機會。此外，透過一系列讓組織各部門融合在一起的營運會議，這種不拘形式的風格也成爲正式系統的一部份。我們可能在某次的電力系統人事檢討會議中，從某位員工身上得到向匈牙利廠商進貨的點子。

然後，在隔天的醫療系統檢討會議上吹噓電力事業在匈牙利的成就；而你還來不及喘氣，他們又在東歐得到了新的進展。這是瘋狂、有時候很有趣而且非正式的過程，然而它具有強大的效力。最佳實務做法與最佳人才總會跨越自身的事業單位，進而驅策公司整體的成長。事實上，無界限行爲賦予我們一個特殊的「社會基本結構」（social architecture），讓奇異在學習的基礎上日益茁壯。

我們在一九九〇年代展開四大運動：全球化、卓越服務、六標準差、電子商務。

一開始，這四項運動都只是規模不大的小點子；然而等它們進入營運系統之後，就得到了成長的機會。這四項運動掀起了一股熱潮；在過去十年的加速成長過程中，它們扮演了很重要的角色。

它們可不是曇花一現的「本月推薦活動」。

奇異對「運動」的定義，是指能夠吸引每一個人投入的活動；它必須夠廣泛、夠普遍、夠共通，能對整個企業產生重大衝擊。一項運動的過程是長遠的，並且能徹底改變公司的本質。不論這幾項運動的發起人是誰，我都是最積極的擁護者。我以熱情、狂野，甚至近乎極端的態度，追蹤著每一項運動的進展。

這些運動的概念來源，出自公司的各個角落。全球化運動來自保羅・法斯科對推動全球業務的熱情。可羅頓維爾的學員提議重新定義市場以追求更快速的成長，激起了公司提昇產品服務的概念。六標準差的點子，源自於一九九五年的員工調查；當時雖然員工認為奇異的品質還算不錯，但是他們相信公司可以達到更高的標準。然後是在不容忽視的情況下，我們稍微晚了一點才推動電子商務；奇異投入這場陌生的革命，並仰賴我們的營運系統幫助我們了解電子商務的本質。

高階主管熱情而不遺餘力的投入，是讓各項運動發揮成效的必備條件。除了熱情之外，還得具備堅定不移的毅力。我們不僅在各項運動中投入最佳的人才，還會積極訓練他們、衡量他們的表現，並且記錄他們的成效。說到底，每一項運動都必須幫助人員得到發展，並且改善公司的財務底線。

每一位事業領導人，都必須是鬥志激昂的支持者——因為，含蓄、理性的態度無法產生提倡的效果。他們必須確定每一項運動的領導人都是組織內的A級員工；而我們則負責讓員工清楚了解各項運動的回饋，包括加薪、股票選擇權的贈與，以及在公司會議中的模範表揚。

組織員工藉由分析任務的領導人，可以判斷一項運動在組織中的地位。奇異在六標準差運動上的成功，尤其需要仰賴這一點。如果不是指派了最傑出、最聰明的領導人負責，六標準差運動在員工的眼中可能只是另一項一般的「品管運動」。

我們在一月的波卡會議、每季的CEC會議、四月的人事檢討會、七月的規劃會議、十月的經理人大會，以及十一月的營運計劃會議中，反覆提倡每一項運動。

同時，也毫不懈怠地追蹤著各項運動的進展。

我們藉由每年一度的員工調查，了解各項運動是否在組織內扎根、落實。我們在一九九五年開始以不記名的隨機方式，對一千五百名員工展開調查，如今，調查的樣本已廣達一萬六千人。我們利用這項調查設定公司的方向，也用它來偵測出哪些點子是華而不實的。這項調查直截了當詢問員工對各項運動的了解，藉以分析我們的訊息是否得到了貫徹。

舉例來說，我們在一九九五年展開六標準差運動時，我們詢問員工是否同意這項說法：「事業部門採取的措施，顯示品質是企業的第一要務。」在七百位資深的高階主管當中，約有十九%的人不同意這項說法，然而到了二〇〇〇年，不同意的比例降到八%。一九九五年時，三千位經理人之中有四分之一的人表示不贊同；五年後，此數字降到九%。

專注與熱情的投入，是各項運動獲致成功的不二法門。每一位領導人都必須以毫不懈怠的腳步，對各項運動展現全然的投入。

各項運動的成果，出現在它們應當出現的地方——我們的營運績效。在過去五年中，我們的營業額以加倍的速度成長，營運利潤也從一九九五年的十四點四%，提昇至二〇〇〇年的十八點九%。

19
全球化

沒有全球化企業，只有全球化的業務

在 80 年代前半段，我並未把重心放在拓展公司的全球業務。
後來，我取消了主掌國際事務的組織單位，
改讓各事業部門的執行長直接掌管該部門的全球業務。
先前的國際事務單位扮演著記分員兼幫手的角色，
沒有太大的實質意義。
我一直相信，沒有所謂的全球化企業，只有全球化的業務。
我向各個事業部門的執行長強調過不只一千遍：
他們必須負起推展該部門全球業務的責任。

奇異一直是一個全球化的貿易公司。

十九世紀末，愛迪生在倫敦的霍爾本高架橋（Holborn Viaduct）上，裝設了一套由三千個燈泡組成的電燈系統。二十世紀初，奇異在日本建造了一座規模最大的發電廠，公司早期的幾位執行長，都曾搭船在海上飄揚一、兩個月，前往歐洲或亞洲尋找新的商機。

我的全球化行動起步很早。

魯本・葛多福和我曾在一九六〇年代中期，與外國夥伴籌組兩家合資企業。其中一個合作夥伴是日本的三井石化公司（Mitsui Petrochemical），另一個夥伴則是荷蘭的AKU。三井和AKU都是大型的化學公司，我們與其合作的特殊化學事業，最後都因規模過小而沒有受到對方的重視。我們陷在長期的合作協議當中，希望能夠抽身而退。

我永遠不會忘記自己與三井的最後幾次談判經驗。當時擔任塑膠事業部門業務主管的湯姆・費茲傑羅，隨我和三井的高層主管在東京大倉飯店用餐。我們脫掉鞋子，坐在地板上。經過一兩天的協商，我草擬了兩份意向書，希望藉此大幅改變雙方的關係。其中一份同意支付象徵性的罰鍰，徹底結束雙方的合夥關係。另一份則要求三井在股權稀釋的前提之下，繼續保留他們在合資企業裡的股份。

席間，三井顯然和我們一樣迫切希望從協議中抽身。我覺得十分高興，我本來以爲得經過艱苦的談判才能達成目的。我立刻把「保留合資企業」的意向書交給他們——我低頭閱讀手上的一份時，才發現自己拿錯了文件。

我脫口而出：「噢，天啊，這上頭有個錯字。」

我把文件奪回來，再從公事包取出用來終結合作關係的意向書。他們簽了名，我們因此可以在日本隨意尋找新的合作夥伴。費茲傑羅一定曾到處宣揚這個故事，好讓人知道他的老闆是多麼的迷糊。

我們也順利從AKU的協議中脫身——這次我可沒有搞砸。AKU建造了一座生產PPO的試驗工廠，大約在此專案上投資了兩千萬到三千萬美元。他們對於PPO的興趣，主要在於化學纖維上的運用。一發現了此化學聚合物無法滿足這項目的時，他們便失去了興趣。

AKU的副董事長在他位於安海姆（Arnheim）的辦公室與我會面，表示在終結雙方的合作關係之前，希望得到兩百萬美元的賠償以彌補他們的損失。我指出這項要求得花好幾個月的時間在奇異的體制內進行審核，而我並不確定屆時是否能得到核准。不過，我表示自己擁有支付五十萬美元的權限，而且可以當場付款。他接受了我的提議，之後，我們便在歐洲設立一家完全屬於奇異的分公司。

若要在日本市場上發展，我們知道奇異必須尋求當地的銷售管道，而我們希望找到規模較小的合作夥伴。我們針對好幾家公司進行評估，最後選中長瀨株式會社（Nagase & Co.）。長瀨的主要業務是替柯達軟片經銷產品。我與長瀨家族的大家長完成了協議，奇異為這份合夥關係帶來產品與技術，長瀨則貢獻出他們對日本複雜的供配系統的知識。我們兩方集資，在日本建造了一座塑膠工廠，開始開拓當地的市場。如今，這座工廠是我們在亞洲的塑膠事業重鎮。我們在日本的醫療系統事業也採取相同的模式；一九七〇年代末期，奇異開始與位於橫河的省三橫河儀器公司合作。

這些合作關係已經維持了四分之一個世紀之久，儘管其間歷經種種變化，仍然能夠繼續成長茁壯。奇異或許是一個大企業，但它是由許多小型的事業所組成的。我們與長瀨和橫河的圓滿經驗證實：我們最成功的合夥模式，是與一些視雙方的共同專案爲第一要務的小型企業合作。每當出現需要解決的議題時，奇異的人員能夠直接與對方最高層的主管商談，而不需要經過重重的組織體制。

我記得自己曾因日本企業遲緩的決策過程而感到十分沮喪，但是他們一旦做出承諾，你便可以放心投入身家財產。這三十五年多以來，幾乎每一項在日本的業務關係最後都發展成一段持久的友誼。

我在接任總裁職位後的頭幾年，只在美國以外的地區執行過一、兩項獨立的交易。此外，我每年前往歐洲與亞洲一次，視察公司在海外的營運狀況。我們在一九八六年與日本發那科（Fanuc）株式會社籌組的合資事業，和早年與長瀨及橫河的合作關係有很大的相似之處。我一直很欣賞發那科株式會社及其社長稻葉清右衛門博士。他們顯然是工具機數值控制市場的領袖，而我們則正試圖推出工廠自動化商品。我們提出一句口號：「自動、進步或消失」，但是並沒有太多生意。我們在這項業務上僅有的資產是美國的供配系統，以及一、兩項強勁的產品利基。

那時奇異日本分公司的總經理是查克·皮普（Chuck Pieper），我請他拜訪稻葉博士，看看兩家公司是否具有合作的潛力。皮普數度拜訪發那科，爲我與稻葉博士在一九八五年於紐約舉行的會議奠定根基。

雙方立即產生好感。我們的供配系統結合發那科的產品技術，將是一次完美的組合。經過兩次會商，我們簽訂了一份價值兩億美元的全球性合約，這是一九八〇年代規模最大的一筆國際交易。和長瀨與橫河相同，發那科與稻葉博士也一直是絕佳的合夥人，雙方股權各半的合資企業在此基礎上日益茁壯。這項交易挽救了奇異的「未來工廠」(factory of the future) 專案。

□

老實說，在一九八〇年代的前半段，我並沒有把重心放在拓展公司的全球業務。不過，我取消了主掌國際事務的組織單位，讓各個事業部門的執行長直接掌管該部門的全球業務。先前的國際事務單位扮演著記分員兼幫手的角色，沒有太大的實質意義。

我一直相信：**沒有所謂的全球化企業，只有全球化的業務**。我向各個事業部門的執行長強調過不只一千遍：他們必須負起推展該部門全球業務的責任。

一九八〇年代初期，奇異內部僅有塑膠與醫療系統兩大部門，堪稱眞正全球化的事業。奇異資融的投資範圍仍限於美國境內；其他事業部門則從國際市場上接受規模不等的訂單，其中，飛機引擎與電力系統的海外銷售量還算相當龐大，但這些都僅是以美國本土的設施從事外銷業務而已。一九七〇年代，奇異與法商史耐格馬 (Snecma) 公司成立合資企業，爲最受歡迎的商業客機——波音七三七——提供引擎。

保羅・法斯科是帶領我們眞正步入全球化運動的人。他於一九八六年被任命爲國際事務資深副總，以倫敦爲工作據點，與各事業部門領導人具有同等的權力，但不需要負擔直接的營運責任。法斯科是典型的全球業務行政主管，他的身材頎長、長相英俊、充滿魅力，並且彬彬有禮，同時還具有全球性的知名度。這位出生於義大利的前任律師於一九六二年加入奇異，長久以來，他一直是國際事務部門裡最重要的人物。他曾擔任歐洲、中東與非洲事業部門的副總，也是公司裡談判技巧最高超的主管。

法斯科後來成爲奇異的「全球化先生」(Mr. Globalization),是所有全球化活動的始祖。他每天念茲在茲的,就是如何把奇異的疆域拓展到美國以外的地方。在每一次會議中,他總會催促同仁提出他們的全球拓展計劃。有時候法斯科可說是讓人覺得煩,總拿國際營運上的細節問題騷擾各事業的執行長,並且不斷敦促大家進行更多項令奇異眞正全球化的交易。他是一位毫不鬆懈的全球公民,可以在全球時區裡輕鬆穿梭,每年至少有一個月的時間身處於異鄉。

十五年來,我們倆經常一同出國考察,每年約有三次的機會進行爲期一到兩週的旅行。大多數的時候,妻子們會隨同我們一起出差,我們四個人就像一家人。而我們倆的妻子變成好朋友。每當我們埋首與工作之中、試著與外國企業達成協議時,她們倆便一同探索當地的風景與文化。

一九八九年是全球化運動最具突破性的一年。一開始,我們接到英國通用電氣有限公司(General Electric Co. Ltd.,簡稱 GEC)董事長阿諾・溫司多克(Arnold Weinstock)爵士打來的電話。我們與GEC並無任何關係,只是恰巧同名,該公司在二〇〇〇年更名爲馬可尼(Marconi),我們因此得以買下使用GE名號的一切權利。

溫司托克的公司正面臨惡意收購的威脅,他希望了解我們是否可能予以協助。法斯科、達莫曼、海曼與我一同前往倫敦與GEC的主管會面。這項收購計劃成了報紙的頭條新聞,我們的一舉一動都受到媒體記者的密切關注。交易定案之前,我們返回奇異的倫敦辦公室休息,讓GEC獲得充分的時間仔細考慮我們的提議。我們同意讓溫司多克以奇異副董事長胡德的名字爲代號,與我進行電話聯繫。

他打了幾次電話給我，每次都被倫敦辦公室的總機小姐擋了回去，她說我們在開會，將在會後回電話給他。溫司多克最後終於聯絡到法斯科的秘書；這位秘書小姐認識胡德，但仍走進會議室中說道：「線上有一位佯裝胡德的記者，他帶有非常濃厚的英國腔。」

「噢，糟了，」我說：「我忘記告訴大家，溫司多克會以胡德的名字爲代號。」

溫司多克可能以爲我們故意表現出不感興趣的樣子。

不過，他自己是一位凡事舉重若輕的傢伙，比我見過的任何人都更聰明、狡猾又詭計多端。就某種角度來看，他具有兩種截然不同的面貌。私底下，他最擅長說故事，個性迷人而殷勤。他擁有幾匹賽馬與英國女王的純種馬寄養在同一個馬廄，有幾間裝滿偉大藝術品的高級豪宅，以及一位了不起的妻子。他是慷慨而有趣的主人。

然而，進到他單調乏味的辦公室裡，他成了最精於算計而錙銖必較的會計師。GEC位於倫敦的總公司，反映出他一毛不拔的管理方式。辦公室裡的燈光昏暗、家具稀稀落落，而辦公室的走廊極爲狹窄，你必須側著身子行走，才能從開啓的房門旁邊通過。

洗手間的入口在一處狹窄的樓梯平台前面。如果你等著使用洗手間，很可能會被從裡面出來的人撞倒，跌落兩層階梯。

他的辦公桌位在一盞吊燈的正下方，當溫司多克坐在辦公桌前的時候，看起來彷彿非常難以應付。他經常躬身坐在一大疊帳本後面，眼光越過眼鏡上緣盯著你瞧。他會以彩色鉛筆在帳本上作記號，挑出未達預期目標的數字。

儘管他的個性複雜難懂，我認爲就整體而言，他仍是一個很有意思的人。

這次的協商，導致雙方在一九八九年四月於醫療系統、家電用品、電力系統與電力運輸等事業上進行一連串的合資與收購。奇異將獲得一份優異的工業事業、一個進入歐洲燃氣輪機市場的立足點，以及GEC家電事業五十%的股權。

同一年，我們買下 Tungsram 公司的多數股權，這是匈牙利規模最大、歷史最久的企業；法斯科在這樁收購案中居功厥偉。在發現 Tungsram 待價而沽之前，我們一直在奧地利接近匈牙利的邊境一帶尋找建立燈泡工廠的合適地點。即便處於共產體制之下，這家公司仍然擁有卓越的聲譽與先進的技術；它是在三巨頭——飛利浦、西門子與我們奇異——之外，規模最大的照明設備公司。

法斯科帶領一小組人馬前往匈牙利展開協商。經過一整天在談判桌上的角力之後，法斯科從下榻的布達佩斯希爾頓飯店打電話給我，詳細稟報最新的發展狀況。過不了多久，法斯科開始在談判過程中注意到一些不太對勁的行爲。他的對手似乎會針對法斯科在私人電話中與我討論的內容，提出回應之道。

法斯科向我暗示，他相信匈牙利人正在截聽我們的對話，所以我們開始交換一些古怪的訊息，看看他們隔天在談判桌上是否有所反應。果不其然，他們落入了我們的圈套。於是，法斯科和我開始利用電話對談爲隔天的談判鋪路。例如，他會在電話中表示，對方的多數股權要價三億美元。

「聽著，如果他們明天開出高於一億美元的價格，我希望你放棄這項交易。」

隔天，法斯科發現他們在價格上的要求就顯得合理許多。每當我們需要傳遞機密訊息時，一位奇異高階主管便會搭乘火車前往維也納，或者使用美國大使館中設有隔音裝置的電話亭。除此之外，我們繼續使用旅館中的電話玩把戲，畢竟，這不會造成任何重大損失。

我們最後以一億五千萬美元收購 Tungsram 五十一%的股權，並且在五年後買下剩餘的股份。法斯科於半夜十二點鐘，在一瓶伏特加的催化之下，與共產黨官員完成了交易。

隔天，柏林圍牆倒塌了。我們在並非刻意安排的情況下，完成了與新東歐世界的第一筆大型交易。自從愛迪生爲我們發明燈泡以來，照明事業幾乎就是美國企業的天下。這項 Tungsram 交易，再加上我們於一九九一年買下英國科藝（Thorn）照明的多數股權，使得奇異成爲全球第一大燈泡製造商，在西歐市場享有十五%以上的佔有率。

□

我在九月間前往印度視察的旅程，是一九八九年另一項值得紀念的全球性活動。我在法斯科的強迫之下首度踏上印度的土地，便立刻愛上了當地的人民。法斯科與印度一位著名的房地產大亨K・P・辛格（K.P. Singh）具備良好的關係。

辛格是印度最棒的親善大使。他身材高大、儀表出衆，具有貴族般的氣質、風度翩翩。他爲我們籌畫了四天緊湊的行程，包括與企業界的地毯式會談以及豐富的夜間活動。

第一天，我們在德里（Delhi）與政商領袖會談，其中包括總理拉吉夫・甘地。當天晚上的活動，則是一次畢生難忘的經驗。他不分親疏，邀請每一個人前往他的深院豪宅，參加一次盛況空前的大型派對。兩個樂團演奏著音樂，數百位賓客在灑滿花瓣的游泳池畔談天說地，而桌上則擺滿了各國風味的精緻美饌。

眞是一次熱情的招待！

我們在接下來的兩天繼續進行業務會談。在此期間，我們計劃選擇一個高科技事業夥伴，幫助我們發展低階、低成本的醫療器材。早先在日本促成發那科交易的皮普，如今已升任奇異醫療事業亞洲地區的首長。他篩選出兩位進入最後決選的潛在夥伴，並把他們帶到德里的飯店中與我們會面。這兩位都是十分成功的印度創業家，其中一位能說善道，另一位則沉默寡言。

法斯科與我熱愛第一個人所帶來的生動簡報，他充滿熱情地提出他的計劃。接下來，文靜的阿吉姆・普蘭濟（Azim Premji）提出簡報，翔實解釋為什麼他的公司，Wipro，才是奇異最合適的夥伴。皮普對普蘭濟的說明深信不疑，而陪同我們參與所有會議的辛格，則採取中立的態度。他認為兩位創業家都具有出衆的才華。

我們離開之後，皮普繼續以書信說服我們採用 Wipro。法斯科和我同意回到印度，隨同皮普與普蘭濟設立股權各半的合資企業。這項醫療事業後來達到優異的成績；Wipro 也大幅擴展了他們的軟體實力，成為印度高科技產業的標竿。普蘭濟如今的身價已高達數十億美元，名列全球巨富榜。

在印度最後一天的行程，辛格安排我們參觀泰姬瑪哈陵。我們在前一天晚上飛抵捷布（Jaipur）。我們以為第一天晚上的派對是一次不同凡響的特殊經驗，但是比起接下來的行程，那還不算什麼呢！

辛格即將超越自己的成就。我們在皇宮所改建的飯店前，受到一群妝點得五彩繽紛的大象與馬匹相迎。我們穿越蜿蜒的長廊走上屋頂，坐在巨大鬆軟的靠墊及美麗的古董地毯上。

這些令人彷彿置身夢境的招待，是道道地地的貴族禮遇。他們眞心希望奇異能愛上印度，並在這裡進行投資；沒有什麼事情能阻擋他們的決心。

隔天，在前往泰姬瑪哈陵的途中，我見到塵土飛揚的馬路上到處是各種動物；這種截然不同的景象讓我深受震撼。泰姬瑪哈陵完全超出我的想像，這棟富麗堂皇的建築在陽光之下閃閃發光，映照出一片粉紅色的光暈。在河的對岸，一個巨大無比的通訊小耳朵矗立在美麗的泰姬瑪哈陵的背後——這是新舊世界融合在一起的寫照。

辛格等幾位印度朋友的努力沒有白費；他們讓我們見到這片土地與人民吸引人的一面。我們在印度看到了各式各樣的商機。這趟旅程之後，我大力支持印度市場。

一個月後，在奇異的年度經理人大會中，我把印度描述爲一個值得下賭注的地方。我願意在印度放手一搏，因爲這個國家擁有堅強的法律制度、廣大的市場，以及一大群技術優異的人才。

我認爲印度市場的潛力驚人；它擁有八億人口，其中爲數一億多人的中產階級正在迅速成長。印度人民普遍接受高等教育，會說流利的英語。此外，此間許許多多的企業家，正奮力地試圖打破政府官僚的重重桎梏。

不過，儘管印度擁有優越的人力資源，它的基礎建設卻仍有待加強。我原本以爲當地政府會解決基礎設施上的問題，並且去除一些不必要的繁文縟節。

我錯了。我們試圖在那裡建立照明與家電事業，但是絲毫沒有任何進展；電力事業走走停停；金融服務與塑膠事業則只達到差強人意的成就。醫療系統事業是唯一蓬勃發展的業務。

另一方面，我卻也是對的。印度帶給我們的眞正利益，是其人民優越的才智與熱誠。我們在那裡發掘許多優秀的科學家、工程師與行政人員，如今，這些人才的蹤影遍佈奇異的所有事業。

□

一九九〇年代初期，我們藉由一連串的收購與結盟行動，並且指派最佳人員從事全球任務，不斷推動奇異的全球性成長。一九九一年年底，我們採取兩項重要的措施。首先，我們指派公司內最傑出的事業部門執行長之一，吉姆·麥克奈尼（Jim McNerney），擔任奇異亞洲區的總經理。麥克奈尼的任務不在於經營任何一項事業，而在於推動區域性的發展，並向其他事業部門的執行長展現這個區域的潛力。他的職責包括尋找潛在的事業夥伴、建立業務人脈，以及鼓吹亞洲的重要性。他是一個說服力十足的人，在公司內部發揮了很大的影響。

麥克奈尼進駐亞洲的八個月之後，我們派遣史克內塔迪電力事業的業務與行銷經理，德爾·威廉遜（Del Williamson），前往香港擔任全球電力事業的業務首長。把業務重心遷往香港，是一件合情合理的事情；美國境內根本沒有生意，眞正的商機存在於亞洲。就心理層面而言，見到威廉遜這樣的高層人員在孕育電力事業的史克內塔迪之外的地方經營業務，的確在組織內部產生強烈的衝擊。

這些行動的象徵意義震撼了整個體制。這下子，你聽到人們這麼說：「他們不是在開玩笑，這次全球化運動是玩眞的。」數字可以證明我們的決心；法斯科在一九八七年被任命爲資深副總時，我們的全球銷售業績爲九十億美元，佔總營業額的十九％；如今，全球業績已高達五百三十億美元，佔總營業額的四十％以上。

奇異全球化策略的另一項關鍵要素，是採用與一般看法背道而馳的觀點。我們把大部分的心力，集中在正面臨過渡時期或者不受眷顧的地區，我們認爲這些地方可以提供最高的風險報酬率。

歐洲經濟在一九九〇年代初期陷入蕭條時期，我們見到了許多良機，特別是在金融服務業。當墨西哥披索在一九九〇年代中期大幅貶值、整個經濟陷入一團混亂時，我們在那裡完成了二十多項收購與合資動作，並且把衆多生產設施遷往墨西哥境內。一九九〇年代末期，我們的金融服務事業大舉進入長期以來排斥外資的日本市場。以一種非傳統的眼光來看，這些都是投機性的行動。不過，我們打算在這些地方建立長期的事業。

我們收購法國的CGR、匈牙利的Tungsram，以及一九九四年收購義大利的Nuovo Pignone時，都是接管一份虧損或利潤微薄的公營事業。它們帶給奇異新的銷售管道或先進的技術，幫助我們推動醫療、照明與電力系統事業的全球化。

奇異資融在一九九〇年代初期開始向全球市場進軍，透過收購保險與金融企業，攻佔主要的戰場——歐洲。其活動在溫德於一九九四年在倫敦聘用麥坎席時進入白熱化階段。麥坎席在溫德的大力支持下，帶領奇異在歐洲進行大幅擴張。溫德在一九九〇年代末期，也在日本擔任類似的先導工作。一九九四年到二〇〇〇年期間，奇異資融所收購的一千六百一十億美元資產中，有八百九十億位在美國境外。奇異資融服務的全球化運動起步稍慢，但當他們加入全球化的行列之後，就眞的全力以赴。

成功並非一蹴可幾。我們花了超過十年的功夫，才使得收購自湯姆笙的醫療事業步上軌道。Tungsram 的狀況也是一樣。而我們最滿意的一項成就，是接管了三家公營事業：CGR、Nuovo Pignone 與共產體制下的 Tungsram，並且把它們改造成具有高度活力與利潤的企業。

但有些概念沒有獲得成功。我們企圖突破中國市場，決定以照明事業打頭陣。我們原以爲中國市場上的主要競爭對手將是些典型的全球企業——誰知道，中國差不多每一個市鎮的地方首長都打算興建燈泡工廠，如今，中國境內擁有超過兩千家燈泡製造商。

□

在我們企圖完成的全球交易當中，並非每一項都能拍板定案，有時甚至留下了苦澀的滋味。我只能想到一次——或者兩次——被背叛或欺騙的經驗。最糟糕的例子發生在一九八八年，法斯科和我飛往荷蘭安多芬（Eindhoven）與飛利浦的總裁會面，我們聽說他打算賣掉旗下的家電事業。這項交易將會賦予我們歐洲家電市場的強勢地位。

他在一九八〇年代接任飛利浦的總裁，腦子裡充滿各種大膽的改革計劃。在飛利浦大樓的晚餐會報中，他表示希望賣掉位居歐洲第二的大型家電事業，也考慮出售飛利浦的醫療事業。他甚至動了出售照明事業的念頭——儘管飛利浦在燈泡市場上一直是奇異最大的對手。

他喜歡半導體與消費電器事業。

晚餐之後，我們在雨中搭車前往機場，我轉身向法斯科說：「你曾在同一場會議中聽到如此截然不同的兩種看法嗎？雙方背道而馳的產業觀點，不可能都是對的，我們其中一人遲早會被轟下台。」

此次會議之後，雙方開始針對飛利浦的家電事業展開談判。飛利浦總裁安排麾下的總經理與法斯科進行協商。花了好幾週的時間進行企業評鑑的實地審核工作之後，雙方取得了價格上的共識，並認爲這筆交易已經定案了。然後，竟出現了令人震驚的消息。

在雙方握手成交之後的隔天，總經理帶來一個出乎意料的訊息：「抱歉，法斯科，我們打算和惠而浦（Whirlpool）進行交易。」

我打電話向飛利浦總裁抗議：「這實在不公平。」

他同意我的看法：「派法斯科過來，我們會在本週內解決這項問題。」

當時正在義大利可提納（Cortina）渡假的法斯科，立刻拋下妻子，火速飛往安多芬。他花了星期四一整天的時間取得一項新的協議，同意以更高的價格收購飛利浦家電事業。到了星期五下午，雙方完成所有交易細節的協商。飛利浦小組請法斯科先回到旅館休息。

「正式文件會在下午四點以前準備好，我們會把文件帶到旅館讓你簽名，」總經理說：「然後開香檳慶祝。」

等他們在下午五點左右抵達法斯科的旅館時，總經理投下了第二顆炸彈。

「我很抱歉，我們還是打算與惠而浦進行交易。他們以更優渥的條件擊敗了你的提議。」

法斯科簡直不敢相信。他在午夜時分以電話向我傳遞這項消息，我深爲震驚。飛利浦違背一次交易允諾，已經很過分了；第二次的談判，更是各種大型的高階交易中所前所未聞的。

還好，在這二十多年的總裁任期內，我見過數以千計的收購與合夥交易，這種情形極爲罕見——而如此公然的欺騙只有在安多芬的這一次而已。

□

和我們所推展的其他運動相同，這顆全球化的種子蔚然開花結果。我們的全球化思維，從市場的角度，轉變爲搜尋產品與零件的角度——最後再進一步擷取各國的智慧資本。

以印度爲例。我對這個國家的智慧資本抱持著很高的評價，但我們對其人力資源的使用，已遠超過我最瘋狂的計劃。印度擁有傑出的科學與技術人才，在軟體開發、設計與基礎研究上的成績卓越。我們於二〇〇〇年斥資三千萬美元，在此建造一座中央研發中心，如今已進入二期工程，在二〇〇二年竣工之前，我們還會投入三倍以上的經費。這將是奇異全球規模最大的跨領域研究中心，預計聘用三千多名工程師與科學家。如今此中心已聘用了一千多位員工，其中兩百五十人擁有博士學位。

印度的高級人力資源豐富，各行各業都不乏受過高等教育的員工。奇異資融把它的顧客服務中心遷入印度，成績斐然。比起奇異在美國與歐洲的同性質業務，印度全球顧客服務中心的品質較高、成本較低、收款率較高、顧客接受度也較高。奇異其他工業事業也跟隨奇異資融的腳步進駐印度。我們謹遵杜拉克的建言，把奇異位在美國的後方指揮中心移到印度的大前線。

在顧客服務與收款等事務上，我們在印度聘用的人員水準，是絕對無法在美國吸引得到的。美國的電話客戶服務中心深受人員高流動率之苦；但在印度，這是很吃香的工作。有人聲稱，企業的全球化擴張會傷害開發中國家的經濟及其人民，我則有不同的看法。這些就業機會明顯改善了當地的生活水準，當你看到人們臉上歡喜的表情時，全球化運動就顯得更有意義。

在全球化運動的發展之下，近幾年來，愈來愈多本地人士扛起各國的領導角色，讓奇異更具有全球性的風貌。早年的全球化運動中，我們必須重用由美國派遣至各地的高階主管，他們的貢獻卓著，但是我們過於仰賴這些「支柱」，一直無法減輕他們肩頭上的重擔。

爲了加速眞正的全球化發展，我們強迫自己大幅減少美國外派主管的人數。藉由減少各事業部門的外派主管，我們得到兩大好處：第一，更多的本地人才以更快的速度晉升至關鍵職位；第二，在第一年的實驗中，我們的費用就縮減了兩億美元以上。以派駐日本的主管爲例，假設此人的年薪爲十五萬美元，那麼公司整體的派駐費用將超過五十萬美元。我經常提醒奇異的事業部門領導人：「你是希望擁有三到四位了解這個國家與語言的東京大學優秀畢業生爲你工作，還是派遣一位你在家鄉的朋友？」

一次令人振奮的晉升決策，顯示我們的全球化運動已卓然有成。一九七五年畢業於東京大學的藤森嘉明（Yoshiaki Fujimori），一九八六年加入我們的事業發展部門。藤森原任亞洲區醫療系統事業總經理，而今在二〇〇一年五月，晉升爲奇異全球塑膠事業部門的總經理兼執行長，前往匹茲菲爾德就任。

在奇異，他是第一位登上最高階的全球事業領導職位的日本人——比起我四十年前加入的塑膠事業，這實在是好長好遠的進展。

20

卓越服務

重新定義市場

我們在營運系統的每一環，

都反覆灌輸加強高科技投資的概念。

在大部分的情況裡，我們對服務業務之技術研發的投資，

都能獲得三倍以上的回收；

在 2000 年以前，每年都能帶來五億美元的貢獻。

在服務技術上的重金投資，徹底改變了奇異服務業務的本質。

若非技術上的投資與六標準差的決心，

我們絕不可能取得客戶的長期維修契約。

以精密、穩定的模型預估未來十到十五年的成本，

是長期契約能否獲利的關鍵所在。

在奇異，發展服務業務跟其他的一切一樣，關鍵在於「人」。

除了醫療事業之外，公司內從事於重型硬體製造的人，多半把服務業務視爲「售後市場」（"after market"）：爲購買奇異飛機引擎、機動車與發電機的顧客，提供備用或替換零件。

「售後市場」——光是名稱本身，就讓這項業務退居公司的第二線。

在我們的重型儀器事業部門當中，工程師們總喜歡把時間用來發展最新型、最快速也最強力的產品。他們對「售後市場」興趣缺缺；不只他們這樣，連我們的銷售人員也把重點放在顧客最新的需求上。

我們曾試著推動服務業務，卻沒有太大進展。當年三哩島事件迫使我們的核能事業停止建造新的反應爐，該部門的人員只好仰賴維修業務維持生計。他們改造了事業部門的本質，在一個幾乎停滯不前的市場上得到兩位數的盈餘成長。

醫療事業一直很強調售後服務。該部門最主要的顧客爲放射線研究員，這些人也是醫療儀器的長期用戶。打從一九七六年推出第一部CT掃描器開始，我們就打著「連續」（the continuum）的旗幟推展業務。這句口號向放射線人員強調，他們只需提昇軟體水準，就可以得到「新一代的機型」，不需要丟掉價值上百萬的機器從頭來過。這項「連續」的概念，幫助顧客延長其投資的使用壽命，維修收入與醫療儀器的市場佔有率也都因而獲得提昇。

川倪在一九八六年升任醫療事業部門的執行長，他爲醫療事業的維修部門奠定紮實的根基。他是一位強硬的領導人，對於目標數字的達成率簡直是著了迷。川倪認爲維修業務應該具備更廣大的商機。醫療事業是奇異內部第一個推出長期維修契約的事業部門，也是唯一一個能進行遠距診斷的組織。此事業部門在全球各地設立維修中心，全年無休，爲他們售出的機器進行遠距離的診斷、維修。

來自世界各地的顧客可視他們所在的時區，得到位在巴黎、東京或密爾瓦基的技術人員全天候的答覆，甚至直接在線上解決問題。醫療事業對維修業務的重視，不遜於新儀器的銷售，在如此均衡的發展之下，此部門得到漂亮的成績；從一九八〇到二〇〇〇年之間，醫療事業的整體營業額成長了十二倍。維修業務在事業部門的成長過程中，扮演著不可或缺的角色；維修收入佔事業部門整體營業額的比例，在一九八〇年爲十八%，一九九〇年成長至三十一%，到了二〇〇〇年，更佔整體七十多億美元營收的四十一%。

□

除了核能與醫療兩項事業之外，我們並沒有太大的成功。可羅頓維爾的學員在一九九五年提出重新定義市場的挑戰，是服務業務發展過程中的轉捩點。等到其他事業部門以更宏觀的角度定義市場之後，服務業務的重要性便不言自明。

我在一九九六年一月的波卡會議中指出，奇異是一個「過分重視新顧客的公司」。我們經常出現一大群高階主管爲了銷售區區的五十台或五十八台燃氣輪機，或是每年幾百具的飛機引擎而爭論不休，然而，「在維修業務上頭，我們經常得面對上萬台渦輪機與九千具飛機引擎的現行客戶。」

這種心態必須有所改變。

在可羅頓維爾課程之後，我們於一九九五年十一月舉辦一次針對服務人員的特別人事檢討會議。一九九六年一月，我們在飛機引擎事業進行一項破天荒的非傳統性組織變革。我們創造一個新的職務：引擎維修部副總裁，並讓此部門成爲獨立的利潤中心。我們指派一位眞正的革命份子，比爾・瓦雷齊（Bill Vareschi），擔任這項工作；瓦雷齊原先是飛機引擎事業的財務長。

瓦雷齊個性鮮明，固執又講求實際，正符合這項新職務的需求。他起用稽核單位內的年輕新秀，傑夫・伯恩斯坦（Jeff Bornstein）；伯恩斯坦和他的老闆一樣，總是給予路上的障礙迎頭痛擊、毫不畏縮。瓦雷齊與伯恩斯坦以一九九六年一整年的時間，攜手塑造出維修部門的雛形。

奇異過去的許多業務，是他們建立維修部門的基礎。我們的引擎維修廠遍佈世界各地；我們在一九九一年，爲了銷售新的GE－9〇引擎給英國航空公司（British Airways），而買下他們位於威爾斯的大型維修廠作爲交換條件。這個維修廠的主要業務，是替勞司萊斯（Rolls-Royce）引擎進行保養與大修，營運狀況並不理想，英國航空公司一直希望能把這份虧損事業脫手。這項事業讓我們首度嚐試維修其他廠商製造的發動機。一九九六年，瓦雷齊在達莫曼的協助之下收購了Celma；Celma原先是巴西的國營維修廠，在我們進行收購之前已完成了民營化；這項事業讓我們取得維修普惠（Pratt & Whitney）引擎的技術。兩年之後，我們買下了巴西航空（Varig Brazilian）的維修廠，幫助我們以更低的成本維修奇異出廠的引擎。

到了一九九六年年底，引擎維修部的營運已步上軌道，營業額達到三十億美元，比一九九四年的業績高出二十二億美元。不過，這個產業開始出現整合動作。位於邁阿密的格林威治航空維修公司（Greenwich Air Services），於一九九六年收購一家專門檢修噴射引擎的公司，Aviall。我不明白奇異爲什麼沒有出面收購他們，並以此問題質疑瓦雷齊及其他人。一九九七年二月初，格林威治公司再度出擊，公開宣佈收購另一家維修公司，GNC的計劃。

我打電話給瓦雷齊，問道：「究竟是怎麼一回事？」這項新的收購案會讓格林威治公司成爲市場上的大玩家，我希望仔細研究他們。格林威治公司宣佈收購案的十天之後，我召集飛機引擎事業部的執行長墨菲與瓦雷齊進行一次視訊會議，希望探討收購格林威治公司的可能性。瓦雷齊仍在消化Celma收購案，並認爲我們擁有豐富的設施，足以自行發展堅強的業務。

不過，我愈想愈覺得不安。我不希望冒險讓其他競爭者搶先一步買下格林威治公司。我敦促墨菲與瓦雷齊多想想，然後在隔天召開另一次視訊會議。

這一次，他們答應試一試。瓦雷齊與格林威治公司的創辦人金・康尼斯（Gene Conese）頗有交情，他同意安排雙方在星期天早晨會面。視訊會議結束之後，我抓著達莫曼的手臂說道：「我們一定得買下他們。」他也和我一樣地興奮。

我在三月二日飛往邁阿密，隨同瓦雷齊前往康尼斯的住宅。他是一個熱情好客的人，也是一位白手起家的精明創業家，一手創立了他的公司。我們坐在他的飯廳中喝咖啡，很明顯的，他有意出售公司。雖然康尼斯沒有明說，但我相信他在拓展維修事業版圖的同時，心中一定想著：「你們這些傢伙跑到哪兒去了？」

那天早上，我們著手針對交易細節展開協商。格林威治公司當時的股價爲每股二十三美元，我提議以每股二十七美元的價格進行收購。康尼斯以每股三十五美元回價，結果就如你可以想像的，雙方最後以每股三十一美元成交。接下來的一星期，我們的小組人員展開企業評鑑的實地審核工作。丹尼斯隨後加入工作小組，協助推動收購程序。

隔週週末，我再度飛往邁阿密，照例針對最後細節討價還價。這項交易的總值達十五億美元。我說康尼斯的個性精明、狡猾，可不是順口說說的。我們依照康尼斯的意願，以奇異股票換取他在格林威治公司的股權。交易結束之後，奇異股價上漲三倍。這項收購案讓我們的營業額在一夜之間成長了六十%，眞正成爲飛機維修市場上的重要角色。

收購了格林威治公司之後，我們才算擁有一份眞正的事業；部門整體營業額達到五十億美元以上。瓦雷齊必須提昇組織的整體層級，以便把這份事業帶到另一個層次。更精確地說，他必須改變工程人員專注於設計新型引擎的心態，讓他們更重視提昇既有客戶群所擁有的引擎。我們指派部門中最傑出的設計工程師，維克・賽門（Vic Simon），擔任維修工程單位的主管。此外，我們也從奇異運輸事業調派一位年輕的「高潛力」製造經理，泰德・托貝克（Ted Torbeck），掌管維修部門的製造工作，並把此職位升級爲副總經理的地位。

這兩項人事案宣示了維修事業的重要性；該部門在一九九四年，只佔飛機引擎事業整體營業額的四十%以下，到了二〇〇〇年，其業績所佔比例已超過了六十%。

□

我們在電力系統與運輸事業中採用同一套模式，也獲得了同等的成績。如今，我們必須在此基礎上繼續擴張。

爲了加速傳播我們的學習心得，我們在一九九六年成了一個委員會，每季邀請奇異所有掌管服務業務的領導人，前往總公司開會。副董事長法斯科或是我本人，總會親自出席每一次會議。又一次，在這一類的會議上總能讓所有人的成績一覽無遺——而凡是沒能提出具體成效的單位，都會在下一個會期之前解決問題。在刺激收購興趣與建立長期維修契約等兩個層面上，最能看出概念分享的成效。

在服務業務的成長過程中，收購佔了很重要的地位。一九九七年到二〇〇〇年之間，醫療系統收購了四十家服務性質的公司，電力系統買下了三十一家，而飛機引擎則收購了十七家。運輸事業也在二〇〇〇年加入收購大戰中，他們以四億美元買下位於堪薩斯城的鐵路訊號與維修公司：賀蒙實業（Harmon Industries）。

運輸、電力與飛機引擎等三大事業部門，與高科技航太公司哈里斯集團設立了股權各半的合資企業。這是概念分享的另一佳例。這些新成立的資訊系統公司，可以讓鐵路公司掌握火車行進中的所在地點，或者讓電力公司偵測電線網路的哪一部份出現問題。我們在二〇〇一年，以友善的方式買下哈里斯在電力與運輸事業上的股權。

我們在營運系統的每一環，都反覆灌輸加強高科技投資的概念。在大部分的情況裡，我們對服務業務之技術研發的投資，都能獲得三倍以上的回收；在二〇〇〇年以前，每年都能帶來五億美元的貢獻。

在服務技術上的重金投資，徹底改變了奇異服務業務的本質。若非技術上的投資與六標準差的決心，我們絕不可能取得客戶的長期維修契約。以精密、穩定的模型預估未來十到十五年的成本，是長期契約能否獲利的關鍵所在。業務主管必須承擔因爲儀器表現低於預期狀況所造成的赤字，因此，這些契約也會強化推動技術研發的決心。

我們在技術上的投資，讓奇異能更貼近顧客的需求。我們今日所提供的服務升級，幫助顧客享有更高的生產力，也延長了儀器的使用壽命。

我們從這些行動中獲得了豐富的心得。

我們早期推出的技術升級，有時候顯得太過複雜了。顧客的投資還本期可能長達三、四年，遠超過他們所能容忍的一、兩年。我們如今在各事業部門中，專注於發展還本期間較短的解決方案——不論服務業務的主要目標是在於延長噴射引擎的使用壽命、改善電力公司的發電量，或是增加CT儀器的掃描速度。舉例而言，西南航空公司（Southwest Airlines）在二〇〇一年下達一份訂單，預備購買三百個單價一百萬美元的升級工具，藉以延長旗下許多架舊款波音七三七的引擎壽命與燃料效率。

運輸事業提供的一份圖表，最能展現硬體事業的高科技價值。火車頭的銷售量，從一九九九年的顛峰（九百零五輛）驟降至八年來的最低點（四百九十輛）。運輸事業在一九九三年僅售出四百四十輛火車頭，營業利潤爲一億四千四百萬美元。今年的銷售量與一九九三年相差無幾，但由於高科技維修業務的發展，營運利潤將與一九九九年相當，並且是一九九三年的三倍。

一如慣例，數字是檢驗一項運動成效高低的最佳試金石。我們的服務業務由一九九五年的八十億美元規模，成長至二〇〇一年的一百九十億美元，預計在二〇一〇年將可達到八百億美元。我們的長期維修業務成長了十倍，規模從一九九五年的六十億美元，擴充到二〇〇一年的六百二十億美元。

如今，我們爲提升既有客戶生產力所付出的心力，已不下於開發新客戶的努力。

卓越服務＝持續成長

運輸事業績效

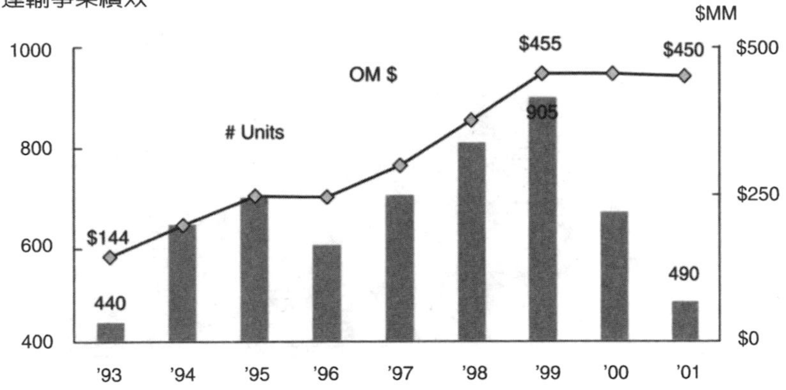

＊維修成長率為 20％
- 擴大範圍
- 緩衝週期
- 提昇顧客生產力

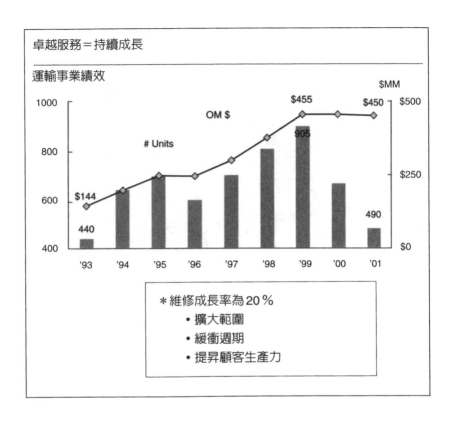

21
六標準差

99.99966%的完美

在大多數企業，平均每一百萬個單位出現三萬五千個壞品；

如果能達到六標準差的品質，

表示每一百萬個產品或服務中，僅有少於 3.4 個不良品。

這是 99.99966%的完美。

在產業界，通常在一百次裡有九十七次是對的。

這是介於三到四個標準差之間的品質。

這樣的品質代表每星期有五千項操作不當的外科手術、

每小時遺失兩萬份郵件、每年出現數千次藥劑調配錯誤的案例。

想想看，這可不是有趣的事。

在長達二十年的總裁生涯中，我只從CEC會議中缺席過一次。那是一九九五年的六月，也是意義最重大的一次CEC會議。

我邀請老朋友兼老同事鮑希迪前往可羅頓維爾，講授關於六標準差品質的課題。鮑希迪當時是聯合訊號公司的執行長。

我的缺席有一項很好的藉口：我剛動過心臟手術，需要躺在家中休息。

打從一月底自印度返國之後，我一直覺得疲憊。我懷疑自己染了某種令人渾身不對勁的髒東西。我從來沒有睡午覺的習慣，但是在這段期間，我開始在辦公室的沙發上打起瞌睡。我尋遍了紐約的名醫，也嚐過了醫學界所發明的各項檢查，但是一無所獲。

我牢騷發個不停。珍出於關切，前往拜訪我的醫師、描述我的症狀，然後取得硝化甘油的處方箋，以備不時之需。

四月底的一個星期六晚上，我們夫妻倆和朋友一同前往費爾菲德的Spazzi餐館用餐。我們吃了很多披薩，也喝了不少葡萄酒。回到家，已經很晚了，珍和我便直接上樓睡覺。我在浴室刷牙時，突然感到胸前一陣劇痛，彷彿被炸彈擊中。我曾有胸口疼痛的經驗，再加上家族的心臟病病史，我在過去曾不下二十想像自己心臟病發作。但這一次的感受是前所未有的經驗。

這可不是輕微的心絞痛或是感到手臂酸軟無力；這是貨眞價實的痛。

我覺得一大塊岩石重重壓在我的胸口上。

我高聲喊珍，她立刻衝進浴室，出乎我意料外的塞給我一片硝化甘油。我把藥片放到舌下，疼痛的感覺稍減。接下來，我缺乏耐性的脾氣又發作了，我要求珍不要等候救護車，立刻親自開車送我到橋港醫院（Bridgeport Hospital），珍是這家醫院的董事。車子奔馳在二十五號公路上，我瞄到路旁的醫院招牌，立刻大聲要求珍在下一個交流道離開高速公路。

結果這並非橋港醫院，而是橋港的聖文生（St. Vincent）醫學中心。珍在路上闖紅燈，我們的車被一名警察攔了下來，我們解釋了狀況之後，這名警察便以閃光燈和警報聲開路，一路護送我們抵達醫院。

凌晨一點，車子一在急診室外停下，我立即衝出車外，穿過擁擠的候診人群，直接跳上一台空的輪床。

我大聲喊著：「我快死了！我快死了！」喊叫聲立刻引起護士們的注意，他們迅速爲我進行硝化甘油靜脈注射，疼痛感因而漸漸平息。檢驗結果證實這是一次心臟病發作。五月二日星期二，羅伯特・卡瑟塔（Robert Caserta）醫師爲我進行大動脈的血管修復手術。羅伯特十分熱中於體育活動，是康乃迪克大學校隊與洋基隊的球迷——我畢業於麻州大學，並且是紅襪隊的死忠球迷，我們兩人可有得吵了。手術後不久，我在病房中休息，胸口再度感到岩石的重擊。血管又堵塞了，這是另一次的發作。他們火速把我推進手術室的時候，有一位牧師希望爲我進行臨終的儀式。

我盯著螢幕，看見卡瑟塔醫師在重新疏通血管時遇到許多難題。外科醫師在一旁待命，準備進行我最害怕的繞道手術。

「別放棄！」我大聲喊著：「繼續努力。」

我又開始發號施令，成爲一個惹人厭的傢伙——幸好醫生還能忍受。他終於疏通了我的血管，這一次，我躲過了心血管繞道手術。

我在三、四天之後出院，開始打電話徵詢朋友的意見，其中包括季辛吉與迪士尼的總裁艾斯納，他們兩人都曾動過繞道手術。艾斯納以鼓勵的語氣表示，這項手術其實沒什麼大不了的。季辛吉則建議我在麻州總醫院（Massachusetts General Hospital）進行這項手術。奇異醫療事業的董事索爾．麥爾斯（Saul Milles）也有相同的建議，他帶著我的血管修復手術的影片飛往波士頓。

麥爾斯是個聖人，也是一位了不起的醫師。許多年以來，我一直拿胸口疼痛與假想的心臟病等問題煩他。麥爾斯必須忍受世界上最麻煩的三位憂鬱病患，鮑希迪、法斯科與我。我們三人總會隨身攜帶各種藥品，一有任何病痛便會立即就醫。奇異花在我們三人身上的醫療成本可能高過幾百位員工的醫療費用總和。過去幾年以來，麥爾斯的任務移交給目前的醫療董事鮑伯．嘉文（Bob Galvin）醫師及他的夥伴肯恩．葛洛斯（Ken Grossman）醫師。

一九九五年十月十日，我正坐在家中與法斯科和康奈迪進行業務會議，麥爾斯突然帶著不太好的消息來訪。他表示，從血管修復術的影片看來，可以確定我必須進行開心手術。他已經爲我安排隔天住進麻州總醫院，並且在後天進行手術。這項突如其來的消息，反而讓我鬆了一口氣。家族病史及過去十五年來的心絞痛經驗，使得我一直提心吊膽，害怕自己得面臨這項手術，但我一直沒有時間去仔細想它。

星期三晚上，我打電話給孩子們，告訴他們這件事。我在星期四抵達波士頓會見主持手術的凱瑞．阿金斯（Cary Akins）醫師，麥爾斯和珍一直隨侍身旁。對於那個星期四的晚上，珍記得比我還清楚。她說，我在清晨四點突然轉身向她說道：「如果出了什麼差錯，別讓他們拔掉管子。即使他們看不出來，我希望你知道我會在這裡奮鬥到底。」

幸好沒有出什麼差錯。事實上，手術非常順利，我很幸運能由一位了不起的外科醫生負責操刀。阿金斯在三小時內完成五條血管的繞道手術。自此之後，我們成了非常好的朋友，每年見面一兩次——當然，都在醫院以外的地方。繞道手術一開始會令你痛苦不堪，全身上下都非常疼痛，還好，你每天都會覺得好一點。我在七月五日回到工作崗位上，到了七月底，我又能上高爾夫球場打球。在八月中，於南塔基特舉辦的 Sankaty Head 俱樂部錦標賽中，我贏了前三場球賽，卻在最後的三十六洞決賽中鎩羽而歸。

□

我在家中休養生息的時候，鮑希迪打電話給我，表示他或許應該退出六月舉行的ＣＥＣ會議。他擔心自己看起來彷彿趁虛而入，回到奇異搶佔領導人的地位。我很感謝他的體貼，並且請他不用擔心。

「去吧，以你在六標準差（Six Sigma）方面的心得，傾囊相授吧！」

我意識到我們或許處於一個關鍵時刻，也知道他是幫助我們掌握時機的絕佳人選。在這麼多年共事的經驗中，我們倆都不是品質運動的支持者。我們覺得早期的品質活動，都過於注重口號而忽略成果。

一九九〇年代初期，奇異的飛機引擎事業曾嚐試推動一項戴明（Deming）專案。我認爲這項活動過於理論化，因此沒有大舉在全公司內展開。

但奇異內部的議論聲音是不容忽視的。在一九九五年四月的員工大調查中，品質顯然成爲衆多員工最關切的問題。鮑希迪成爲六標準差最熱烈的擁護者。他表示，大多數企業的不良率，平均是每一百萬個單位出現三萬五千個壞品；如果達到六標準差的品質水準，表示每一百萬個產品或服務中，僅有少於三點四個不良品的機率。

這是九十九點九九九六六％的完美。

在產業界，任何事物通常在一百次內有九十七次是對的。這是介於三到四個標準差之間的品質。換句話說，這樣的品質代表每星期有五千項操作不當的外科手術、每小時遺失兩萬份郵件、每年出現數千次藥劑調配錯誤的案例。想想看，這可不是有趣的事。

鮑希迪舌燦蓮花的演說，令我們的精英部隊爲之動容。他表示，聯合訊號公司確實得到成本上的節省，而不僅止於「心理上」的利益。奇異人員對他所描述的品質水準心嚮往之，我從許多與會者身上聽到正面的回應。

我回到工作崗位上，得到以下的結論：鮑希迪眞心擁護六標準差活動、奇異人員相信這項活動的成效，而且員工調查結果顯示品質的確是奇異的一大問題。

這些因素加起來，我開始陷入六標準差的狂熱，並且積極推動這項活動。

我們指派兩位關鍵人物主導大局。企業活動策劃單位的主管雷納與資深財務分析師尼爾遜，合力完成了一項成本利益分析。他們顯示如果奇異目前的品質水準維持在三到四個標準差之間，那麼提升至六標準差所節省的成本，大約落在七十億到一百億美元之譜。這是一個驚人的數字，約佔奇異每年營業額的十到十五％。

面臨如此龐大的節省空間，我們不需細想就決定大力推動六標準差活動。

我們一旦決定推行一項運動，便會義無反顧，全力以赴。我們的第一項舉措，是任命蓋瑞・雷納成爲六標準差活動的正式主管。以他清晰的思維與堅持不懈的毅力，雷納是把我們的熱情注入活動中的最佳橋樑。

接下來，我們禮聘麥凱爾・哈利（Mikel Harry），他原先在摩托羅拉（Motorola）擔任經理的職務，負責經營該公司位於亞利桑那州史考代爾（Scottsdale）的六標準差學院。哈利對六標準差的狂熱，無人能及。我們邀請他參加十月份於可羅頓維爾舉辦的年度經理人大會。我取消了公司固定的高爾夫球聯誼活動——這是非常具有象徵意義的動作，好讓一百七十位高階管理人員都能專心聆聽哈利的演講。

在四個小時緊湊的演說當中，他激動地在好幾面黑板之間穿梭，寫下各式各樣的統計公式。我分不清他究竟是瘋子還是一個具有遠見卓識的人。大部分聽衆，包括我在內，都被這些統計術語弄得一頭霧水。

儘管如此，哈利的報告仍捕捉了我們的想像。他帶來足夠的實際案例，讓我們相信這項活動確實大有可爲。會議結束之後，許多人因爲無法理解統計原理而不無沮喪之感，但仍躍躍欲試，對這項活動的潛力抱著極高的憧憬。此活動條理分明的方法，尤其吸引了在場的工程師們。

我相信，對工程師而言，這項活動絕不只是統計學的應用而已，但我對於將來會有多大的發展完全沒有任何概念。關於六標準差的一大迷思，就在於它是品管與統計的結合——這是它全部的概念，卻又涵蓋更廣闊的範圍。它所提供的工具，能幫助管理階層以更縝密的思維分析各種難題。六標準差的核心概念能夠徹底顚覆傳統企業，讓組織以顧客的需求爲重心。

我們在一九九六年一月的波卡會議中，正式誓師推行六標準差運動。

「我們不能再等待了，」我說：「在場的每一個人，都必須負起推動品質活動的領袖之責，不能以旁觀者的心態自居。我們必須以五年的時間，完成摩托羅拉花了十年才達到的成效，但是不能經由捷徑，而是透過彼此之間的分享與學習。」

我相信在短期內，公司在這項活動上的投資便能得到回收；就長期來看，其財務成效更是驚人。我在波卡會議的閉幕致詞中指出，六標準差是公司有史以來最具企圖心的活動。「品質的提升，能讓奇異從一群傑出的企業中脫穎而出，成爲全球獨一無二、最偉大的企業。」（和往常一樣，我總是誇大其詞。）

那一年的波卡會議結束之後，每一個人都蓄勢待發，預備轟轟烈烈展開六標準差運動。我要求各事業部門執行長，指派各單位最傑出的人員擔任六標準差小組的召集人，這些人必須暫時離開日常的工作崗位，接受一項爲期兩年的任務，以取得六標準差術語中所謂的「黑帶」資格。

這項任務的前四個月是在課堂中進行，學習各種工具的運用方式。每一項專案都必須與企業目標和財務底線緊密結合。黑帶專案在每一項事業中如雨後春筍般出現，內容涵蓋了：改進電話客服中心的答覆率、提升工廠的產能、減少帳單上的錯誤、降低庫存量。六標準差活動的一項基本要求，就是進行活動成效的衡量。我們的財務分析師，將會爲每一項專案的成果進行認證。

我們也訓練了上千名所謂的六標準差「綠帶」人員。綠帶人員必須參加十天的訓練課程學習六標準差的基本觀念，以及足以在日常工作環境中解決問題的分析工具。他們不需要離開正常的工作崗位，相反的，他們學習六標準差工具的目的，正是爲了提昇日常工作的績效。

在針對高階主管的訓練課程中（我把這項課程稱爲「小人物的六標準差」），我們以各種實驗來掌握六標準差的概念。我們折紙飛機、讓它們飛越房間，然後衡量紙飛機降落的地點。我開玩笑對黑帶老師說道，希望員工沒有在窗外窺視，看見我們在教室內玩紙飛機。我們對變異（variance）的認識，就從紙飛機散落一地的現象開始。

依照慣例，我們總是以獎勵系統作爲各項運動的後盾。我們大舉改變公司的獎金制度，讓六十%的紅利以財務績效爲計算基礎，另外四十%則以六標準差的成果爲基礎。二月中，我們分發股票選擇權給受過黑帶訓練的人員；照理說，這些人應是公司內最優秀的員工。

在要求各事業部門提出選擇權分配名單之後，我的電話鈴聲開始響個不停。典型的對話約莫是這樣進行的：

「傑克，我需要更多的選擇權股數，目前的數量不夠分配。」

「這是什麼意思？你得到的股數足夠分配給每一位黑帶員工。」

「是啊，不過我們不能只考慮黑帶員工，還得照顧許多其他的人員。」

「爲什麼？我以爲黑帶員工是你的最佳人員，而只有最佳人員才能得到選擇權。」

「嗯……他們不見得都是最好的……」他們說道。

我的回答則是：「你只能指派最傑出的員工加入六標準差專案，然後給予他們應得的選擇權。我們不能再給你更多的股數了。」

我一直希望建立適當的獎勵制度，以確保最傑出的人才投入各項活動。每一個事業部門都得面對艱鉅的財務目標，因此需要最優秀的管理人員幫助目標的達成；沒有一位事業領導人願意放人，讓傑出人才離開正常的工作崗位。我們的六標準差運動遭遇一些反彈；一開始，只有四分之一或者一半的黑帶候選人，是公司內最卓越、最聰明的，其他人都是濫竽充數。

一次令人印象深刻的經驗，來自奇異資融商業融資單位的年度策略檢討會議。此單位的主管爲麥克·高迪諾。這個交易型的業務，以處理非投資級的公司爲主。從交易員中間找出六標準差領導人，的確不是一件容易的事。

這個問題在一九九六年的年度策略檢討會議中浮現。我們請各事業部門執行長帶領該部門的六標準差領袖前往赴會，向全體人士展現他們在六標準差運動上的進展。

之前，高迪諾隨便找了個人塡補這個職位。如今，他得坐在場中，聆聽這個傢伙毫無內容的簡報。每個人都看得出來，這個單位的六標準差運動一直在原地踏步。

會後，高迪諾不打算再冒任何風險。他換上部門中最出類拔萃的員工，史提·薩金特（Steve Sargent）。薩金特的表現傑出，後來成爲整個奇異資融的六標準差領導人。到了二〇〇〇年，薩金特再度獲得晉升，成爲歐洲儀器融資業務的執行長。這次策略檢討會議的成果豐碩，它讓高迪諾得到更具成效的品質專案，五年之後，奇異也因此爲旗下的一項事業找到了新的執行長。

我們也利用選擇權分配計劃，嗅出組織中最薄弱的環節。如果任何一項運動希望獲致成功，首先就必須注入最優秀的人才。我對這項運動愈來愈狂熱，堅持任何一位員工在晉升至管理職以前，都必須至少通過綠帶的訓練。不過，即使我這樣不斷搖旗吶喊，並且在人事檢討會議中聲嘶力竭的鼓吹，我們還是花了三年的時間，才讓所有最傑出的人才加入六標準差運動。

在一次人事檢討會議中，核能事業提名該部門的馬克・沙瓦夫（Mark Savoff）擔任維修業務的主管。他們並未詳述沙瓦夫的六標準差資格，於是人力資源首長康奈迪打電話到加州說道：「我們希望他能前來總公司，說明他在六標準差上的資歷。」沙瓦夫從聖荷西飛抵費爾菲德，從面談之中，我們相信沙瓦夫對六標準差運動具有高度的投入。

他得到該項職務，並且不斷獲得晉升，最後成為奇異核能事業的執行長。

□

如今，每一個人在得到晉升機會之前，都會詳述自己的六標準差經歷。

第一年，我們斥資兩億元經費訓練了三萬名員工，而成本縮減的幅度，大約在一億五千萬美元左右。

公司內部有一些早期成功的典範。舉例來說，奇異資融每年大約接到三十萬通來自房貸顧客的電話，但是由於電話忙線或其他緣故，二十四%的顧客必須在語音信箱中留言，或者稍後再撥。六標準差小組發現，在四十二家分行當中，有一家分行的電話答覆率接近百分之百。工作小組分析此分行的制度、處理流程、儀器設備、實體的平面設置，以及人員的分配方式，然後在其他四十一家分行複製這套系統。從前，有接近四分之一的顧客認為我們服務不周，如今，九十九點九%的顧客在第一次撥電話時就會得到服務人員的答覆。

奇異塑膠提供另一個絕佳的範例。Lexan 聚合碳酸鹽具有極高的純度標準，但是它不符合新力公司對高密度ＣＤ-ＲＯＭ與音樂ＣＤ片的要求。兩家亞洲供應商囊括新力的所有生意，我們被冷落一旁。一個黑帶小組解決了這項問題。他們改變工廠的生產流程，讓我們的產品滿足新力在色澤與靜電等品質上的要求。我們從三點八個標準差的水準，提升至五點七個標準差，因而贏得了新力的訂單。

在第一年，我們利用六標準差專案縮減成本、提高生產力，並且解決流程上的問題。有一個較爲激進的事業部門發現，他們可以透過六標準差運動增加工廠的產能，消除在未來十年內針對產能進行投資的需求。

下一個階段，是採用六標準差的統計工具進行新產品的設計。在電力系統事業當中，這個階段的重要性尤爲顯著。一九九〇年代中期，我們被迫中斷供應新設計的燃氣渦輪機組。高度的振幅導致旋轉葉片開始碎裂，我們必須在一九九五年中，回收市場上三十七具機組中的三分之一。

我們在一九九六年年底，透過六標準差程序把震動幅度降低了百分之三百。一九九六年迄今，我們售出了超過兩百一十具機組，但從未被迫回收任何一台機器——這是超過六標準差的水準。這項問題的解決，讓我們成爲燃氣渦輪市場上的技術領袖，正好趕上一九九〇年代末期需求暴增的電力市場。奇異於是成爲全球電力市場上佔有率最高的供應商。

就新產品設計而言，我們的醫療系統事業擁有最突出的表現。以六標準差技術設計新產品的第一項重大突破，是在一九九八年轟動市場的新ＣＴ掃描器，LightSpeed。傳統的掃描器必須花三分鐘的時間才能完成胸部掃描，新的機器則可以在十七秒內完成掃描。更令人欣慰的是，我接到一封來自放射線學家的信函，他說他感到很驚訝，一台價值一百萬美元的機器，竟能直接從盒中取出、插到牆上，然後立即順暢運作。那是六標準差的極致表現。過去三年來，醫療事業推出了二十二項以六標準差技術設計的新產品。

到二〇〇一年，醫療事業五十一%的營業額，將會來自六標準差的設計及每一項風靡市場的新產品。如今，醫療事業的成就已成了其他每一個事業部門的目標。

□

我們在一九九六年推動三千項六標準差專案，到一九九七年，專案的數量已成長了一倍。而我們從生產力提升所得到的利益，達到了三億兩千萬美元，遠遠超過原來的目標一億五千萬美元。到了一九九八年，我們透過六標準差達到的節省，比投資金額高出七億五千萬美元，預計明年的節省金額將會達到十五億美元。

我們的營業利潤率從一九九六年的十四點八%，提升至二〇〇〇年的十八點九%。六標準差運動確實達到功效。

這樣的成果令我們大爲振奮，但是太多時候，人們表示顧客並未感受到品質上的改變。我們以爲，問題的關鍵是因爲市場上的許多產品都是在我們推動六標準差運動之前上市的。

直到我前往西班牙視察，才找出問題的答案。

一九九八年六月，我正考慮任用一位全職的六標準差副總裁，這是我在就任總裁之後的第一個、也是唯一一個新設立的幕僚職務。當時我正在西班牙的卡達吉娜（Cartagena）視察新的塑膠工廠，預備與皮特・范亞比林（Piet van Abeelen）及其小組進行專案檢討會議。范亞比林是塑膠事業的全球製造經理，他曾在奇異位於荷蘭百合山（Bergen op Zoom）的塑膠工廠展現了六標準差的力量。范亞比林及其小組，以六標準差技術提升了 Lexan 的製造效率，在沒有增添任何重大投資的情況之下，把每週的產量由兩千噸提升至四千噸。范亞比林擁有最佳的六標準差實務經驗，以及以最簡單的方式說明狀況的能力。

我們在奇異位於卡達吉娜的大莊園後院吃午餐，我問范亞比林是否願意前往費爾菲德，擔任我考慮設立的新幕僚職務。我向他表示，這將是一個規模很小的團隊，大約只有二到三名成員，目的在於教導並傳播六標準差的學習心得。儘管范亞比林當時正掌管數千名員工與一個大型的全球製造部門，但是他內心裡傳道授業的慾望——這慾望可強著呢——讓他深深受到這份工作的吸引。

幸運的是，他欣然上任。

范亞比林找出顧客未感受到六標準差進展的原因，他的道理很簡單：范亞比林讓我們理解了六標準差的中心概念——變異！包括我在內，每一個人都從課堂上的紙飛機遊戲中學到了變異的概念，但我們從未以范亞比林描述的角度詳加思考。他針對平均與變異進行比較；這是觀念上的一大突破。

我們破除了對平均值的執迷，開始專注於變異的管理，致力於縮減我們所謂的「幅度」(span)。我們希望顧客在他們指定的日期就收到他們希望得到的商品。「幅度」衡量交貨日期與顧客指定日之間的變異程度，不論是提早或延遲送達。把幅度縮減為零，表示顧客總能在指定的日期收到貨品。

奇異內部的問題，在於我們以平均交貨週期為基礎，衡量送貨流程的改善程度；平均值的計算方式，是以製造或服務週期為重心，完全沒有把顧客期望納入考量。舉例而言，如果我們把平均交貨週期由十六天縮減為八天，我們就認為流程得到五十%的改善。

Averages vs Variation

- Customer Expectations: 8 day order to Delivery Cycle.

Internal Look

Existing Process Delivery Cycle (DAYS)	After Conventional Improvements (DAYS)
20	17
15	2
30	5
10	12
5	4
16 DAY "Average" Cycle	8 DAY "AVERAGE"

"Internal Celebration – 16→8 = 50% improvement"

Customer Look

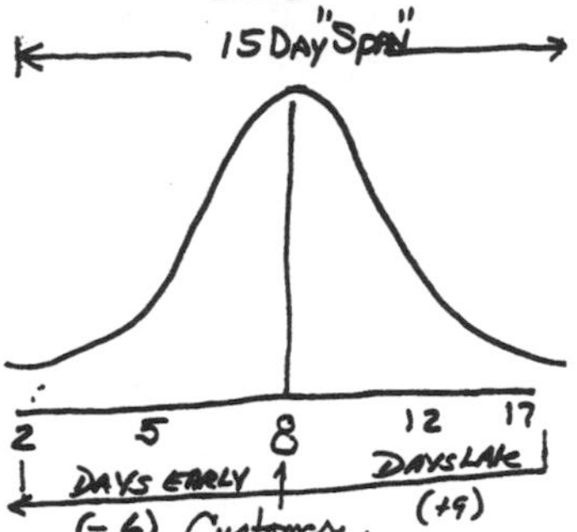

"Customer feels nothing"

6 SIGMA

6 Sigma Internal Process
7
9
9
8
7
8 DAY "Ave".

"Internal looks Same".

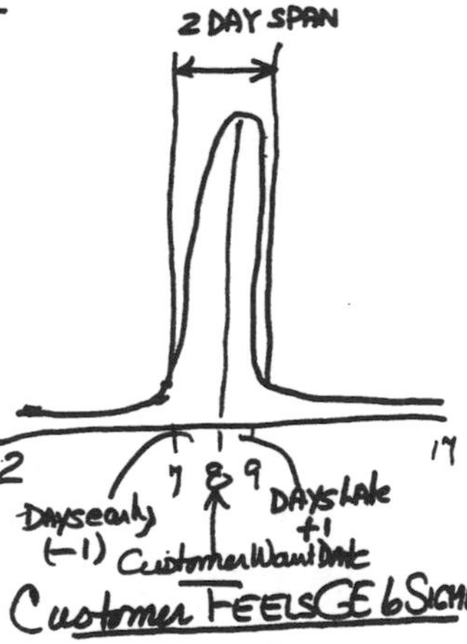

Customer FEELS GE 6 SIGMA

可笑的是，我們爲此大肆慶祝。

然而，顧客絲毫感受不到任何進步——只除了我們的變化與難以預料。有些顧客遲了九天才收到貨品，另一些人則提早六天收到。如今，我們採用六標準差技術管理以顧客觀點爲導向的交貨「幅度」，把整個幅度由十五天縮減爲兩天。由於送貨日期較接近顧客指定的日子，他們確實能感受到我們的進步。

聽起來很簡單——而在我們掌握了要點之後，它也的確很簡單。

在六標準差運動推行了三年之後，我們才掌握到這項要點。幅度的縮減是每一個人都能理解的概念，它立刻在組織各個層級掀起波瀾；去除六標準的複雜性，正是我們所需要的。塑膠事業把幅度由五十天縮減爲五天；飛機引擎事業由八十天到五天；房貸保險事業則由五十四天縮減到一天。

如今，顧客注意到我們的進步了。

幅度的管理也幫助我們修正績效衡量的重心。過去，我們在大多數的案例中，都採用業務人員與上下游——包括顧客與工廠——協調之後所允諾的送貨日期爲衡量基礎，從未衡量顧客的期望。

如今，我們採取更進一步的做法；我們把「幅度」的涵蓋範圍，由顧客指定的送貨日期，延伸爲顧客收到第一筆利潤的日期。好比說，CT掃描器的交貨週期，包含從顧客的下單日到顧客進行的第一次掃描；噴射引擎維修廠的週轉期，包含從引擎自機翼上取下的日期，到飛機再度升空；發電廠的交貨週期，包含從下單日到發送的第一批電力。

每一份訂單都附註記載顧客預定啓用的日期，每一個工廠都張貼著追蹤變異程度的圖表；因此，每一個人都很清楚進度。這些措施讓變異性的概念深植於所有員工的心裡，顧客能夠清楚地看到我們的進步。

六標準差是一項共通的語言。所有人都能理解變異與幅度的概念，不論他們身處曼谷、上海，或是克里夫蘭、路意斯維爾。

我們繼續擴展這項運動的範圍，把顧客納入我們所謂的：「六標準差：在顧客處、爲顧客服務」(ACFC, At the customer, for the customer) 專案。這表示我們將派遣奇異的黑帶與綠帶人員進駐顧客的工廠，幫助他們提升績效。

一旦這項概念獲得顧客的接受，便立即收到卓越的成效。二〇〇〇年，飛機引擎事業與五十多家航空公司合力推動一千五百項專案，幫助顧客增加兩億三千萬美元的營運利潤。醫療系統推動將近一千項專案，爲他們的醫院顧客創造了超過一億美元的營運利潤。

藉由結合內部衡量基準與顧客的需求，六標準差幫助我們贏得更緊密的顧客關係與信任。

□

我們發現，六標準差技術對工程師以外的員工也有很大的吸引力；一般常見的誤解，是認爲品質運動只能吸引技術性的人員。事實上，六標準差能夠吸引各個部門最卓越、最聰穎的人才。製造經理能夠透過六標準差技術減少廢料、提高產品品質穩定性、解決機械問題，或增加工廠產能。

人力資源經理需要它來縮減招募的週期時間。

地區業務經理可以利用它來提高銷售預測的可信度、加強定價策略或管理價格上的變化。

就此而言，水電工人、汽車技工與園藝花匠，都可以透過它更深入了解顧客需求，並藉此調整他們的服務範圍，爲顧客提供滿意的服務。

不過，儘管六標準差在NBC電視網的各個部門中都出現驚人的成效，但是我們挑選的單元喜劇並沒有因此而更叫座。

我得承認，我想不出六標準差能對律師與顧問提出任何幫助。由於他們的行業是以變異性爲基礎，因此大概很難找出六標準差的運用方式。

但整體而言，六標準差運動正在根本上轉變奇異的公司文化，以及我們發展人員——特別是「高潛力人員」——的方式。這麼多年以來，我們具備了很堅強的功能性訓練，尤其是在財務部門。不過，基於公司的多元化，我們一直很難發展出一項普遍通用的管理課程。由於六標準差的運用範圍廣泛，從客戶服務中心到製造環境都能通用，因此它所提供的工具正好符合我們設計一般性管理課程的需求。

二〇〇〇年，奇異十五％的高階管理人員都通過了黑帶的訓練。到了二〇〇三年，這個數字將突破四十％。（新任總裁）伊梅特未來的接班人，非常可能是一位六標準差的黑帶級人物。

我過去兩年在可羅頓維爾講授的主管訓練課程中，總喜歡開玩笑解釋，自己遲遲未推動電子商務的原因，是因爲我們需要先精通六標準差技術。

「等我動手寫回憶錄的時候，」我告訴學員：「我會在書中說，我們知道自己必須在推動電子商務之前先全面貫徹六標準差活動。電子商務講求速度與交貨的正確度，而六標準差正能幫助我們達到這兩項要求。」

學員們爆出一陣大笑。他們年輕，卻更有智慧，他們知道，我其實是一直到電子商務已在世界各地如火如荼展開後才體會出網際網路的力量。

這項改革將在隨後發生。

22
電子商務
用數位化改善所有的工作流程

對奇異而言，數位化運動在「製造」方面所帶來的提升，
是一塊看不見的寶。大公司有各種繁瑣的後勤作業，
總會產生堆積如山的書面文件。
數位化運動可以消除這些文件與其他瑣碎的工作，
改善辦公室內的工作品質。
我們在 2000 年就此層面獲得 1 億 2 千萬美元的利益，
預估在 2001 年，即便投入 6 億美元的執行成本，
數位化運動仍會在「製造」層面帶來 10 億美元的節省。

網路革命差一點跟我擦身而過——還好珍幫助我學會了輕鬆自在面對這項新科技。她利用網路與朋友們聯繫已行之有年。許多個晚上，當我在家中翻閱書面文件時，珍就坐在我的對面，打開電腦，一個勁兒打著字。

珍從一九九七年起，開始透過網路進行股票交易並追蹤其投資組合的績效。她在投資上的表現極爲出色，於是我開始請她幫忙追蹤我的投資組合。她不論到哪裡，總帶著她的筆記型電腦。她常常苦口婆心要我爲自己買一台筆記型電腦，但我總是一口回絕，我認爲自己不會打字，電腦對我的幫助不會太大。

「傑克，」她無法苟同：「連猴子都能學會打字。」

不過，到了一九九八年年底，我開始聽同事們說起透過網路購買聖誕節禮物的情形。我終於開始認眞看待網際網路，並且在聖誕節期間起草波卡會議的演講詞，內容以網際網路的重要性爲重心。這次的演講足以帶領我們往前行進——但是一直到三個月之後，網際網路才眞正進入我的血液中。

珍和我在一九九九年四月，前往墨西哥的渡假中心慶祝我們結婚十週年的紀念日。這一次，她的浪漫程度和我十年前在巴貝多的新婚蜜月時差不多——她整個心放在她的筆記型電腦上面。一天下午她說，在網路上討論奇異進行股票分割的可能性，並對我的接班人遴選計劃大發議論。她叫我過來看看雅虎（Yahoo!）上的奇異留言板，我津津有味看著別人對奇異的評論。

「給你看可以，」珍笑著說：「但你沒辦法回覆。」

她慫恿我寄發幾封電子郵件，並帶領我瀏覽幾個網站。到了假期的後半段，我開始產生上網的衝動，想查看新聞和別人對奇異的最新評論。有一次我把珍丟在游泳池邊，自己偷偷溜回房間，打開電腦、上網瀏覽。

她二十分鐘之後回房來，發現我弓著身子、盯著她的筆記型電腦。

她知道我上癮了；再度上演與蜜月假期一模一樣的戲碼。

□

我在網路上的起步較晚，但一旦我迷上了，就完全無法自拔。我終於見到這項新科技可能對奇異產生的衝擊。我不知道應該在何時以何種方式進行何種工作，我只知道我們必須以無比的狂熱投入這項革命。

在一九九〇年代末期的 dot.com 熱潮中，每個人都急著擺脫大型公司。任何一個創立新網路公司的人，都能立即贏得所有人的注視。我一直無法接受流行用語裡的「舊經濟」與「新經濟」之別。人們只是透過網路買賣商品，這在本質上與一百年前在推車上進行的交易沒什麼不同；唯一的差別，只在於科技。

的確，這項新科技提供更快捷而無遠弗屆的交易方式，並且對企業界產生更深刻的影響。我們一直到運輸事業部門顯示，我們可以輕而易舉以低廉的成本建立競標網站時，我們才恍然大悟：建立企業網站不像得諾貝爾獎那麼困難。這可說是一項重大發現。

一旦了解了電子化的工作並不困難之後，我們就很清楚：一個具備技術的大公司實在沒什麼好怕的，事實上我們在電子商務上絕對是穩贏不輸。

我畫了一張圖表，幫助我自己理解網際網路及它對奇異的涵義。全世界都被網路公司沖昏頭了。

e-business

WHY "BIG/OLD" (AND "Getting it") IS All Upside

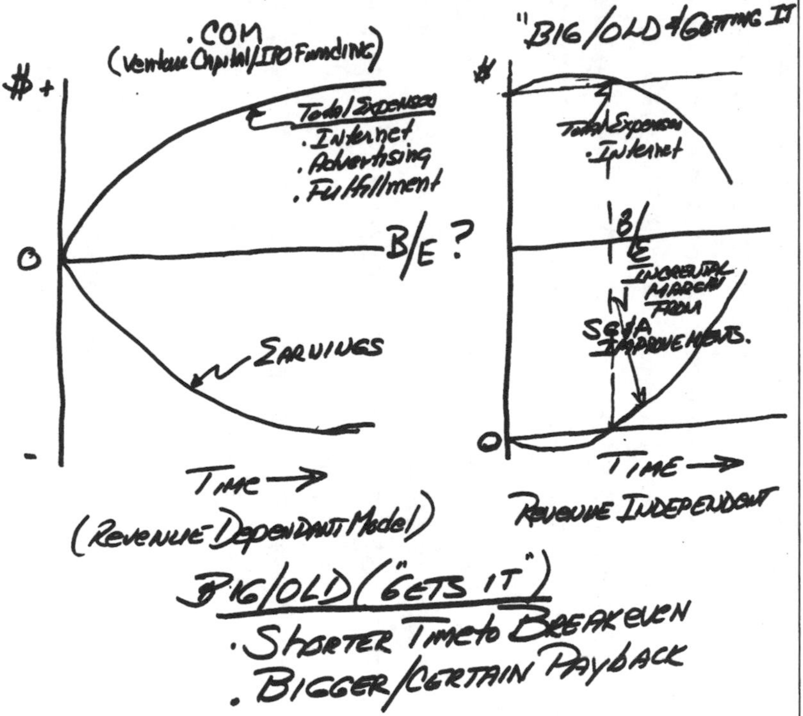

(Revenue-Dependant Model)

Revenue Independent

BIG/OLD ("GETS IT")

- Shorter Time to Breakeven
- Bigger/Certain Payback

我向公司全體員工與投資界說明這張圖表；它引發了許多討論，也幫助平息員工對公司投入這場「過時遊戲」的質疑，同時，它也向投資人確保奇異具備一份致勝的作戰計劃。

在 dot.com 的營運模式中，爲了建立網路架構、品牌廣告與送貨系統，新興網路公司的費用以驚人的速度成長，其虧損金額也和費用呈等比例增加。這些網路公司的損益平衡點尙不可期，並且完全仰賴公司的營收。

在「大型、老字號、掌握技術」的企業範疇內，唯一一筆額外的費用，就是網路系統的發展。大公司已經擁有堅強的品牌與完整的送貨系統，網路業務很快就能幫助企業提升生產力，因而造成成本上的節省。大公司很快就能達到損益平衡，同時它的回收金額較高、還本期較明確，而利益通常不需仰賴營收。

這張圖表掌握了奇異勝過 dot.com 的優勢：我們不需要增加廣告經費，也已具備堅強的品牌，並且不需要建立倉庫或供配單位進行送貨的工作。公司內已奠定了六標準差的技術基礎，我們可以透過數位化運動，專注於六標準差最主要的長處——去除公司體內附加價值較低的工作。每一項流程都可以獲得改進，得到更高的生產力；對大公司而言，這項科技的效率可以產生驚人的利益。

電子商務允許我們擴展市場、尋找新顧客；我們的供應商網路愈來愈全球化；我們的規模讓技術上的投資得以獲得充分運用。我對網路世界的觀點是這樣的：「舊經濟」企業在生產力與佔有率上的提升，將會使「新經濟」模式的成長空間相形見絀。

心存懷疑的人認爲，奇異已無法在效率上獲得突破，他們質疑這顆檸檬的汁液是否都榨乾了。網際網路則爲我們帶來一顆全新的檸檬、一顆葡萄柚，甚至是一顆大西瓜——全都放在一大塊盤子中。

但我們見到三種不同的網路商機：採購、製造與銷售。

在「採購」方面，我們每年購買五百億美元的貨品與服務，若把其中一部份移轉至線上競標，我們將可以接觸更多的供應商，取得更低廉的價格。即使只是把一小部份交易轉至線上，也能達到驚人的成本節省。

一開始，我們預估每一項原物料將節省十到二十%的金額，但在最後，成本降低的額度僅達五到十%。在多數狀況中，新的供應商會帶來新的成本，包括品管檢驗成本、關稅、貨物稅、運費與其他費用。儘管如此，我們在二〇〇〇年透過線上採購的六十億美元原物料，還是讓公司得到高額的節省；我們預計，二〇〇一年我們將在線上購買價值一百四十億美元的原物料。

對奇異而言，數位化運動在「製造」方面所帶來的提升，是一塊看不見的寶。大公司有各種繁瑣的後勤作業，總會產生堆積如山的書面文件。數位化運動可以消除這些文件與其他瑣碎的工作，改善辦公室內的工作品質。我們在二〇〇〇年就此層面獲得一億五千萬元的利益，預估在二〇〇一年，即便投入六億美元的執行成本，數位化運動仍會在「製造」層面帶來十億美元的節省。

在「銷售」層面上，網際網路幫助我們改善服務品質。我們可以更快速完成交貨；新舊客戶不必打許多通電話催，就會收到他們的貨品。進入網路世紀之後，供配單位再也不能以不實的態度向顧客保證貨品已經上路了。結合網際網路與六標準差技術，我們會帶給顧客更卓越的服務。我們在二〇〇〇年的線上營業額達七十億元，預估在二〇〇一年，線上業績將高達一百四十億到一百五十億美元之間。

數位化運動一進入了我們的營運系統，便如火如荼展開。在一九九九年一月的波卡經理人大會中，我要求各事業部門領袖在同年六月的策略檢討會議中，提出他們對電子商務最深入的想法。三月間，我首度邀請四位來自外界的電子商務專家參與ＣＥＣ會議，他們是三部曲系統公司（Trilogy Systems）的喬・雷曼特（Joe Liemandt）、ＩＢＭ的羅・捷斯特（Lou Gestner）、朗訊科技（Lucent Technologies）的李奇・麥根（Rich McGinn），以及思科（Cisco）的約翰・錢伯思（John Chambers）。

雷曼特的演說，讓我們對網路公司可能造成的威脅大感驚懼；捷斯特隨後以比較平實的觀點把我們拉回現實，從實際的角度探討網路世界與網路公司的角色；麥根爲我們勾勒出網際網路未來的前景；錢伯思則表示，最大的成本利益會來自使用網路簡化我們的內部流程。

雷曼特的演說猶如當頭棒喝。我看著雷曼特在匹茲菲爾德長大，他已故的父親是我早年在塑膠事業生涯裡的策略規劃師。雷曼特斬釘截鐵表示，市場上數以千計的年輕小夥子正等著扳倒我們。

事實上，他是這麼說的：「你們又大、又肥、又笨，就像是等著被人射中的肥鴨。」

他放肆的預測，正是激起我們鬥志的一道良方。我們在各項事業籌組團隊，試著分析網路模式對奇異的影響，是否可能如亞馬遜網路書店（Amazon.com）對書店事業的衝擊一般深遠。

帶著革命事業慣有的狂熱，我們把這些團隊任命爲「destroyyourbusiness.com」（簡稱ＤＹＢ，意指「摧毀你的事業」）小組。ＤＹＢ小組的目標，旨在不受「墨守成規」的事業成員干擾，爲奇異的現行事業設計出新的營運模式。

我個人於網路教育上的另一個突破，出現在一九九九年春季的出差途中。我前往倫敦分公司，與三十六歲的消費金融事業執行長會面。他在業務檢討會議中無意間提到，他才剛和他的導師見過一面。

我很驚訝：「你的導師？你自己才應該去當高潛力人員的導師！」

「不，這次的情況不同，」他說：「我有一位年僅二十三歲的導師，他每星期以三到四個小時的時間教我使用網際網路——我是他的學生！」

我立刻愛上了網際網路——特別是聽到一位如此年輕氣盛的主管都能夠不恥下問。隔天，我前往布達佩斯，向一群匈牙利的創業家發表演說。和往常相同，我認爲自己的演說字字珠璣，向聽衆傳達各種睿智的經驗談。會後，好幾位聽衆湧到我的身旁，出於義務性地發出「精采演說」一類的稱讚。他們接著表示：「你的一個了不起的想法，將令我們永誌難忘。」我感到很失望，我那「意味深長的演說」，在濃縮之後只剩下一個概念。他們向我證實了那個「導師」的概念的確正中要害。

返國之後，我立即要求公司的前五百大主管爲自己找一位網路導師，年紀最好不超過三十歲，請這些個年紀只有我們一半的導師們，每週花三到四個鐘頭教導我們這群上古時代的原始人。我找到兩位導師，其中，正式的一位是任職於奇異公關部門的潘·薇克翰（Pam Wickham），她是網路迷，熟知網路世界的一切。她在奇異塑膠事業部門的網站架設過程中出力甚多，隨後晉升至總公司。

我的助理羅珊，則是我日常工作中的救星。我一出現狀況，便會對著門外大喊：「羅珊，救命！」她就會衝進我的辦公室，適時解決我所惹的麻煩。我經常因爲想要進行超出能力範圍的把戲而搞得一團糟，不過羅珊總能解決我的問題。

二〇〇〇年年初，我們擴大專案範圍，要求公司排前三千名的經理級主管都必須找一位導師。這是讓組織上下「倒置」的好方法。我們增加了機會讓一群朝氣蓬勃、天資聰穎的年輕主管與組織高層領袖接觸；他們是我們的網路導師沒錯，但透過課堂上的閒聊，高層主管也得到機會發掘新秀，並探查組織深層的實際狀況。

我們甚至爲公司的董事們聘請了一位「導師」。一九九九年十月，我邀請昇陽電腦（Sun Microsystems）的執行長史考特·麥里尼（Scott McNealy）加入奇異董事會，利用他來質疑我們既有的思維模式。麥里尼在一九九九年於可羅頓維爾舉行的經理人大會中，以一次精采而坦率的報告吸引了所有人的注意。

麥里尼不僅是一位見解精闢、富建設性的批評家，也成爲我的最佳高爾夫球球友。（以我的年紀而言，他贏球的勝算大多了。麥里尼也具有絕佳的幽默感；他妻子產下第四個寶寶時，麥里尼在電子郵件中寫道：「我並不驚訝，畢竟，我們玩的曲棍球賽沒有起用任何守門員。」）

在奇異內部，我們已學得了許多心得，但仍得面對龐大的壓力，要求我們仿照網路公司的買賣模式，貿然跳入一些可能會產生不良後果的事業。委外電子交易（third-party electronic exchanges）就是一個很好的例子。我們和其他人一樣，差點兒忘了企業界的一條黃金法則：永遠不要讓任何人介入你和顧客或你和供應商之間的關係。這些長期累積下來的關係彌足珍貴，喪失任何一項關係都會造成莫大的損失。

舉例而言，我們極力避免與塑膠市場的線上集成廠商（online aggregator）PlasticsNet 打交道。這家公司本身不涉入產品的製造，他們銷售向供應商取得的貨品，然後賺取中間的價差，也就是在網際網路打算去除中間人之際，居然當起買賣兩方的仲介。

我們這頭則成立了 Polymerland.com。塑膠事業當時的執行長蓋瑞．羅傑斯（Gary Rogers），帶領該部門推動公司內部最先進的電子商務專案；他在二〇〇一年七月獲任命爲副董事長。不同於 PlasticsNet，我們具有可供銷售的商品，也擁有進行銷售時所需的資訊。那時 Polymerland 每週的線上營業額不到一萬美元，不是什麼大數目，但已遠高於 PlasticsNet 的規模。

爲了建立這項業務，塑膠事業部門修改了業務獎勵金計劃以鼓勵線上交易，並在各地區聘用全職的電子商務專家，幫助顧客熟悉在線上下單的方式。我成了塑膠事業電子商務模式的狂熱份子，不斷以電話或電子郵件騷擾該單位的管理小組，要求他們提供每天最新的銷售數字。這是一次絕佳的學習經驗，我深深樂在其中。我不厭其煩談論著塑膠事業的網站，談到周圍每一個人都無法忍受，開始湧向 Polymerland 單位的人員進行學習。

學習心得開始在組織內傳播。

我們一開始以爲，塑膠事業的線上營業額，或許會在一九九九年越過五億美元的門檻。結果，這項業務超出我們的期望，達到十億美元的營業額；我們實在是低估了網路商機。我們的夢想不夠遠大，因爲我們以爲電子商務和腦部外科手術相同，不是一蹴可及的。然而它並不是精密的外科手術。如今，Polymerland 每週的營業額爲五千萬美元，預計在二〇〇一年度達到二十五億元的業績。

塑膠事業並不孤單。奇異整體在二〇〇〇年完成了價值七十億美元的線上交易。儘管大多數的收入來自於轉入線上交易的既有客戶，但我們還是開發了一些新的客戶，並從老顧客身上得到更多生意。

我們的另一件傻事，是在 dot.com 熱的高峰時期充滿了架設網站的慾望——任何網站，只要是網站都行。這雖然反映了我們的熱忱與幹勁，但是在二〇〇〇年初期，這股慾望的力量已不聽我們自己的話了。家電事業部門建立了一個有趣的網站，叫做 MixingSpoon.com，這個網站很棒，內容涵蓋廚房裡所需要的一切事物，包括各式食譜、討論區、折價券下載與購物指南。問題是，這個網站並不涉及任何家電產品的銷售。

它成了我們所謂的「dot.com 廢物」的典範：一個看起來光鮮亮麗，卻不具備任何財務貢獻的網站。我們從經驗中學會，如果無法換取白花花的鈔票——不論是透過商品銷售還是透過更優良的服務而得——你就不應該架設這個網站。

我們的DYB小組很快就得到結論：網際網路所呈現的機會，遠大於它所帶來的威脅。我們修正了DYB小組的使命，並將他們更名爲GYB：「growyourbusiness.com」（增長事業）。這些專門從事數位化運動的小組，日後將融入現行的事業模式中。

一九九九年六月，我首度向全公司寄發一封關於電子商務的電子郵件（我知道我遲了）。不到四十八小時，我們所架設的獨立網站收到了將近六千份回函。從工廠作業員到高階主管，來自世界各地、各個事業部門的員工，紛紛以電子郵件表達他們的見解、感想、回應、抱怨、關切與興奮之情；每一個人都投入了這場革命。

□

我們的電子商務活動促成了許多新的工作方式。塑膠事業在一些大型顧客的儲存槽中放置電子感應器，一旦顧客的庫存水準降低，電子感應器便會向奇異倉庫發出訊號，然後自動透過網際網路提出補貨的新訂單。奇異資融利用網路監控貸款客戶每日進出的現金流量；該事業部門可以立即得到顧客即將出現短缺的警訊，因而降低了虧損的可能性。奇異各事業部門領導人的電腦螢幕，如今都成了數位化的控制中心；主管可以在此得到即時的重要資料，幫助他們管理各部門的營運。

每逢星期五，奇異二十二個大型事業的高階主管便會聚會，互相了解彼此在採購、銷售與製造上的數字。這些數字是各個事業部門線上交易的縮影，它們顯示出事業部門在線上採購了哪些原料、進行了幾次競標案、競標達成的成本降幅有多大，以及該年的目標有多高。藉由如此透明化的比較，每一個人都迫不及待希望投入更多。

在電子商務中，三十天前設定的目標，可以由於陡峭的學習曲線而在三十天後顯得荒唐可笑。每當我們回顧原本自以爲所知的，總是感到震驚。

另一項重大的學習，來自思科公司的錢伯思。他強力要求我們關閉聯繫連線與離線工作流程之間的「平行途徑」。還沒做到這一點之前，我們仍仰賴紙張作業，沒有眞正利用數位化運動提升生產力。錢伯思演說後的幾個月，超過一百五十名奇異主管大舉潛入思科的組織內，都想學習思科把工作流程數位化的方式。很快的，我們拆除了印表機與影印機，所有差旅費報表、福利資訊與內部財務報表都移到線上執行。

我們開始採用數位化的思維。如今，許多奇異主管禁止員工在辦公室內使用紙張。對整個組織而言，這是一次了不起的心態轉變。

那年春天，我坐下來聆聽房貸保險事業的電子商務檢討報告。此事業單位的主管提出一項策略，旨在去除工作流程中的「接觸點」，也就是減除在審核程序中，須由人員親自處理書面文件的步驟。如果他們能成功執行這項策略，該單位的間接費用預計會減少三十％。

這是我們的「e製造」策略的開端。我們估算，工作流程的數位化將會產生驚人的節省——整體間接費用將減少三十％，高達一百億美元。這樣的節省空間是前所未見的。我們一直致力於效率上的突破，藉由數位化運動，我們找到了縮減間接費用的鑰匙。

就長遠來看，電子商務將會改善多項職務。以業務爲例：如今，與客戶接洽的時間，僅佔業務人員三十到三十五％的工作時數；他們原本要花太多時間處理行政工作、催促供配人員進行送貨、爭論應收帳款的處理方式，還要找出遲交的貨品。現在，網際網路以更有效率的方式完成這些工作；業務人員有更多時間與客戶接洽，他們將會卸下收取訂單與催送的角色，眞正成爲客戶的顧問。

我們的醫療系統事業，如今允許醫生與放射線工作人員進入該事業部門的網站，與全球的不具名樣本進行病患診療週期的比較。醫療人員可以藉由相對的績效資料，得知他們與其他醫院競爭的實力。我們甚至在線上提供各式服務，幫助他們處理任何儀器問題。

就電力系統事業部門而言，如今各個地方發電廠的總工程師都能進入該事業部門的網站，與將近一百家匿名電廠進行渦輪機的燃料消耗量與熱效率的比較。只要用滑鼠輕輕一點，他們就可以訂購我們的維修方案，達到世界級的績效水準。

電子商務與奇異的顧客基礎，誠乃天作之合。

電子商務已成爲奇異DNA的一部份；我們把它視爲改造奇異的方式之一。

至於我本人，仍然繼續在與電腦搏鬥。

「羅珊，快來救我！」

第五部

總裁到底是幹嘛的

23

在動輒興訟的世界裡

兩次對奇異不公平的法律程序

如今，我們身處於一個擁有繁瑣的法律規章、
人們動輒提起訴訟的世界，
而企業正是這個世界裡的大肥羊。
在此情況下，不受約束的官僚體制所帶來的威脅，
是每位企業執行長不得不繼續面對的困擾。
在奇異的歷史上，我們應得到的合理程序，
曾兩度遭到官僚體制的否決。

二〇〇一年六月七日星期四，我們正在飛往布魯塞爾的途中，一心希望得到歐盟執行委員會(European Commission)對奇異以四百四十億美元收購漢尼威國際公司(Honeywell International)一案的最後核准。早在漫長的八個月以前，我和漢尼威的董事長麥克·邦席諾爾(Mike Bonsignore)，就在NBC電視台拍攝《星期六夜狂熱》(Saturday Night Live)節目的紐約攝影棚內，宣佈雙方合併的消息。從那時候開始，兩家公司數千名員工便積極展開佈署，爲雙方的合併計劃作準備。

當漢尼威航太電子事業的首長麥克·史密斯(Mike Smith)，和我一同在紐約登上飛機時，我們的小組已在布魯塞爾研討幾項重要的措施，試圖解決歐洲合併任務小組(merger task force)所提出的疑慮。那個星期稍早，我們曾提議出售漢尼威航太事業中價值四億兩千五百萬美元的業務——這是史上爲了爭取歐盟對合併計劃的核准所進行的最大規模出售案之一。

我們對歐盟的讓步，包括放棄漢尼威新設計的區域噴射機引擎，以及該公司的引擎發動器；漢尼威引擎發動器的客戶包括奇異，以及我們引擎事業的最大競爭者，勞司萊斯與普惠公司。我們認爲這些讓步的意義重大，應足以說服歐盟，畢竟，美國與其他十一個國家的反壟斷委員會都認爲，我們沒有必要出售這兩項業務。

出發的前一晚，我正在波士頓向哈佛管理學院的學生演講。歐盟競爭委員會執委馬里奧·蒙堤(Mario Monti)的辦公室打電話來，表示希望取消星期五的面對面會談，我感到非常驚訝。這顯然不是一個好兆頭。

儘管如此，在我們飛往布魯塞爾的途中，工作小組還是坐在談判桌旁不走，試圖分析歐盟任務小組對我們先前提議的回應。這是非常艱困的談判過程；任務小組不斷提出新的要求，事實上，你等於一直和自己先前的提案進行談判。

儘管困難重重，我仍希望早日完成談判，讓交易定案。我和史密斯在飛機上檢討簡報內容，他向我解說漢尼威航電事業每一項業務的策略意義。由於委員會很可能要求我們提出更大的讓步，我試著在航電事業中找出價值三千萬到五千萬的「甜頭」，希望能滿足委員會的要求。

這是一個很痛苦的過程；大部分的航電業務都是史密斯和他的小組一點一滴累積下來的。在我們討論出售某些產品線的可能性時，我覺得自己彷彿是在奪走他心愛的小孩。如果某位主管試圖出售我的一小塊塑膠事業，那會像是把我的胃割掉一小塊一樣。

突然間，我在飛機上接到了達莫曼與海曼從布魯塞爾打來的電話。他們表示任務小組所要求的讓步是在數十億美元之譜，而不是以百萬美元爲計算單位。

史密斯和我闔上簡報檔案。光在航電業務中加加減減，已不可能幫助我們解決問題。

□

這項被媒體稱爲有史以來最大規模的工業公司合併案，一開始的狀況其實單純的不得了。

二〇〇〇年十月十九日，我和一位老朋友在紐約證交所（NYSE）會面。這位我十一年前在印度之旅中認識的創業家，阿吉姆．普蘭濟，正在紐約慶祝他的公司 Wipro 在紐約證交所掛牌上市。我前往證交所，希望幫助阿吉姆的上市過程擁有一個好的開始。

在阿吉姆敲響下午四點的收盤鐘聲之後，我們一起步入證交所的交易樓層。一位正在訪問阿吉姆的CNBC記者，突然轉身把麥克風伸到我的面前。這位記者，包伯．皮薩尼（Bob Pisani），請我發表對聯合科技公司（United Technologies，簡稱UT）可能收購漢尼威的這項最新消息的感言。

「這是很有趣的點子。」我勉強擠出這樣一句評論。

「你打算以什麼方式回應？」他問。

「我們得回去好好兒想一想。」

事實上，我當時差一點摔倒在地上。我抬頭看看股市行情即時顯示器，發現漢尼威的股價上漲了快十元。皮薩尼帶來的這項出奇不意的消息，完全佔領了我的心思。

那一年稍早，我們曾針對漢尼威進行分析，我認爲兩家公司會是很好的搭配。漢尼威在飛機引擎、工業系統及塑膠這三大領域上，與奇異的業務呈現互補效應，兩家公司的產品也沒有直接重疊的現象。舉例來說，漢尼威是小型商務噴射機引擎的領先業者，奇異則是大型噴射引擎的龍頭老大。這項交易總計將會爲奇異帶來兩百五十億美元的營業額，以及十二萬名新的員工。

二〇〇〇年二月初，經過幕僚小組仔細分析財務前景之後，大夥兒都認爲不值得以當時認定的必要價格收購漢尼威。該公司當時的股價，在每股五十元到六十元之間徘徊。

不過，打從二月迄今，事情出現了許多變化。一九九九年年底帶領聯合訊號公司與漢尼威進行合併、並成爲新公司董事長的鮑希迪，在二〇〇〇年四月退休了。下一季，漢尼威宣佈公司將不會達到預期的盈餘目標，股價因而開始下滑。在我前往證交所的前一天，漢尼威的股價已降到每股三十六美元。

整體而言，漢尼威第二季的疲弱表現，把公司市值由二〇〇〇年初的五百億美元，拉到僅剩下三百五十億美元。

我帶著一顆急切的心離開證交所，晚餐之前，我開始打電話詢問更多的消息。我找到奇異董事凱斯卡特，提醒他我們曾經針對漢尼威進行分析。就目前的股價而言，這項收購案顯得十分誘人。我請達莫曼在隔天早晨前來紐約，與工作小組一起研商收購的可能性。

當時，我正在遴選接班人的過程中，於是我打電話向三位候選人報告消息，讓他們隨時掌握公司的最新進展。他們三位都希望放手一搏——尤其是飛機引擎事業的執行長麥克奈尼。

事實上，過去幾星期以來，麥克奈尼和他的營運長大衛・卡洪，一直與一組來自外界的銀行家共同研究，試圖分析奇異與漢尼威合作的可能性；他們正準備提出購併的建議。我也知道奇異工業系統的執行長勞依・特洛德，對漢尼威的工業事業垂涎已久；早在漢尼威與聯合訊號合併之前，勞依對他們就有很高的評價。

隔天星期五一大早，奇異的工作小組擠進費爾菲德停機坪上的兩架直昇機，帶著厚厚的分析資料前往紐約。我打電話給大通銀行（Chase Manhattan）的董事長比爾・哈里遜（Bill Harrison），希望了解，他的副董事長兼投資銀行業務首長傑夫・博伊西（Geoff Boisi），有沒有空出任我們在這項投資案上的顧問。博伊西立即匆匆趕往奇異位在洛克菲勒中心的辦公室，與工作小組一同檢討財務分析數字。

麥克奈尼與卡洪透過視訊會議設備加入討論。他們相信漢尼威的高科技航電事業，與我們的飛機引擎事業具有完美的結合，絲毫沒有重疊的問題。漢尼威的小型引擎事業能填補奇異在此市場上的空白，給予勞司萊斯與普惠公司一記迎頭痛擊。特洛德在工業事業上的分析，也得到相同的結論：幾乎沒有產品重疊的現象。

視訊會議結束之前，我們同意提出比聯合科技公司的出價更優渥的條件，以便說服漢尼威改變心意。UT的交易具有更高的產品重疊性，也更容易引發壟斷的爭議。我們知道奇異必須迅速行動，我們聽說了UT與漢尼威的董事會即將展開會談，進行合併案的最後核准。

我們的反提案（counteroffer）具備一項有利條件——UT走漏了關於收購條件的風聲，我們因此對自己的提案胸有成竹。UT計劃以該公司的股票交換漢尼威的股權，他們估計漢尼威的股價大約在每股五十元出頭，交易金額總計四百億美元。

我認爲UT買得便宜了，也知道我們能提出更高的價格。

達莫曼和我針對這項交易可能對我的退休計劃所產生的影響進行討論。我原本計劃在二〇〇一年四月三十日——六十五歲生日過後的五個月——退休，但是如果我們得到這筆交易，我勢必得順延退休日期，以監督整個合併案的完成。我不能讓一個剛接班的新人獨力面對這項大型收購案的挑戰。

另一方面，我也不能坐視奇異與公司歷史上最大規模的交易擦身而過。如果我們取得漢尼威，我會再留任一段時間，但我們不會延遲選出接班人的時機；這個人扮演「董事長當選人」的期間，會比原先的計劃長幾個月。

達莫曼和我的意見一致，而當我透過電話向董事會報告這項購併計劃時，董事會成員也支持我的決策。

上午十點半左右，我致電漢尼威位於紐澤西州莫里斯鎮（Morristown）的總公司，要求與總裁邦席諾爾談話。他當時正在主持執行會議，與董事會討論UT的提案；行政人員不願意打擾董事會議的進行。

還好，我的秘書羅珊認識邦席諾爾的助理，而這位助理小姐曾經擔任鮑希迪的救援秘書。羅珊打電話給她，強調事情的緊迫性。秘書轉達我的意思，表示如果她不闖進會議室中，我會立刻發布新聞稿，宣佈收購漢尼威的計劃。

邦席諾爾拾起話筒，表示董事會再過五分鐘就會通過與ＵＴ的交易決策。

「不要這麼做，」我說：「我打算向你們開出更優渥的條件。」

我告訴邦席諾爾，我可以立刻跳上直昇機，不到一小時就抵達莫里斯鎮，與漢尼威的董事會見面。他表示沒有必要這麼做，但是如果我們是認眞的，他必須先拿到書面上的承諾。

「沒問題，你會在幾分鐘之後收到我的傳眞。」

我草草在紙上列出提案的基本要點，然後在十分鐘後——上午十一點二十分——送到邦席諾爾的手中。我提議以一比一的比例，由奇異股票換取漢尼威的股票。

我在紙上寫：「邦席諾爾，我眞的希望能盡速前往莫里斯鎮，澄清你們腦海中的任何疑慮。」

漢尼威的董事會收到了傳眞與進一步的電話聯繫之後，決定暫時擱下ＵＴ的提案。此時，ＵＴ的董事會已核准了這筆交易，就等漢尼威的回覆。藉由說服麥克暫緩決策時機，我們打開了協商的大門。

ＵＴ在股市收盤後發布一項聲明，指出他們已完成合併協商。不過，我們介入這項交易的消息，開始不脛而走。

我在那個星期五晚上快要離開辦公室時，我們已經掌握了很高的勝算。我前往紐約市中心二十一街與公園大道交叉口的Campagna義大利餐館，和ＮＢＣ新聞部總經理賴克夫婦共進晚餐。我一整天都連絡不上珍，那天晚上在餐桌上，我興奮地向她陳述這項大好消息。

珍並不喜歡這項消息，但她能諒解我的決策。她滿心期盼著我在四月份退休。我們已開始設計位在費爾菲德的新房子，而且一個星期以前，我才在康乃迪克州的謝爾頓（Shelton）租下一間辦公室。我們還計劃在六月前往義大利卡布里島渡假。如果交易順利進行，我們的渡假計劃顯然會生變。

□

當天的早報刊載我們和漢尼威展開協商的消息。

星期六下午，我、達莫曼、海曼，以及剛剛接替達莫曼財務長職務的基思·雪倫（Keith Sherin），在紐約與邦席諾爾、漢尼威的法律顧問彼得·克萊恩德勒（Peter Kreindler）及他們的財務長李察·渥門（Richard Wallman）會面。雙方在漢尼威聘用的世達律師事務所（Skadden, Arps, Slate, Meagher & Flom）位於時代廣場（Times Square）的辦公室集合。經過兩個小時的討價還價，雙方還是無法達成共識。我們提議以價值將近四百五十億美元的奇異股票交換漢尼威股權，幾乎比ＵＴ提出的價格高出五十億。

我提議由一股奇異股票交換一股漢尼威股票，邦席諾爾則希望拿到一點一股，我不肯讓步。一直到我同意以一點〇五五股的比例交換時，才突破了僵局。

雙方就此價格握手成交。

邦席諾爾與該公司的董事會討論之後，要求我保證將繼續留任，直到公司合併的過渡期結束爲止。我同意了。

我趕回辦公室，協助公司律師制定正式的合約。那時是晚上六點二十分。我準備搭火車前往洋基球場，觀賞職棒聯盟世界大賽洋基隊出戰大都會隊的第一場球賽，藉以慶祝交易的完成。

我剛好趕上開賽。

□

星期天，律師與投資銀行家就交易的細節作最後的努力。以局外人的眼光來看，這椿交易可能像是一次閃電式的決策，事實上，我們在過去三年，已經針對漢尼威進行了仔細的評估。在他們與聯合訊號合併之前，吉姆的飛機引擎工作小組與特洛德的工業事業小組，就已經深入研究過他們的財務狀況。聯合訊號與漢尼威合併之後，股價開始下滑，收購時機因而逐漸成熟。

ＵＴ的出價，讓我們的提案看起來彷彿衝動之下的決策。

這筆交易與ＲＣＡ收購案有許多相似之處。在此，航太事業是整個策略行動的中心點。收購漢尼威會讓我們的飛機引擎事業成長一倍，帶給我們更廣泛的引擎產品範圍，以及一項我們所欠缺的能力：高科技航太電子技術；這項技術是飛機的智慧核心。

這項收購案也會讓我們的工業事業群成長一倍。它爲我們的化學事業帶來新的產品線，也讓塑膠事業獲得新的尼龍原料產品。和ＲＣＡ交易相同，它還提供了一些像是渦輪增壓器等利基產品，可以當作日後的策略籌碼。

不過，兩項交易有一個顯著的不同點。在ＲＣＡ收購案中，我們付出奇異市值的十九％，得到十四%的利潤率；在漢尼威收購案中，我們將付出公司市值的八%，預計得到十六%的盈餘。我覺得，若把奇異目前推動的活動，例如維修業務、六標準差與電子商務的追求等等，也注入漢尼威的營運中，該公司的資產將能得到更有效率的運用。我們預計，這些提升生產力的措施，將能達到十五億美元的節省。

此外，那時公司正值全盛期。奇異在二〇〇〇年的盈餘創下歷史新高，達到一百二十七億美元，較前一年成長十九%；營業額高達一千三百億美元，也打破原本的紀錄。不論就營業額或利潤而言，我們已連續五年享受兩位數字的成長。

星期天一整天，我們在奇異公關部門首長貝絲・康絲托克（Beth Comstock）的協助之下，琢磨向華爾街分析師與新聞媒體宣佈此項交易的聲明稿內容。康絲托克是公司內閃閃發亮的明星；我在NBC電視網中發掘了她。她曾掌管NBC新聞部的公關業務，隨後晉升爲整個電視網的公關主管，在萊特的麾下工作。到目前爲止，她是NBC員工轉戰奇異總公司的人員當中，位階最高的一位。

由於風聲走漏，星期天上午突然湧入許多記者的來電，康絲托克很巧妙地應付這些查詢電話，並計劃在記者會上正式宣佈這項交易。我知道媒體一定會大肆渲染我決定留任總裁的消息，我不希望他們以批評我戀棧職位爲新聞焦點。世界上最容易做的事，就是在掌聲中優雅退場。我甚至建議康絲托克在記者會上放一張投影片，顯示一個傢伙以他的指尖緊握住寶貴的生命。我想，我們或許能從這個新聞角度自嘲一番（不過，由於太倉促，我們最後並沒有完成這張投影片）。

總之，我們在星期天的深夜，完成了所有文件的簽署。

□

隔天早晨，邦席諾爾和我草草吃過早餐，便展開媒體與分析師訪談，歷時整整四個小時。記者會在上午九點開始，NBC八號攝影棚內擠滿了人、座無虛席；這個攝影棚正是《星期六夜狂熱》的拍攝地點。邦席諾爾和我坐在台上的導演椅上，面對應接不暇的問題。

「我向大家介紹我在過去七十二小時內的約會對象。」

「沒錯，」邦席諾爾說道：「過去三天裡，我和傑克相處的時間，甚至超過和老婆在一起的時間。」

我們詳加描述交易背後的策略理由，試著消除別人認爲我爲了留任總裁而進行這項交易的錯誤看法。

「這不是關於一個傻老頭抓住權力不放的故事，」我說：「別擔心，我不會在六個月之後又宣佈另一項價值五百億美元的交易。」

有個人提到了取得政府管理當局核准的議題，我表示不會有任何問題；我預計這項交易將會在二月中結案。

「這會是你們所見過最乾淨、清白的交易。」（我對此仍深信不疑，其他人也一樣——只除了歐盟之外。）

晚上，我開心極了，我覺得自己的表現可圈可點。從媒體採訪到華爾街分析師會議，每一件事情的進展都極爲順利。經過了漫長而辛苦的一天，我決定留在紐約過夜，不打算回到費爾菲德的家中。在我取下隱形眼鏡時，不小心刮傷了一隻眼睛的角膜。我躺在床上試著入睡，但是眼睛實在痛得厲害。

我打電話給我的家庭醫生，他建議我立即赴紐約醫院就診。命運之神彷彿與我作對，我攔下了一輛計程車，而司機不會說英語。他先是把我載送到錯誤的地址，而當我終於在深夜抵達醫院時，急診室內竟人滿爲患，我等了兩小時才見著醫生；不過，醫生立刻減輕了我的疼痛。

出了醫院，我準備回到下榻的旅館。等了好久才攔到一輛計程車。一直到清晨三點，我才上床休息。

還有什麼更倒楣的狀況？深夜的這場鬧劇，很快就把我從雲端拉回現實。回頭想想，這很可能是一個惡兆。

□

歐盟執行委員會曠日持久的反托辣斯審核，是我完全沒料到會發生的事。執委會在前一年核准了聯合訊號與漢尼威的合併案，讓我深深相信這樁交易不會出現任何問題。前一年，漢尼威僅略爲進行行爲上的矯正，並且對法國電子公司 Thales 作出微幅——大約三千萬美元——的讓步，就獲得了核准。

的確，歐盟執委會曾打斷 WorldCom 與 Sprint 兩家大型電訊公司進行合併的計劃，也曾反對時代華納與ＥＭＩ的合併，但是這兩項交易都具有很高的市場重疊性。

問題的跡象在一月份開始出現。我們聽說 Thales 重施故計，試圖遊說執委會強迫我們出售各項漢尼威資產。

爲了認識蒙堤執委及其幕僚，我在一月十一日飛抵布魯塞爾，首次進行拜會。奇異對歐盟的窗口，約翰．瓦賽羅（John Vassallo），以及我們聘用的律師也都在場。我要求執委會在三月六日以前作出所謂的「第一階段」決策，否則，冗長的「第二階段」審核程序很可能拖延到七月才會終結。

會議一開始，執委蒙堤首先對工作小組的高度配合表示感謝。在略爲討論審核程序之後，我向蒙堤強調獲得第一階段核准的急迫性，並且指出任何一家公司都會提出這樣的請求。

在此案例中，我們具備十分有力的理由，足以獲得第一階段的核准。漢尼威與聯合訊號的合併迄今不過一年，雙方還沒有完成整合工作；任何不必要的延宕，都會惡化他們的問題。我表示將竭盡所能，以確保我們盡速回應執委會的任何考量。

我向執委會指出，我聽說有些競爭者打算利用歐盟的審核程序來奪取漢尼威的部分資產，他們對這些業務垂涎已久。

蒙堤表示，我們的死對頭將不會對這項交易產生任何影響。

「我向你保證，這些巧取豪奪的人，不會介入這次的調查過程。」他說。

我接著詢問，他們是否也不予考慮顧客與其他競爭者的評論；蒙堤執委與合併任務小組主席安立奎．岡薩羅斯-迪亞茲（Enrique Gonzalez-Diaz）表示，這兩項資訊來源是審核過程中重要而不可或缺的一部份。

岡薩羅斯-迪亞茲指出，競爭者能提供良好的事實基礎，而他也必須聽取他們的考量。不過，他又說，他通常以「姑且聽之」的態度面對競爭者的說法。（我後來才了解他對「姑且聽之」的眞正定義)。

「你們認爲我的做法有任何需要改進的地方嗎?」我問:「這是我第一次經歷這類的審核程序。」

「我想,你的所作所爲都合乎常理,」蒙堤回答:「我們將採取非常坦白的態度,也會儘可能改善並加速整個審核程序,我向你保證這一點。」

會後,我私下和蒙堤進行長達兩個半鐘頭的午餐會談,我認爲他親切、聰明,但是有點拘泥於形式。

我們在午餐其間無所不談,我覺得兩人之間的化學作用還不錯。不過,他堅持稱呼我「威爾契先生」。

「蒙堤先生,請叫我傑克。」我說。

「等案子結束以後,我才會叫你傑克。」他回答道。

儘管如此,我仍然樂觀,相信這項交易將會迅速結案。不過,到了二月中,我們開始得到一些壞消息。任務小組似乎準備展開更廣泛的調查活動,整個程序可能長達四個月。我決定再度飛往布魯塞爾,希望避免進一步的延宕。

□

我在二月二十五日一個晴朗的星期六下午離開佛羅里達住宅,直接飛往布魯塞爾,然後在飄著細雪的星期一早晨著陸。從機場到歐盟總部的途中,我和前來接機的海曼與律師小組先就談判策略進行討論。

蒙堤執委閱讀了任務小組的紀錄之後，立刻決定把決策期限延展至七月。

我花了一個鐘頭陳述我方論點，也認爲自己的說服獲得某種程度的進展。我的論點環繞著奇異在歐洲的績效、我們改造了前國營企業的成就、奇異在歐洲聘用八萬五千名員工的貢獻，以及漢尼威與奇異完全不具重疊性的事實。我們提出一些非撤資性的補救措施（nondivestiture remedies），仿照漢尼威與聯合訊號合併時的處理辦法。

我再次重申迅速決策的重要性。

蒙堤似乎被這些說辭打動了，他建議我們先返回旅館休息，讓他和任務小組開會討論我們所提出的論點。我們在傍晚六點半接到電話，得知他們的立場仍未改變，任務小組執意展開第二階段的調查。

更棘手的是，他們對這項交易提出一些罕見的反對理由，遠超過傳統的反壟斷考量。他們希望研究奇異與漢尼威合併之後會對整個飛機產業造成怎樣的「幅度效應」（range effect）。

我覺得蒙堤的態度和藹，但我就是無法打動他。這實在很令人失望，不過，這樣的結果一點都不意外。迅速核准這項交易，對執委本身並沒有太大的好處。最大的抗議聲浪，來自他在歐洲的選民，特別是勞司萊斯與Thales。此外，包含UT與洛克威・柯林思（Rockwell Collins）航電公司等美國競爭者，也在反對聲浪中大聲唱和。

我對最後結局仍然充滿了信心。儘管我們還得面對管理當局的層層阻礙，但兩家公司的數千位員工已埋首於發展整合計劃，希望所有重大的整合決策能在交易結案之前達成共識。

我們於五月二日收到一項好消息：在我們同意出售漢尼威的軍事直昇機引擎業務，並開放小型噴射引擎與輔助動力單位的維修業務之後，美國司法部門核准了這項交易。

六天後，歐盟執委會發布了一份長達一百五十五頁的反對聲明。這份聲明與他們展開第二階段審核的理由大同小異，只是提到了更多的細節問題。

第二階段的最後程序，包含在五月底舉行的一場聽證會。這場爲期兩天的聽證會，是雙方談判徹底破裂的肇端。任務小組和執委蒙提，已經擔任了好幾個月的調查員與檢察官，如今又身兼法官與陪審團的角色，爲自己的提案進行定奪。

這場聽證會是一次無價的經驗。

第一天，我們大力駁斥執委會的論點；來自外界的經濟學家、顧客與我們的法律顧問小組嚴厲批判執委會的說辭。聽證會期間，負責爲執委提出最終建議案的岡薩羅斯-迪亞茲數度進出會場，有時甚至離開三十分鐘以上。

第二天，我們的競爭者登場。這一天發生了幾件特別值得一提的事件。UT提出一份與事實眞相不符的證詞；而洛克威·柯林思公司在聽證會官員面前的說法，則與他們對投資人的說法完全不同。這天的會期當中，岡薩羅斯-迪亞茲從未離開座位。

聽證會官員以一整天的時間仔細聆聽競爭者的指控，最後卻只給我們十五分鐘進行反駁。

好一個審判流程！一場由檢察官兼任法官的聽證會！

□

聽證會結束後，執委會合併任務小組即將作出決議，我於六月七日最後一次前往布魯塞爾。我和漢尼威的史密斯在飛行途中接到執委會再度提高要求的壞消息。晚間八點半抵達布魯塞爾，我們立即前往康拉德（Conrad）飯店，漢尼威與奇異的工作小組和我們的律師群，正在飯店分析這一天所收到的最新消息。

我們也針對即將在下一次會議中所提出的計劃達成共識；這次會議安排在六月八日星期五早晨舉行。我和工作小組一同工作到深夜，完成一份獲得奇異與漢尼威雙方認可的提案；在此提案當中，我們把讓步幅度提高三倍，達十三億美元，其中首度涵蓋某些重要的航電產品。

我並未在星期五早上和蒙堤先生碰面；他認爲兩邊的立場差距太大，因此建議由雙方的工作小組進行協商。在工作小組的會談過程中，奇異與漢尼威把這份新的十三億美元撤資提案擺到檯面上。

我在星期五晚上離開布魯塞爾，前往卡布里島與妻子與法斯科夫婦共渡週末假期。那時已成爲飛雅特（Fiat）公司董事長的法斯科，不僅是我的老戰友兼奇異董事，也一直是我最堅強的顧問。我在星期一傍晚返回布魯塞爾和奇異小組共進晚餐。他們當天稍早曾和歐盟任務小組會面，達莫曼告訴我，執委會對這項價值十三億美元的撤資計劃並未提出正面的回應。

他還告訴我另一個意味深長的故事。

在上星期五提出的十三億元撤資計劃中，我們做出幾項重大的讓步，包括一些非常具有吸引力的航電業務。星期一早晨，歐盟任務小組裡的一位成員，詢問我們爲什麼提案中沒有包括漢尼威在華盛頓州雷德蒙市（Redmond）某個特定廠房內生產的一項名不見經傳的零件。

達莫曼十分震驚。我方人員對他所提的零件一無所知。只有曾深入研究漢尼威業務與廠房的競爭者才可能發現提案中遺漏了這項微不足道的零件。

岡薩羅-迪亞茲的「姑且聽之」，原來是這樣的意思！

工作小組在六月十二日星期二早晨回到談判桌上，把讓步幅度提高到十九億美元。主導這項提案的漢尼威法律總顧問彼得．克萊恩德勒，負責向歐盟任務小組提出簡報。他指出這項提案涵蓋了漢尼威最重要的航電產品，應該足以平息執委會的任何疑慮。歐盟任務小組提出許多問題，這項計劃似乎激起了他們的興趣。

星期二稍晚，海曼、克萊恩德勒和我，就奇異與漢尼威的提案達成最後共識。在克萊恩德勒寄給海曼的信函中，他明確定義我們在合併協議中的義務，包括應支付多高的金額，以及進行哪幾項特定的撤資案。這是迫不得已的最壞狀況，但我相信在此提案之下，歐盟應會核准奇異與漢尼威的交易。根據執委會的規則，遞交提案的截止日期是六月十四日，我們將在當天提出價值高達二十二億美元的撤資計劃。

克萊恩德勒的信函，讓我得以在隔天與蒙堤的會談中，釋放出額外的三千四百萬元的「甜頭」，把讓步幅度擴大到二十二億美元。

由於我們並不確定在六月十三日的會議中我是會單獨與蒙堤見面，或是與整個任務小組進行會談，因此大家都建議我單槍匹馬赴會。

我走進蒙堤在歐盟總部的辦公室。他的助理起身迎接，她似乎對我獨自一人出席會議感到相當驚訝。

「你的幕僚呢？」她問道。

「只有我一個人。我來這裡聽取執委會對我們最新提案的正式回應。」

蒙堤走出來，把我護送進他的私人辦公室。簡短寒喧之後，我們一同走入坐滿了合併任務小組官員及其幕僚的大會議室。

我把公事包放在會議桌上，然後在桌子的一邊坐了下來。我的對面坐著八到十位政府官員，除了蒙堤執委之外，還包括合併任務小組調查委員會主席岡薩羅-迪亞茲、競爭署署長亞歷山大・邵布（Alexander Schaub），以及合併任務小組主委高茲・德勞斯（Gotz Drauz）。

蒙堤執委首先宣讀一份聲明書，感謝我們的工作小組所付出的努力，但他最後表示我們的提案不夠充分，然後根據書面紀錄宣讀一連串新的要求。在蒙堤建議我們出售一項又一項的漢尼威業務時，我很認眞地在筆記本上作紀錄。

他所建議的撤資案，價值總計在五十億到六十億美元之間，而且徹底破壞奇異與漢尼威合併的基本意義。

「蒙堤先生，這些要求令我深感驚訝與痛心，」我說：「我們絕不可能考慮這樣做，如果這就是你們的立場，那麼我會在今天晚上回家。我還有一本書要寫呢！」

談判桌的對面，身材魁梧、圓臉的德國人亞歷山大・邵布，突然迸出一串笑聲。

「威爾契先生,你可以在書中的最後一個章節寫下這段經歷,」他說:「『回家吧,威爾契先生』，會是最貼切的標題。」

這段話化解了會議室中的緊張氣氛，每一位在場人士都暗自發笑，但我的心直直往下沉。

會中也針對全面或部分出售我們的飛機融資與租賃事業，奇異金融航空服務（GE Capital Aviation Services，簡稱GECAS）及其他幾項重大撤資案，進行簡短的額外討論。雙方一直在原地打轉。

我在當天傍晚與蒙堤先生第二度會面。這次會議不到二十分鐘就結束了。我表示我們的讓步已達極限，我會在隔天遞交最後的提案。

他點點頭，我便離開了會場。

隔天，六月十四日，我們透過電話短暫交談。我在提案中納入最後的三千四百萬美元撤資計劃，整體讓步幅度爲二十二億美元。

「昨晚，我不好意思提出這份計劃，因爲這和你們的要求相差數十億美元，」我說：「但這是我們的最後提案。」

他謝謝我告訴他這項消息，但似乎對我的提案興趣缺缺。

我前往我們的律師事務所，漢尼威與奇異的幕僚小組已在那裡工作了好幾個星期。每一個人都身心俱疲。我只與歐盟任務小組開過幾次會議，但我們的工作小組已花了無數個艱苦的日子與他們交戰。

奇異與漢尼威的聯合正式提案，在當天稍晚送交執委會辦公處，內容涵蓋價值二十二億美元的撤資案。

即將離開布魯塞爾時，我接到蒙堤執委打來的電話，祝福我一切順利。他表示雙方的接洽是一次愉快的經驗。在這通電話中，他首次稱呼我「傑克」。我謝謝他的好意，並向「馬里奧」道再見。

「如今結案了，」他說：「我可以對你說，『再見，傑克』。」

「唔，再見，馬里奧。」

那一刻，我不敢相信他們竟然不接受這些「甜頭」——連同美國的撤資案，我們的讓步高達二十五億美元，相當於主要航太產品線的四十%。

我希望合併任務小組曾仔細評估檯面上的提案。

任務小組的決策引發了熱烈的關注。許多報章雜誌對執委會否決這項交易的決策大加撻伐，某些華府官員也公開譴責，並促請執委會重新考慮。

隨著輿論力量逐漸成形，我們答應漢尼威再進行最後一次的嚐試。六月二十五日星期一，達莫曼、海曼和我在紐約與邦席諾爾及克萊恩德勒會面。我們同意以不公開的方式出售GECAS十九點九%的股權，新任股東將是奇異自行選擇的第三方投資人，同時我們也將在GECAS的五人董事會中，邀請一位獨立董事入閣。我們無法接受競爭者擁有GECAS的少數股權，邦席諾爾與克萊恩德勒表示諒解。

我們研商航太事業的撤資計劃，同意進一步放棄價值十一億元的漢尼威資產——這項額外的撤資方案，價值高達六月十四日提案的一半。邦席諾爾與克萊恩德勒表示，這將是我們的最後一次讓步。

□

隔天早晨，我打電話給蒙提執委，詢問他願不願與我和邦席諾爾在布魯塞爾會面，接受我們最後的提案。他認爲在此敏感時機，我們不適合進行會談，因此建議由奇異在歐洲的律師群遞交提案。我請他向邦席諾爾傳達同樣的訊息。邦席諾爾和我向蒙提執委指出，只要一收到他的訊號，我們可以立即起身前往布魯塞爾。

律師群依照指示行事，之後，我們很快收到蒙堤執委的回覆。在六月二十八日星期四下午的電話會議中，蒙特執委表示我們的提案「不夠充分」。他說，就算我們在兩個月前遞交這份提案，也是於事無補。

「我們一直試著解決執委會的疑慮，但在經過這麼長的努力之後，結果顯然十分令人失望。」我這麼說道。

邦席諾爾也表達出類似的心聲。

邦席諾爾在下午五點半打電話給我，表示他將在隔天早晨送交最後一份請求。我說我們已用盡各種方法，現在若採取任何行動，只會引起執委會的不快。

「傑克，我就是得把握最後機會孤注一擲。」他說。

隔天早晨，我收到漢尼威的新提案。在這封兩頁的公開信中，邦席諾爾要求我回到六月十四日的二十二億美元撤資提議，並修正我們的GECAS提案，以便讓歐盟執委會接受我們的少數股權投資人與獨立股東會成員。簡而言之，爲了回應執委會的立場，漢尼威的提議涵蓋過去討論過的所有撤資計劃，再加上一項負擔沉重的GECAS股權提案。

邦席諾爾同時修正合併協議以作爲交換條件。他降低漢尼威的售價，把股票交換的比例由原先的一點○五五股降到一點○一股。

我們無法接受這樣的條件。伊梅特在去年十二月獲選爲董事長接班人之後，便積極參與每一項關於漢尼威的決策。他和我及幾位副董事長的意見一致，都認爲這項提案沒什麼道理可言。雙方人員幾個月以來為這項交易付出了無比的心血，殫精竭慮地發展整合計劃的細節，我們為他們感到難過，但是我們無法接受漢尼威的新提案。

我隨後致電奇異董事會說明我們的立場，並在他們的核准之下拒絕漢尼威的修正計劃。這並不是困難的決策；歐盟執委會已將這項交易的策略意義摧毀殆盡。

「執委會所追求的目標，正好會破壞這項交易最重要的策略理由，」我在寄給邦席諾爾的回函中寫道：「正因如此，你為了回應執委會的立場所提出的新合併計劃，對我們的股東而言，絲毫不具任何策略意義。」

執委會對這項收購案的否決，是我們雙方的一大憾事。這項決策沒有什麼道理。為了推動這項交易，我們每一個人都已盡了最大努力。

對我而言，如果在事業生涯中期失去這筆公司歷史上規模最大的交易，只會是另一次揮棒落空的經驗。但在事業生涯尾聲、在我延遲退休日期之後，這次事件的衝擊彷彿超過實際上的損失。

這不是蒙堤執委與我個人之間的角力；我們倆一直抱著開誠布公的態度，而工作小組也不斷嘗試消弭雙方的歧異。遺憾的是整個審核過程採用一套獨特的規則，允許執行委員會身兼我們的敵手與裁判。

在合併任務小組破壞交易背後的策略理由之後，這項交易再也不符合奇異股東的最大利益。

我並非事件的主角。

奇異股東才是我們關注的焦點——而在奇異內部，公司員工正是最大的股東。

上個週末，我前往費爾菲德的鄉村俱樂部參加一場婚禮。我站在俱樂部的陽台上啜飲雞尾酒，眺望著高爾夫球場與長島海灣。這個四面環水的鄉村俱樂部，擁有極爲優美的景致。

朋友們詢問漢尼威交易案的實際狀況。我指著眼前的草地說：「想像一下，假設你打算買下這片美麗的高爾夫球場，但爲了完成買賣，市府官員要求你把河邊最好的第二、三、四、五與第八洞賣給另一家高爾夫球俱樂部，此外，他們還要求你放棄自有住宅的一半產權。」

他們若能了解這個比喻，就能體會我在布魯塞爾的經歷。

如今，我們身處於一個擁有繁瑣的法律規章、人們動輒提起訴訟的世界，而企業正是這個世界裡的大肥羊。在此情況下，不受約束的官僚體制所帶來的威脅，是每位企業執行長不得不繼續面對的困擾。在奇異的歷史上，我們應得到的合理程序，曾兩度遭到官僚體制的否決。

環保署動用超級基金法案，判定我們要嘛就依照他們的要求清理環境，否則就得面對三倍的賠償金與每日兩萬七千五百元的罰鍰。你的上訴權，要到完成所有清理工作之後才會生效——而清理完已經是好幾年以後的事情。程序的不合理，是我們向聯邦法院質疑這項法案違背憲法精神的原因。

歐盟執委會對漢尼威收購案的否決，也同樣欠缺合理的審核程序。這些官僚可以採取最極端的立場，而沒有任何誘因促使他們進行妥協。在美國，反壟斷官員必須取得法院裁示，才能阻止交易的進行；在歐洲就沒有這樣的規定了。企業界應享有合理的權利，能在適當時機、由公正的裁決人出面之下，舉行公平而公開的聽證會。

只有政府才能對付這種不公平的現象。

面對未來，企業必須爭取每個人都享有的一項權利——在法庭上獲得正義的一天。

24
沒有所謂的公式

我在管理方面的觀念與心得

我想順帶一提：對我而言有效的做法，往往伴隨著許多運氣。

過去 24 年裡，我總隨身攜帶著我的吉祥物：一個棕色的皮製公事包。

我的秘書把這個公事包戲稱爲「幸運先生」。

它是我在 1977 年亞特蘭大高爾夫球賽中的戰利品，

那是我遷居費爾菲德的第一年。

這個公事包現已垂垂老矣而且傷痕纍纍。

但我在幸運先生的協助之下得到非凡的成就，我絕不會丟棄它。

它唯一一次離開我視線，是我秘書把它帶回家縫補。

我並不特別迷信，只是不想和運氣開玩笑。

退休那天，我離開總公司時，帶著幸運先生一起回家。

總裁是瘋子才會幹的事！超越極限、激動、樂趣、不知節制、執著、熱情、持續不斷的行動、折衝樽俎的過程、每每到深夜才結束的會議、眞摯的情誼、醇酒佳釀、慶祝、高級的高爾夫球場、眞實戰場上的重大決策、危機與壓力、一次又一次的出擊、少數幾支全壘打、勝利的快感、失敗的痛苦。

身爲總裁就是有這麼多的妙處！你拿到很高的薪水，但眞正値回票價的，是其中的樂趣。不過，就像任何一份工作，它也有它的好處和壞處——然而，好處毫無疑問壓倒了壞處。你的行程排得滿滿的，許多工作排程在一年以前就先訂下來了，然而每天還是會出現新的危機，徹底打亂你的時間表。每一個工作天都長得離譜，但時間一小時一小時快速流逝，你總得爭取更多的時間。不論你在做些什麼，公事總是纏繞著你的思緒不放——你腦海中的念頭，總是那麼的引人入勝。

這份工作得處理各種乏味的對外事務，但所有的內部事務都樂趣橫生——嗯，至少對我來說，因爲我就是設定工作事項的人。我經常受邀參加那種必須穿禮服的正式晚宴與同業公會會議，但我不是非出席不可。有些晚宴眞的很特別，像是你希望你父母還在世能見到你出席的白宮國宴。我在晚宴上遇到許多平常只能在報章雜誌上讀到的傑出人士，而我發現他們大多個性謙遜而平易近人。

這份工作沒有所謂「典型」的一天。五月底，我還在撰寫這本書的時候，我恰好有一天過得非常緊湊，行程從早上八點半到晚上八點半排得滿滿的。隔天，華納出版（Warner Books）的執行長賴瑞・克許鮑姆（Larry Kirshbaum），喋喋不休地責問我爲什麼這本書沒有明顯進展。

「拜託，我昨天根本沒有辦法動手寫書，我渡過了很瘋狂的一天。」

「怎麼一回事？」他問。

我向他描述了昨天的工作排程之後，他堅持要我把這段故事放到書中。

這一天從早上八點半開始。這是我們通稱的「交易日」（Deal Day），也就是奇異資融董事會每月一次的例行會議。這一次，我們有一整疊的提案需要討論，內容從出價收購資產價值達五十五億元、已宣告破產的日本壽險公司，到放款五億元給密西西比州的一家發電廠。奇異資融的執行長奈頓，在各個事業領袖與他們的幕僚小組進行簡報之前，先約略向我們說明每項交易背後的理由。

奇異的主計長吉姆・邦特，負責與奇異資融小組共同分析各項交易。會前的一天，他透過電子郵件讓大夥兒傳閱一份一到兩頁的文件，內容是各項交易的摘要及他個人的建議。邦特擔任奇異資融董事已有好多年的時間，他一直是一個喜歡冷潮熱諷的人，一個能在數字中找到幽默——以及隱含危機——的聰明狂人。二〇〇〇年秋，我與他達成協議，要求他多待幾年，他的智慧與敢於出言不遜的態度，是不容置疑的寶藏。我希望我們的新總裁，也能從邦特敏銳而詼諧的洞察力中受惠。

此次會議中，我和伊梅特遭到邦特嚴厲的抨擊，因為我們在他尚未發表意見之前，就先透露了核准某項交易的消息。他嘲弄地寫道：「既然根據路透社在二〇〇一年五月十七日星期四的報導，總裁與總裁接班人顯然都希望通過這項提議……如果任何人這時候還有任何異議，請現在提出，否則就永遠保持緘默。」

我們花了四個鐘頭檢討十一項提案，其中五項來自美國以外的地方。九項計劃獲得核准，一項價值四十億美元的收購案被駁回進行修正，另一項針對紐約市辦公大樓營造工程的一億一千一百萬美元融資計劃則遭到扼殺。我們曾兩度因為不動產市場的景氣循環而血本無歸，這時，紐約四處都見得到大樓的興建工程，每一個人都擔心辦公大樓供應過剩的問題——只除了邦特之外。他很欣賞這項交易的結構，也很不情願地承認：「附註：我知道自己面臨『邦特，你瘋了嗎？』一類評語的風險。」

這是少數幾次他的建議沒有獲得接受的情況之一。

董事會議解散之後，我在餐廳隨便抓了一個三明治，然後匆匆趕往會議室，參與漢尼威收購案的策略會議。從辛辛那堤飛抵總公司的飛機引擎事業執行長卡洪，以及好幾位來自鳳凰城的漢尼威人員，正在會議室開會。

這時，我們正處於公聽會的過程當中，歐盟執行委員會正在檢討這項交易對競爭狀況的衝擊。雖然我一直不認爲這樁收購案存在著任何反壟斷議題，但我們相信得放棄一些籌碼才能獲得執委會對這項交易的核准。我們需要知道漢尼威對每項業務之策略價值的觀感。

漢尼威會議整整耗去了兩個鐘頭，把原本下午一點鐘的議程延到下午三點才舉行。我總是熱切盼望參與下面這一場會議，因爲它是以人員爲主題：追蹤檢討六星期前在前線各地進行的人事會議。人力資源部門的首長康奈迪，準備了長達五個鐘頭的會議資料。傑夫・伊梅特是這次會議的主席，我壓抑著自己越俎代庖，還算成功。

在我們視察前線的過程中，經常會在各事業部門「發掘」三到四位閃亮的明星，然後會興沖沖爲他們尋找新的機會。在舉行追蹤會議之前，我們總是免不了要爲每一位明星安排至少三到五個不同的職務。因此，這項會議能幫助我們釐清對前線許下的所有承諾，並針對各級主管的調動展開熱烈的論戰。

我們在會中檢討奇異各事業部門的執行長接班計劃，並討論位於績效底層十%的主管的去留。

有時候，某事業部門底層十％的人員比另一個部門居中的主管還要優秀，因此，這個議題總會引來激烈的爭議。

這一次，我們檢討漢尼威的整合計劃，其中包括飛機引擎、工業產品與塑膠事業部門的新組織結構。我們花了一個小時的時間，討論漢尼威的主管應接任新合併公司的哪些管理職位，而哪些奇異的主管應遭到撤職。此外，我們還從五十位人選中，選出三十五位高階主管參與二〇〇一年的EDC訓練課程。這是很重大的決策，因爲這項課程具備很高的象徵意義。

多年以來，這項會議的一大議題，就是多元化的探討。今年的資料顯示，從一九九六年迄今，女性與少數族裔擔任管理職的人數成長了七十％。在我們三千多人的高階管理群中，有三十％的人具有「多元」的背景。

去年至今，具有多元背景的高階副總人數增加了二十五％，佔奇異全體副總裁的十六％。這尚未達到「六標準差」的水準，不過，奇異如今超過三百億美元的營業額是在女性或少數族裔經理人的掌管之下。我們的人才庫擴充得很快，導師專案確實有效！

在會議的最後半小時內，我們檢討在視察前線時所發現的各項最佳實務做法，伊梅特將在六月舉行的CEC會議中表彰這些典範。

這場會議一直到晚上八點之後才結束，這時，我壓根兒把這本書的撰寫工作拋到九霄雲外。

□

當然，並非每天都是如此忙亂的。總裁角色的扮演，並沒有一套標準公式。每個人的做法都有所不同，無所謂對與錯。我當然也不具備神奇的公式，但既然我敢放肆寫這本書，就打算冒險把一些我認爲有效的觀念和大家分享，希望某些觀念能有所裨益。你可以從中挑選幾項對你有用的概念，也可以一笑置之。

操守

最近在費爾菲德大學管理學院所舉辦的論壇中，一位大一學生提出這個問題：「你怎能同時是虔誠的天主教徒又是成功的商人呢？」

我斬釘截鐵地回答：「我確實能做到！」

答案很簡單：只要維持堅定的操守就行。在人生的起伏中，我的道德標準從未動搖。人們或許不會同意我的每項意見，而我也不見得總是對的，但他們都知道我的意見是坦率而眞誠的。這幫助我與顧客、供應商、分析師、競爭者和政府都建立了更良好的關係，也幫助設定組織中的氣氛。

我從未在人前人後擁有兩套不同的手法，我只有一套做事方法：一份正直坦率的做事風格。

企業與社會

每一個人對企業在社會上的角色都有自己的看法，我也不例外。

我相信，企業若要承擔社會責任，首先必須建立一個強大、富競爭性的組織。唯有健全的企業，才能改善人們的生活及他們所生存的社會，並且讓生命更形豐富。

企業假如具有堅強的實力，它不僅能繳納稅金以支援重大公用事業，也能建造符合或超越安全與環保標準的世界級設施。實力堅強的公司會在員工與設施上進行投資，同時提供良好、穩固的工作機會，並賦予員工足夠的時間、精神與資源，讓他們爲社會提供千倍的回饋。

另一方面，軟弱無力的企業則經常是社會整體的負擔。它們的利潤微薄或甚至沒有獲利，即使曾繳納稅金，其金額也微不足道。它們往往爲了節省一點點小錢而採取捷徑，在員工發展或工作環境上的投資寥寥無幾。始終存在著的裁員威脅，在員工心中種下不安全感與恐懼，而員工對前途的憂慮，會影響他們貢獻時間與金錢幫助他人的能力。

我在麻州匹茲菲爾德親眼見證這種現象；我在那個城市渡過奇異生涯的前面十七年，在那兒見到兩種事業——一是健全的，另一是搖搖欲墜的。我們的塑膠事業是一份活力旺盛、快速成長的事業，該部門積極僱用優秀的員工、建造新的中央實驗室，並擁有一群有能力回饋社會的工作團隊。不遠處，奇異的變壓器事業則一直在勉力支撐，已超過十年連續虧損，而且虧損的金額愈來愈大。這項事業已失去競爭力，我們不得不在一九八〇年代結束工廠的營運。長期而言，一份虧損的事業無法對社會提出任何貢獻。

匹茲菲爾德的居民，對於我們關掉變壓器工廠的決策感到十分憤怒，但這無關乎奇異或我喜愛塑膠事業甚於變壓器事業，或是喜歡一個城鎮甚於另一個；這是關於一份事業的體質，以及不良事業可能對整個社區造成的影響。

這就是爲什麼，一位總裁最基本的社會責任在於確保公司達成優越的財務表現。唯有健全、成功的企業，才有資源與能力扛起應有的責任。

樹立風氣

組織風氣莫不以最上層的一舉一動爲依歸。我經常告訴奇異的事業領導人，他們個人的個性強度，決定了整個組織的強度。他們認眞工作的態度，會因爲員工的仿效而得到千倍的力量。總裁必須樹立風範。每一天，我都試著深入了解組織內的每一份子，我希望他們感受到我的存在。

在歐洲、亞洲等地的事業分支出差時，我每天工作十六小時，試著接觸幾百個、甚至幾千個的員工。在可羅頓維爾，我曾引導一萬八千名以上的主管進行意見交換。在每一次的人事檢討會議中，我會與工會領袖見面，藉以了解彼此所關切的議題。我不希望自己只是公司年報裡的一張照片；我希望成爲每一位奇異員工都認識的人物。

充分運用組織內的智慧

總裁的工作，有一大部分是要充分運用每一位員工的才智；其中的秘訣，就是激發出每一個人的最佳點子，然後在組織內推廣並傳播。這是總裁最重要的責任。我試著成爲一塊海綿，吸收並思考每一個好的構想；要做到這一點，首先必須開放胸襟，接受來自任何人、任何地方的觀點，接著再把這份心得散播於整個組織之中。工作簡化專案啓發了無界限的概念與行爲。我們嚴格評估員工在這項價值標準上的表現，藉以強調它的重要性。此外，從人事到策略等各式會議的銜接（也就是所謂的「營運系統」），賦予新點子更強的衝勁，並且幫助它們得到粹煉。可羅頓維爾則協助散播心得，並激發每個學員最好的表現。

如今，尋找更完善的工作方式並急切地分享新知，已成爲奇異的第二天性。

人員第一，策略第二

適才適所，比策略的發展重要多了。這個顚撲不破的道理，適用於各式各樣的企業。這麼多年的總裁經驗中，我見到許多大有可爲的策略最後提不出任何具體成果。我們爲超音波事業擘畫了一份了不起的計劃，但在沒有找到一位血液中流著超音波的絕佳人選之前，這份計劃一直起不了作用。好多年以前，我們便爲飛機引擎、電力與運輸事業籌畫了維修業務策略，但服務業務一直是公司內的次等公民，直到幾位不畏艱難、勇於任事的領導人上任之後，事情才出現轉機。

我們付出了相當的代價才明白，縱使擁有全世界最偉大的策略，但若沒有適任的領導人積極運籌帷幄並把策略成敗視爲己任，最後只不過得到幾場精采的簡報和馬馬虎虎的成果。

不拘形式

官僚作風會扼殺工作效率，無拘無束的氣氛則能夠釋放人們的潛力。擁有一個不拘形式的工作環境，是企業的一大競爭優勢。所謂的不拘形式，並不是指員工彼此稱兄道弟、可以任意停車的停車場或是牛仔褲等便裝服飾。它具有更深層的意義；它代表的是：組織內的每一份子都很重要，而每一位員工也都很清楚自己的重要性；職稱不具太大意義，組織內沒有階級意識，也沒有成天坐在私人辦公室內發號司令的冷面主管——只有一份完全開放的風氣，讓每個人都能自由自在暢所欲言。「明哲保身」是可笑的態度，熱情、默契及跨越層級的意見交流，才是組織內最重要的價值標準。

我們歡迎、也期望每個人都能追求這些價值的表現。

自信

驕傲是一項致命的性格特質，而毫不掩飾的野心也具有相同的致命效果。自負與自信之間，存在著一條微妙的界線。自信心的眞正考驗，就在於有勇氣開放胸襟、接受任何新觀念——不論這項想法來自何處。自信的人不害怕自己的觀點遭到質疑，他們熱愛智力上的挑戰，並藉此豐富原想法的內涵。這些人決定了組織的開放程度與學習能力。怎樣才能找到具有自信的人？仔細看看：這些人通常具有從容自在的態度，他們接受自己的本質，也從不害怕展露自我。

不論在任何組織內，千萬不要爲了任何一份該死的工作而放棄「做你自己」。

熱情

每當我在可羅頓維爾詢問學員：「A級員工具有哪些特質？」我最高興的莫過於聽到第一個舉手的人回答：「熱情」。對我而言，情感的強度足以掩蓋許多過錯。成功者的共同特質，就是擁有比其他人更深的用心；**再枝微末節的工作都願意投入心血，再遠大的抱負都勇於夢想**。這麼多年以來，我總是想在事業領袖身上尋找這項特質。熱情並不等於招搖的舉止或浮誇的態度，它是來自內心深處的一股力量。

偉大的組織，能點燃員工的熱情。

擴展

所謂擴展，就是奮力追求你認爲不可能達到的成就。我總是利用年度預算的編列過程，來說明擴展的涵義。

這是大家都很熟悉的例行程序：前線的業務小組在赴總公司開會之前，花了一個月的時間準備簡報，試著找出一套有力的說辭，盡量壓低明年的銷售目標。總公司的高階管理人員也參與同一場會議，他們全副武裝，準備要求業務小組達成最高的目標。前線小組在簡報中強調經濟疲軟、競爭激烈，然後表示：「我們可以盡力達到十分」，而高階主管則希望他們達到二十分的目標。

簡報通常在密閉的會議室舉行，在場的都是公司裡的自家人。你應該很淸楚會發生什麼狀況：在冗長的簡報與討價還價之後，業務目標設在折衷的十五分。

這是使人逐漸失去活力的極小化（minimalization）運動。

業務小組回到前線額手稱慶，他們將不需要爲了目標的達成而全力以赴。高階主管也感到滿意，他們認爲自己設下的目標再度創立新高。

爲什麼玩這樣的把戲？根據多年的經驗，人們曉得：如果達成了業績數字，可能會被長官拍拍肩膀，或是得到好一點的待遇，但若沒有達成目標，可能會被嚴加修理，或面臨更悲慘的命運。

每個人都依據這套遊戲規則求生。

不過，在一個鼓勵擴展的環境中，我們要求業務小組提出一份能反映夢想的「營運計劃」，追求其能力範圍所及的最高目標——也就是「極限」。預算會議的討論重點，環繞著新方向與成長等激勵人心的議題。

會議結束之後，雙方都很淸楚明年的業務方針，以及業務小組即將付出的努力。前線人員明白，他們的績效評估基礎將是自己過去的成績與競爭者的表現，而不是一個驚人的內部目標。設立一個深具挑戰性的目標，可以刺激員工不斷向上提昇。

我們從來沒有設計一套難以達成的營運計劃。不過，我們的成績總是遠超過自己的想像——也遠超過華爾街分析師的期望。

擴展的態度並不容易建立，我們仍需要在奇異的各個角落灌輸這份精神。有時候，我們發現某些低階主管把極限數字稱爲「預算」，懲罰那些沒有達成目標的員工。雖然我認爲這種現象並不多見，但我不敢說它已絕跡了。

無論如何，「擴展」將永遠是我們努力的目標。

慶祝

事業必須充滿樂趣，然而對於太多人而言，這「不就只是一份工作而已」。

我一直認爲，適時的慶祝，是在組織內注入活力的絕佳辦法。早年在塑膠事業中，我總是想盡辦法藉機慶祝，即便是最微不足道的勝利也不放過。

在可羅頓維爾的課堂上，我經常爲這個簡單問題的答案感到洩氣：「你們辦的慶祝活動夠不夠多？」學員們會轉身悄然不語，或著咕噥說：「沒有。」

我喜歡在這項議題上予以回擊。

「別看我，我不能替你們慶祝。奇異不會創造一個專門負責慶祝活動的副總裁職務，這是你們自己的責任。你們擁有這份權限。記得回去之後善加利用自己的職權。你們不需要送給部屬新的賓士汽車，只要一杯啤酒或一頓晚餐就可以達到效果。

「你的職責是確保工作團隊享有樂趣——同時維持高度的生產力。」

獎勵制度與評估標準必須一致

你必須做對這一點。

有一次，我很驚訝地發現，前一年的第四季達到了極高的營業額，卻完全沒有利潤可言。我問道：「這究竟是怎麼一回事？」

「嗯，我們在第四季舉辦銷售競賽，每一個人的表現都好極了！」

「利潤跑到哪兒去了？」

「我們沒有要求利潤。」

這個簡單的案例，說明了一條眾所週知的原則：評估什麼，就得到什麼——獎勵什麼，也就得到什麼。

採用靜態的評估標準，會讓我們停滯不前。市場情況變化無常；新的業務崛起，新的競爭者也就跟著加入戰場。我經常大聲提出這個問題：「我們是否衡量並獎勵希望見到的行爲？」

評估方式與獎勵制度若不一致，往往就會得到出人意料之外的結果。

差異，發展出偉大的組織

沒有人喜歡扮演上帝、分辨人們的優劣，尤其不願意挑出績效最差的十％員工。差異的鑑別，可說是經理人最困難的任務之一。不過，鼓吹差異化的貫徹，是我的職責所在。打從第一天起，我就相信差異化的實行是建立偉大組織的關鍵所在。在奇異內部，活力曲線幫助人們有效實行差異的鑑別。我們利用它來促使事業領袖不斷地提昇團隊品質，年復一年，毫不鬆懈，要求管理者剔除績效最差的員工；這是破除官僚作風的最佳良方。員工調查顯示，愈深入組織低層，針對不良員工的抱怨聲音就愈大。顯然，績效不彰的員工對於低階主管造成的衝擊，要比對資深主管的影響嚴重許多。

差異的鑑別並非易事。組織內不應有任何主管樂在其中，但也不應有任何人做不到這一點。

擁有員工

我們經常對事業部門領導人表示：「你們擁有業務，但只是租用員工。」康奈迪和我都覺得，奇異的前七百五十位高階主管，是我們倆的責任。我們照顧他們的發展、他們的薪水，以及他們的升遷。我們經營一座培育傑出領導人的人才工廠。

事業部門領導人明白，他們可以藉由發掘高潛力人才而獲得獎勵。我們的無界限文化改變了遊戲規則，人們從霸佔自己的最佳人員，轉而與其他部門分享這些員工的才智。

當然，當我打電話給事業部門領導人說道：「抱歉，你剛剛失去了某某員工。」這時我還是會聽到電話那頭傳來一聲抱怨。

放手讓頂尖員工投效其他陣營，的確不是一件容易的事。不過，我們會立即找出適合的替補人選。奇異的替補陣容人才濟濟，有時候，替補人員的表現還比先發者更搶眼呢！

無時無刻的評估

對我而言，評估就像呼吸般自然，它是精英制度中最重要的一環。我無時無刻不在進行評估工作——不論在發放股票選擇權或制定加薪決策時，甚至是在走廊中撞見某個人的時候。

我總是希望每個人都很清楚自己的表現如何。每年到了發放紅利的時候，我總會親手爲我的直屬部下寫一份字條，以兩到三頁的篇幅，概述我對他們來年的期望。我還會附上前一年的字條，藉以連貫整個程序。

這些字條具有兩大作用。第一，我可以藉此機會深入思索每項事業的表現，此外，我的直屬部下也明白我會回頭追蹤。寫這些是一件費時費力的事，有時候在某個星期天的夜裡，我眞希望自己當初沒有開始做這項工作，不過對我而言，這是一次很好的考驗。(我在過去四年中寫給接班人伊梅特的字條範例，收錄在本書的附錄中。和我寫過的某些其他字條相比，這些範例的內容還算是比較正面的。)

文化確實重要

我從基德的慘痛教訓中學到了這一點。另一見證則是漢尼威與聯合訊號的合併過程，這兩家公司在合併一年之後，各個工廠還在為了文化的主導權而爭執不下。當戴姆勒克萊斯勒（DaimlerChrysler）以「平等合併」（merger of equals）的方式結合時，顯然在雙方之間造成很大的混淆。

一開始便清楚樹立組織文化，可以大幅減少員工心中的混淆，而抗拒改變的人必須立刻離職。

一個真正崇尚智慧運用的組織，不可能涵蓋多重文化。在一九九〇年代末期的網路狂熱中，奇異資融證券投資部門的幾位員工突然間變得不可一世，強硬要求擁有奇異投資標的事業的部份股權。

我們叫他們捲鋪蓋走路：奇異內部僅有一種通貨——用奇異的價值拿奇異的股票。

我們在一九九〇年代末期放棄收購加州幾家高科技公司的原因，正是基於文化上的理由。我不希望網路公司熱潮中的一些怪異文化污染了奇異的風氣。

這並不表示奇異員工不能信仰個人主義，也不表示績效優異的員工無法獲得驚人的高額報償。談到個人風格與薪資的時候，我們會先把文化放在一旁，但我們不會打破文化。

策略

與其說企業的成功源自於瘋狂的預測，不如說它是迅速回應重大變革的成果。這就是為什麼策略必須兼具動態與可預測性。

長年擔任我財務分析師的尼爾遜是一位歷史迷，他傳了一份關於普魯士將軍毛奇（Helmut von Moltke）的文章給我看。毛奇將軍的信念引發我提出一連串的問題，對我而言，這些問題比策略計劃中繁複的數字運算更具有效用。

五個簡單的問題，激發了我的策略思維：

・你的事業部門與競爭者，各具有怎樣的全球性地位：如今的市場佔有率、產品線實力，以及地區性的實力如何？
・競爭者在過去兩年內，曾採取哪些改變了競爭形式的行動？
・你過去兩年內，曾採取哪些試圖改變競爭形式的行動？
・你最擔心競爭者在未來兩年內採取哪些足以改變競爭形式的行動？
・你打算在未來兩年內採取哪些行動以先發制人？

不要低估競爭者

我這些年來學會質疑的兩項「眞理」，都與競爭有關。

一個陳腔濫調是這樣說的：「我們之所以丟掉市場佔有率，是因爲我們的競爭對手瘋了，他們把產品免費奉送給消費者。」這套說辭我聽過上百次了。十之八九，這都是胡說八道。實情是，競爭者擁有較佳的成本結構，或者在他們的行動背後擁有更好的策略理由。

我花了一段時間才學會應該問：「我們出了什麼毛病？」而不是詢問對手出了什麼問題。

另一個典型的例子是這樣子的：工作小組提出一份試圖超越領先業者的計劃，雖然沒有明言，但這份計劃隱約假設在我們發展新產品的過程中，競爭者將進入冬眠狀態。但事情通常不會照我們的如意算盤發展。

以我們發展GE-90飛機引擎的過程爲例。工程師們試著說服我：如果我們爲波音新型的中、短程七七噴射機開發這顆嶄新的引擎，我們將能符合他們對九萬磅推動引擎設定的規格。工程師們表示，普惠與勞司萊斯都無法跨越現行技術，因此無法達成九萬磅的要求——誰知道，普惠與勞司萊斯最後都找到方法，把他們的引擎動力提升到九萬四千磅的推力。

幸好，這項專案最後有個圓滿的結局。我們的新引擎有辦法達到十一萬五千磅的推力，波音在日後建造長程的七七七噴射機時派得上用場。我們因而得到了一筆重大的合約。

這並不容易，不過，我們很努力地嘗試要在每一項新產品的發展過程中，深入思考最聰明的競爭者將採取哪些措施圍堵我們的計劃。

永遠不要低估別人的實力。

了解前線

我從不覺得自己歸屬於總公司；成爲總裁以後，這份感覺愈發堅定。從我在一九七二年二月晉升高階管理職開始，我就希望置身前線，與眞正在戰場上搏鬥的人站在一起。我三分之一以上的工作時間，用於視察奇異的各項事業。我不知道一位總裁究竟應該花多少時間在前線，但我知道自己每天都積極爭取離開辦公室的機會。

我不斷提醒自己：總公司既不從事製造，也不進行銷售。深入前線蒐集情報，才是掌握眞正市場狀況的最佳途徑。

市場與思惟

市場不會成熟；但有時候，思惟會成熟。從我們幾乎以宗教般的狂熱追求前兩名否則就整頓、出售或關閉的策略來看，這一點顯得再眞實不過了。以不同的角度審視同一份業務，徹底改變了我們的思惟。當我們要求各事業部門重新定義市場，使得既有的市場佔有率不超過十％之後，原先看似成熟的市場突然間出現許多成長契機，甚至連野馬都搖身一變成了純種馬。在同樣的業務組合之下，我們的營業額成長率，在一九九〇年代後半期成長了一倍。

長期運動與短期戰術

這二十年來，我們眞正只展開了四項運動：全球化、卓越服務、六標準差與電子商務。運動是具有永久效力的。它們建構在彼此的基礎之上，並且能徹底轉換企業的本質，而奇異的營運系統，則強化了各項運動的成效。

另一方面，企業也需要透過短期的戰術運用，替某個部門或整個公司注入新的活力與能量。好比說，我們提昇了採購主管及全球供應商的品質，因而節省了幾百萬美元的成本；我們把美國籍的外派主管召回國內，減少了駐外服務人員的人數，並強迫全球分公司加速拔擢當地人士，讓奇異具有眞正全球化的風貌，這也幫助我們節省了幾百萬美元；此外，我們透過網際網路的使用，減少了內部的出差次數，節省了好幾百萬美元的差旅費，同時解決了工作與生活均衡化的議題。員工飛行里程數的累計速度可能因而減緩，但他們待在家裡的時間更長了，生活品質也得到改善。

了解了根本變革與短期戰術之間的差異，可以幫助企業維持明確的方針與軌道。

再三溝通

我是奇異各項活動最熱情的擁護者，從早期面對現實與改變文化的需求，到徹底改造公司的幾項重大運動。每當我希望向組織傳達一項概念或訊息，我就會在每一次會議或集會中一而再、再而三的反覆宣導，毫不厭煩，說到我自己要窒息爲止。

我一直覺得自己必須「誇大其詞」，才能說服成千上百的員工支持某項概念。

看著二十一年來爲波卡會議撰寫的演講稿，我想起自己曾數度以不同的角度與不同的重點，反覆傳述著相同的概念。對我而言，「無界限」是一個很拗口的詞，我曾上百萬次笨嘴笨舌地糟蹋了它，但我決不停止爲它進行宣傳。

我的行爲經常超過限度，甚至是具有強迫性的。我不知道這是否是唯一方式，但對我而言，它有效。

員工調查

我們利用各種管道蒐集員工的回饋：主管訓練所、人事檢討會議、活力曲線、股票選擇權計劃；這些工具迫使管理階層以直截了當的方式對待員工。讓員工調查產生眞正的意義，是我們在一九九四年的一大突破。

我們並非調查員工餐廳或福利制度的品質，我們希望了解的，是環繞著這個主題的一些基本議題：「你在企業年報中所認識的公司，是你平日所服務的公司嗎？」

我們並非以公投的方式經營公司，但員工在這項不具名的調查中提出的坦率意見，的確幫助我們把重心放在正確的運動上頭。我們不僅與員工分享調查結果，也向董事會成員與股票分析師公開調查內容。我們第一次這麼做的時候，股票分析師莫不大感驚訝，不過這麼一來，我的簡報圖表便格外顯得具有實質意義。

體察——並正視——員工心中的意見，是我們獲得成功的一大秘訣。

提昇各種企業部門功能

每當我認爲某一項企業功能沒有達到應有的水準，我就會自封爲該部門的地下主管。以負責購買價值數十億的零件、產品與服務的採購流程爲例，採購部門曾經是暫時安頓尚無法擠進製造單位的人員的地方。一九八〇年代中期，採購成本一直無法達成縮減目標，顯然，此部門需要加以改革。我成立了一個委員會，邀請各事業部門的採購主管前來費爾菲德開會，每季舉行一次。某些事業部門的執行長，在發現該部門採購代表的素質之後，簡直羞愧得希望鑽個地洞躲起來。

這些能力不足的人員，通常只會出現一次。

我們也以同一套方式，對待主導服務業務、六標準差、電子商務與一切重大活動的領導人。召集各地的領導人前來費爾菲德，與我或一位副董事長舉行委員會會議，幫助組織內最傑出、最聰穎的人才獲得嶄露頭角的機會。

一旦幹勁十足的領袖各就各位，各項點子與想法便能如流水般傾洩而下，灌注於整個組織當中。

身兼廣告經理

管理公司的形象與名聲，是總裁工作中較爲人知的一面。而我或許做得太過徹底了。二十多年以來，我看過數千份用來拍攝企業廣告與產品廣告的分鏡脚本。我不喜歡的廣告，絕不允許在媒體上出現。

我們擁有一個絕佳的廣告二人小組，前後任的組長分別是連恩・維克斯（Len Vickers）與李察・柯斯堤羅（Richard Costello）。維克斯在一九七八年，邀請數家廣告公司爲奇異發展一句新的廣告標語，最後由BBDO廣告公司奪下了我們的業務。BBDO當時的創意總監菲爾・杜森貝利(Phil Dusenbery）提出這句口號：「奇異：爲人生帶來美好」（GE: We bring good things to life）。

我一聽到就深受吸引。有時候，我對整個流程的微觀式管理（micromanagement），把廣告公司與我們的工作小組逼到了崩潰邊緣。我喜歡擺弄廣告中的細節、擁有強烈的主觀意見，並希望爲奇異播出的一切廣告感到驕傲。我認爲星期天早晨的電視新聞節目是接觸全國意見領袖的最佳途徑，因此把大部分廣告經費投入這個時段。我的微觀式管理從不間斷。退休前的幾個月，我還在審核某個新型省電冰箱的電視廣告脚本呢！

形象確實重要。我深深相信那是我的職責所在。

時緊時鬆的管理

拿捏干涉與放手的時機，純粹是一項出於直覺的判斷。我雖然積極介入醫療系統的燈管問題，卻完全沒有參與新型癌細胞偵測儀的規劃或定價過程；這項價值兩百七十萬元的掃描儀器是公司的一個重大突破。

許多時候，我純粹仰賴直覺。當我知道自己有能力扭轉情勢，我會進行嚴密的管理，但如果我無法提出任何貢獻，我便會放手讓其他人主導大局。

在這一點上，沒有必要展現一致性。有時候，鬆散的管理反而能加速工作的完成；你儘可以另外選擇發揮影響力的機會。我樂於在知道自己能有所貢獻時加入前線，但當我認爲那不是屬於我的比賽時，我也能在場邊的加油打氣中得到無比樂趣。

親自製圖

二〇〇〇年十二月，我或許是唯一一個仍舊爲了分析師簡報會議，而親自繪製圖表的六十五歲老頭子。我一直認爲，繪製圖表是澄清思慮的最佳方式，把一個複雜問題濃縮成一張簡單的圖表，總會令我高興不已。每一次在分析師會議之前，我總會和公司的財務與投資人關係小組坐下來集思廣益，以好幾個鐘頭的時間準備簡報內容，一張張圖表畫了又撕、撕了再畫。我熱愛繪製圖表的過程，並且總能從中獲益許多。關於製圖最有趣的一件事，就是我們永遠認爲上一次的簡報是「有史以來最成功的一次」。

維繫與投資人的關係

華爾街佔了總裁職務的一大部分。奇異的投資人關係部門的人員素質一向不差，但是在過去的模式中，這是財務人員退休前的最後一份工作。他們通常坐在總公司裡，被動地回應分析師與投資人提出的問題。

我們在一九八〇年代末期打破既有模式，開始任用年輕、潛力高並且具有行銷頭腦的財務主管擔任這項職務。他們每一個人都成了奇異股票的行銷主管，總是馬不停蹄地拜訪投資人、推銷奇異的成就。他們的工作，從負責防備的後衛球員變成進攻的堅強中鋒。他們把奇異股價的表現視爲自己工作績效的衡量標準。這些因爲具備敏銳的財務頭腦而平步青雲的年輕新秀，莫不利用這項職務磨練他們的推銷與簡報技巧。

這個原本死胡同般沒有前景的職務，如今成了受歡迎的工作，也成爲培育人才的搖籃：一九八九年，我們首度打破既有模式所任用的年輕主管：華倫・簡森（Warren Jensen），後來陸續成爲ＮＢＣ電視網、達美航空（Delta Airlines）及亞馬遜網路書店的財務長；接替華倫的馬克・貝格（Mark Begor），如今是ＮＢＣ電視網的財務長；接下來是傑・艾爾蘭，他現爲ＮＢＣ電視台的總經理；馬克・樊沖（Mark Vachon）在三年前接掌投資人關係部門，他很講道義，同意留在這個平均維持二到三年的職務，協助我們順利完成總裁的接班過程。

整個投資人公關部門，就由兩位員工組成。這是因爲每一位擔任此職務的明日之星，都得到喬安娜・莫里斯（Joanna Morris）的堅強協助。堅守在投資人公關部門的莫里斯，出身於奇異的稽核單位。我們經常取笑她對這些新秀不遺餘力的訓練，不過她已婚、有兩個小孩，因此希望能夠在費爾菲德安頓下來，不必太常出差。

我們只需要兩個人來推銷奇異的成就，這比二十年前的人數還要精簡。如今，它成了人們事業生涯亮麗的開始，不再是退休養老的所在。

在泥沼中打滾

「讓我們好好兒在這一點上打滾一下」，這是我很喜歡說的一句話，它表示召集衆人（通常是臨時起意的）針對某一項複雜議題仔細琢磨、研究，我們只問參與人的專業知識，不在乎他們的職稱或地位。我們經常在公共關係、環保、波卡議程與大型購併案等議題上打滾。這項作法的中心思想，在於打破文件或備忘錄所造成的框架，試著以天馬行空的方式獲得全新的思維，然後讓會議結論沉澱一個晚上，隔天再進行反芻。我們最傑出的幾項決策，都是打滾之後的成果。

說到底，這項作法的精神在於打破階級觀念。所有人都明白會議桌上沒有職位高低之分，每一個人都能不假思索、無拘無束地提出他們的構想。

你的後方是別人的前線

這是杜拉克所提出的觀念，而我們則是這項觀念的實踐者。

不要親自治理員工餐廳——把它交給專業的餐飲業者，不要親自經營印刷廠——把它交給專業的印刷公司。了解你眞正的附加價值在哪裡，然後全力投入最佳的人力與資源。

既然是「後方」，自然不可能吸引你的最佳人才，但我們把公司的後方轉變爲其他人的前線，並堅持對方投入他們的最佳人才。這種做法讓我們獲益良多，這就是「外包」的意義所在。把後方工作委由其他公司執行，也是我們在一九八〇年代初期展開裁員行動的主要原因。

聽到某些政客與經濟學家宣稱，美國的新就業機會都來自具有創業精神的小型企業，這時總會令我感到相當生氣。其實，這些就業機會大多是大型企業在權衡輕重之後，刻意把工作移轉出去的結果。

追求速度

即便在我任期的最後幾年，都還經常聽到可羅頓維爾的學員抱怨公司的動作太慢。在我的事業生涯中，我從不對自己的行動感到後悔，不過，卻經常懊悔自己的行動速度不夠快。我從不記得自己說過類似這樣的話：「我希望在決策之前多花六個月的時間研究。」

我想，以果決的態度面對人員、工廠與投資等決策，是我早年得以脫穎而出的一大因素。不過，四十年後我退休時，一大遺憾竟是覺得許多時候應該採取更迅速的行動。我捫心自問：有多少次應該延緩決策？又有多少次應該更快速行動？總發現後者的次數比前者多太多。

忘掉數字後面的幾個零

在一個大企業中，規模較小的事物總是容易遭人漠視。隨著業務與組織的成長，企業的規模往往成為他們的發展障礙。伴隨規模而來的不利因素，諸如溝通不易、多重層級及繁文縟節，都會破壞組織的活力與能量。

小公司所擁有的優勢是靈活、敏捷與順暢的溝通，這些往往在大型企業中消失。塑膠事業讓我體會出維持靈巧，以及「擁有自主權」的價值。接任總裁之前我就明白，挑出具有潛力的小型專案並讓它們獨立於主流事業之外，是維持公司成長的唯一之道。

藉由讓專案成爲小型的獨立業務，同時投入全副資源與心力，我們得到了許多成功。這有許多案例：塑膠事業中的耐力璐、醫療事業中的電腦斷層掃描器與超音波儀器，以及奇異資融的經銷商融資（vendor financing）與商業貸款。這種做法並不能保證成功，但無庸置疑的，一份擁有足夠資源的獨立事業，能激起員工的鬥志，爲業務注入無比的活力。

規模較小的事業，可以增加人員的能見度，創造出許多英雄人物；不論是成功者或是勇於冒險卻揮棒落空的人，都能得到組織的表彰與讚揚。

我們很明白規模的意義。不過，一個企業在有關規模這件事上最不應該做的，就是太著重規模的「管理」。企業的規模若不能釋放組織的能力，就會癱瘓組織的行動。我們無時無刻不提醒自己，大規模的好處之一，就是爲我們的進擊行動擔任有力的後盾。

□

在此，我想順帶一提：對我而言有效的做法，往往伴隨著許多運氣。

過去二十四年中，我總是隨身攜帶著我的吉祥物：一個棕色的皮製公事包。我的秘書把這個公事包戲稱爲「幸運先生」。它是我在一九七七年亞特蘭大高爾夫球賽中的戰利品，那是我遷居費爾菲德的第一年。這個公事包已老舊而傷痕纍纍，像我秘書說的：「它好噁心，看起來奄奄一息的。」

我在幸運先生的協助之下得到非凡的成就，我絕不會丟棄它。它唯一一次離開我視線，是我秘書把它帶回家縫補。我並不特別迷信，只是不想和運氣開玩笑。

25

交朋友，並且競爭

我對高爾夫的小小感想

如果可以有另一個選擇，我希望成爲職業高爾夫球選手。

從在塞勒姆肯伍德鄉村俱樂部擔任桿弟開始，

高爾夫球就成爲我熱愛的活動。

父親是對的：和我孩童時期所熱中的曲棍球或足球不同，

高爾夫球是可以持續一輩子的運動。

這項運動結合了我最熱愛的兩項元素：人和競爭。

我生命中最長遠的友誼，都是在高爾夫球場上建立的。

成爲奇異的總裁，是這輩子最令我興奮的事。不過，如果可以有另一個選擇，我希望成爲職業高爾夫球選手。從在塞勒姆肯伍德鄉村俱樂部擔任桿弟開始，高爾夫球就成爲我熱愛的活動。父親是對的：和我孩童時期所熱中的曲棍球或足球不同，高爾夫球是可以持續一輩子的運動。

這項運動結合了我最熱愛的兩項元素：人和競爭。我生命中最長遠的友誼，都是在高爾夫球場上建立的。每一個曾經結結實實揮出一桿，或是曾在十四呎外的距離推桿進洞的高爾夫球手，都能體會這項活動誘人的力量。

我可以稱得上是一位無師自通的球員。我從九歲開始，就和年紀較長的桿弟一同在肯伍德打球。帶著幾支湊和用的球桿，我很幸運能得到低於一百二十桿的成績。如果希望在星期一早晨的幾小時桿弟時間之外打球，我得偷偷摸摸溜到球場上。

在高爾夫球場上，整個世界的步調似乎都變慢了。從前，我願意拿我的右手換取五支還不錯的球桿；如今，人們會免費送給我整組最精良的球具，而我也非常幸運，能夠在全世界最出色的幾座球場打球。

我想，我從未失去當桿弟的天賦。二〇〇〇年夏天，我以六十四歲之齡重操舊業，爲我七歲大的孫子——他也叫傑克——在南塔基特高爾夫球俱樂部的少年組錦標賽中擔任桿弟。

小傑克的揮桿動作，比我初次出賽時還要標準。我具有一般桿弟常見的揮桿方式，平面式的揮桿；動作不怎麼體面，握把的方式也不太正確。我大概把高爾夫球當成了曲棍球，從未好好兒練習，只想趕快上場享受競賽的樂趣。我是塞勒姆高中高爾夫球隊的聯合隊長之一，也在大一時加入校隊。

我詢問每一個人——包括球員、桿弟、更衣室管理員，甚至是俱樂部裡的服務生，高爾夫球的訣竅何在。球友們總喜歡拿這一點取笑我。我會爭取最後一位發球，採用最新的一號木桿，爲了掌握任何一個能讓球飛得更遠的機會。如果希望得到專業的建議，我會轉向傑利・皮特曼（Jerry Pittman）求助。皮特曼是在佛羅里達塞米諾（Seminole）球場打球的退休職業球員。我這麼問他：「怎樣才能讓發球距離增加個十碼？」

「你今年貴庚？」他問我：「去年又是幾歲？怎麼還想不通呢？」

我不服老，因爲我相信自己還能打得更好。

在高爾夫球場上，你會持續追求一個幻想中的完美境界。如果你能享受一場棋逢對手的競賽，高爾夫球賽就能賦予你無比的快感。

我想不出另一項運動比高爾夫球更具有社交性質了。我在球場上遇見了世界上最了不起的一群人，並且和許多人結成了終身的好友，包括四十年前在匹茲菲爾德波克夏鄉村俱樂部結識的約翰・克里吉（John Kreiger）、二十五年前在康乃迪克銀泉鄉村俱樂部認識的安東尼・洛菲（Anthony Lofie）與卡爾・華倫（Carl Warren），以及十五年前在南塔基特高爾夫球場結識的雅克・伍許萊吉（Jacques Wullschleger）。

這些年來，我也和公司裡的幾位同事結成了堅強的四人小組。其中包括查克・查德維爾（Chuck Chadwell）、飛機引擎事業部的卡洪，以及奇異供應事業的比爾・麥道（Bill Meddaugh）。我們四個人旗鼓相當，並且都十分好勝。我們一天至少打三十六個洞，有時甚至打了五十四個洞（他們有幾年的紅利獎金因「不明原因」而縮水）。

身爲奇異的總裁，我有許多機會在球場上認識各種有趣的人。這些比賽不僅讓我擁有無數個快樂的日子，也是許多精采故事的來源。我曾在南塔基特，與華倫・巴菲特、比爾・蓋茲與我的好友法蘭克・隆尼（Frank Rooney）比賽。我和比爾・蓋茲一組，合力對抗巴菲特與隆尼的組合。

第一洞結束時，巴菲特以一個推桿動作平了標準桿。

「嗯，」比爾・蓋茲說道：「比賽結束了。」

「這是什麼意思？」我一頭霧水。

比爾・蓋茲表示，他和巴菲特打賭，誰先平了標準桿誰就贏得一塊錢，如果前九洞結束，雙方都沒有出現平標準桿的成績，那麼累積桿數較低的人就贏得了賭注。我在這裡，看著世界上最富有的兩個人爲了一塊錢的賭注而卯足了全勁。

有一會兒的時間，我還以爲他們兩人打算走回俱樂部裡休息了呢！

另一個有趣的例子，還是與隆尼有關。隆尼是梅爾維爾（Melville）公司的前任董事長，好幾年以前，他和巴菲特簽訂了一份合約，同意每星期爲華倫工作一天。我想，他大概都把這些時間用來打高爾夫球了。有一天，我和隆尼比賽，他打出七十八桿——幾乎相當於他的歲數——的佳績，把我痛宰了一頓。

事後，我寄給巴菲特一份短箋，信中描述這場比賽，並抱怨他的員工顯然沒有認真工作。巴菲特立刻回覆：「敝公司沒有任何一位員工能打出低於八十桿的成績，我也不記得薪資帳冊裡有隆尼這個名字。」

高爾夫球甚至讓奇異得到一位董事會成員。大約三年前，《高爾夫文摘》（*Golf Digest*）刊登一份熱愛高爾夫球的企業總裁名單，其中昇陽電腦的麥里尼榮登榜首，我緊追在後。不久之後，麥里尼向我提出挑戰：「如果我要稱王，我必須讓所有人心服口服。傑克，時間、地點任你挑選，讓我們決一死戰，一次定江山。」

我一收到信就立刻打電話給他，我們定下了日期，麥里尼一口答應前來南塔基特進行一場三十六洞的比賽。我贏得了勝利。兩個星期後，麥里尼寄給我一個刻著「威爾契杯」的獎盃。隔年，我又在奧古斯塔球場上擊敗了他，暫時保住這個獎盃。去年，他贏得了一場「縮短型」的十八洞賽事，獎盃目前落在加州（每當我把這場比賽稱爲「縮短型的賽事」，總會令他氣憤不已）。

在第一次比賽之後，我延請麥里尼擔任奇異董事。那是一個很好的時機——我們正準備展開電子商務運動。

我很幸運，麥里尼在我的球技稍微精進之後才提出挑戰。在我的高爾夫球生涯中，大多時候只能勉強在球場上控制球的方向，咬著牙根打完十八洞，靠著還算精準的短距離推桿而勉力維持。

直到我在一九八九年與珍結婚之後，我的球技才進入另一個迥然不同的境界。當時，我的差點（handicap）高達十桿，但在訓練珍打球的過程中，我自己的技術也獲得大幅提昇。有一段時間，我甚至以二到三桿的差點，贏得南塔基特俱樂部中的冠軍頭銜。認識珍以前，我大概在第一輪或第二輪之後就會被淘汰出局。

我一直沒有察覺自己的問題所在。開始教導珍之後，我第一次放慢自己的動作，仔細分析我的揮桿方式。我要求珍在揮桿時動作大一點，突然間，我發現這正是我自己應該做的。所以我試著盡量把球桿往後拉，並且努力做好整個完成動作。在這之前，我從未仔仔細細地完成整個揮桿動作。

如今，每當我準備擊球時，我總會提醒自己：「佛萊德・卡波斯（Fred Couples）、佛萊德・卡波斯、佛萊德・卡波斯……」我認爲卡波斯具有完美的完成動作，因此總是試著在擊球時想像他的揮桿動作。

我從教導珍的過程中，得到機會解析每一項要素，並且專注於機械式的動作。藉由技術的提昇，我發現自己在球賽的尾聲，不再氣喘如牛。我開始打得更好，也更能沉浸於高爾夫球的樂趣中。

一九九二年，我在南塔基特的錦標賽之前，連續十天每天練習三十六洞。我的差點縮減至兩桿，並且奪走了冠軍獎盃。

兩年之後，我再度在同一場賽事中封王，險勝我的好友伍許萊吉。伍許萊吉是個了不起的高爾夫球選手。過去十六年中，我們每年大約會進行四十到五十場的比賽，他只會讓我贏得一次的勝利——這次唯一的勝利，讓我奪得俱樂部一九九四年的冠軍頭銜。驟死延長賽（sudden death）中，我在第三十七洞以十五呎的距離推桿進洞，取得低於標準桿一桿的博蒂（birdie）。

伍許萊吉是一個非常特別的人。輸了比賽之後，他花了好幾天的時間以木頭雕刻出南塔基特燈塔，並且送給我作爲紀念。

我所參加過最著名的球賽，是一九九八年，在羅里達馬林魚職棒隊的前任老闆韋恩・胡仁迦（Wayne Huizenga）所擁有的佛羅里達球場舉行的比賽。《今天》節目的主持人之一勞爾，認識著名的職業選手葛雷格・諾曼（Greg Norman），並邀請他加入我們的比賽。這是一場友誼賽，諾曼很有風度，整場容忍著一群業餘選手。漫不經心的諾曼最後打出七十桿的成績，低於標準桿兩桿，勞爾則打出七十八桿。

我的表現竟優於諾曼，打出六十九桿的佳績。對我而言，這眞是令人興奮的一天。我大概向全世界的每一個人都報告過這項好消息，也把計分卡傳眞給每一位朋友。在一星期後的商務會議中，每當有人提起高爾夫球的話題，我就會說：「等一下。」然後從皮夾中取出這張計分卡。

對此，諾曼本人也覺得十分有趣。儘管這只是一場非正式的球賽，他仍在我的計分卡上簽名，並且允許我到處炫耀。我向他表示，等到我說膩了這個故事，他大概會淪落到業餘組，而我則會取代他的職業地位。我的行爲或許有一點點過火了——尤其當報章雜誌開始報導我的「勝利」，而且連唐·伊馬斯（Don Imus）也開始在廣播節目中談論這個事件之後。

有一次，諾曼打電話給我，開玩笑問道：「傑克，你是不是已經向所有人宣傳了？」

「你能找到沒聽過的人嗎？」我笑著回答：「如果找到，請告訴我他們的地址。」

HOLE	1	2	3	4	5	6	7	8	9	OUT	PLAYER:	10	11	12	13	14	15	16	17	18	IN	TOT	HCP	NET
PAR	4	5	3	5	4	3	5	3	4	36		4	4	3	4	4	5	4	3	5	36	72		
1997 World Series Champions MARLINS	410	543	210	598	435	201	503	185	436	3521		394	409	197	438	390	534	335	223	505	3425	6946		
Dolphins	395	530	183	575	415	185	485	171	420	3359		373	394	180	421	361	526	327	200	495	3277	6636		
PANTHERS	380	510	175	550	390	175	475	155	395	3205		351	378	165	402	340	495	311	173	476	3091	6296		
HANDICAP	11	9	13	1	3	15	7	17	5			12	4	16	2	18	6	14	8	10				
5 Jack	4	5	3	5	4	3	5	3	4	36		3	3	3	4	4	5	3	3	5	33	69		
8 Matt	5	6	5	5	5	4	5	3	5	40		4	4	4	3	3	5	5	5	5	38	78		
+/-	+1	+2	+1	[illegible]	x	[illegible]	[illegible]	[illegible]				-1	-2	[illegible]	-2	[illegible]	x	[illegible]	x					
Greg	4	4	4	4	3	3	4	3	4	33		5	4	3	4	4	5	4	3	5	37	70		
18 Bob	5	7x	3	7	5	5	7	3	4	46		5	7	3	5	5	6	6	6	8	50	96		
16 W	5	6	4	6	6	3	8	4	5	47		5	6	3	6x	5	5	4	5	6	45	92		
MANATEES	315	456	147	436	343	143	465	132	356	2793		315	339	145	346	295	430	216	125	446	2657	5450		
HANDICAP	11	7	13	5	9	17	1	15	3			10	2	16	8	18	4	12	14	6				

Date: Scorer: Attest:

(鉛筆字跡由上往下數，第一行是威爾契的成績，69桿。第四行則是諾曼的成績，70桿。)

26
尋找「新人」
我最痛苦的決策

首先，我希望我的接班人是奇異內部衆所公認的領袖人物。
我很擔心，失望落空的傢伙，
會破壞公司得之不易的精神與價值觀，變成新任總裁的掣肘。
其次，我希望消除遴選過程中的政治鬥爭。
一個組織理應把重心放在外部市場，不應爲了內部事務而分散注意力；
然而，領導人的交替，很可能在組織內產生強烈的騷動。
第三，我希望董事會能深入參與這項決策。
面對未來，董事會成員必須一致支持新任總裁。
第四，我希望接班人的年紀輕一些，至少能夠做滿十年的任期，
能夠承擔其決策——尤其是錯誤決策——的長遠影響。

為了不讓接班人選曝光，我們都以暗號「新人」來稱呼他。

緊守秘密不透露繼任人選是一件容易的事——不過，這是整個總裁繼承過程中唯一一件容易的事。接班人的遴選，不僅是我整個事業生涯中最重要的決策，也是最困難、最折磨人的決策。我為了它好幾個晚上輾轉難眠，幾乎面臨崩潰的邊緣。

過去一整年的時間，這經常是早晨醒來第一件進入我腦海裡的事情，也是睡前仍揮之不去的思緒。

我之所以為這項決策苦苦掙扎，是因為我們擁有三位了不起的候選人：包括領導醫療系統事業的伊梅特、掌管電力系統事業的納德利，以及飛機引擎事業的麥克奈尼。這三位候選人的績效遠超過圖表所能表現的範圍，在在超越我們對他們的每一項期望。

三人之中的任何一位都足以擔當奇異總裁的職位，他們不僅是偉大的領導者，也都是我的好朋友——而我勢必得令其中兩個人大感失望。

我知道這將是我一生中至為困難的決策之一。

決策一旦制定，這一段冗長而擾人的過程將隨之結束。由於我二十年前有過親身經歷，因此深知箇中滋味。如果我在接任總裁後的頭幾年便開始遴選下一任接班人，我的做法可能與瓊斯挑選我的方式大同小異。他的挑選過程是周密而經過仔細推敲的，深獲學術界的好評。不過，這二十年來，公司經歷了徹底的變化，所以我的做法可以稍微不同。

從多年以前事業部門各自為政的模式，奇異逐漸蛻變成一個不拘形式而且更緊密結合的組織，以堅強的價值體系與獎賞制度為後盾。三位候選人都是這個結構之下的產物，他們在改革之中茁壯，並且具有足以感染他人的自信心，而我們的營運系統，從每季一次的CEC會議到每年的人事檢討會議，讓我們得到機會進行更頻繁而更深層的接觸。

我對接班人遴選程序有下列這幾項想法：

首先，我希望我的接班人是奇異內部衆所公認的領袖。我很擔心，失望落空的傢伙，會破壞公司得之不易的精神與價值文化，變成新任總裁的掣肘。

其次，我希望消除遴選過程中的政治鬥爭。一個組織理應把重心放在外部市場，不應爲了內部事務而分散注意力；然而，領導人的交替，很可能在組織內產生強烈的騷動。二十年前的總裁遴選過程中，事情變得高度政治化而充滿分裂色彩。這並非瓊斯的本意，而是整個過程自然造成的結果。藉由把所有候選人集中到總公司工作，瓊斯可以更仔細觀察每一個人，所付出的代價便是激烈的政治鬥爭。

第三，我希望董事會能深入參與這項決策。面對未來，董事會成員必須一致支持新任總裁。在我最關鍵的前幾年，我得到董事會的支持，那是天賜之福。在我「落寞」的幾年，也就是我被稱爲中子傑克，並且爲基德皮巴迪銀行的問題大爲頭痛的年代，董事會的指導與扶持，更是千金難買的無價之寶。

第四，我希望接班人的年紀輕一些，至少能夠做滿十年。儘管一位總裁能夠採取立竿見影的行動，但我總希望人能夠承擔其決策——尤其是錯誤決策——的長遠影響。任期較短的領導者，往往禁不起誘惑，不顧一切就採取瘋狂的舉措，好在公司留下他們的印記。我見過太多這樣的案例了。在我擔任董事長的這幾年中，我見到許多公司換過五或六任總裁。我不希望這種狀況在奇異發生。

這是我在一九九四年的想法，那年春天，我們開始踏上這條遴選接班人的艱苦道路。當時我五十八歲，還有七年的任期。我覺得，要做出正確的決策，就需要那麼長的時間。挑選接班人是一件很困難的事，你必須考慮未來的發展，不能著墨於過去的成就。我們需要挑選一位能在變革環境中壯大與成長的人選，在未來五年、十年甚至二十年，帶領公司步入另一個層次。

我在一九九三年十一月，任命康奈迪擔任人力資源部的資深副總。我向他表示，我們最重大的責任就是爲公司挑選下一任總裁：「我們兩個人在未來很長一段時間裡，日夜所思的將會是如何找到合適人選擔任這項工作。」

然而，我們兩人都料想不到，這項決策簡直令人心力交瘁。

□

一九九四年春天，我們開始展開這趟艱困的旅程。公司一直保有一份臨時的接班人計劃，也就是一份簡短的接班人名單，這些人能夠在我萬一發生不測時立刻接管公司的營運。如今，我們首次擺脫應付緊急狀況的思考方式，試著以更宏觀的角度，思索具有潛力、能在二〇〇一年掌管公司的人選。

在我們草擬名單之前，高階主管發展部門的副總查克・歐寇斯基（Chuck Okosky），詳細列出一位「完美總裁」應有的特質。

這份清單寫滿了理想的能力與特質：操守、價值觀、經驗、眼光、領導力、敏銳度、儀表、活力、沉著與勇氣。歐寇斯基甚至納入「對新知具有無法滿足的胃口」及展現「大無畏的鼓吹能力」

等特質。我另外加上一、兩項條件，例如「在顯微鏡下仍能從容自在工作」，以及「下高額賭注的勇氣」等等。

這種做法並沒有太大的幫助。仔細想想，連上帝都無法符合我們的條件。

仔細琢磨了人事檔案之後，康奈迪、歐寇斯基和我提出了二十三位人選。這份名單涵蓋幾位資深副總和十六位首度納入考量的高潛力主管，其中有三位是進入決選的候選人。名單中最年輕的主管年僅三十六歲，最年長的則為五十八歲，顯然是緊急接替人選中的一位。這些人是我們在一九九四年的一時之選，包括了多項事業部門的執行長與年輕副總。

我們仔細為每一位候選人的發展鋪路，甚至推演出從那時候一直到二〇〇〇年的晉升計劃。我們希望，年紀較輕的人選能在更多項事業中獲得更廣、更深、更全球化的經驗。

康奈迪和我於一九九四年六月，在董事會的管理發展委員會面前，首度正式提出接班人的遴選計劃。我們向董事們報告「完美總裁」的理想特質、二十三位候選人的名單，以及特地為十六位高潛力主管量身訂製的發展計劃。從那一刻起，候選人事業生涯中的各項重大決策，都必須把總裁接班計劃納入考量。

儘管我們制定了周密的計劃，仍無法完全掌控事態的發展。二十三位進入初步名單的人選，如今只有九位仍留在奇異服務。其中一位是新任總裁，另外三位是現在的副董事長，其餘五位則是奇異大型事業的執行長。十一位人士基於各種理由離開奇異，其中七位如今是其他大型上市公司的執行長。名單上三位候選人現已退休，其中兩位曾擔任副董事長的職位。

□

幾年來，我們以老鷹般的銳利眼光觀察這些候選人的發展，不斷為他們投下新的試煉。一九九八年六月還留在名單上的八位候選人，已換過十七種不同的職務。具有製造、資訊服務與金融服務背景的麥克奈尼，原先是奇異亞太地區的總經理，負責展現奇異推動全球化的決心。我們要求他轉任照明事業的執行長，兩年後，又調任飛機引擎事業部。

曾在家電事業與照明事業服務的納德利，當時是運輸系統事業的執行長，後來成為電力系統事業的首長。

伊梅特在塑膠事業渡過了大部分的職業生涯，在體會了家電產業激烈的競爭態勢之後，再度回到塑膠事業，並於一九九七年成為醫療系統事業的執行長。

一九九四年六月的董事會議之後，我們開始在每年六月與十二月的董事會中，正式檢討總裁接班人的遴選進度。此外，我也在每年二月發放高階主管紅利，並在每年九月討論股票選擇權分配計劃時仔細評估候選人的表現。

為了幫助董事們更深入了解候選人的人格特質，我們邀請董事會成員與候選人在每年四月於奧古斯塔進行高爾夫球聯誼賽，每年七月則前來費爾菲德打高爾夫球或網球。此外，在聖誕節期間，我們還邀請所有人攜家帶眷，參加公司舉辦的年度盛會。各項活動之前，我的助理羅珊和我，會仔細計劃高爾夫球賽的分組名單和晚宴的座位安排，確保每位董事成員都有機會接觸不同的候選人。

到了一九九六年，我希望董事會評估委員會的成員，能夠在不受我的干擾之下，親自深入評估候選人的表現。我要求主席，凱斯卡特，召集來自各地的委員。凱斯卡特是我的良師益友，也是公司絕佳的董事。他睿智而強硬，總是對我伸出即時的援手，並且在適當時機給予我最眞誠的讚美。

在瓊斯把董事長的棒子交給我時，凱斯卡特和麥可森就加入奇異董事會了。爲了公司的傳承，我要求他們兩位以及另一位董事，法蘭克・羅德斯（Frank Rhodes），繼續留任。他們三位原本已打算退休。我要求董事會撤銷他們的強制退休日期，讓公司繼續從他們的經驗中受惠。麥可森和羅德斯都是評估委員會的一員，其他的評估委員則包括金百利克拉克（Kimberly-Clark）墨西哥分公司的執行長克勞帝奧・岡薩勒斯（Claudio Gonzalez），以及冠軍國際公司的卸任董事長席格勒。

評估委員會與各事業部門的領導人及其幕僚渡過了一整天的時間，包括晚餐與夜間的球賽。我完全沒有參與這些活動。一開始，幾位候選人打電話問道：「傑克，我該怎麼做？」

我回答：「這是你自己的表演。」我希望董事們看一看各事業領導人的工作方式。有些人提出精心籌備的簡報，有人則以少數幾張圖表陳述己見，有些人帶領整個幕僚小組與會，其他人則在一、兩位同僚的陪伴下出席。凱斯卡特會在每一次視察之後寄給我一份短箋，陳述委員會的整體印象。

提出初步名單的四年之後，有的人退休、有的人離職、有的人則被刷下名單；原先的二十三位人選，只剩下八位認眞的候選人。我們仍不時在「完美總裁」的條件清單上加加減減，不過，這份清單還是帶著點「超人」的味道。對我而言比較有用的，是康奈迪、歐寇斯基與我在一九九八年列出的八項基本目標：

1. 挑出最堅強的領袖。

2.尋找在能力上最能互補的高階主管組合。
3.在過渡期與下任總裁繼位之後，留住所有曾參與角逐戰的人選。
4.盡可能降低惡質的競爭狀況。
5.在決選之前，多製造貼近觀察候選人的機會。
6.考慮公司的廣度與複雜度之後，提供必要的交接時間。
7.提出額外條件，以解決候選人不分軒輊的狀況。
8.在符合第四與第五項目標的情況下，盡可能保持開放的態度。

這是最理想的狀況，我們不需要達成所有目標。深入思考後，我發現第三項目標不切實際。我們不可能留住所有候選人，事實上，我們也不應該這麼做。第四項與第五項目標相互牴觸；若是爲了「貼近」觀察而把所有候選人集中於費爾菲德，很可能引發激烈的惡性競爭。

我從親身經驗中獲得許多教訓，其中最重要的一課，就是去除接班人角逐戰中的一切政治性活動。或許很難相信，但我們做到了。決選結束之後，幾位參與競賽的候選人也表示同樣的看法。

公司內已建立了堅強的價值體系，如果任何一位候選人玩弄權術，很可能會遭到同事們的唾棄。即使到了一九九八年年底，名單上僅剩下三位候選人，而媒體的炒作也開始加深候選人的壓力，他們三位也從未試圖詆毀對方，或暗中從事破壞工作。

讓他們三位留在前線——納德利在史克內塔迪、麥克奈尼在辛辛那提，而伊梅特則在密爾瓦基，幫助他們全神貫注於份內工作，沒有政治鬥爭，沒有惡意中傷，也不需要在新的組織層級中進行權謀。這種做法的缺點是顯而易見的；我和瓊斯不同，我無法就近觀察每一位候選人的表現。

其實，我並不需要貼近觀察他們，我和他們三人的交情不是一天兩天的事。不過，我的確需要創造深入評估的機會。例如，我在一九九七年邀請他們加入奇異資融的董事會。我們在每個月的例行會議之後共進午餐，這是非正式的活動，我們會天南地北閒聊，也討論彼此對奇異資融各項交易提案的觀點。不過，到了繼承人角逐戰的後期，這種場合開始令每一個人感到尷尬，我們就停止了這類活動。

我還採取了另一項措施；這和瓊斯的做法有些類似，不過，我把它移到辦公室外的地方舉行。一九九九年春，我開始邀請奇異十一大事業部門的執行長，個別進行私底下的晚餐會談。席間，我詢問他們對於各項事業的看法：應該保留或去除哪些業務？高階領導小組應該由哪些人組成？我要求他們挑選三位領導人，然而，我並不強迫他們指出誰會是最後的贏家。

這些會議可以幫助我們籌組領導小組，但對接班人選的形成並沒有太大的助益。

□

二〇〇〇年春天，我們再度進行這項程序。這一次，討論重點不在於他們的自身業務；我希望了解他們對目前的工會談判與環保議題的看法，也得到他們對彼此的觀點。毫不意外的，他們對其他領導者都抱著欣賞與尊敬的態度。此外，我也針對公司的流程與價值標準提出許多問題。

我針對三位決選人所提出的問題當中，這或許是最重要、也最難回答的一項：「如果你沒有獲選，你會離開公司嗎？」其中兩人以直接或間接的方式，清楚表明他們離職的意圖。另一人表示他會留在工作崗位上，他熱愛這個公司及其人員，希望能留下來親眼目睹公司日後的發展。我把這段話打了點折扣，因爲獵人頭公司很可能對落選的主管展開強力的追逐；以他們的曝光率而言，這是很合理的假設。這時，我已確信：同時挽留這三位優秀人才，是非常不切實際的想法。

對我而言，這個過程的目的不只在於提名新任總裁，也在於創造堅強的領導小組，選出輔佐「新人」的副董事長。我不希望由失望的候選人，或無法與我的接班人相處的主管，出任副董事長的職位。我認爲，當時擔任奇異資融執行長的達莫曼和NBC電視網的萊特是最適合的人選。在我的晚餐會談中，各事業部門的執行長都對他們兩位抱著極高的評價。我在一九九七年年底任命達莫曼爲副董事長，萊特則在二〇〇〇年七月獲得此頭銜。達莫曼幾乎從一開始便參與總裁接班人的遴選過程，萊特則在升任副董事長之後才積極介入。

到了二〇〇〇年，隨著媒體逐漸加溫，不確定性也愈來愈高。可羅頓維爾的學員開始質疑公司能否留住三位決選人，也對各事業部門執行長的接替人選產生許多揣測。華爾街的分析師也有相同的疑問。

我曾經提出許多構想，其中有好也有壞，不過，我在六月某個週末期間湧出的靈感，的確是很不錯的點子。當時我正在洗澡，我的許多絕佳靈感經常來自浴室。由於我確信三位之中有兩位勢必會離開公司，我決定在我的任期內「失去」他們。

與其在這三人或是升任總裁或者離開公司之後，才提名他們的替補人選，不如立刻找出他們的接班人。納德利、麥克奈尼與伊梅特在職位上的最後幾個月，或許會因此而感到不自在，但新任的事業領導人可以得到充分的訓練，並且做好上任的準備。他們的事業部門將淸楚知道誰是下一任執行長，這種做法將能平息許多不必要的流言蜚語。此外，這也將消除華爾街的疑慮。

在人事檢討會議中，每位事業部門執行長都必須提名自己的接班人，不過，這經常只是機械化的例行工作，不具太大意義。二〇〇〇年四月，在總裁接班人選將於十二月塵埃落定的前提下，我寫信給全體事業部門領導人，要求他們在今年的人事檢討會議中至少花一個鐘頭的時間討論自己的繼任人選。我從這些討論中，得知這三位候選人特別欣賞與器重的人選。

星期一早晨，我興沖沖向康奈迪和達莫曼描述我在週末興起的念頭。他們的反應熱烈。我們決定在各部門提名新的營運長人選，深知這些人選能夠與各個執行長合作無間。由於董事會對公司人才的發展知之甚詳，我很容易就能透過電話和董事們溝通這項計劃；他們都抱著支持的態度。

如今，我必須向納德利、伊梅特與麥克奈尼解釋這項決策。我承認這種做法對他們不太公平，但是爲了部門員工與股東的最大利益著想，我們必須這麼做。

儘管如此，這項決策仍令他們深感意外。

「嗯，你是在告訴我，若不晉升只有出局一途囉？」其中一人問道。

「是啊，的確如此。是你自己說的，如果沒有得到總裁職位，你就會離開公司。我現在告訴你：『好吧，這個傢伙準備接替你的職位，你有六個月的時間訓練他。』」

「好絕！」他這麼回答。

「聽著，我知道這有點殘忍，因爲事情似乎是無可挽回的。但是我必須做出這項決定。」

儘管對他們而言這不是愉快的事，但爲了公司的最大利益著想，他們都表示諒解。如果人才工廠需要得到認證的話，我們在二〇〇〇年六月的表現足以通過審核。我們任命三位出類拔萃的人才出任營運長——他們正好都四十三歲。

卡洪曾經擔任稽核首長，然後陸續承擔塑膠事業亞洲區、運輸事業、照明事業與再保事業的執行長之責。他天資聰穎、才思敏捷、個性風趣、熱愛運動、善於建立人際關係。卡洪是在麥克奈尼之下，擔任飛機引擎事業部門營運長之職的不二人選。

我第一次見到約翰·萊斯（John Rice），是我在史克內塔迪與一群年輕稽核人員共進午餐的時候。他具有迷人的個性與敏銳的頭腦，我立刻對他留下非常好的印象。我告訴他：「跳出財務部門，走入營運世界。」萊斯接受我的建議，隨即加入家電事業的製造單位。在一連串的晉升之後，他最後接連取代卡洪在塑膠事業亞洲區與運輸事業的執行長職位。這樣豐富的經驗，讓他成為電力系統營運長的絕佳人選，在納德利底下工作。

喬·霍根（Joe Hogan）在出任奇異發那科合資企業的執行長之前，曾經營塑膠事業的多項全球性任務。四十三歲的霍根，生來一張十五歲的娃娃臉，他大概每次出入酒吧都會被檢查證件。霍根看起來或許年輕，但他是一位成熟的主管，具備優異的人際能力與領導才能。在接掌伊梅特底下的營運長職位之前，他剛調任醫療系統事業部不久，主導該部門的電子商務專案。

把這三位熠熠之星放到新職位上，具有十分重大的意義。儘管三十萬名奇異員工，包括我在內，都還摸不清誰會是新任董事長，但我們三大事業部門的人員，已經明確知道該事業的下任執行長將會由誰出任。

在公開場合中，我表示這些變革是「領導人接班計劃中，合乎常理的一個步驟」。對於希望探討這些舉措或是其他接班過程相關議題的記者，我持續採取置之不理的態度。

納德利、伊梅特與麥克奈尼也一樣，我們都不希望讓媒體當成馬戲團一般看笑話。不過，我太天眞，以爲我們可以躲過媒體的報導。畢竟，關於我的接班問題，早在一九九六年就受到媒體的矚目。隨著時序進入九月——離決定接班人選的日期僅剩下兩個月，所有媒體似乎都把焦點放在奇異的總裁接班過程。

在一段時間裡，《商業周刊》、《華爾街日報》、《金融時報》（*Financial Times*）與倫敦的《週日泰晤士報》（*Sunday Times*），到處是關於我們的報導。在沒有獲得奇異內部消息的情況之下，這些文章不僅指出居於領先地位的候選人，甚至還仔細分析他們的背景、經驗與優劣。

媒體在刊登這些報導的日子，我正在澳洲雪梨參觀奧運活動。我在旅館房間閱讀傳眞文件，爲公司的領導人接班過程得到如此熱烈的關注而感到十分訝異。我覺得糟透了，深知這些報導會對三位候選人造成多大的壓力。

我在凌晨一點半打開我的筆記型電腦，準備向他們三位發出一封電子郵件：

伊梅特、麥克奈尼與納德利：

我很遺憾，必須讓你們經歷媒體這些無聊的舉動。

我以爲藉由讓大夥兒留在前線，我可以做得比瓊斯更好。事實證明，凡是有關領導人的接班過程，媒體就會想以鬥爭的角度報導。你們幾位都是非常了不起的傢伙，我爲此深深感謝。你們對整個過程的容忍，是公司的福氣。你們了不起的工作成效與絶佳的風度，讓我更難以做出決策。眞心感謝你們如此不凡的表現。

我每一個字都是出自眞心的。以下這封回函，足以代表他們三人的反應：

傑克，說到底，我們都很幸運能參與其中，而這份感覺勝過媒體緊迫釘人所帶來的任何困擾。不論最後結局如何，過程中的成長、挑戰與樂趣，都將成爲我們一生難忘的回憶。你的所作所爲，都是爲奇異著想，我相信我們每一個人都支持這個過程。

你所偏愛的競爭者　上

這封回函，反映出這幾位能堅持到最後一關的人的品質——而這只讓我更難做出決定。我曾經開玩笑表示，希望他們其中幾位能做出一些愚蠢或瘋狂的舉動，一次醜聞能讓決策變得容易些。當我再度和董事會檢討整個流程時，我向他們訴苦，表示這是一次十分困難的決策。前任喬治亞州參議員山姆・龍恩（Sam Nunn）在一九九七年加入奇異董事會，他的回答很妙。

「傑克，」山姆說道：「不要再因爲自己需要從中擇一而感到難過了，你讓他們三個聲名大噪。他們是全美國最佳企業的總裁候選人，到現在情勢還不明朗，就表示他們同樣傑出。這段過程對他們事業生涯的幫助，遠超過讓他們保持沒沒無聞所能做到的。」

這段話帶給我些許安慰，但我知道這並不會令他們好過一些。當這些報導突然間出現時，他們正在佛蒙特州的斯朵市（Stowe）參加保德信證券公司（Prudential Securities）舉辦的投資研討會，三人正坐在一起吃早餐，他們成了全場的焦點。幾天之後，我遇見當時也在場的約翰・布萊斯東（John Blystone），布萊斯東在一九九六年離開奇異，前往SPX公司擔任執行長之職。

「你眞應該感到驕傲，」他說：「這些傢伙在台上彼此打趣、嘲弄，表現出相互支持的態度。

在場的股東，全都目睹公司高層人士團結一致的精神。你一定會覺得很高興的。」諷刺的是，布萊斯東並不知道他自己也是一九九四年的初步名單中，十六位後起之秀中的一員。

事實上，我的確爲他們三人深深感到驕傲。每個人都有他獨特的地方，不過，這三個人都是了不起的人物。三大事業在他們的帶領之下，不論利潤率或市場佔有率都打破原有紀錄，員工士氣更是前所未有的高漲。

納德利在一九九五年接管電力系統事業時，我們售出的電力渦輪機狀況百出，該事業的淨利連續三年持續下滑。他驅策同仁解決渦輪機的技術問題，然後充分利用電力市場供應短缺的狀況趁勢而上。他以前建立的營運制度，是奇異能夠掌握市場需求上漲的關鍵所在。此外，他還在全球進行了十二項購併計劃。

他在一九九五年接手電力系統事業時，營運收入爲七億七千萬美元，到了二〇〇〇年，已激增到二十八億美元。更重要的是，他預估在一九九九到二〇〇二年之間，淨收入將每年成長十億美元。世界上僅有少數幾家企業能賺得稅後十億美元的利潤，而納德利竟計劃在未來三年內，每年增加十億美元的收入。

麥克奈尼的表現也極爲傑出。在他執掌飛機引擎事業的那三年，該事業所貢獻的利潤高居奇異前二十大事業部門之首。該事業的營收從一九九七年的七十八億美元，成長至二〇〇〇年的一百零八億美元，盈餘則達到二十一%的年增長率。他不遺餘力推動維修業務，使得服務單位的利潤達到該事業總利潤的一半以上。而市面上最大型、最強力的噴射引擎，GE-90，成功拿下波音長程七七七噴射機的訂單，更是一項了不起的策略成就。

同樣的，伊梅特也把我們的醫療系統事業推上新的層次。他提出一個「全球產品公司」的新概念，在世界各地搜尋人員才智、零件與成品；這已成爲公司各個部門仿效的模式。伊梅特曾進行數筆購併計劃，並完成新公司的整合。在他的領導之下，醫療系統已成爲資訊業務與硬體業務並重的事業。

三年以來，醫療系統事業的利潤與營收都創下新高，營業額從一九九六年的三十九億美元，成長到二〇〇〇年的七十二億美元，盈餘也同樣達到二十一%的年增長率。伊梅特增強我們在歐洲的競爭力，也把我們推上亞洲的龍頭寶座。此外，醫療系統透過六標準差技術所推出的新產品數量，高居公司各事業部門之冠。

□

讓我難以制定決策的，不僅是他們了不起的工作表現；我和他們三人的交情，可以追溯到好多年以前。他們都曾在可羅頓維爾上過我的課。遠在他們爬上執行長職務之前，我就曾數度與他們進行深入的檢討。我提拔他們、看著他們在艱困的任務中茁壯，終於成爲充滿自信的管理人才。

我第一次見到伊梅特是在一九八二年，那時他還是哈佛管理學院的MBA學生。在他打算放棄摩根史坦利（Morgan Stanley）的工作機會而加入奇異時，摩根史坦利的一位合夥人曾試圖改變他的心意。

「奇異？聽著，如果你加入摩根史坦利，不到六個月的時間，你就會在傑克・威爾契的面前進行簡報。如果你加入奇異，或許——只是或許而已——你可以在十年以後匆匆見他一面。」加入奇異的第三十天，伊梅特就和來自行銷部門的其他五位員工，與我坐在會議桌旁展開深入對談。

和許多堅強的主管一樣，他也學會了面對指責——而我是衆多批評者當中炮火最猛烈的一個。爲了擴展他的視野、增加他在艱困產業中的經驗，我們一九八九年把他調任家電事業。這項工作帶給他的成長遠超過我們的預期。那時候由於壓縮機設計不良，公司正大舉回收一款新上市的電冰箱。伊梅特帶領七千兩百位員工，著手修理三百萬具壓縮機。在這場危機中，我每個月都親自坐鎮營運檢討會議，近距離觀察他的表現。

我另一次對他印象深刻的經驗，發生在一九九四年，那是塑膠事業部門非常慘澹的一年。身爲奇異塑膠事業部門美國區的總經理，伊梅特與顧客簽訂幾份固定價格的契約，隨著原料成本漸漲，他陷在對顧客的承諾裡進退維谷。該部門的淨收入比目標低了五千萬美元。伊梅特在一九九五年一月前往波卡會議進行簡報，他想盡辦法避開我，他很晚才進餐廳吃晚飯，然後早早上床。最後一晚，我終於在他衝向電梯回房之前逮住了他。

我抓著他的肩膀，強迫他轉身面對我。

「伊梅特，我是你最大的支持者，這只不過是很糟糕的一年罷了，只是時機問題。我欣賞你，也知道你能做得更好。不過，如果你不能解決問題，我就得把你趕出去。」

「聽著，」他說：「如果最後結果不能達到預期目標，你不需要開除我，我會自行請辭。」

當然，他解決了這項問題——以及日後在每一項職務上遭遇的挫折。

納德利與麥克奈尼也有許多類似的故事。對我而言，這是一次充滿個人情感的決策，其中包含了許多血淚與家庭和感情因素。

我面對決策從不會遲疑不決，但這次情況不同。

□

二〇〇〇年七月的董事會議中，評估委員會花了三個鐘頭的時間，仔細剖析三位候選人的優劣。這是一次開腸剖肚的會議，我一直提醒自己不要太快做出定論，希望到最後一刻都還能保持開放的態度。上午的議程結束之後，我們照例和各事業執行長進行高爾夫球聯誼賽。我要求董事們讓今天的討論沉澱一晚，然後隔天提早一個鐘頭展開會議。

一直到二〇〇〇年十月二十九日的星期日晚上，我才提出我的推薦人選。當時，董事會成員正在南卡羅來納州的格林維爾（Greenville）參觀一座電力渦輪機工廠。這次的參觀行程早在一年前就排定了。這或許會讓納德利承受更大的壓力，但我希望讓董事會成員們看看我們的最新科技。我們的電力系統擁有最尖端的科技，這得歸功於納德利。隔天早晨，他提出一次精采的簡報。

這個週末，許多現任與卸任的董事在奧古斯塔高爾夫球場以球會友，這項傳統可以追溯到瓊斯時代。打完球，我們便飛往格林維爾，在一棟美麗而古老的南方豪宅享用晚餐。

星期天傍晚，在決定繼任人選之前，出現了一段小插曲。那天，《六十分鐘》節目準備報導我的生平故事。納德利的幕僚小組與董事會成員坐在飯廳的電視機前觀賞節目。

冗長的足球賽轉播使得《六十分鐘》順延半個鐘頭播出。我眞的非常緊張。我和CBS電視台資深記者萊斯莉・司徒（Lesley Stahl）的訪談還算順利，但你不知道會發生什麼事。他們爲了短短十五分鐘的報導，拍攝了長達二十三個鐘頭的帶子。

如果你的知名度過高，什麼事都可能發生。幸好，萊斯莉．司徒待我不壞，節目結束時，我眞是鬆了一口氣。

晚餐之後，董事們驅車前往鄰近的希爾頓飯店。我們爲了一場特別的董事會議，預定了希爾頓飯店頂樓的會議室。爲了確保會議不受干擾，奇異的保全人員還駐守在門外。康奈迪是在場人士中唯一不具董事身分的；打從第一天開始，他便積極投入總裁接班人的遴選過程。納德利及其工作小組，則回到各自的飯店房間或是回家。

晚上十點出頭，我首先在會議中發言。

「我們已經有結論了。」

我在接下來的十五分鐘左右，向董事會陳述我選擇讓伊梅特成爲「新人」的理由。他在醫療事業的驚人成就，足以成爲奇異未來各項事業的典範。我認爲在才智與敏銳度這兩項條件上，伊梅特具有完美的組合，同時，他具備我最看重的一項特質：全然的從容與自信。儘管這是一次難分高下的競爭，但我認爲伊梅特應是最合適的人選。

達莫曼與萊特也得到機會慷慨陳詞。達莫曼回想起一九八二年，他首次在哈佛管理學院面試伊梅特的經驗。他強調伊梅特的領導能力與顧客至上的態度，萊特則對伊梅特的未來發展充滿信心。接下來，每位董事會成員都加入討論，並且毫無異議地通過這項決策。會議桌的另一端，羅德斯滔滔不絕訴說著伊梅特的學習與成長能力。他說，他認爲伊梅特具有高超的才智，顯然是最適合的人選。

那是氣氛最熱烈的一次會議；每個人都有話要說。這麼久以來，所有人都背負著同樣重的負擔。

幾位董事提出挽留其他兩位候選人的可能性，流失這樣優秀的人才，令他們大為扼腕。

「你確定不要盡全力挽留他們嗎？」一位董事這麼問道。

「我曾親身經歷這個過程，」我說：「因此深知箇中況味。不論誰擔任公司的董事長，都必須充滿自信與熱誠。我希望他在公司具有無可置疑的英雄地位，而不需要瞻前顧後，覺得別人正虎視眈眈覬覦他的職位。」

我接著請康奈迪發表意見，他一直傾向於挽留兩位候選人中的一位。康奈迪表示，他原先基於其他候選人的經驗與能力，主張我們應試圖留住他們，不過，如今在我的說服之下，他勉強接受了我的觀點。

最後，衆人一致認爲，這兩位落選的傑出主管，應擁有赴其他企業擔任總裁、獨當一面的權利。我在會議結束之前說道：「我們先暫緩做出最後決定，大家花三個星期好好想想，如果你們有任何疑慮，請隨時打電話給我。」我向董事會表示，我將在感恩節之前的星期三打電話給評委會成員，屆時將詢問他們的最後決定，並要求他們爲決策背書。

長達兩小時的格林維爾會議在午夜時分結束，我的助理走進會議室收拾所有書面文件。

格林維爾會議之前的六天，發生了一件改變我的退休時程表的事情。我們先前已公開宣佈漢尼威收購案，我也同意順延在四月退休的計劃，以監督雙方的整合過程。這筆公司有史以來最大規模的交易，引發了媒體的許多議論，許多人認爲這項交易將會影響總裁的接班計劃。

不過，在公司內部，我們並不認爲這項交易會產生任何影響。我最終將在二〇〇一年九月初離開公司，比我們在一九九四年制定的計劃晚了四個月。

接下來的三個星期，我至少接到六位董事的來電，他們紛紛對接班人選決策及整個過程表示支持，也試著爲我加油打氣。我爲我們的決定感到無比振奮，但十分苦惱，不知道如何向納德利與康奈迪傳達他們落選的消息。

感恩節前的星期三，我致電評委會成員，徵求他們的許可，讓我在星期五向全體董事會推薦伊梅特成爲董事長當選人。在感恩節期間制定這項決策，大幅降低了引發另一波媒體騷動的可能性。外界多半預期我們在十二月十五日的例行董事會議之後，才會宣佈我們的人選決策。

星期五股市收盤之後，我致電全體董事會成員，要求他們在下午五點進行正式投票。

十一月二十四日，在董事會毫無異議並且真心誠意通過由伊梅特當選董事長接班人後，我在下午五點半打電話給他。他正和家人在南卡羅來納州渡假。

「董事會已做出決策，對你而言是一個大好消息。我希望你明天帶著家人一同前來棕櫚灘，我們在中午會面，一起吃午餐。」我再度檢查經過精心規劃的行程安排。

我們沒有派出奇異專用噴射機，而是租了一架包機，在上午十點半到查理斯頓（Charleston）接送伊梅特、他妻子安蒂和他們的女兒莎拉。爲了確保安全，伊梅特將以凱斯卡特的兒子詹姆士・凱斯卡特的名字登機，這架飛機也會以詹姆士的名字登記租用。凱斯卡特將從他的俱樂部派車，直接把伊梅特一家人從機場送到我的住所。我們的最後一道防範措施，是讓飛機在史都華機場降落，而不是飛到奇異專機慣用的西棕櫚灘機場。

車子還沒停穩，我已經站在門外的車道上，等著向伊梅特宣佈好消息。我們前往北棕櫚灘上的一家義大利餐廳吃飯，午餐後，珍開車把伊梅特的妻女送往我的一棟公寓休息。伊梅特留下來，和我一同準備即將在星期一於紐約舉行的記者會。這個週末正在佛羅里達渡假的康奈迪，也前來協助我們準備簡報資料。我們重新檢討先前草擬的人事宣告講稿，以伊梅特的名字取代「新人」這個密碼。

那天晚上，達莫曼與萊特都帶著妻子飛抵棕櫚灘，大夥兒在我家共進晚餐，慶祝伊梅特當選。我們渡過了非常愉快的一晚，但我的胃在打結，因為我的工作只完成了一半——容易做的這一半。隔天，我必須向納德利與麥克奈尼傳達他們落選的消息，我一直不願意面對這一天的到來。

□

星期天，我遲遲到了下午兩點才開始打電話。我手上有這三位候選人一整年的行程表，所以知道可以在哪裡找到他們。

我打電話的時候，納德利和麥克奈尼都在家。

「董事會和我已做出決定。我希望前往你的住處，和你檢討這項決策及決策背後的理由。」我不打算透過電話傳遞壞消息，我必須和他們面對面交談，這是我欠他們的。不過，我也不希望讓他們產生錯誤的幻想。打電話之前，我至少練習了十遍，甚至要求珍與我進行演練。

下午三點，我在滂沱大雨中抵達西棕櫚灘機場。感恩節的空中交通本就夠繁忙了，如今，撼動著整個美東的凜冽風暴，更加深了飛航上的問題。許多機場因天候不良而關閉，飛機也暫時停飛。當我告訴機長，我打算改飛辛辛那提，而不是依照原定計劃前往紐約的威徹斯特機場時，他們大感震驚。他們必須在一個十分不利於飛行的天候中更改所有的飛行計劃。

機長表示，由於天候惡劣，我們起碼必須等候兩個小時才可能起飛。於是我躺在沙發上，反覆斟酌我的說辭。我恨透了這項任務。它彷彿強迫我從幾個孩子中挑選出最心愛的一個，看起來眞是不公平。他們都爲了公司竭盡心力，從來沒有對我、或對彼此玩弄把戲。

他們付出了超過百分之百的心血。

在整個過程中，我不斷對他們三位提出要求，而他們也一次又一次完成使命；他們的表現，遠遠超過了我們的預期。如今，我必須向其中兩位傳達他們事業生涯中最糟糕的消息；而除了鼓勵他們、表示他們足以在任何一家企業扛起總裁職責之外，我無法給予他們別的承諾。

那天傍晚，天黑得很早。下午五點半，我們在昏暗的天色中離開棕櫚灘，然後在下午七點左右抵達辛辛那提的龍肯機場。這個地方下著傾盆大雨，一片陰鬱晦暗。那是個寒風刺骨的晚上，我在薄霧中穿過柏油碎石道路，走向絲毫不見光影的私人停機棚。我只帶著我那老舊的皮製公事包，覺得非常孤獨。

眼前沒有半個人影。我終於走到門前了。麥克奈尼已經在那兒等著。我向他打聲招呼，然後迅速走進小會議室中。

「顯然的，」我說：「這將是我一生中最難以啓齒的對話。」

麥克奈尼的臉上佈滿了失望的神色。

「我選擇了伊梅特。如果要怪，就怪我吧。把我的照片掛在牆上，當作射飛鏢的靶子。我甚至無法解釋我的理由，那是基於我的直覺與嗅覺。我們擁有三位金牌得主，卻只能發出一面金牌。」

這段期間，正是總統大選計票問題在佛羅里達鬧得不可開交的時候。麥克奈尼開玩笑說，我們沒有重新計票的機會。他的風度實在無人能及。

「我希望你知道，我衷心期望得到這項工作，不過，我也想告訴你，我認爲這是個公平的競爭，你的態度不偏不倚，而我們每個人都得到了表現自己的機會。」

我們在接下來的四十分鐘促膝長談；我們談論生命、他的父親，以及他在奇異十八年來的生涯。我告訴麥克奈尼，從一九八二年第一次會面至今，他表現出驚人的成長。我還記得，當年我在匹茲菲爾德的同事葛雷格·里曼特（Greg Liemandt）從麥肯錫管理顧問公司挖掘出麥克奈尼，邀請他加入奇異的資訊服務事業部；而他從第一份業務發展工作開始，便爲奇異帶來莫大的貢獻，其中最了不起的莫過於飛機引擎事業部的改造。

「你的表現在過去兩年最爲出色，一天做得比一天好。不論你身在何處，都會是最不同凡響的總裁。」

我走回飛機上，再度提出令機員驚訝不已的指示。

「我們不去威徹斯特，現在需要飛往奧本尼。」他們在倉促之間更改行程，我們穿越厚厚的雲層，在晚上九點左右抵達荒無人煙的奧本尼機場。天氣仍然既濕又冷。由於順風的緣故，我們比預定的時間提早抵達，納德利尚未出現。

我眞的因爲他還不在場而鬆了一口氣。向他傳遞這項壞消息，會是特別困難的一件事。三人之中，我和納德利認識的時間最長，他一九七〇年代末期擔任廠長時，我們就已經認識了。他的父親和伊梅特的父親一樣，都爲奇異工作了一輩子。

納德利在一九八八年爲了加入 Case 企業而辭職，那次我曾試著挽留他；這是我少數幾次慰留高階主管的經驗之一。我的慰留並未成功，不過，他三年後再度回到奇異。從那時候開始，他的表現就一直令我激賞。他達成的財務數字，是我在公司四十年中見過最優異的成績，或許也是奇異歷史上最傑出的營運績效。

十分鐘後，納德利準時出現。我們在空盪盪的候機室裡，找了一個位於角落的沙發坐了下來。整個大廳只有我們兩人。

我告訴他這項消息，他的失望完全掩不住。

「我哪裡可以做得更好？」他問。

「納德利，你的成績已遠超過我所能想像的範圍，你做得很好，受到每一個人的愛戴，你會是一位了不起的總裁。不過，我不能回答你的問題，我無法提出能夠令你滿意的答案。你的表現在在超越我們的期望。我相信，面對未來，伊梅特會是最適合奇異的人選。你只能責怪一個人，那就是我。」

納德利與我展開一段漫長而銳利的討論；我無法滿足他獲取更多資訊的需求。他了不起的營運成效讓他難以接受這個決策。

同樣的，我也試著減緩他的失望之情。

「納德利，你會是個一流的總裁。有一個幸運的大公司正等著向你招手。」

我們握握手，相互擁抱。

回到飛機上，我點了一大杯加冰塊的伏特加酒。這回，我們終於準備飛回威徹斯特了。我凝視窗外的夜色，啜飲著手中的伏特加，陷在一團五味雜陳的情緒中。事情的結束，讓我覺得放下了心頭的重擔。我爲伊梅特感到高興，也絕對相信我們找到了最佳人選。不過，讓兩位爲公司貢獻良多的好友感到失望，使我心情非常低落。我發誓成爲他們的經紀人，在我能力所及的範圍內提供最大的協助。

星期一的記者招待會極爲成功。伊梅特的表現再令人滿意不過了，他展現出無比的自信，以及我在他身上看見的一切特質。我們兩人唯一犯下的錯誤，就是沒有事先討論彼此的衣著：我們兩個都穿著藍色襯衫與藍色西裝外套出席。

媒體拿這一點略作文章。

□

接下來幾天，我和兩位任職於人力仲介公司的好友傑利・勞區與史賓賽史都華公司（Spencer Stuart）的湯姆・尼夫——聯繫，討論納德利與麥克奈尼所考慮的工作機會。有一次，湯姆試圖遊說我讓這兩位的其中之一前往他客戶之一的朗訊科技任職，我不認爲這是一個好主意。

不到十天的時間，麥克奈尼決定加入3M，納德利則選擇了房屋裝修器材連鎖店「家庭工作站」（Home Depot），兩人都將擔任總裁的職務。我們的董事之一，肯・倫岡（Ken Langone），是促成納德利加入「家庭工作站」的最大推手。倫岡是「家庭工作站」的創辦人兼最大股東，一直積極參與我們的總裁接班過程，事後更是迫不及待邀請納德利加入他的公司。

麥克奈尼與納德利帶著妻子參加年度聖誕晚會，並且加入瓊斯、伊梅特與我的行列時，奇異的價值體系得到了最堅強的見證。當我在演說中提到他們兩人，我們的董事與高階主管紛紛起立，熱情爲他們鼓掌。

而我是全場最用力鼓掌的一個人。

幾個星期後的波卡會議，眞的讓我胸中塞滿了驕傲。這一次，伊梅特將首度以董事長當選人的身分發表演說，我對此充滿期待。不過，總統當選人喬治・布希邀請幾位企業總裁前往德州奧斯汀（Austin）會面，共商經濟大計，我也在受邀之列。我在波卡發表簡短的開幕致詞後離開，三十三年以來，這是我首度在營運經理人大會上缺席。

這是一次突如其來卻很幸運的機緣，讓伊梅特在我沒坐在前排盯著他瞧的情況下，有機會展現自己的風格。我那天傍晚返回波卡，他的演說錄影帶已在旅館房間中等著我觀賞。

看著他接掌公司的指揮權，我感到萬分欣喜。伊梅特的談吐詼諧、睿智、富有遠見，並且充滿不可思議的力量。

在會場上，他就是公司的總裁！

我後來在波卡會議的閉幕致詞中表示，我在房間的電視螢幕上觀賞伊梅特演說的時候，我驕傲得彷彿初爲人父。他的表現，讓我湧出了我最快樂的回憶之一：三十九年前，我爲了慶祝長女凱薩琳的出世，在腋下夾著一盒糖果走進匹茲菲爾德塑膠實驗室的那份感覺。

那天在波卡，我與伊梅特在奇異飛機引擎事業部服務了三十八年的父親比賽，看看誰的胸膛挺得比較高。

我深深相信，這位「新人」，的確就是最合適的人選。

結語

將近二十年前，我站在紐約皮耶飯店的講台上，向華爾街分析師發表我爲奇異勾勒的願景；我當時的確是抱著一股萬丈雄心，然而，奇異及其人員所達到的驚人成就，卻是我作夢也想像不到的。我們破除了不必要的繁文縟節、打擊體制內的官僚作風，因而創造出一個世界級的組織，卓越的名聲遠播千里。我相信，我即將離開的奇異，是一個道道地地的菁英社會，裡面的人個個具備高貴情操與價值觀，工作投入而鬥志昂揚。

這是一個不斷追求偉大構想的公司，裡面的人無時無刻不在追求更上一層樓。

我這趟旅程很棒。而奇異在這二十年來的變化，是公司整個歷史的縮影；我們的成就，建立在一百年來的基石之上；所以，我更期待見到它二十年後可能達成的景況。我相信它的未來操在一群了不起的團隊之手，他們將會帶領公司創造偉大的事業。

有時候，我覺得我這趟旅程的前十年彷彿打了一場仗。我們的改革總是走在時代潮流之先，因此一路充滿艱難險阻；革命必然轟轟烈烈，沒有所謂的「溫和革命」可言。

對組織而言，也沒有所謂的「溫和改造」存在。

和我的名聲恰恰相反，我經常過於謹慎。我等了太久，才清除那些不願意或無法面對現實的經理人；我在某些收購案上遲疑不決，晚了幾步才接納網際網路，甚至遲遲不敢大力推翻官僚體制的一些老規矩與傳統。

幾乎每一件事都應該早一些完成，也都可以早一些完成。

儘管如此，奇異仍轉變成一個樂於擁抱變化的公司，它藉著規模上的優勢扛起更高的風險，並且把重心向外放在顧客的身上——而非以自我爲中心。我深深相信，如果一個組織的內部改革速率比不上外界的變化速度，那麼它的末日就近在眼前。

問題只在於末日何時會出現。

對一家百年老店而言，學習擁抱變化並不是一件容易的事——但是，我即將離開的奇異就做到了。我們的營運系統激發人們對學習與分享新觀念的熱情，促使多元化的業務達到更優異的表現、更快速的成長，其成績遠超過各項事業獨立運作所能達成的。

這一切都得歸功於優秀的人——而非優秀的策略。我們花了無數的時間招募、訓練、發展並獎勵最卓越的人員。若非這群傑出員工不斷追求突破與超越，我們的成功會十分有限。

全球化運動是追求突破所自然而然產生的成果。我們一直在全球各地搜尋最卓越的產品與人才，醫療事業新推出的變形桿菌放射系統就是最好的例子。這是一個擁有跨洲際供應鏈的商品，系統中的七百一十九個零件，充分利用了世界各地最高品質而低成本的供應地。產品的製造地點目前設置在北京，零件則來自美國、加拿大、墨西哥、北非、摩洛哥、孟加拉、韓國、台灣，以及東西歐的幾個國家。系統中的掃描器發電機在印度生產，懸置機構產於墨西哥，真空管裝置則在美國生產；這些裝置與其他零件則運往北京進行裝配。

六標準差的一致標準，是這些零組件得以完美銜接的主要原因。

□

像我所寫的這一類書籍，末了照理應提出一連串的預測……

預測，並非易事。

我剛當上董事長的時候，世俗的看法可以概括成三大「不可避免」的趨勢：原油價格可能從當時的每桶三十五美元上漲到每桶一百美元，而且還不見得買得到；日本驚人的製造能力將會佔領整個美國市場；而當時高達二十％的通貨膨脹率，會永遠維持在兩位數字的水準上。

所謂的預測，不過爾爾。

然而，有一些明顯的驅力，將會改變許多人在市場、組織與管理等層面的思維。

在中國，資本主義的因子正蠢蠢欲動；這個國家將會在二十一世紀扮演非常重要的角色。中國的創業家以前所未有的態度擁抱變革，中國的領導人則在開放經濟的情況下管理著他們的社會。

那些個在會議室中以大餅圖描繪競爭態勢的人，必須把大餅的一半留給中國企業。今日沒沒無聞的中國公司，將在十年後成爲市場上的巨擘，對西方企業的生存造成莫大的威脅。

中國不僅僅是一個市場，它刻正迅速成爲西方世界不可低估的競爭對手。

該國持續增強的經濟力量，將會使得它與歐洲、美國、日本的關係更形複雜，貿易上的緊張情勢也將逐漸加劇。我不知道中國會採取何種形式的保護主義，但我相信在這方面的討論將會長時而且激烈。

階級制度已死。未來的組織將無層級之別，也會愈來愈走向無界限的模式。未來將是由一連串的資訊網路所構成的世界，而電子在其中的角色愈來愈吃重，但對於人員的需求漸低。資訊將呈透明化；領導人將無法獨攬過去幫助他們掌握大權的資訊。

經理人經營企業所需的資訊，大多將存放於「電子指揮中心」的電腦螢幕上。它將涵蓋所有的即時資料，並以自動警訊突顯需要密切注意的變化趨勢。

儘管資訊的取得空前容易，但是仍要靠人的判斷來帶動組織向前邁進。

□

在離開奇異之前的幾個月，有一天傍晚，我前往紐約市第五大道上某家店買毛衣。當售貨員到樓下儲藏室尋找適合我的尺寸的時候，店經理走到我的跟前。

「威爾契先生，」他說：「我可以和你談談嗎？」

這位年輕的非洲裔美國人，前一晚在電視上看到查理・羅斯（Charlie Rose）對我進行的專訪。他表示很欣賞我的見解，並想要提出一個後續問題。我在羅斯的訪談中表示，組織持續刪除績效墊底的十%員工，是一件非常重要的事。

店經理把我帶到階梯下一個隱密處，沒有人能聽到我們的談話。

他表示他的業務團隊共有二十名員工。

「威爾契先生，」他問道：「我真的必須開除其中兩名員工嗎？」

「如果你希望擁有第五大道上最傑出的業務團隊，或許就應該這麼做。」

這一次，我並非從奇異人的口中聽到我自己的話，而是從第五大道百貨服飾店的店經理，這一點實在很有意思。我想這位經理知道，要成爲同行中的頂尖人物實在不是件簡單的事。

在制定困難決策時，你必須具備自信、勇氣與承擔壓力的意願。

□

談談比較輕鬆的一面。納德利與倫岡在「家庭工作站」的合作，引發了幾件有趣的軼事。倫岡是一個英雄般的人物，他的身材魁梧、嗓門很大，個性慷慨、固執而聰明——是理想的董事人選。他的人脈廣闊，誰都認識。我在一九九九年延攬倫岡加入奇異董事會，希望伊梅特能從他身上得到我在二十年前從瑞斯頓身上得到的協助——當他的啦啦隊隊長，向所有人宣稱伊梅特將會成爲全美最佳總裁。

計劃差一點就要奏效。不過，在納德利加入「家庭工作站」幾個星期之後，我開始聽說倫岡在紐約四處吹噓納德利的能力。我爲此撥了通電話給他。

「被你逮到了，」他笑著說：「從現在開始，我說什麼都是伊梅特、伊梅特、伊梅特。」

幾星期之後，《財星》雜誌的記者派蒂．莎勒斯（Patty Sellers），爲了另一則報導登門拜訪。莎勒斯表示，她之前爲了撰寫一則關於「家庭工作站」的報導曾經採訪倫岡。我問她倫岡說了些什麼關於伊梅特的話，她表示倫岡對納德利推崇倍至，然而隻字不提伊梅特。

這一回，我有了人證。我打電話給倫岡，修理他一頓。

「你這死傢伙，」我開玩笑說：「我聽說你還在爲納德利宣傳，你答應過我，說什麼都要是伊梅特、伊梅特、伊梅特的。」

倫岡之所以懷著矛盾的情緒，實乃情有可原：身爲「家庭工作站」的創辦人兼奇異董事，他有機會見到兩位優秀的總裁；我只是得隨時提醒他保持「公正」。

□

在二〇〇一年九月離開奇異之前，我有許多要與人道別的時刻，其中最難忘的經驗是一月初在波卡瑞頓，最後一次與奇異五百五十位高階領袖的聚會。連續三十三年——年數超過我的大半生——參與這項會議，這次是我最後一次的出席。

我在一九八一年接管了這一家極爲傑出的公司，而眾人的努力使它的業務蒸蒸日上。我相信我的繼任者所接掌的也是一家優秀的企業，而也將使它更上一層樓。畢竟，這是總裁的職責所在。

我希望我能在閉幕致詞中清楚傳達這項訊息。和往常相同，我在一疊黃色筆記紙上略記下想法，然後花兩天功夫仔細琢磨整份講稿；我不希望這次演講過於傷感或流於濫情。

我希望每個人都明白，奇異在未來的二十年會比過去的二十年更需要進行改革。

我那天早上的演說內容，適用於任何一家企業。訊息的要點很簡單：忘了我們已攜手達到的成果，忘了昨日的一切。

「我在二十年前得到這份職務，和大夥兒一同經歷了許多變化，」我說：「這是一趟愉快而精采的旅程，充滿了美妙的記憶與持久的友誼。不過，就讓我們忘了既有的成就吧！今日的光環之下，其實是昨日的戰果。

「我們將面臨一場全新的戰局：變化將以前所未見的形式出現，以前所未見的速度發生。對於熱愛變革的人，這將是多麼有趣的事！而對於不能領會箇中滋味的人，這又將是多麼令人畏懼的事啊！」

最後，我要求公司的每一份子顛覆組織、進行全面改革，並且徹底將之改頭換面。

我的演說得到熱情的回應，結尾那一段，對我和我的多年好友而言，都充滿感性。

根據波卡會議的傳統，奇異基金（GE Fund）總經理、也是前任公關部門首長的赫根漢，在最後一晚宣佈那天下午的高爾夫球賽與網球賽的成績。

那天，高爾夫球場上的風勢強勁，氣溫又低。在凜冽的寒風中，有些人打到第四洞就棄權了。赫根漢宣佈了我的總桿數，然後說：「我相信在場的每個人心中各自存著一份關於傑克．威爾契的軼事，但是既然麥克風在我的手上，你們就得聽聽我的故事。」

我心想——別又是一次臨別祝福的演講。

「十三年前，」她說：「我在紐哈芬醫院進行一項大手術。隔天，傑克打電話來，說要來探望我。我一點都不覺得高興，反而不讓他來，因爲我的頭髮一團亂。

「傑克的反應充分表現出他的性格，他說：『喬伊絲，我真不敢相信。我是來替你加油打氣，又不是來跟你上床！』這就是傑克。我躺在那兒，爲自己的生命憂慮，卻還擔心頭髮能不能見人。傑克的幽默、坦率與友誼，馬上把我拉回現實。」

五百五十位與會人員發出轟隆隆的笑聲，我的臉稍微泛紅。她所說的句句實言，我想，大概只有真正不拘形式的公司總裁——或是街角雜貨店的老闆——才可能對員工說出這樣的話吧！

伊梅特接著走上講台，台下一群服務生在會議室中穿梭，爲衆人的酒杯注滿香檳。伊梅特說了一些很窩心的話，他回想起我在一九八一年於皮耶飯店對分析師發表的願景，我的夢想是創造出一個公司，讓公司的每一個人都能突破自我極限。伊梅特表示，他和在場的每一個人都達到了超乎他們想像之外的成就。

伊梅特的演說讓我深深感動。當全場起身鼓掌時，我的內心更是翻湧不已。伊梅特費力地穿越人群，走到我面前，我們緊緊相擁。我隨後坐回自己的位子上，希望大家也能坐下。

然而，他們不肯坐下來。我最後只好跳到椅子上，舉起酒杯，向在場的每一個人敬酒。

「在大夥兒的通力合作之下，我們達到了超乎想像的成果，每個人都到過了一些原本想像不到的地方，達到了一些原本想像不到的夢想。我的出身背景和你們大多數人相同，我能有今天的運氣，全得感謝你們的努力。謝謝你們如此出色的表現，我愛你們。」

那是令人永誌難忘的一夜，眞希望母親能在場分享我的榮耀。

謝誌

我非常幸運，這一生中身旁無時無刻不圍繞著一群至親好友，他們的支持、鼓勵與愛護，具有十分重大的意義。他們讓我的旅程充滿樂趣且受益良多；他們經常使得我的表現比實際能力更爲搶眼。其中某些人，例如我的母親，對於我的影響在本書字裡行間一眼即可窺見，我不需要特地在此提及。不過，還有許多人因爲不盡符合本書的情節，因而僅只略略提及，例如我在伊利諾的論文指導教授魏斯華特。若非這些人的鼎力相助，或許傑克・威爾契這個傢伙會一輩子沒沒無聞。

我說過幾次，我或許不是豪華吊燈中最閃亮的燈泡，但是這些年來我深信自己幫助了其他許多燈泡發出閃耀的光芒。我擔心自己有所疏漏，無法向所有人表達我的感謝。所以，如果我遺漏了任何一位在我生命中佔有一席之地的朋友，請接受我的歉意。我的感謝語或許簡短，但我心中的感激之情是既深刻又長遠的。

我首先得感謝妻子對我的耐心與愛心。她是我最親密與知心的好友，在我沉迷於本書的撰寫工作時，珍的表現遠遠不只「諒解」二字可以表達。我也要感謝我的四個孩子：凱絲、約翰、安與馬克，我知道，當傑克・威爾契的子女並不容易，但他們展現了極大的包容，他們給了我八位活潑可愛的小孫子，這些小朋友豐富了我的生活，未來將會在我的生命中佔據更重要的地位。

我在事業生涯之初就明白，完成工作的一大關鍵在於擁有一位具有超高效率的行政助理。我先後有四任助理：塑膠事業時期的尤妮斯・赫利（Eunice Hurley）、事業群執行長時期的路易絲・可芙（Louise Koval）、遷居費爾菲德之後到總裁階段前七年的海加・凱勒（Helga Keller），以及最後階段的羅珊・巴杜斯基。若非巴杜斯基的協助，我可能很難渡過許多艱困的日子；過去十三年來，她一直是一位了不起的助手。羅珊的專任助理，蘇・貝葉（Sue Baye），也在過去二十年來幫忙打理一切。

我這一生擁有許多優秀的導師，我也曾試著在書中一一提到他們的名字。在傑克・威爾契發揮任何影響力之前，奇異已存在了一百多年。我們繼承了一個由前人打造的企業，我們當然必須對他們心存感念。我衷心感謝雷吉・瓊斯的前任總裁，佛萊德・鮑許（Fred Borch），他以高度的勇氣把我拔擢至副總裁的職位。我也感謝佛萊德的策略分析師，傑克・麥基德瑞克（Jack McKitterick）。鮑許與麥基德瑞是眞正的冒險家，儘管不免遭遇挫敗，但他們的策略大多獲得成功。他們熱愛嘗試新的事物，經常嘗試推翻既有藩籬。

我思索整個奇異及其過往，發現自己大概不可能向所有人表達出應該給他們的謝意。有幾個名字經常出現在我早年的生涯中，他們的努力對奇異後來的發展造成很大的影響。惠特・里吉威（Whit Ridgway）推動燃氣渦輪機事業的全球化發展；傑哈德・紐曼（Gerhard Neumann）是噴射引擎事業的先驅；提克・克拉克（Ticker Klock）見到奇異資融的潛力。這些先驅與他們的同僚，爲我們奠定了良好的事業基礎。

我希望感謝塞扣克的每一份子，他們幫助我在第一份管理職上交出出色的成績。從比利・麥克（Billy Mack）到凱文・莫瑞（Kevin Murray），他們從我就任的第一天開始便加入公司，並且在公司待了三十年以上。

言語無法道出我對泰德・勒凡諾的感激。這位前任的人力資源首長，見到了奇異必須推動重大變革，而他在接班人角逐戰中對我的支持，更具有關鍵意義。我有幸擁有幾位聰明又能幹的人力資源夥伴，包括比爾・康奈迪之前的法蘭克・道爾與傑克・佩佛（Jack Peiffer）。我們展開重整行動之初，許多人產生質疑，在這段困難時期，道爾的協助尤爲重要。這些人在書中的篇幅，都比不上他們實際的貢獻。此外，還有多年來把塑膠事業經營得有聲有色的格藍・海納（Glen Hiner），以及曾掌管奇異三大事業電力輸送、家電與塑膠的蓋瑞・羅傑斯（Gary Rogers）。見到伊梅特在二〇〇一年向董事會提議讓蓋瑞升任副董事長，我眞是高興極了。

許多了不起的高階主管，曾在奇異的各項事業中留下成績。其中包括家電事業的迪克・史東斯佛（Dick Stonesifer）

與賴瑞·強斯頓（Larry Johnston）、電力系統的傑克·爾奎特（Jack Urquhart）、馬達事業的吉姆·羅傑斯（Jim Rogers）、塑膠事業的烏維·瓦西傑（Uwe Wascher），以及運輸事業的卡爾·舒林瑪（Carl Schlemmer）。舒林瑪曾獨排衆議，說服我們投資機動車事業；運輸事業後來成爲奇異高階執行長的養成之處。

我在書中提到過奇異工業事業執行長勞依·特洛德的傑出營運成效，但我特別希望感謝他爲奇異付出的多方面貢獻，他的寬宏大度是每一位奇異員工的典範。他創立了奇異的非裔美人論壇（African-American Forum），幫助公司具有多元背景的高層主管凝聚向心力。

多年來，我們擁有多位傑出人士，與奇異的顧客創造了深刻而長遠的友誼。他們一直佔有關鍵地位，尤其在管理階層交接的過渡時期。這些人包括飛機引擎事業的艾德·巴伐瑞亞（Ed Bavaria）與查克·查德維爾；電力系統的德爾·威廉森（Chuck Chadwell）；醫療系統的吉姆·德瑪洛（Jim DelMauro）、保羅·麥洛貝拉（Paul Mirabella）與湯姆·當翰（Tom Dunham）；運輸事業的大衛·塔克（Dave Tucker）；以及塑膠事業的查理·克魯（Charlie Crew）、歐瑪·莫菲（Omer Murphy）與赫柏·藍姆萊斯（Herb Rammrath）。

我在書中提到多位奇異董事，但許多未曾在文中提及的董事會成員也很重要。我特別得向桑迪·華納（Sandy Warner）表達感激之意，他總是在每一次的董事會議中提出極爲珍貴的全球經濟觀點。我也希望謝謝亨利·韓利（Henry Henley）、查理·迪克（Charlie Dickey）、芭芭拉·普里斯基爾（Babara Preiskel）、韋恩·卡洛威（Wayne Calloway）、喬治·羅伊（George Low）、包伯·默西（Bob Mercer）、吉姆·凱斯（Jim Cash），以及幾位較近期的夥伴，例如安德立雅·容格（Andrea Jung）、安·法姬（Ann Fudge）與雪莉·拉札魯斯（Shelly Lazarus）。

我們不僅從RCA挖掘出後來成爲副董事長的吉恩·墨菲，也得到成功整合奇異與RCA電視機製造線的瑞克·米勒（Rick Miller），以及整合雙方航太、國防事業的約翰·瑞頓豪斯（John Rittenhouse）。此外，我們還得到三位了不起的董事：索頓·布萊德蕭、前任聯合參謀總長大衛·瓊斯（David Jones）將軍，以及卸任的美國司法部長威廉·

法蘭屈・史密斯（William French Smith）。

在此，我想提起管理我們的退休基金而讓奇異員工退休生活安全無虞的三位人士：艾德・馬龍（Ed Malone）、大幅擴張退休基金活動範圍的戴爾・弗雷（Dale Frey），以及目前的基金執行長約翰・麥爾斯（John Myers）。弗雷與麥爾斯的執行手法極富創意，其中一個例子是他們對紐約海灣與西方（Gulf & Western）大樓的投資。一九九〇年代中期，房地產市場充滿了不確定因素，他們與唐納・川普（Donald Trump）聯手接管了這棟位於中央公園西側大道一號的大樓，並利用川普的名聲及其行銷奇才，把大樓扭轉爲紐約利潤最豐厚的旅館兼公寓發展專案。

除了杜拉克之外，另一位幫助我激發思維能力的非奇異人士，就是藍・查倫（Ram Charan）。我很喜歡與查倫一同推敲各項構想；在和他共同討論奇異的價值標準與它們的重要性時，他提出了「社會結構」這個措詞。

我對比爾・連恩（Bill Lane）充滿感激，他每年與我一同準備公司年報中的信函；他重視這項工作的程度，與我不相上下。

我非常幸運，在工作同仁之外，也擁有許多特別的朋友。其中兩人與我尤其親近，包括安東尼・洛菲與他妻子愛蓮娜，以及卡爾・華倫與他妻子唐娜。除了這幾位密友之外，法斯科夫婦、鮑希迪夫婦、萊特夫婦以及普西尼夫婦，都爲我們帶來許多歡笑與難能可貴的友誼。

不論我搬到什麼地方，總能找到一組了不起的高爾夫球球友，讓我的週末充滿樂趣。早年在波克夏鄉村俱樂部時，球友們包括大衛・丹瑟洛（Dave Dansereau）、彼得・瓊斯（Pete Jones）與約翰・克里吉；匹茲菲爾德鄉村俱樂部的球友們包括塞爾・阿索頓（Sel Atherton）、厄尼・薩加林（Ernie Sagalyn）與吉姆・歐布萊恩（Jim O'Brien）；銀泉俱樂部的球友則是卡爾・華倫、朗・韋伯（Ron Weber）與查克・洛奇（Chuck Lokey）；最後到了費爾菲爾德鄉村俱樂部，我們總共有五個人輪番上陣，其他四位球友分別是歐席・亞當斯（Ocie Adams）、湯姆・葛拉翰（Tom Graham）、比爾・葛雷（Bill Gray）與湯姆・奎特勒（Tom Kreitler）。

我希望謝謝比爾・赫頓（Bill Hutton）及其妻子瓊恩（Joan）。九十四歲的赫頓，仍每天前往保德信證券公司工作。他是一位最典型的紳士。多年以前，赫頓夫婦曾贏得聖塔基海德高爾夫球俱樂部的冠軍頭銜，當我太太連發球都還不太行的時候，他們倆對她多所照顧。每當奇異的股價創下新高點，赫頓總會打電話給我，讓我知道他無時不在爲我們加油。

我也希望謝謝史特拉特・薛曼（Strat Sherman）與諾爾・提屈。第一本關於我的書籍，就是由他們倆所撰寫的。與他們兩人合作，有助於釐清我自己的思緒。諾爾在可羅頓維爾的整頓工程中也扮演了相當重要的角色。

著書立作是我前所未有的經驗，比想像中困難多了。幸好，來自各項事業的奇異員工爲我提供了莫大的幫助。傑夫・伊梅特與丹尼斯・達莫曼是其中出力最多的人，他們爲本書提供了極爲珍貴的評論與見解。我也希望謝謝幫忙校對原稿的鮑柏・尼爾遜、布萊吉・丹尼斯頓、比爾・康奈迪、貝絲・康斯多克與喬伊絲・赫根漢、潘・威克翰與凱蒂・樊娜則幫忙研究重大的事實與數據。

我衷心感謝任職於NBC的安迪・賴克，本書的原書名便出自他的創意。服務於《華盛頓郵報》的包伯・伍沃德（Bob Woodward）隨後提出一個類似的書名，讓我們對萊克的構想信心大增。兩位成功的新聞從業人員分別得到相同的結論，這必定是個不錯的構想。

在本書中，我已盡我所知的一切方法，表達我對雷吉・瓊斯的謝意，他對我的支持始終如一，從不動搖。不過，我也希望謝謝他在兩次冗長的訪談中，向本書的共同作者，約翰・拜恩（John Byrne），談他的生活，以及他對於本身的接班人遴選過程的觀點。

然而，在奇異的員工當中，對本書付出最多時間並且貢獻最深的人非我的助理羅珊莫屬了。她犧牲了許多週末假期，經常工作到深夜，讓此書獲得很大的改進。她幫忙修飾拗口的句子、提供無數的建議，並且挑出許多謬誤之處。

我在童年時期的幾位好友，特別是比爾・庫倫（Bill Cullen）與喬治・萊恩（George Ryan），幫忙回想我們在塞勒姆的生活細節。另一位老友約翰・克里吉，幫我捕捉匹茲菲爾德時期的記憶。我也要謝謝我的第一任妻子卡洛琳，她多次接受約翰・拜恩的訪談，與他談我和她相處的那幾年。

紅十字會的首長伯納汀・席利（Bernadine Healy），提出了「表面和諧」一詞，我認爲非常適合用來形容官僚體制的作風。

多年來，馬克・麥考梅克（Mark McCormack）每半年一次的拜訪，終於說服我著手撰寫這本書。我的經紀人馬克・瑞特（Mark Reiter）任職於麥考梅克設立的IMG公司，他幫助我在美國與全球挑選最優秀的出版商。

最後，也是最重要的，我希望謝謝與我共同撰寫此書的作者，約翰・拜恩。我們至少花了一千個小時的時間，一同檢討每一句話、每一個字，以及每一個標點符號。約翰還訪問了五十多位人士，幫助我喚醒塵封的記憶。他平穩的血壓與性情，爲這個團隊注入了極高的穩定性。拜恩有很強的好奇心與很持久的耐力，當我們連續工作十五或十六個小時，準備放下筆桿休息時，他還會再打開電腦，試著修改某個不通順的句子，或是某個不清晰的想法。

時代華納出版公司的工作小組也提供了很大的幫助。我們把出版工作交給華納，是因爲董事長賴瑞・克許鮑姆與總編瑞克・伍夫（Rick Wolff）一開始便對這件事展現極大的熱誠。我們的選擇並沒有錯。

克許鮑姆全心投入工作，連深夜或週末也不放過，他基本上可說是搬進來與拜恩和我一起住了，趕都趕不走。在一次深夜的會議上，我轉身對克許鮑姆說：「你知道嗎，每當我看著你，總彷彿看著另一個自己。」我非常欣賞他和他的熱情。

伍夫無時無刻不掛念著這本書。我們都叫他「列車長」，因爲他總是喋喋不休叮嚀我們三人注意截稿日。不過，這輛火車常常誤點，編輯主任哈維珍・可沃（Harvey-Jane Kowal）與執行編輯包伯・卡斯提羅（Bob Castillo）得施展魔法，才能讓這本書準時問世。

再次重申，我說不定遺漏了幾位對我這趟旅程非常重要的人物，希望你們每一個人都知道我心中多麼感激你們。

附錄

在遲緩的經濟中快速成長

一九八一年十二月八日，在紐約的皮耶飯店向金融界代表所發表的演說

我們接下來的方向在哪裡？奇異將會變成什麼樣？我們的策略是什麼？

現在這個時刻，似乎是從口袋裡掏出一封密封信函，揭開奇異未來十年恢弘策略的恰當時機。但我不能這麼做；我也不打算爲了展現思考上的機敏而錦上添花，大談奇異衆多多元化的活動。這些活動包含斥資十五億美元興建新的塑膠廠房、收購 Calma 等電腦輔助設計或電腦輔助製造的供應商、在過去四個月中收購四家軟體公司、投資三千萬美元提昇機動車工廠的生產力並擴充產能、在史克內塔迪的研究中心設置新的微電子實驗室、在羅列（Raleigh）一帶投資成立微電子應用中心，並在維吉尼亞州的夏洛茲維爾（Charlottesville）興建新的工廠自動化研究室。

實在沒有必要只是爲了表現出漂亮的樣子，就把這些活動與其他獨立的業務計畫硬湊成一套宏偉的大計劃，擬出一套無所不包的、以奇異爲念的中心策略。

眞正與這些獨立計劃或活動相關的、並能強化其效能的，並不是一套中心策略，而是一個中心思想——一個能在一九八○年代帶領奇異前進，並管理奇異多元計劃與策略的單純核心思想。

在尋找方式來表達這些概念的過程中，我們發現一封內容強而有力的信，這是 Bendix 公司的規劃經理寫給《財星》雜誌編輯的一封信。我希望與各位分享這封信，因爲它以不容我增減的文筆，大抵捕捉了我對於像奇異這一類公司進行策略規劃的想法。這封信的內容是這樣子的：

> 貴社針對現行策略規劃常規的一系列精闢報導，環繞著一個共通概念：無盡尋求一套能自動提供解答、讓人們照章行事的方法。不過，這份追求再三落空。
>
> 著名軍事戰略思想家克勞塞維茲（Von Clausewitz），在他的經典巨著《戰爭論》（*On War*）一書中一語中的：人無法把策略簡化成公式。由於偶發事件、執行上的瑕疵及競爭對手獨立自主的意願，阻力乃不可避免，過分精細的計劃勢必遭到挫敗。相反的，人性因素才是最重要的關鍵，這包括了領導力、士氣，以及優秀將軍可謂直覺式的見識。
>
> 老毛奇（elder Von Moltke）將軍麾下的普魯士將士，把這些概念發揮得淋漓盡致。他們並不指望一份營運計劃能在與敵軍首度交手後仍有效力；他們只設定最廣泛的目標，並強調掌握任何突發機會……策略並非冗長的行動計劃，而是在歷經持續變革的環境之後，逐步衍生而成的中心思想。
>
> 企業在目標與行爲準則上縱與戰爭有所不同，但兩者都得面對對手的自主意願。任何一種死板板、按部就班的方式，都不足以應付自由意志，不足以面對真實世界逐漸開展的情勢。

現在，讓我把這個「策略並非冗長的行動計劃，而是在歷經持續變革的環境之後，逐步衍生而成的中心思想」的觀念，與奇異公司的管理結合在一起。

就我們的看法，在八〇年代的真實世界中，通貨膨脹顯然會是頭號大敵，大多數的國家與政府，將在貨幣與財政政策上採取各式的緊縮對策，藉以對抗通貨膨脹，而其結果是更遲緩的全球成長——較之過去三十年更緩慢的成長。遲緩的成長，顯然會是八〇年代所有計劃的基礎。

在成長趨緩的八〇年代，當企業——是的，當各個企業與各個國家致力於對抗趨緩的成長、對抗自身的失業問題，那些二流的產品與服務供應商，也就是那許多水準不上不下的公司，將會失去生存空間。置身於成長緩慢的環境中，贏家將是那些發掘並投身於眞正具有成長潛力的產業，並在所參與的每一個領域都追求第一或第二的企業——堅持成爲前兩名最精實、成本最低、品質最精良的全球性廠商，爲顧客提供高品質的商品與服務，或者是那些具有優越技術及顯著市場利基的企業。

當我們投身於眞正的成長產業，並搶佔前兩名的地位時，奇異所面臨的挑戰，是必須反躬自問：多大？多快？也就是說，我們能在這些機會背後投注多少人力與財力資源，以確保我們充分運用了身爲市場龍頭老大的優勢。

另一方面，在擠不進前兩名、也不可能具備技術優勢的產業中，我們必須反省彼得·杜拉克所提出的尖銳問題：「若非已置身於產業之中，你今天會進入這個市場嗎？」如果答案爲否的話，就得面對第二個嚴酷的問題：「你打算如何處理這項事業？」

不打算在八〇年代追求此一目標的管理者與企業，若以諸如傳統、情感或是自身管理弱點等種種理由而緊抓住前景黯淡的事業，將無法存在於九〇年代。想想看，在高度成長的一九四五年到七〇年間，將近半數原本可登上《財星》五百大排行榜的企業，都因成長速度停滯而遭併購、宣告倒閉或悄然退出市場。

我們相信，這個「搶佔第一或第二」的中心思想不僅是一個目標，更是生存的必要條件。它將在未來的十年中帶領我們走向一系列獨特的事業，讓我們在全球商業世界中獨領風騷。

在此具體中心思想的背後，我們要以抽象的中心價值觀爲後盾，這些包括我們所謂的面對現實、品質與卓越，以及人力資源要素。在奇異共通的文化之下，這些凝聚員工向心力的基調，將成爲奇異的第二天性。

讓我在此向各位解釋我們所謂的面對現實。面對現實，聽起來很簡單，但要讓任何組織或一群人正視眞實世界，或是要他們放棄對過去或未來的幻想，並非易事。我們向公司的每一個員工灌輸一種態度，創造一種氣氛，允許他們、或該說是鼓勵他們去認淸事實，接受現況，而非一味期待事情變成他們所希望見到的樣子。在公司上下建立起面對現實的觀念，是實現中心概念的基本前提：這個中心概念就是每一項事業都搶佔市場第一或第二名的地位。

談到品質與卓越，我們指的是創造一股氣氛，激勵全體員工奮力提出讓大家引以爲傲的產品與服務。我想，這項價值標準的眞正意義在於超越自己的極限，甚至達到自己想像不到的成就。我每天在公司的各個角落都見到大家試著以各種方式履行這項價值標準。

追求卓越的概念，引發了我們的第三項價值標準——我只能把它稱爲人力資源要素。我們一直努力創造、也將持續創造一股氣氛，讓人們勇於嘗試新挑戰；在這個組織中的人深信，他們對卓越所做的定義，以及個人創造力與幹勁，才是升遷程度與速度的極限。

融合了這三項價值標準（或可稱爲軟性價值）：面對現實、品質與人力資源要素，不僅能激發組織昂揚的鬥志，更能創造出一個比規模僅有我們五分之一的企業更勇往直前、適應力更強、更靈活的組織。這些價值將能幫助我們保存共有的傳統及我們共同的文化；同時也能讓領導、經營與建造第一或第二名地位的管理者，產生榮辱與共的使命感。我們將提供事業領導人足夠的資源，讓他們迎接市場上接連不斷的戰役。是的，我們將以奇異在財力、技術或管理能力方面的規模當作他們的後盾，在此同時，並賦予事業領導人在八

○年代致勝所必備的自由與彈性。

奇異是由一系列多元事業所組成的，從石油到高科技產業，每一條產品線都足以傲視全美。奇異的許多事業都曾試圖拓展業務範圍，然而發現行之不易。我們的業務範圍已經十分廣泛，是一家多元、獲利豐厚而成功的工業與金融企業。我們在七○年代的利潤，遠超過ＧＮＰ（國民生產毛額）與Ｓ＆Ｐ四百的衡量標準。我們有決心與實力能在八○年代達到更卓越的表現。對於那些喜歡在奇異與ＧＮＰ之間大作聯想的人，我必須指出：奇異將要成爲帶動ＧＮＰ成長的火車頭，而不是跟在後頭的一節車廂。

我預期，各位將會以跟我一樣的角度分析這家公司——而我也請求各位以我今天所描述的願景，衡量並判斷我們在這條路上的表現。

感謝各位的聆聽。現在，我的同事將和我一起回答大家的問題。

二○○一年人事檢討會議議程

一、事業領導人

・預測明年的業務與組織驅力，並探討組織與領導者的必要改革（在組織圖上標示出任職不到兩年的人員）。

・評估直屬部下的表現。在e-EMS系統中指出所有ＥＭＳ，以進行績效與晉升計劃的討論。

・運用針對所有主管與ＳＥＢ進行相對排名（二十／七十／十）的格式。

・列出每位直屬部下的最佳後備人選（指出其六標準差經驗）。

・以「長條圖」顯示薪資上的差別，並以「水桶圖」顯示員工受聘與流失的動態發展。

二、電子商務：數位化

・執行長、財務長與工作團隊檢討決策支援系統數位化的進度，以及如何改變你的「領導日」(Leadership Day)。

・檢討你對數位化組織的願景與行動計劃（刪減層級、前方／後方資源重新調配、新的構想）。提供「領導指揮中心」的實務範例。

三、品質：以顧客爲尊

・執行長與品管單位主管討論六標準差組織的現狀與活力。

・提報二○○○年由ＭＢＢ／ＢＢ職務晉升至具有高影響力管理職的「ＤＮＡ」摘要，討論未來的ＭＢＢ／ＢＢ儲備狀況。

・討論品管訓練課程，描述如何達到並維持員工百分之百六標準差資格的計劃。

四、全球化運動

・執行長、採購主管與製造主管共同討論，描述組織與領導者如何促進全球大型開發案（含人力、技術與競標活動的開發）。

・檢討全球業務的脈動與結構（團隊標準、全球與區域性動態、ＦＳＥ與地方化計劃）。

五、銷售與服務：技術

・執行長、業務、服務與技術領袖，共同針對領導團隊在開發新商機的表現與成效進行討論。

・描述銷售與服務團隊爲了刺激成長所進行的整合程序與資源。

六、EB人才

・以EB員工的績效（二十／七十／十）與晉升前景進行排列；討論高績效人員的發展計劃，以及低績效人員的解決方案。

・以「長條圖」顯示薪資上的差別化，並以「水桶圖」顯示員工受聘與流失的動態發展。

七、多元化

・全體人員組合在二〇〇〇年的進展與二〇〇一年的計劃（包含EB與美國多元背景人數）。

・檢討導師專案的現狀與成果；討論增加多元背景的EB及上述人口統計資料的計劃。

・執行長與領導團隊檢討二〇〇一年發展並訓練高潛力人員的行動方針。

八、儲備人員發展

・高潛力人員名單與最有機會成爲主管與SEB的人選。

・提名參與EDC／BMC／高階管理訓練的人選，並進行評估（所需資料包括姓名、職稱、所屬團隊、績效評等、多元背景資料、國籍）。

九、漢尼威整合狀況

・詳細描述組織機會與主要人才。

十、附錄

・高階主管／SEB與EB後備人選的「水桶圖」（人數、姓名、多元背景、職稱、「從／往」）。

・後備人選的「長條圖」（姓名、評等、多元背景、職稱）。

2001 Session C

Business Leadership Dashboard

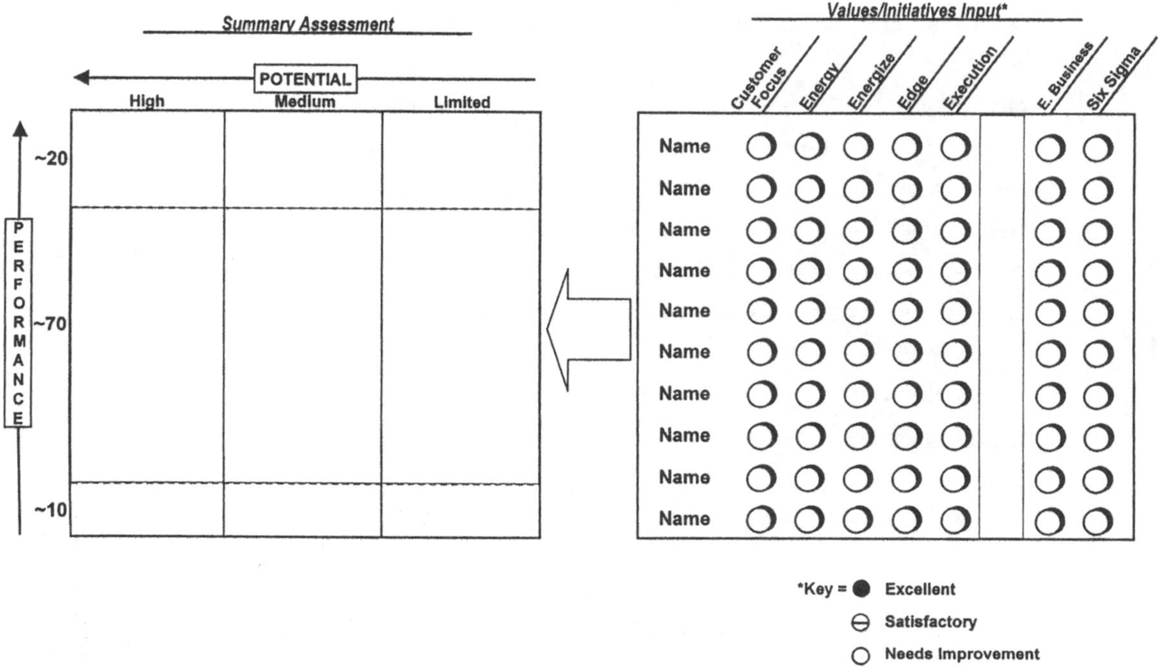

2001 Session C

EB Vitality

Performance/Promotability *(Denote: *Female, ♦Minority, σ MBB/BB Experience)*

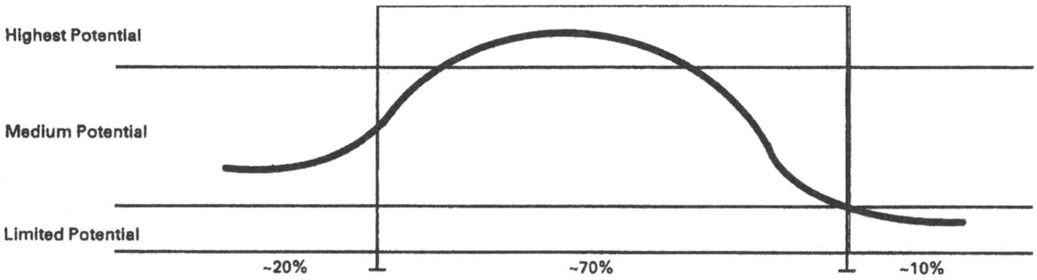

Differentiated Rewards

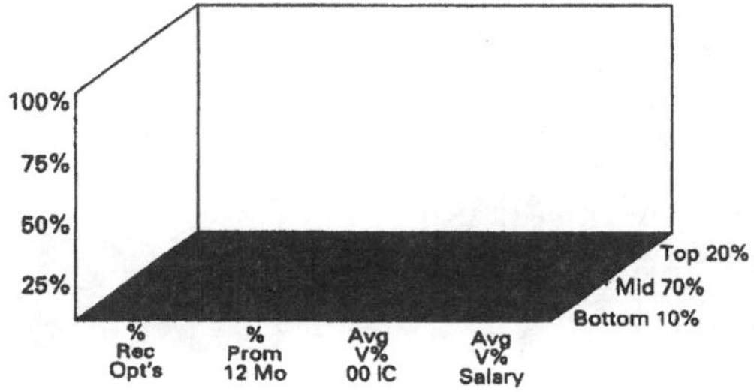

Executive Churn *(Since '00 S-C)*

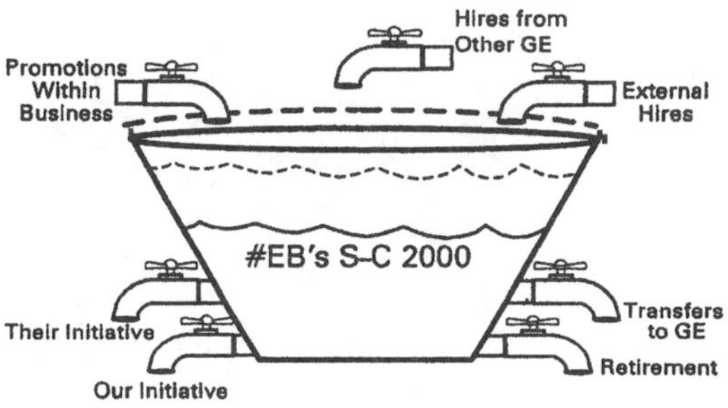

John F. Welch
Chairman of the Board

General Electric Company
3135 Easton Turnpike, Fairfield, CT 06431

2/19/01

Dear Jeff,

Congratulations on everything --- Your year at Medical, your selection as CEO of the best Company in the world and the wonderful start you have in this new role. I knew you were really good --- but you are even better than I could imagine.

Congratulations on the $______ --- it is just the beginning!

I look forward to cheering you on and will always be available when you feel it would be useful.

Nice going,

Jack

親愛的傑夫：　　　　2001／2／19

一切恭喜了。你在醫療事業的日子、你獲選為全球最佳企業的總裁，以及你在新角色上精采的開始。我一直知道你很能幹，但你比我所想像的還要傑出。

恭喜你得到$________ ……這還只是開頭呢！

我期望為你加油，當你認為我或許能有幫助時，我一定隨時效勞。

做得好！

傑克

John F. Welch
Chairman of the Board

General Electric Company
3135 Easton Turnpike, Fairfield, CT 06431

Dear Jeff, 2/13/00

Congratulations on a sensational year. Your IC is $_____ up 41% over last year reflecting this. Attached are my comments on last year.

For 2000, I think it is...

1.) More new products (DFSS)

2.) Better "operations" cash, cost mgt. --- Have to both grow & acquire --- and get prepared for a rainy day. We can tighten up and really execute in 2000

3.) Make the Global Product Company a way of life -- Another year should really do this.

Jeff, Congratulations. Jack

親愛的傑夫： 2000 ／2 ／13

恭喜你這一年超凡的表現。你高出去年41%的$_________IC ，反映出這一點。隨函附上我去年的評語。

針對兩千年而言，我認為應達到：

1. 更多新產品(DFSS)

2. 更好的「營運」現金與成本管理……成長與收購必須雙管齊下……做好迎接慘澹時期的準備。我們可以在二〇〇〇年加強控管、徹底執行。

3. 切實履行全球產品公司的概念。再過一年應可達到此項目標。

傑夫，恭喜了

傑克

親愛的傑夫：　　　　　　　　　　　　1999／2／8

恭喜你這一年超凡的表現！你提昇了42% 的$______IC，反映出這一點。我去年在信中的評語，說明了你的豐碩成果。

針對九九年：太棒了

1.) 整合動作將是業界最主要的活動，主要風險在於有M 和E 等全球競爭對手在。如果我是你，我每個月至少會針對這些活動的進展進行一次正式的檢討。包括……

哇！將在2/29 上市：

2.) 數位X 光可以改變整個戰局，但是必須等E提出具體成果，中心也是一樣。這項繼Lightspeed 之後改變戰局的產品，確實可以拉開與第二名之間的距離。

需要：

3.) 我知道你會大肆推銷，這比醫療系統更為重要。

了不起：

4.) 你的顧客著重於下單到第一次影像，這可以成為公司的典範。Lightspeed 觸動了一些人，而這將影響所有人。

你做到了：

5.) 超音波與核能部門已從泛泛之輩躍升為關鍵事業。記得在人事檢討會議之中討論這些工作團隊的能力，看這些人有沒有讓業務成長。

傑夫，又是了不起的一年，你處理各項工作的各種方式，都令我十分欣賞。有事隨時來找我，正如我去年所說的，我願意幫忙。

祝好，

傑克

附言：我期待見到你的事業部門對於網際網路的想法：新數位化活動？

又及：「全球產品公司」是件大事必須具備極強的幹勁與果斷才能夠達成。

John F. Welch
Chairman of the Board

General Electric Company
3135 Easton Turnpike, Fairfield, CT 06431

2/8/99

Dear Jeff,

Congratulations on sensational year! Your IC is $___ up 42% reflecting this. My comments on last year's letter illustrate the wonderful results you had.

For '99.

Great job.

1.) Integration is the name of the game. With Marquette, Elscint, and all the global service acquisitions this is the risk. If I were you, I would review progress on these formally at least once a month. Include Lockup.

Wow! 2/29 will be Cap.

2.) Digital x-ray can change the whole game -- but E&G has to deliver as does the Center. This game changer after Light speed can really open up the distance between ourselves & #2.

Nice

3.) I know you will make InSource a huge deal. This is bigger than Med Systems for GE.

2/8/99

Wonderful

4.) Your customer 6σ focus on order to first image can be the company role model. Lightspeed touched a few --- this can touch them all.

You have

5.) Ultrasound & Nuclear have gone from also-rans to real players. Be sure you use Session C to review their teams' capabilities --- Have the people matched the businesses growth?

Jeff, another great year. I like everything you are doing in every way. Call on me for anything. As I said last year, I want to help.

Best,

Jack

P.S. I'll be looking for your businesses' Internet ideas! -- New Distribution??

PPS. The "Global Product Company" is a huge deal. It will take enormous energy & cleverness to make it happen.

親愛的傑夫：　　　　　　　　　　　　　　　　　　2/16/98

真是了不起的一年！恭喜了。九七年的IC 為$_____，提昇了50%，反映出我在九七年信中的評語。

放眼九八年，有好幾項工作需要努力：

看來頗有進展的是：

1.) 超音波整合。我們從未收購任何矽谷公司並使之成功。必須親自來，不能借用外力。

你做到了：

2) 燈管一開頭的成功必須擴展到整條生產線。

太好了！

3) 歐洲一定會產生另一次重大變異，我們以往曾「修理」過，只是從來無法持久。

Lightspeed 是一次大成功：

4) 一定會達到另一次了不起的業務年度。

了不起：

5) 把服務當重心的做法必須持續，並尋找更多收購機會。必須發展差異化的定價模式，以阻止Cro 全面佔有。一次大好良機。

可以更好：

6) 我希望見到我們在拉丁美洲與墨西哥工作團隊的明朗化。墨西哥與拉丁美洲相同，都是獨立的商機，都需要專心開發。

再看看：

7.) ……先後為賴瑞和你提供一個在公司樹立典範的機會。這讓賴瑞得到機會向我顯示，我們可以從這項變革中得到更多的好處。

九九年正是時機！

8) 阿波羅是一件大事_不論就產品或六標準差形象而言。促使……持續進行這項工作，Mammo 競爭者將會強調這個。

傑夫，我非常欣賞你這一年來的表現，也期待在九八年看到另一次精采的演出。你簡單明瞭的溝通方式以及學習與成長的意願，都是非常難能可貴的。我隨時可以擔負你希望我扮演的角色——隨時找我幫忙。

祝你擁有出色的一年，

傑克

John F. Welch
Chairman of the Board

General Electric Company
3135 Easton Turnpike, Fairfield, CT 06431

2/16/98

Dear Jeff -

What a great year! Congratulations and your '97 IC of $____ up 50% reflects my comments on the attached '97 letter.

As you look to '98 there are several things to focus on -

Appears to be going well! | 1.) The ultrasound integration - We've never bought a Silicon Valley Co. and made it work. It must be nurtured by you personally & we can't lose external focus in the process.

You did it | 2.) The initial take, success must be proliferated across full line.

Great! | 3.) Europe must have another big Delta. We've had "fixes" before --- they just never lasted.

Lightspeed a huge hit! | 4.) CT must have another sensational business oriented year.

Wonderful job! 5.) The focus on services must continue and more acquisitions found. Differentiated pricing models must be developed to stop small erosion from CRs. A great opportunity

John F. Welch
Chairman of the Board

General Electric Company
3135 Easton Turnpike, Fairfield, CT 06431

2/16/98

Better 6.) I'd like to see us get L. America and Mexico clarified organizationally as Mexico is a separate opportunity as is LA. They each need focus.

Will see 7.) The Euro and Y2000 represent a chance for Larry first and you to set Company Role models. The Euro presents opportunities for Larry to show we can get margin out of this change.

'99 is the year! | 8.) Apollo is a huge deal -- both as a product and the GE image. Push Lonnie on this and stay on him. The Mammo competitors will be hyping this.

Jeff - I loved the year you had and look for another spectacular one in '98. Your concise communication, willingness to learn & [illegible] were very special. I am available to play any role you want — just call on anything.

Have a great year.

Jack

OMM2001
Operating Managers Meeting

Business Agenda

January 3-4, 2001
Operating Managers Meeting
Boca Raton, Florida

January 3, 2001 – Day I

7:30	Opening Remarks	*Jack Welch*
	Financial Report	*Keith Sherin*
	Honeywell Update	*Dennis Dammerman*
	Integrity	*Ben Heineman*
	NBC Update	*Bob Wright*
	Break	
	e-BUSINESS	
	Overview	*Jeff Immelt*
	Make Driving Productivity Through Digitization	*Denis Nayden* *John Rice* *Joe Hogan* *Dave Calhoun*
	Break	
	Sell	
	Changing Industry Structure	*Larry Johnston*
	Growth Through Digitization	*Bill Meddaugh*
	Buy	
	e-Sourcing Best Practices	*Lloyd Trotter*
	e-Transactions	*Ted Torbeck*
	Integration of Make Buy, Sell	*Rick Smith*

January 4, 2001 – Day II

7:30	Overview	*Jeff Immelt*
	GLOBALIZATION	
	Global Best Practice Translations	*Gary Rogers*
	Sourcing Intellect Globally	*Scott Donnelly*
	Sourcing Services Globally	*Tiger VN Tyagarajan*
	Global Sourcing and Digitization	*Marc Onetto*
	Break	
	SIX SIGMA	
	Overview	*Piet van Abeelen*
	At the Customer	*David Joyce*
	Price Management Using Span	*Charlene Begley*
	Fulfillment Span	*Bill Driscoll*
	Break	
	SERVICES	
	The Installed Base Growth Opportunity	*George Oliver* *Ric Artigas* *Dennis Cooke* *Mike Neal*
	Stretch Break	
	Closing Remarks	*Jack Welch*

LOCUS

LOCUS

LOCUS

LOCUS